U0228384

本书系国家社会科学基金重大项目"中国西南少数民族灾害文化数据库建设"

（项目编号：17ZDA158）阶段性成果

本书系2019年云岭学者培养项目"'一带一路'视域下中国西南与

南亚东南亚综合防灾减灾体系构建研究"项目阶段性成果

本书系云南省教育厅（第八批）"云南省高校灾害数据库建设与

边疆社会治理科技创新团队"项目培育成果

本书系云南省民族宗教事务委员会2019—2020年度民族文化"百项精品"工程

"云南世居少数民族传统灾害文化丛书"项目阶段性成果

中国西南地区灾害文化研究

周 琼 等○著

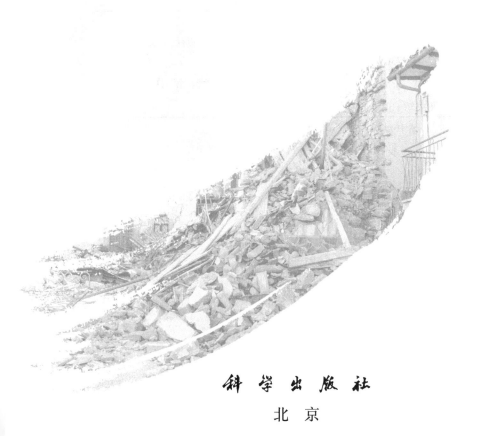

科学出版社
北京

内 容 简 介

　　本书在文献资料的搜集整理和田野调查工作的基础上，立足于我国西南地区的地缘区位和资源优势，试图梳理、总结、厘清西南地区灾害文化的概念、内涵、特点、生成、作用及其价值。此外，本书还尝试总结和西南地区灾害文化的成功经验，积极探索西南地区灾害文化研究的新视野、新方法、新路径，为我国防灾减灾救灾体系建设提供本土与现代相结合的理论指导和实践路径。

　　本书适合高等院校、科研机构从事历史学等专业的科研人员，以及从事环境保护和灾害史研究的相关专业师生阅读和参考。

图书在版编目（CIP）数据

中国西南地区灾害文化研究 / 周琼等著. —北京：科学出版社，2023.11
ISBN 978-7-03-073658-1

Ⅰ. ①中… Ⅱ. ①周… Ⅲ. ①灾害 – 文化研究 – 西南地区 Ⅳ. ①X4

中国版本图书馆 CIP 数据核字（2022）第 203121 号

责任编辑：任晓刚 / 责任校对：贾娜娜　姜丽策
责任印制：肖　兴 / 封面设计：润一文化

科 学 出 版 社 出版
北京东黄城根北街 16 号
邮政编码：100717
http://www.sciencep.com
北京华宇信诺印刷有限公司印刷
科学出版社发行　各地新华书店经销
*
2023 年 11 月第　一　版　开本：720×1000　1/16
2024 年 8 月第二次印刷　印张：21 1/2
字数：350 000
定价：98.00 元
（如有印装质量问题，我社负责调换）

前　言

　　中国西南地区在气候、地理地貌、生态系统、民族文化构成上，都是中国乃至世界最具多样性及独特性的区域，对各种生物的生存具有最佳的适宜性及利于繁殖性的条件及基础。正因如此，该区域也成为生态环境最为脆弱的地区，大部分山区、半山区、喀斯特地貌区，尤其是地质构造复杂、断裂发育、岩石易于破碎的风化区的地质结构及生态系统一经破坏，就很难再恢复，生态稳定也会因之被破坏。西南的山林川泽中聚居繁衍的各民族，也因此受到各种自然灾害的频繁威胁，防灾、减灾、避灾、救灾成为各民族生产劳动及日常生活的主要内容之一。在长期与自然灾害相伴相生的过程中，各民族积累了丰富的防灾、减灾、避灾、救灾经验，在各种经验的传承及实践中，适宜于各民族地区自然灾害的预防、救治及躲避灾害侵袭、减轻灾害损失的文化逐渐产生，并代代相传，成为各民族传统文化的有机组成部分。

一、中华民族优秀传统文化的传承研究是学术研究服务国家战略的途径

　　西南少数民族地区经过漫长的历史发展及融合交流，形成了大杂居、小聚居的民族分布格局，西南民族发展史实际上就是一部西南各民族逐渐成为中华民族多元一体格局组成部分的历史。西南地区自然灾害多发，地质灾害、气象灾害、生物灾害尤为突出。各民族在共同开拓、建设家园的历史过程中，不断与各种自然灾害做斗争，逐步形成不同的灾害防范、应急、拯救等方法及传

i

统，并在各民族的交往交流交融中取长补短，逐渐完善，进而在各民族与自然共处、战胜灾害的过程中发挥了积极作用，成为中华民族优秀传统文化的有机组成部分。

2017年1月，中共中央、国务院下发了《关于实施中华优秀传统文化传承发展工程的意见》，对于中华优秀传统文化所发挥的社会功能进行了详细阐述："中华优秀传统文化积淀着多样、珍贵的精神财富……是中国人民思想观念、风俗习惯、生活方式、情感样式的集中表达。"中国西南民族地区的灾害文化是中华优秀传统文化的重要组成部分，对于我国乃至南亚、东南亚国家联合防灾减灾的理论研究、区域实践及国际防灾减灾救灾体系的建设具有极为重要的意义，发掘西南各民族优秀的灾害文化，充实中华民族优秀传统文化的内涵，是目前的主要任务之一。本书对西南少数民族聚居地区的灾害情况及防灾减灾的记忆、思想、应对方式和地方性知识等优秀传统文化进行初步研究，为民族政策的制定、民族团结进步示范区的建设及传承中华民族优秀传统文化事业添砖加瓦；为西南特定地质地貌区特殊灾害的防治，构筑生态安全屏障；为各民族共有精神家园和构建同呼吸、共命运、心连心的中华民族共同体，提供样本和支撑，为相关的学术研究提供助力。

本书对西南灾害文化进行的初步研究，就是要在深刻领会和把握中华民族共同体丰富内涵的基础上，增强铸牢中华民族共同体意识的历史自觉，坚持以铸牢中华民族共同体意识为主线，全面贯彻党的民族理论和民族政策，坚持各民族共同团结奋斗、共同繁荣发展的目标，推动中华民族走向包容性更强、凝聚力更大的命运共同体，为新时代铸牢中华民族共同体意识提供理论遵循和行动指南。

本书旨在保护和传承灾害文化遗产，创新各民族灾害文化的表达方式和传承路径，是深入阐发民族文化精髓、创造性转化和创新性发展各民族灾害文化核心价值的必然要求，也是推进各民族地区防灾减灾体系建设的重要工作内容，对推进边疆民族地区治理体系和治理能力现代化，不断巩固拓展脱贫攻坚成果，巩固夯实全面建成小康社会成果具有一定的促进作用。

2017年，我们申报的国家社会科学基金重大招标项目"中国西南少数民族灾害文化数据库建设"（项目编号：17ZDA158）有幸获得立项。2019年，项目组启动云南少数民族优秀文化保护传承和精品工程项目"云南世居少数民族灾害文化纪实丛书"调查研究项目,力图在 20 世纪 50 年代大规模民族社会历史调查的基础上,尤其是在学习、借鉴该次调查路径及方法的基础上,并适当拓展和延续,试图通过对彝、白、哈尼、壮、傣、苗、回、傈僳、拉祜、佤、纳西、瑶、景颇、藏、布朗、布依、阿昌、普米、蒙古、怒、基诺、德昂、水、满、独龙等 25 个世居民族聚居区防灾减灾救灾的地方性传统文化和知识体系进行深入挖掘及系统研究,以铸牢中华民族共同体意识为主线,系统总结各世居民族地区可示范、可推广的防灾、减灾模式和经验,提升民族文化软实力、巩固民族团结和谐的良好局面,推进民族团结进步示范区建设,以世居民族传统灾害文化的保护传承和创新转化,进一步推进中华民族共同体意识铸牢的进程。

西南地区是全国世居少数民族最多、特有民族最多、跨境民族最多、民族自治地方最多的区域。我们要牢记习近平总书记的嘱托,争创民族团结进步示范区,巩固维护边疆民族团结进步事业,坚持各民族一律平等,依法处理民族事务,推进边疆民族地区治理体系和治理能力现代化;全面加强党对民族工作的领导,认真落实民族区域自治制度;深入实施兴边富民工程和人口较少民族脱贫攻坚、改善沿边群众生产生活条件行动计划;深入实施民族团结进步创建工程,促进各族群众全面小康同步、公共服务同质、法治保障同权、精神家园同建、社会和谐同创。梳理中国共产党成立 100 周年来、中华人民共和国建立 73 年以来西南各民族积淀深厚、内容宏富的灾害文化,寻找各民族传统灾害文化与现代文明的适应及转化机制,有助于探索西南少数民族聚居区灾害文化传承和社会共同体治理的内在逻辑和路径模式。

中华民族共同体意识是维护国家统一的思想基础,是促进民族团结的必要条件,是实现中华民族伟大复兴的必然要求。以科学研究及其成果的集成创新担负起新时代铸牢中华民族共同体意识的使命责任,促进各民族共同团结奋斗、共同繁荣发展,共创美好未来,就是本书研究的基本原则。换言之,本书就是在少数民族灾害文化的发掘整理及研究中,探索铸牢中华民族共同体意识的路径及方法,持续开展好学术研究,弘扬中华优秀传统文化,在国家防灾减灾体系建设中、在中华民族优秀传统文化传承工作中,发挥好智库的基本作用。

二、中国西南地区的灾害文化是中华民族共同体意识建设的组成要素

中华民族共同体是对中华民族概念的发展与深化，强调中华民族的整体性和一体性特征，是新时代中华民族发展的新特点。中华民族共同体意识是中国各族人民对中华民族和中华民族共同体的主观认知，是人民对中华民族和中华民族共同体的态度、评价和认同，是中华民族生生不息、永续发展的力量之源。

《中华人民共和国国民经济和社会发展第十四个五年规划和 2035 年远景目标纲要》明确指出："深入实施中华优秀传统文化传承发展工程，强化重要文化和自然遗产、非物质文化遗产系统性保护，推动中华优秀传统文化创造性转化、创新性发展""增强边疆地区发展能力，强化人口和经济支撑，促进民族团结和边疆稳定""聚焦铸牢中华民族共同体意识，加大对民族地区发展支持力度，全面深入持久开展民族团结进步宣传教育和创建，促进各民族交往交流交融"，进一步铸牢中华民族共同体意识，促进各民族共同团结奋斗、共同繁荣发展。

文化认同是民族团结进步示范区建设的精神家园，增进文化认同在促进民族团结中是长远之计和根本之举，加强社会主义核心价值观教育，树立正确的祖国观、民族观、文化观、历史观，是构筑各民族共有精神家园的重要路径。本书的研究扎根于做好民族工作要坚定不移走中国特色解决民族问题的正确道路的基本原则，让各族人民增强对伟大祖国的认同、对中华民族的认同、对中华文化的认同、对中国特色社会主义道路的认同。

人类命运共同体理念倡导文化交流、互鉴、共进，是中华优秀传统文化追求和平、和谐、大同世界的精神实质，推动中华优秀传统文化走出去是构建人类命运共同体的钥匙。本书旨在弘扬民族精神，传承各少数民族优秀传统文化，铸牢中华民族共同体意识。本书的相关研究将集中呈现民族学、人类学、历史学、社会学、管理学、哲学等学科的最新研究成果，力图在推进中国特色哲学社会科学学科体系、学术体系建设和创新，加快构建全方位、全领域、全要素哲学社会科学体系过程中发挥积极作用。我们项目组一直强调实证研究的原则，力图做出具有学科交叉渗透、各种创新要素深度融合的研究成果，在不

同问题的研究中提出具有鲜明的问题意识和创新意识，体现创新学术思想、独到学术见解的观点。

本书的研究是在深入学习贯彻党的二十大精神和习近平新时代中国特色社会主义思想、全力推进新时代防灾减灾救灾事业创新发展的原则展开的，以人类命运共同体理念为指导，集中反映中国西南少数民族地区经济、政治、文化、社会、生态等方面取得的成就及防灾、减灾、救灾的史实和经验，力图推动西南少数民族地区自然灾害治理的深度变革，增强各类防灾、减灾、避灾、救灾活动的协同性，促进灾害数据信息的共享和政策协调，为筑牢中华民族共同体思想和理论基础服务。

文化是人们灵魂深处的存在，要加强对中华民族共同体的认同，促进民族大团结。20世纪50年代，中央为全面了解我国少数民族生产生活情况开展了民族识别工作，有关部门开展了少数民族社会历史调查，留下了大批反映我国少数民族社会历史基本情况的珍贵资料，为党和国家制定民族政策、解决民族问题提供了重要依据，也为民族理论的丰富发展做出了重要的历史贡献。中华人民共和国成立以来，我国社会主义革命、建设和改革的实践历程以及所取得的辉煌成就证明，党的领导是中华民族一切事业成功的关键和根本。本书在学习、借鉴20世纪50年代大规模少数民族社会历史调查成果的基础上，将调查对象有针对性地集中在少数民族村寨。力图通过调查研究，深入分析当代西南少数民族的社会经济变迁与灾害风险防范的关系，并为新时期党和国家民族研究及民族工作提供参考，从民族团结的实践维度促进西南各民族文化的繁荣发展。

本书选取西南少数民族极具代表性的村寨进行田野走访调查，搜集灾害文化的相关信息及资料，为西南民族社会历史调查积累经验。作为中国高校首次根据国家社会科学基金重大项目的研究，持续组织开展防灾、减灾、救灾文化的调查，是西南灾害史及民族文化史研究中极为有益的开拓和尝试。在西南少数民族的传统文化中，有许多关于灾害的族群记忆，如在各民族的神话传说、村规民约中，灾害认知经过历史的沉淀，散见于各民族地区官方及民间文献之中，尤其是口耳相传及通过各种途径保留下来的图像资料和象征性的符号史料，是各民族在长期生产生活中遗留下来的宝贵财富，对民族灾害文化的文本解读与信息转化具有重要作用，有助于西南少数民族社会历史文化的研究成果积极主动融入国家防灾、减灾、救灾体系建设的战略，更好地服务"民族团结进步示范区"的建设。

中华民族共同体意识是国家统一之基、民族团结之本、精神力量之魂。弘扬少数民族优秀传统文化，传承世居民族灾害文化的丰富内涵，牢牢把握铸牢中华民族共同体意识的主线，是增进各民族成员对中华民族这一共有身份的认同，是多谋长远之策、多行固本之举和推进民族团结进步示范区建设的关键环节。因此，推进西南少数民族地区对防灾减灾的本土生态智慧的挖掘和传承，有助于增强各民族对中华民族的认同感和自豪感。

中国西南少数民族本土化的防灾、减灾知识体系，尤其是民间传统知识的运用，共同塑造着各民族的灾害观和文化观。各民族灾害叙事和防灾、减灾、救灾的文化记忆，内涵丰富、特点鲜明，是新时代汇聚起构建人类命运共同体的文化合力。在铸牢中华民族共同体意识视域下进一步深化对西南少数民族灾害应对方式和救灾经验总结的系统认知，有助于累积多民族文化共生的能量场，推动建构多民族国家的和美境界。

西南地区各民族和谐、交融的历史进程与实践路径，是中华民族多元一体格局产生、发展、形成的缩影与表现，铸牢中华民族共同体意识关乎国家团结稳定、社会和谐和中华民族的伟大复兴。在与灾害斗争的实践中，团结互助的精神为中华民族战胜灾难提供了强大的精神动力。充分挖掘西南少数民族面对灾难时所展现的优秀精神品质，使中华民族铭记灾难的悲惨记忆，延续中华民族勇于抗争的伟大精神，筑牢防灾、减灾、救灾的人民防线。在开展民族团结进步示范区建设的过程中，大力传承和弘扬中华民族优秀的传统灾害文化，总结出可复制、可推广的防灾、减灾模式和经验，有助于提升民族文化软实力，继续巩固民族团结和谐的良好局面，加快推进民族团结进步示范区建设，并为丰富中国特色解决民族问题的正确道路的理论与实践做出理论探索和实践指引，助力铸牢中华民族共同体建设的伟大事业。

三、中国西南地区的灾害文化是南亚、东南亚防灾、减灾、救灾体系建设的桥梁

中国西南少数民族聚居区的自然灾害在表现形态、类型、特征、规律、趋势及原因等方面都具有显著的独特性，决定了西南少数民族地区灾害文化的特殊性、多样性，决定了西南地区自然灾害应急管理需要一定的前瞻性，尤其是

要具备预测、预警及预防的能力和效力，要求各民族对自然灾害应急管理及其防范提出新思路、新方法。本书的研究，旨在根据西南少数民族地区自然灾害的历史状况及其现当代应急管理的重要性和特殊性，研究各民族防灾、救灾、避灾的具体经验及实践成效，总结西南少数民族地区自然灾害应急管理的主要做法、成功经验，为新时代西南少数民族地区加强自然灾害的应急管理、提高灾害风险防范水平提供思考和建议。

本书以西南少数民族尊重自然、爱护自然的生态观念、生态伦理、生态行为及灾害文化为出发点，对源于各民族生活实践的认识观、适应环境的和谐观、适度开发的发展观、天人合一的生态伦理观和灾害认知进行深入探究，通过田野调查广泛收集各世居民族的传统灾害文化，对各民族口耳相传的灾害文化进行采访和辑录，抢救性地发掘和保护各民族优秀的传统灾害文化，探索西南少数民族聚居区灾害文化传承的实践路径，推进西南少数民族聚居地区灾害文化和生态文明建设的实践经验及示范作用，加强西南少数民族灾害文化遗产保护和生态文明建设的理论经验的总结，推动各民族传统灾害文化创造性转化、创新性发展。

"南方丝绸之路""茶马古道"是中国西南进入南亚、东南亚地区的重要通道和便捷枢纽，并见证了千百年来中国与南亚、东南亚之间的商贸往来与文化传播的印记。时至近代，"滇越铁路""滇缅公路""中印公路""驼峰航线"的相继开辟和融通，促进了中国与南亚、东南亚在经济和文化领域的交流，并编织起更加紧密的共同利益网络。因此，建设中国与南亚、东南亚防灾减灾体系，有助于推进中国和南亚、东南亚防灾、减灾从应对单一灾种向综合减灾转变、从减少灾害损失向减轻灾害风险转变，更是"一带一路"建设过程中践行人类命运共同体理念、引领人类社会走向生态文明的新方略。本书的研究力图为中国与南亚、东南亚各国在生态环境保护和地方性防灾、减灾、救灾领域的深层次交流与跨国协同合作中，在构建跨国际跨地区的灾情灾报体系、灾害应急救援体系及灾后协作重建体系中，做出力所能及的贡献，为中国及南亚、东南亚各国防灾、减灾、救灾体系的共同利益提供历史经验的资鉴。

中国及南亚、东南亚各国的自然灾害呈现出跨国、跨区域的典型特征。减少自然灾害带给西南丝绸之路沿线各国造成的损失，是推动跨国际、跨区域综合性防灾、减灾合作和践行利益共同体与命运共同体理念的重要行动。中国与南亚、东南亚国家的区域安全合作，是基于国家和地区的利益共识而做出制度性的理性选择；中国与南亚、东南亚综合防灾、减灾体系的构建，对维系南方丝绸之路沿线国家和地区区域安全格局的形成具有重要的保障作用。在国际防灾、减灾、救灾体系建设的过程中，对南亚、东南亚国家和地区自然灾害成因、规律及应对方式进行准确的研判，从各民族的传统灾害防治智慧中吸取防灾、减灾、救灾的养分，为我国制定"一带一路"沿线国家安全体系提供重要参考。这是符合中国—东盟"命运共同体"的战略合作及发展目标的科研项目，能够为全球气候变化背景下中国与南亚、东南亚综合防灾、减灾的现实需求提供决策支撑。

这些研究成果的陆续出版，是在探索西南少数民族地区防灾、减灾、救灾实践案例、总结经验，明晰西南少数地区防灾、减灾、救灾的历史及当前发展状况中形成的初步成果，为党和政府制定民族地区的相关政策提供参考，在中国与南亚、东南亚的跨国防灾、减灾、救灾体系构建中，发挥中华民族优秀传统文化的辐射力、影响力，并在全球防灾、减灾体系的构建中，承担大国责任、发挥大国灾害文化深厚的凝聚力。

目　　录

第一章　西南地区灾害及灾害文化①

中国西南地区灾害类型齐全，灾害频次较高，在此基础上形成的灾害文化也异彩纷呈。其中，各少数民族的灾害文化是众多文化类型中给人类冲击最强烈的独特种类，是一个群体（民族）见证、抵御、防范灾害的精神财富，具有较强的群体性、地域性、历时性、包容性、共享性等特点。

第一节　西南地区的灾害

西南灾害种类繁多，明清以前史料记载较少，明清以后地方志记录稍多。从或零星或集中的记载中，我们可以看出西南历史上的主要灾害及其社会影响。

明清时期大量外省移民迁入西南地区，人口迅速膨胀，加速了西南经济开发进程，山区、半山区成为重要的农业垦殖范围。西南地区气候多样，自然环境复杂，在明清小冰期的气候背景下，人们的过度垦殖等一系列社会活动严重破坏了生态环境，促使西南地区几乎达到"无年不灾，无灾不荒"的地步。西南地区灾害以旱灾、洪涝、雹灾、雨灾、火灾、饥馑六类为主，这些灾害时空分布特征明显，存在低发期、过渡期和高发期与群发期四大阶段。同时，旱灾

---

① 此部分内容在周琼个人成果《云南灾害史述论》及团队成员汪东红2021年硕士学位论文《清代重庆地区灾害研究》、梁轲2021年硕士学位论文《清代广西灾荒研究》及学界相关研究成果的基础上改编而成。

和洪涝也呈现出较为明显的灾害等级层次感。除上述灾害外，还涉及风灾、雪灾、雷灾、虫灾、兽灾、地震、崩陷、疫灾八类发生频率相对较低和社会影响相对较小的灾害，在清代重庆灾害史研究中不可忽视。据《贵州历代自然灾害年表》统计，贵州各类灾害较为频繁，苗疆亦是如此，包括自然灾害和人为灾害，自然灾害主要涉及水灾、旱灾、雹灾、虫灾、疫灾、地震、滑坡等；人为灾害主要是火灾。广西地区的灾害种类繁多，气象灾害主要有旱灾、水灾、风灾、雹灾和雪灾；生物灾害主要有蝗灾、疫灾；地质灾害主要有地震。此外，饥荒也时有发生。

一、气象灾害

（一）水灾

洪涝灾害是西南地区最常见、频次最高的自然灾害，明清以后相关史料逐渐丰富。虽然明清以前的资料较为简单，尤其是各民族的传说时期，更是不可能留下相关记载，但还是可以从各民族的洪水神话传说及历史时期零星的记载中窥见云南水灾的大致状况。

目前灾害史学界还未有统一的历史洪涝灾害等级的划分标准。在划分历史灾害等级时，一般会重点考虑灾害持续时长、被灾范围、灾情等因素。相较于旱灾，同一地区内洪涝灾害往往持续时间相对较短且被灾范围也相对较小。因此，洪涝等级可根据史料描述，分析某一县域内的受灾范围、灾情来尝试对清代重庆洪涝灾害进行等级划分。洪涝灾害等级也采用 4 等级法，即轻度洪涝（1 级）、中度洪涝（2 级）、严重洪涝（3 级）、特大洪涝（4 级）。参考卜风贤[①]、陈业新[②]有关历史洪涝灾害等级的划分依据，结合重庆地区的区域性和具体史料情形，可以制定清代重庆洪涝灾害等级划分标准，如表 1-1 所示，并利用此洪涝灾害等级划分标准统计出清代重庆地区洪涝灾害等级序列，如表 1-2 所示：

① 卜风贤：《中国农业灾害史料灾度等级量化方法研究》，《中国农史》1996 年第 4 期。
② 陈业新：《清代皖北地区洪涝灾害初步研究——兼及历史洪涝灾害等级划分的问题》，《中国历史地理论丛》2009 年第 2 辑。

表 1-1　清代重庆洪涝灾害等级划分标准

等级	数值	被灾区域	洪灾描述	灾情描述
轻度洪涝	1	沿河低洼处被水成灾	水，潦，涝，江河水涨	伤禾稼，收成稍歉
中度洪涝	2	沿河泛滥成灾（近岸者多荡析）	大水，河（江）水暴涨，溪河涨溢	民田被淹，漂没民居，坏民田庐，桥圮，收成歉薄，（中央）抚恤被水灾民
严重洪涝	3	大水入城	江河大溢，街市尽没，水及县署，各坝尽淹，津梁道路尽失，水深数尺，舟行于市（船行城内）	漂没民舍甚多（田庐多损），田禾尽没，……桥坏无数，城垣损坏或倒塌，庙宇冲坏，人畜有死伤，民食树皮草根白泥，民流离溃逃，地方上奏水灾情形，（中央）赈被水灾民，蠲缓税收
特大洪涝	4	大水漫城（街市尽没、全城淹没无存）	河流大决口，堰塘决堤崩溃，水没屋檐（及县署檐），民舍唯见屋瓦，水深数丈	漂溺民畜无算，冲塌民舍无算（田庐民舍尽淹），人畜死者无算，农田绝收，人相食，数百年未见之灾，官民赈被水灾民，免收赋税

表 1-2　清代重庆地区洪涝灾害等级序列　　　　　（单位：次）

地区	1级	2级	3级	4级	总计
巴县		3	2	1	6
璧山县	1	2	1	1	5
城口厅	2	2	1	1	6
大宁县	2	8	12	5	27
大足县		3	5	1	9
垫江县	1	3	2		6
鄠都县	1	4	4	1	10
奉节县	1	4	4		9
涪州	2	10	4	2	18
合州		8	8	2	18
江北厅		5	2		7
江津县	1	3	2	2	8
开县		2	2		4
梁山县		1	1		2
南川县		5	2		7
彭水县		8	2	6	16
綦江县		24	4	7	35

地区	1级	2级	3级	4级	总计
黔江县		2	3	3	8
荣昌县	2	4	2		8
石砫厅		8			8
铜梁县		3	7		10
潼南县		19	2	1	22
万县		4	7	2	13
巫山县	1	4	6		11
秀山县	1	10	4		15
永川县	1	4	3	1	9
酉阳州	1	2	4		7
云阳县	2	7	7		16
长寿县		3	1		4
忠州	2	2	7		11
总计	21	167	111	36	335

据表 1-2 的洪涝灾害等级统计结果可知，清代重庆地区洪涝灾害以中度洪涝（2级）为主，为167次，占洪涝灾害总次数的49.85%；其次为严重洪涝（3级），为111次，占洪涝灾害总次数的33.13%；再者为特大洪涝，为36次，占洪涝灾害总次数的10.75%；轻度洪涝（1级）最少，为21次，占洪涝灾害总次数的6.27%。

虽然统计的结果显示轻度洪涝（1级）次数最少，但严谨来说这并不能完全说明清代重庆地区真实发生的特大洪涝灾害次数比轻度洪涝灾害多，毕竟这是根据当前留存的史料进行的分析。然而，不同等级的灾害往往对人类社会的冲击程度不同，相对来说人们更为关注那些造成人员伤亡和财产损失的重大或特大灾害，而对人们正常生活影响相对较小的灾害则往往会被人们忽视，这就造成了时人记录的偏差，从而影响到今人对当时灾害具体情况的相关统计与分析。

从洪涝各等级序列分布来看，中度洪涝灾害（2级）在重庆每个地区都有所分布；除石砫厅外，重庆其他地区都分布有严重洪涝（3级）。轻度洪涝（1

级）和特大洪涝（4 级）在重庆一半的行政区域中有所分布。在所有地区中，璧山县、城口厅、大宁县、酆都县、涪州、江津县、永川县 7 个地区 4 个等级的洪涝灾害均有所发生。特大洪涝（4 级）的 3 大高发地分别为綦江县、彭水县和大宁县。除了强降水的因素外，这 3 个地区都位于河流沿岸的山区，具有天然的洪涝孕育因子，一遇夏季强降雨，河流泛滥成灾，加之山区暴发山洪，冲击力和破坏力极大。

特大洪涝灾害在时间上分布上比较分散，36 次特大洪涝分布于 31 年时间当中。其中，同治九年（1870 年）江津县、涪州、合州、酆都县、万县 5 地发生了特大洪涝灾害；光绪八年（1882 年）则有綦江县和永川县 2 地发生了特大洪涝。特大洪涝（4 级）发生的次数虽然远不及中度洪涝（2 级）和严重洪涝（3 级），而一旦发生特大洪涝，人们正常的生产生活和社会秩序会在短时间内被强烈地冲击，甚至造成惨绝人寰的人间悲剧！例如，道光十一年（1831 年）五月，綦江县"附里大水，平滩场被害一百零六户。二十日□始明水骤至，屋材蔽江而过，浮尸累累，尚有呼救命者。至午稍平。监生饶校先捐钱命人抢埋三十余人。……二十七日大雨，水又至，低前一尺，浮尸逐浪，多断头缺足，盖即前次之沉没于泥沙洞穴者，水臭秽不可食"①。

据《贵州历代自然灾害年表》②统计，整个清代，苗疆三府共有 48 个年份发生 66 次水灾，涉及 15 个州县。主要集中在境内三大河流的中下游各厅县，如黄平、施秉、镇远、黎平、天柱、古州（榕江）等沿河各地，而位于舞阳河中下游的施秉、镇远及位于三江（平永河、寨蒿河、都柳江）交汇处的榕江最为严重，施秉、镇远分别发生 11 次和 13 次水灾，其中较为严重的如宣统二年（1910 年）镇远遭受的大水灾，"大水陡涨十余丈，府城水至府署坎上，卫城水至镇署辕门，沿岸屋宇概被冲刷，损失巨万，人口亦多死伤，多年未见之浩劫也"③。榕江共发生 7 次水灾，其中较大的水灾如道光十三年（1833 年）"古州三河水涨，城内外公署、民房及庙宇、鼓楼漂没无数"④。光绪四年（1878 年）"下游古州等处水灾……五月二十二日至二十六等日，连日大雨，

---

① 道光《綦江县志》卷十《祥异》，成都：巴蜀书社，1992 年，第 681 页。
② 贵州省图书馆：《贵州历代自然灾害年表》，贵阳：贵州人民出版社，1982 年，第 33—142 页。
③ 民国《贵州通志·前事志四十三》，成都：巴蜀书社，2006 年，第 56 页。
④ 光绪《古州厅志》卷一《地理志·祥异》，清光绪十四年（1888 年）刻本，第 4 页。

沿河居民房屋及民田屯田多被淹漫"①。

广西地处我国西南，季风气候显著，为我国洪涝灾害多发区之一，地势西北高，东南低，多丘陵山地。由于适当的大气流场和地形地势配合，形成暴雨的水汽、热力及动力条件均强于我国其他区域，暴雨发生频次、强度、季节长度皆居全国前列②。水灾是清代广西地区发生次数最多的灾害，共计 560 次，对农业生产和人们的生活影响最大。水灾导致农田被冲毁淹没、农作物被冲走，建筑被冲坏，乾隆五十九年（1794 年）灌阳县"五月十九日巳时，大水至县署仪门外，行船邑中，铲坏田地甚多"③。严重的话，甚至会造成人员伤亡，光绪十七年（1891 年）苍梧县"秋九月二十三日，戎墟渡没，淹毙数十余人"④。

（二）旱灾

旱灾也是西南地区常见的自然灾害。明清以来的史料记载渐多，虽然记载简略，仅聊聊数字，但也在很大程度上反映了云南历史上旱灾的大致状况。史料记载显示云南自 14 世纪以后，水旱灾害呈现递增现象，频次日趋密集，出现了"发生水旱灾害最多的是 20 世纪"的观点。这与明清以降山区开发的拓展及深入、生态环境的变迁及区域性气候的改变密切相关。

旱灾通常与农业生产紧密相连，指在一定时期内，因久晴、少雨、土壤缺水、空气干燥等造成农作物吸收的水分不能满足其正常需要，危害了农作物生长发育，甚至使之凋谢、枯死，造成农作物减产以致绝收。除此之外，导致人畜饮水不足等干旱现象也被算作旱灾⑤。清代是我国历史上的自然灾害高发期，就这一时期重庆地区而言，旱灾频发，有"十年九旱"之说。旱灾作为清代重庆地区最主要的自然灾害之一，给当时重庆地区社会发展带来重大影响。

灾级即灾害级别或灾害等级，是对区域灾情定性定量的描述及对比，是对区域灾情轻重程度的确定⑥。20 世纪 70 年代，中央气象局组织全国各地的气象

---

① 民国《贵州通志·前事志三十九》，成都：巴蜀书社，2006 年，第 38 页。

② 武玮婷等：《清代广西洪涝灾害时空特征分析》，《云南大学学报》（自然科学版）2017 年第 4 期。

③ 民国《灌阳县志》卷二十三《杂记》，民国三年（1914 年）刻本。

④ 乾隆《梧州府志》卷二十四《纪事志》，清同治十二年（1873 年）刻本。

⑤ 阎守诚：《危机与应对：自然灾害与唐代社会》，北京：人民出版社，2008 年，第 40 页。

⑥ 郭强、陈兴民、张立汉主编：《灾害大百科》，太原：山西人民出版社，1996 年，第 1091 页。

和地理等单位部门初步建立了历史旱涝等级量化体系，为我国历史水旱等级量化工作的标志性成果，其主要成就为 1981 年出版问世的中央气象局《中国近五百年旱涝分布图集》。《中国近五百年旱涝分布图集》将灾害史料量化，把全国历史旱涝划分为 5 个等级，即 1 级（涝）、2 级（偏涝）、3 级（正常）、4 级（偏旱）、5 级（旱）[1]。尽管现在不少学者指出这一等级划分方法存在不少问题，但其对之后区域历史灾害等级序列的构建仍然起到了重要的推动作用[2]。

灾害指标的选取通常有两条基本原则，一是选取的指标能反映灾害的本质，二是选取的指标数据或资料易于获取。对旱灾而言，灾时、灾区、旱情和灾情是反映旱灾最重要的 4 个因子[3]。本书旱灾主要以县级为单位考量，灾区比较明确。清代重庆地区县级旱灾等级的划分主要从灾时、旱情和灾情 3 个方面来分析。旱灾等级本章采用目前普遍运用的4等级法，即轻度旱灾（1 级）、中度旱灾（2 级）、严重旱灾（3 级）、特大旱灾（4 级）。参考张伟兵和史春生《区域场次特大旱灾划分标准与界定——以明清以来的山西省为例》中关于县级灾害等级划分标准，结合重庆地区旱灾史料的记录，可以整理出清代重庆旱灾等级划分标准（表 1-3），并在此基础上统计出清代重庆地区旱灾等级序列（表 1-4）。

表 1-3 清代重庆旱灾等级划分标准

等级	数值	灾害时长	旱情描述	灾情描述
轻度旱灾	1	旱灾时长不超 3 个月	旱灾持续不超 3 个月，旱，无雨，堰水涸，湖水涸，栽插大难，天地如炉，亢阳异常，田土多坏，祷雨立至，汲饮至数里	饥，民乏食，设粥厂，出谷平粜，收成稍薄，发仓赈济，赈某地旱灾饥民，斗米近千钱
中度旱灾	2	旱灾时长 3—6 个月	3—6 个月不雨，大旱，泉泽皆渴，田畴龟坼，田禾尽槁，祷雨无应，溪河断流，江水大落	斗米银千钱以上（如斗米一两二钱，四千钱），大饥，民食蕨草树皮，掘白泥而食，蠲免未完钱粮，免旱灾赋额，禾稼不登，饥民四聚掠食，旱虫（蝗）

① 中央气象局气象科学研究院主编：《中国近五百年旱涝分布图集》，北京：地图出版社，1981 年。

② 《中国近五百年旱涝分布图集》的学术价值及其局限性的具体详情可参见陈业新：《历史时期水旱灾害资料等级量化方法论述——以〈中国近五百年旱涝分布图集〉为例》，《上海交通大学学报》（哲学社会科学版）2020 年第 1 期。

③ 张伟兵、史春生：《区域场次特大旱灾划分标准与界定——以明清以来的山西省为例》，《气象与减灾研究》2007 年第 1 期。

续表

等级	数值	灾害时长	旱情描述	灾情描述
严重旱灾	3	旱灾时长 6—12 个月	连续 6—12 个月不雨，连载大旱，禾苗尽稿，江水枯极（如渠江干涸），深井尽涸	鬻妻弃子者甚众，民多饿殍，人多饿死，饿殍相望，高田收获一二分，局部地区瘟疫（如五里乡疫），斗米数千钱，民逃荒外省，数十年罕见
特大旱灾	4	年旱，旱灾时长 1 年及以上	连续 1 年以上或多年大旱，连旱数年，赤地千里	瘟疫盛行；死者无人掩葬，待毙者十之四五，人相食，死者万人，道馑相望，斗米数十金亦无卖者，颗粒无收，仓谷全数发赈，民逃亡殆尽

表 1-4　清代重庆地区旱灾等级序列　　　　　　　（单位：次）

地区	1级	2级	3级	4级	总计
巴县		4	1	2	7
璧山县	5	6	1		12
城口厅	1	1			2
大宁县	1	2	1	1	5
大足县	1			2	7
垫江县	10	10	2	2	24
酆都县	2	8		4	14
奉节县	2	11	2		15
涪州	7	11	1	1	20
合州	2	3	2		7
江北厅	1				1
江津县	12	4	4		20
开县	4	5	1		10
梁山县	2	9	2	1	14
南川县	6	4	1		11
彭水县	2	6		2	10
綦江县	13	16		5	34
黔江县	4	1	2		7
荣昌县		7		2	9
石砫厅	1	1		1	3
铜梁县	4	4			8

续表

地区	1级	2级	3级	4级	总计
潼南县	3	2	7	2	14
万县	11	7		3	21
巫山县	3	10			13
秀山县	7	1	1	1	10
永川县	5	5	3		13
酉阳州	2				2
云阳县	2	6			8
长寿县	1				1
忠州	10	20		1	31
总计	124	168	31	30	353

从表1-4可知，清代重庆地区旱灾以中度旱灾（2级）最多，共168次，占旱灾总次数的 47.59%；其次为轻度旱灾（1级）为 124 次，占旱灾总次数的 35.13%；再次为严重旱灾（3级），为 31 次，占旱灾总次数的 8.78%；特大旱灾（4级）最少，为 30 次，占旱灾总次数的 8.50%。

特大旱灾发生的次数虽然最少，但对当时社会的影响程度远远不是其他 3 个等级的旱灾所能比拟的。特大旱灾（4级）或持续时间长（一年以上），或造成的灾情后果极为严重，如嘉庆十五年（1810 年）、嘉庆十六年（1811 年）、嘉庆十七年（1812 年），酆都县持续了三年的大旱[1]。光绪二十二年（1896 年）万县旱灾更是"饥馑相望，死者万人"[2]。此外，特大旱灾不仅会导致社会大饥荒，可能还会引发瘟疫等次生灾害。顺治三年（1646 年）的荣昌县和顺治四年（1647 年）的綦江县都因大旱灾而酿成了瘟疫。尤其是顺治四年（1647 年）綦江县的瘟疫最为严重，死人甚多，据道光《綦江县志》记载："岁大旱，斗米十二金。难民无所得食，兼瘟疫盛行，死者朽卧床榻，无人掩葬。"[3]这在清代重庆地区的灾害史料记录中较为罕见。

旱灾是贵州苗疆地区另一种主要灾害类型，旱灾与水灾相比，其涉及范围

---

① 光绪《酆都县志》卷四《志余·祥异》，清光绪十九年（1893 年）刻本。
② （清）佚名：《万县乡土志》卷六《人类录》，民国十五年（1926 年）石印本。
③ 道光《綦江县志》卷十《祥异》，成都：巴蜀书社，1992 年，第 677 页。

广、持续时间长。贵州苗疆地区发生旱灾的年份数与水灾相当，整个清代共有42个年份发生旱灾，涉及11个州县①。其中涉及范围较大的两次旱灾分别是乾隆十二年（1747年）和嘉庆二十五年（1820年），乾隆十二年（1747年）云贵总督张允随上奏："黔省台拱、天柱、古州、下江等处，秋禾被旱。"②嘉庆二十五年（1820年）则涉及黎平、天柱、清平等地。因旱灾引发饥荒的有17个年份，主要为清平、黄平、独山、镇远等地，其中清平最为严重，旱灾发生频次亦最高，有清一代，清平共发生13次旱灾，其中6次引发饥荒，且多发生于清后期。

（三）雹灾

冰雹是以冰块或冰球形式降落下来的固体降水，一般来说直径小于5毫米的冰块或冰球为小冰雹，大于或等于5毫米的冰块或冰球才称作冰雹③。民间也将冰雹称为"冰蛋""雹子""冷子"。冰雹大小不一，其直径一般为5—30毫米，大的甚至可达几十毫米。史料中常常可看到"大如鸡卵""大如盂""大如拳"等描述大冰雹的字词。虽然雹灾持续时间和波及范围不及旱灾与洪涝灾害，但其往往伴随大风和强降雨天气，因此会对农作物、建筑物和人畜生命安全产生严重威胁，如嘉庆三年（1798年）三月十八日，璧山县"风雨大作，雨雹大如鸡卵，秧麦豆蔬压折，委地人有晚归中伤者"④。

雹灾是贵州苗疆地区除了水旱灾害以外的第三大气象灾害，虽然雹灾影响范围没有旱灾广，且持续时间短，但其来势迅猛，多伴随大风，破坏性大，不仅毁坏庄稼、房屋，若躲避不及时还会对人和牲畜造成直接伤害。例如，乾隆元年（1736年）镇远府遭遇雹灾，庄稼、民房受损，"于本年四月后……或遭冰雹……冰雹所过仅一二里，而此一带之田亩民房，多遭伤损"⑤。又如，道光二十九年（1849年）荔波十六里遭遇雹灾，造成人员伤亡，"十六里大雨雹，有伤死者"⑥。宣统二年（1910年）镇远府南乡、金堡、老城等地遭遇大

---

① 这一数据只是有资料明确记载统计的结果，远不能囊括清代贵州苗疆地区所有的旱灾。

② 《清实录·高宗实录》卷297"乾隆十二年八月丁亥"条，北京：中华书局，1985年，第893页。

③ 马文平等：《西南地区严重自然灾害分析与对策》，成都：四川科学技术出版社，1992年，第62页。

④ 同治《璧山县志》卷末《杂类志》，成都：巴蜀书社，1992年，第521页。

⑤ 《清实录·高宗实录》卷22"乾隆元年七月己亥"条，北京：中华书局，1985年，第523页。

⑥ 转引自贵州省图书馆：《贵州历代自然灾害年表》，贵阳：贵州人民出版社，1982年，第160页。

雹灾，对农作物和家畜造成重大损害，"南乡金堡老城二十五日早下雹砖，计二点钟久，该处植物（如秧苗、苞谷、豆子等项）被打坏者十之七八，而动物（如牛、马、鸡、犬等项）被雹打毙者难以数计"[①]。清代贵州苗疆地区共有22 个年份中发生 25 次雹灾[②]，共涉及 9 个州县。

（四）风灾

风灾是因暴风、台风或飓风过境而造成的灾害。重庆地区深居内陆，受台风影响小，风灾主要由地区性大风或暴风过境导致。当强冷空气南下或强风暴天气出现时就会出现大风天气，大风常和冰雹、暴雨等灾害天气同时出现，造成房屋倒塌，树木折断，农作物成片倒伏，人畜伤亡[③]。史料中也将大风称为"暴风""烈风""赤风"等，而其危害常表现为"大风拔木""屋瓦皆飞""大风损禾"等。康熙二十四年（1685 年），巫山县"五月十八日，暴风雨雹，拔树伤禾，居民房屋十废其三。知县向登元捐资粮赈之"[④]。

根据清代重庆风灾史料统计，清代 268 年中，有 38 年发生了风灾，平均每7.1 年发生一次；重庆各县累计发生风灾 52 县次，平均每年发生 0.2 县次风灾，平均每一风灾年有 1.4 个县受灾。

从风灾发生的季节来看，清代重庆能够明确季节的 49 县次风灾当中，夏季发生的风灾最多，为 26 县次，占能够明确季节风灾总次数的 53.06%；其次为春季，发生风灾 14 县次，占能够明确季节风灾总次数的 28.57%；再次为秋季，为 9 县次，占能够明确季节风灾总次数的 18.37%。冬季没有风灾记录。由此可见，清代重庆风灾季节分布鲜明，主要表现为春夏两季多，秋冬两季少。

从发生的月份来看，能够明确月份的风灾记录共有 44 县次，一共涉及 6 个月份，分别为 1 月、3 月、4 月、5 月、6 月、7 月。其中 3 月发生的风灾次数最多，共有 11 县次，占能够明确月份的风灾总次数的 25%；其次为 6 月，发生风灾次数为 10 县次，占能够明确月份的风灾总次数的 22.73%；再次为 4 月，发生

① 转引自贵州省图书馆：《贵州历代自然灾害年表》，贵阳：贵州人民出版社，1982 年，第 173 页。

② 若同一时间在多地发生雹灾，按一次雹灾算。这一数据只是有资料明确记载统计的结果，远不能囊括清代贵州苗疆地区所有的雹灾。

③ 《中国气象灾害大典》编委会：《中国气象灾害大典·重庆卷》，北京：气象出版社，2008 年，第164 页。

④ 光绪《巫山县志》卷十《祥异志》，成都：巴蜀书社，1992 年，第 341 页。

风灾次数为 9 县次，占能够明确月份的风灾总次数的 20.45%。其余 1 月、5 月和 7 月 3 个月发生风灾次数分别为 3 县次、5 县次和 6 县次。

从风灾的地域分布来看，清代重庆地区一共有 23 个县地有风灾记录。其中江津县和綦江县两地发生的风灾次数最多，分别有 6 次，各占风灾总次数的 11.54%。其次为巴县、黔江县和永川县 3 县，分别有 4 次风灾，各占风灾总次数的 7.69%。此外，涪州和荣昌两地各有 3 次风灾记录；垫江县、合州、南川县、彭水县、秀山县和忠州各有 2 次；璧山县、城口厅、酆都县、奉节县、开县、梁山县、铜梁县、潼南县、巫山县、长寿县 10 地风灾最少，各有 1 次。

风灾是广西地区较为严重的灾害之一，清代广西地区共发生风灾 170 次，发生频率较高。广西的大风大体有三种类型：一是冬、春季强冷空气南下产生的大风；二是台风环流产生的大风；三是春、夏季热对流旺盛产生的短时雷雨大风[1]。风灾对农作物及房屋、人畜等有严重的影响。光绪二十二年（1896 年）"七月，全州长万区文家村，大风，拔木折竹，屋震瓦飞"[2]。光绪七年（1881 年）"三月朔，修仁大风，摧折县城屋宇甚多，压死二人"[3]。

（五）雪灾

雪灾是指降雪过多，积雪过深而造成的灾害。一般来说重庆地区气候温和，出现雪灾的次数相对较少，但在明清小冰期的气候背景下，清代重庆灾害史料中仍然有不少雪灾的记录。乾隆二十九年（1764 年）四川总督阿尔泰上奏："川省地气较暖，冬雪颇稀。兹于十二月初八、九及十一、二等日，据成都府属州县及保宁、潼川等府及茂、忠、邛、资等直隶州各属，现已报到得雪一、二、三寸及四五寸不等。"[4]雪灾不仅会压坏房屋，阻碍道路交通，还会导致人们被冻死。

根据清代重庆雪灾史料统计，清代 268 年中，有 30 年出现了雪灾，平均每

① 刘肇贵：《广西的自然灾害》，《广西地方志》1996 年第 5 期。

② 广西壮族自治区第二图书馆：《广西自然灾害史料》，桂林：广西壮族自治区第二图书馆，1978 年，第 67 页。

③ 广西壮族自治区第二图书馆：《广西自然灾害史料》，桂林：广西壮族自治区第二图书馆，1978 年，第 140 页。

④ 中国科学院地理科学与资源研究所、中国第一历史档案馆：《清代奏折汇编——农业·环境》，北京：商务印书馆，2005 年，第 215 页。

8.93 年就会发生一次；重庆各地累计发生雪灾 46 县次，平均每年发生 0.17 县次雪灾，平均每一个雪灾年有 1.53 个县受灾。

由于大雪天气需要达到一定的低温才会出现，故清代重庆雪灾主要发生在冬春两季，其中冬季发生雪灾的记录最多，有 28 县次；其次为春节，共有雪灾 17 县次。除此之外，清代重庆雪灾史料中还有 1 次极端的夏季下雪的记录，即"嘉庆十三年戊辰四月，雨雪"①。虽说此时还是初夏，但以綦江县的纬度位置来看，此刻出现雨雪天气仍然显得不同寻常。总的来说，清代重庆的雪灾季节性十分鲜明，基本集中在冬春两季。

从月份分布来看，清代重庆地区能够明确月份的雪灾记录共有 40 县次，一共涉及 7 个月份，分别为 1 月、2 月、3 月、4 月、10 月、11 月、12 月。其中 12 月发生的雪灾最多，共有 13 县次，占能够明确月份的雪灾总次数的 32.5%；其次为 2 月，发生雪灾 8 县次，占能够明确月份的雪灾总次数的 20%；再次为 1 月，发生雪灾 7 县次，占能够明确月份的雪灾总次数的 17.5%。其余 3 月、4 月、10 月和 11 月 4 个月发生的雪灾分别为 1 县次、1 县次、6 县次和 4 县次。

从雪灾的空间分布来看，一共涉及 14 个县地。其中合州和南川县两地的雪灾次数最多，分别发生 6 县次雪灾；其次为潼南县，发生雪灾 5 县次。此外，綦江县、黔江县、铜梁县和秀山县 4 个县发生雪灾都为 4 县次。大足县、荣昌县各有 3 县次雪灾记录，璧山县和大宁县各有 2 县次雪灾记录，酆都县、巫山县和忠州三地分别有 1 县次雪灾记录。

广西地区地处低纬度地区，热量丰富，冬季温暖如春，但偶尔也会出现强冷空气入侵，造成大雪天气。在明清小冰期的影响下，雪灾更为严重。雪灾的发生会对动植物、人畜等造成十分不利的影响，光绪七年（1881 年）灌阳县"春二月，大雪，冰坚十余日不解，河鱼冻毙，树木多折"②。其中雪灾发生次数最多的是梧州府，共发生 32 次雪灾，梧州府雪灾发生次数最多的是乾隆朝，共发生 8 次雪灾，受灾次数最多的是藤县，共发生 12 次雪灾。其次是平乐府，共发生 23 次雪灾，平乐府发生雪灾最多的是光绪年间，共发生 9 次雪灾，受灾县最多的是昭平县，共发生 10 次雪灾。再次是桂林府，共发生雪灾 20

① 道光《綦江县志》卷十《祥异》，成都：巴蜀书社，1992 年，第 680 页。
② 民国《灌阳县志》卷二十三《杂记》，民国三年（1914 年）刻本。

次，雪灾发生次数最多的是光绪和道光年间，均发生雪灾 5 次，受灾次数最多的是兴安县和全州，均发生雪灾 5 次。

（六）雷灾

发生雷电时，强大电流使人、畜、植物或建筑物等遭受杀伤或破坏的灾害称之为雷灾①。相对于清代重庆其他灾害，雷灾发生的次数最少，灾害史料中累计有 23 县次雷灾记录。雷灾常与强对流天气和风雹雨等一起发生，其破坏力仍不可小觑。例如，咸丰二年（1852 年）夏六月，黔江县"大风雨，雷震轰去城南江西馆楼鸥吻一角"②。

从季节和月份分布来看，23 县次雷灾记录均可以明确其发生的季节和月份，且春夏秋冬四季均有。其中夏季雷灾发生最为频繁，累计 11 县次，占雷灾总次数的 47.83%；其他三季节雷灾次数相对较少，分别为春季 4 县次、秋季 3 县次和冬季 5 县次。从月份来看，除了 9 月没有雷灾记录外，其余 11 个月均有雷灾记录，且每月雷灾的次数相差不大，较为平均。发生雷灾次数最多的为 4 月和 6 月，各有 4 县次，最少的 1 月、2 月、8 月和 10 月，各有 1 县次。

从空间分布来看，一共有 12 个县发生 23 县次雷灾。受雷灾波及的县地分别为璧山县、大宁县、垫江县、涪州、合州、江津县、彭水县、綦江县、黔江县、铜梁县、酉阳州和忠州。其中黔江县发生的雷灾次数最多，共有 9 次，占雷灾总次数的 39.13%，明显高于其他地区。大宁县、垫江县、铜梁县各有 2 次雷灾记录，其余地方均只有 1 次雷灾。

二、生物灾害

（一）虫灾

虫灾是害虫导致农作物遭受破坏而减产甚至绝收的重大农业灾害。清代重庆地区农业害虫种类繁多，据虫灾史料记载主要有蝗、蝝、螟、蝥、蚜虫、竹虱、青虫、蚱蜢及其他未记录名称的害虫。这些名称当中，有的为同种异名，如蝝为蝗的幼虫，蚱蜢也为蝗虫的一种。本书统计出清代 268 年中重庆地区有

---

① 孟昭华、彭传荣：《中国灾荒辞典》，哈尔滨：黑龙江科学技术出版社，1989 年，第 163 页。
② 光绪《黔江县志》卷五《祥异志》，成都：巴蜀书社，1992 年，第 169 页。

29 次虫灾记录，有害虫名称记载的有 17 次，其中蝗 6 次、螽 3 次、螟 2 次、蟊 1 次、蚜虫 3 次、虮 1 次、青虫 1 次。

由此可知，清代重庆地区的虫害主要为蝗灾。蝗灾作为影响最大的农业灾害之一，历来备受重视。徐光启曾在《除蝗疏》中对蝗灾的危害有着明确记载："凶饥之因有三：曰水，曰旱，曰蝗。地有高卑，雨泽有偏陂，水旱为灾，尚多幸免之处；惟旱极而蝗，数千里间草木皆尽，或牛马毛幡帜皆尽，其害有惨，过于水旱也。"①

清代重庆地区 29 县次的虫灾一共涉及 17 个地区：巴县、城口厅、大足县、垫江县、奉节县、涪州、江津县、南川县、彭水县、綦江县、黔江县、铜梁县、潼南县、巫山县、秀山县、永川县、酉阳州。这些地区虫灾分布较为平均，最高的为南川县，共计 4 次。

29 县次虫灾当中有明确季节记录的一共有 23 县次，除冬季没有虫灾记录外，其他三季都发生过虫灾。其中秋季发生虫灾最多，共有 11 县次，占能够明确季节虫灾总次数的 47.83%；其次为夏季，发生虫灾 10 县次，占比 43.48%；再次为春季，仅有 2 县次虫灾，占比 8.70%。由此可见，清代重庆地区虫灾的季节性特征明显，表现为夏秋两季多，冬春两季少。

与水旱等主要灾害相比，清代重庆虫灾发生次数虽少，不过一旦暴发虫灾，农作物往往在短时间内直接遭受毁灭性破坏，严重的还会直接导致社会饥荒。例如，道光二十一年（1841 年），南川县"虫伤稼，大饥。是年夏间，禾叶被虫食且尽。民苦无收，大饥，多全家逃入贵州"②。

贵州境内虫灾较少，整个清代只有 8 个年份发生虫灾，其中，清前期 3 次，清后期 5 次，主要涉及黎平、天柱、清平等地。其中较严重的两次虫灾分别发生于咸丰五年（1855 年）和光绪二十一年（1895 年），咸丰五年（1855 年）黎平"府属岩洞等处，来蝗虫，每食一田，必有最大者率诸小蝗，捕得大者约重二两许"③。光绪二十一年（1895 年）都匀府清平县发生虫灾，"雹化生蝗，遍地皆是"④。

① （明）徐光启：《徐光启全集·徐光启诗文集》，上海：上海古籍出版社，2010 年，第 78 页。
② 民国《重修南川县志》卷十三《前事》，台北：成文出版社，1976 年，第 1197 页。
③ 光绪《黎平府志》卷一《天文志》，光绪十八年（1892 年）刻本，第 26 页。
④ 转引自贵州省图书馆：《贵州历代自然灾害年表》，贵阳：贵州人民出版社，1982 年，第 274 页。

蝗虫作为中国历史上常见的自然灾害，给人民的生产带来了很多不利的影响，史料记载常用飞蝗蔽天来形容蝗灾的数量多，用声如风雨来形容蝗虫对农作物的吞食快，用赤地千里来形容蝗虫的危害程度。蝗虫对农业的损害十分严重，且常与水、旱灾害相伴而来。清代广西蝗灾发生的次数，整体来看桂东南多于桂西北，蝗灾次数发生最多的县为北流县，在清代共发生蝗灾 14 次，北流县在道光年间发生蝗灾次数最多为 76 次。其次是平南县，在清代都发生了 8 次蝗灾，平南县在咸丰年间发生蝗灾次数最多为 4 次。

（二）兽灾

兽灾是生物灾害的一种，一般指因野兽出没而对人畜造成危害。作为著名的"山城"，重庆地区多高山峡谷，植被茂盛，为多种野生动物提供了天然的栖息地。清代重庆地区累计有 31 县次兽灾，涉及豺狼虎豹 4 种野生动物，这些动物并不是孤立存在的，同一地区在同一时期往往发生多种野生动物伤害人畜事件，如道光十二三年，城口厅境内"豺狼群出，啮食道路沟壑饿毙之人。夜则群鸣，其声呜呜骇，厅城厢皆闻之，捕之即渺"[1]。豺狼虎豹 4 种野生动物当中，老虎成灾次数最多，累计 19 县次；其次为豺，累计 13 县次；再次为狼，为 5 县次；豹次数最少，仅为 1 次。

清代重庆地区 31 县次的兽灾一共波及 14 个县地：巴县、城口厅、大足县、涪州、江津县、南川县、彭水县、綦江县、黔江县、潼南县、巫山县、秀山县、永川县、忠州。其中，綦江县发生的兽灾最多，共有 6 次；其次为黔江县，发生兽灾 5 次。另外，南川县和巫山县各有 3 次，巴县、城口厅、彭水县、秀山县各有 2 次，其余地区均只有 1 次兽灾。

清初由于连年战乱，重庆多地人烟稀绝，城市为灌丛和茂草覆盖，森林覆盖率在 50%—80%[2]。清初重庆出现了严重的虎患，有"群虎白日出游"之称，老虎入城事件时有发生。顺治三年（1646 年），巫山县"未入版图时有虎，每夕入市，哮吼震地。民间鸡栖厨灶，皆为所扰，驱逐之声达旦。次年贼首李过名一只虎，渡江南乡遂乱。嗣有虎，数十成群，伤人食物，不可胜

---

① 道光《城口厅志》卷十九《杂类志》，成都：巴蜀书社，1992 年，第 826 页。
② 蓝勇：《清初四川虎患与环境复原问题》，《中国历史地理论丛》1994 年第 3 辑。

纪"①。康熙四十三年（1704 年），巴县"虎入城"②。

清代中后期人口增加，农业开垦向山区和半山区转移，大片森林被破坏，使得豺狼虎豹等野生动物的生存空间日益压缩，从而加剧了人与兽之间的矛盾。野兽频频闯入人们的生活区，发生了一系列恶性伤人事件。例如，道光十六年（1836 年），涪州"长里豺狼食人，以数百计"③。黔江县在咸丰十年（1860 年）、同治四年（1865 年）、光绪六年（1880 年）和光绪十七年（1891 年）多次发生豺入城食人事件，尤其是同治四年（1865 年）春三月，"豺入城，食民畜甚多"④。

（三）疫灾

疫灾是因传染病流行而给人类社会带来的严重灾难，自古以来便是人类历史发展面临的主要威胁之一。疫灾的流行常与气候、地理环境、地方战争、公共卫生等因素有着密切关系。相较于旱涝等主流灾害，清代重庆地区疫灾整体不是很严重，但也偶有发生，由于医疗条件水平较低和卫生条件差，不少地区疫灾暴发后引发严重疫情，给人们的生命健康造成极为严重的威胁。例如，嘉庆十九年（1814 年），綦江县"春夏瘟疫流行，死者无算"⑤。

清代 268 年中共有 26 年发生了不同严重程度的疫灾，平均每 10.31 年中就有一年发生疫灾。重庆各地区累计发生疫灾 37 县次，平均每年发生 0.14 县次疫灾，平均每一个疫灾年就有 1.42 个县地受灾。26 个疫灾年主要集中在 19 世纪，尤其是晚清以来，疫灾的发生的频率明显增加。虽然这与近代以来史料的记录较为全面有关，但不可否认的是，19 世纪的重庆疫灾相当严重。

从史料记载来看，清代重庆地区有 18 个县地先后发生过疫灾：巴县、城口厅、垫江县、酆都县、合州、江北厅、江津县、梁山县、南川县、彭水县、綦江县、黔江县、荣昌县、铜梁县、万县、巫山县、秀山县、永川县。

从疫情表现来看，顺治四年（1647 年）、顺治五年（1648 年）、顺治六年

① 光绪《巫山县志》卷十《祥异志》，成都：巴蜀书社，1992 年，第 340 页。
② 乾隆《巴县志》卷十六《艺文》，清乾隆二十六年（1761 年）刻本。
③ 同治《重修涪州志》卷十六《拾遗志》，成都：巴蜀书社，1992 年，第 700 页。
④ 光绪《黔江县志》卷五《祥异志》，成都：巴蜀书社，1992 年，第 170 页。
⑤ 道光《綦江县志》卷十《祥异》，成都：巴蜀书社，1992 年，第 680 页。

（1649年）、嘉庆八年（1803年）、嘉庆十六年（1811年）、嘉庆十九年（1814年）、道光二十一年（1841年）、同治七年（1868年）、光绪十七年（1891年）、光绪十八年（1892年）这10个年份发生的疫灾尤为严重。清代重庆疫灾，尤其是这10个年份发生的严重疫灾并不是单一存在的，往往与大旱和饥荒相伴随。大旱造成粮食减产，引发饥荒，并改变自然环境因子，滋生病毒病菌，加之饥荒带来的饥饿极大地降低了人们身体的抵抗力。一旦疫情暴发，往往导致十分恐怖的后果。例如，顺治四年（1647年），綦江县"岁大旱，斗米十二金。难民无所得食，兼瘟疫盛行，死者朽卧床榻，无人掩葬"①。顺治五年（1648年）和顺治六年（1649年），彭水县连续两年"大饥，疫，人相食。斗米银八两，六畜皆死"②。

能造成疫灾的传染病有很多，但古人对疫病认知有限，疫灾发生后大都用"瘟疫"或"疫"来代指各种传染病，对于疫病所导致的临床病症也缺乏相关记载。光绪十七年（1891年）、同治七年（1868年）、光绪十八年（1892年）有三次疫灾却提供了一次临床病症方面的线索。光绪十七年（1891年）夏六月，黔江县"疫，民多死，病疹紫色者尤不治"③。这次疫灾虽然无法明确疫病名字，但其症状的一大表现就是严重患者气色发紫，这也是重症不治的信号。同治七年（1868年），南川县"疫症四起，染者吐泻交作，两足麻木，逾二三时立毙，俗呼为麻脚瘟"④。光绪十八年（1892年），万县"大疫，谓之麻脚瘟，四城门出丧，日数十具，乡民死者无算"⑤。这两次都是"麻脚瘟"的疫病所导致的疫灾，其临床病症表现为感染者上吐下泻、双腿发麻，死亡率高且病发到死亡时间极短。这些记录虽少，却一定程度上为今天深入探索疫病的种类及其临床病症提供了较为有价值的参考。

疫灾是苗疆境内另一类生物灾害。龚胜生等认为："瘟疫灾害（简称疫灾）是指由病毒、细菌、寄生虫等引起的急性、烈性传染病大规模流行所导致

---

① 道光《綦江县志》卷十《祥异》，成都：巴蜀书社，1992年，第677页。
② 光绪《彭水县志》卷四《杂事志》，成都：巴蜀书社，1992年，第310页。
③ 光绪《黔江县志》卷五《祥异志》，成都：巴蜀书社，1992年，第172页。
④ 光绪《永川县志》卷十《杂事志》，成都：巴蜀书社，1992年，第335页。
⑤ （清）佚名：《万县乡土志》卷六《人类录》，民国十五年（1926年）石印本。

的生物灾害，是人类面临的所有自然灾害中最顶级的灾害。"①疫灾与其他自然灾害最大的不同点在于其具有传播性、流行性，故史料没有详细记载受灾地，而只记载"贵州"二字的亦计算在内的话，则清代苗疆共有 11 个年份发生 12 次疫灾，且多集中在清后期。主要涉及荔波、天柱、施秉、镇远、黎平、都匀等地，其中荔波县疫灾频次最高，达 6 次，仅道光二十四年（1844 年）就发生两次，分别为 4 月一次，8—9 月一次。从疫灾发生频次来看，都匀府比镇远府和黎平府稍高，都匀府 7 次，镇远府 2 次，黎平府 2 次。在 12 次疫灾中，较为严重的、造成大量人口死亡的有两次，分别是咸丰三年（1853 年）和同治四年（1865 年），咸丰三年（1853 年）黎平府暴发疫灾，死者甚众，"大疫，府城乡病麻瘟，死者甚众"②。同治四年（1865 年）天柱县发生疫灾，死者无算，"瘟疫流行，四境传染，合室呻吟，死者无算"③。

清代广西地区是疾疫的高发区，从顺治五年（1648 年）最早记载广西疫病开始到 1911 年共计 264 年的时间中，广西共发生疫灾 282 次。清代广西地区主要疾疫种类有鼠疫、霍乱和牛痘等。

疫灾是云南另一类近年来受到普遍关注的灾害。云南的气候及生态环境，为传染性、流行性疫病的发生提供了条件。疟疾、鼠疫、血吸虫病、麻风病等成为云南历史上影响较大的疾病。但此类史料的记载更为简略，只以"疫""瘟疫""大疫"等形式记载。

三、地质灾害

（一）地震

地震是地壳快速释放能量而引起地表震动的现象，因其破坏力强，成为人们最为恐惧的自然灾害。西南历史上经常发生、造成影响最严重的地质灾害主要是地震，历代有关记载不绝如缕，从汉至清，地震灾害记录多达四百余次，其中百余次直接造成了不同程度的房屋倾塌及人员伤亡。

此外，泥石流、滑坡、山崩、塌陷等也是西南地区频发的地质灾害。西南

① 龚胜生、谢海超、陈发虎：《2200 年来我国瘟疫灾害的时空变化及其与生存环境的关系》，《中国科学：地球科学》2020 年第 5 期。

② 光绪《黎平府志》卷一《天文志》，清光绪十八年（1892 年）刻本，第 26 页。

③ 转引自贵州省图书馆：《贵州历代自然灾害年表》，贵阳：贵州人民出版社，1982 年，第 384 页。

的泥石流灾害与地质、生态环境有密切关系。但西南泥石流灾害大量见于记载，则是近现代以来的事。那是否意味着云南历史上没有泥石流灾害呢？显而易见，特殊的地质、地貌结构及生态基础，决定了云南是一个泥石流灾害的频发区。重庆是我国地震较为严重的地区之一，历史文献对重庆历史地震的记载颇丰，公元1010年到1949年，重庆地域及其周边曾有86次地震的记载①。从历史文献来看，清代重庆地区地震活动以中小地震为主，而一旦发生强震往往摧毁建筑，压毙人畜，山崩地裂，引起人们巨大的心理恐慌。例如，咸丰六年（1856年），"夏五月，地震。黔江来凤之交地，名大路坝，山崩十余里，压杀左右居民数百家"②。

通过地震史料分析，统计出清代重庆地区在268年当中，有22年出现了地震，平均每12.18年就有一年发生地震，重庆各县地累计发生地震75县次，平均每年发生0.28县次地震，平均每一个地震年就有3.41个县地受地震波及。

由于康熙五十二年（1713年）七月"全蜀地震"③，受这次地震影响，清代重庆每个县地都有至少1次地震数据，即重庆所有地区都或多或少地受到地震波及。其中发生地震最多地区为合州，累计发生地震6次；其次为奉节县、潼南县和巫山县三地，各有5次。此外，巴县、涪州、彭水县、綦江县、荣昌县和忠州各发生4次地震。其余地区地震都在3次以内（含3次）。

除了康熙五十二年（1713年）这种"全蜀地震"外，清代重庆22个地震年当中，乾隆五十一年（1786年）、咸丰四年（1854年）、咸丰六年（1856年）3个年份发生的地震波及范围最广，且造成的地震灾情也相当大，具体如下：

乾隆五十一年（1786年）从五月初六日起，地方志中显示荣昌县、涪州、江津县、璧山县、合州、綦江县、秀山县、潼南县、彭水县等至少9个地区先后不同程度受灾，受灾范围之广堪称清代重庆地震之最，且余震延续数日。地震导致秀山县出现饥荒，涪州羊角碛山崩，荣昌县及其周边今属四川境内地区灾情更是惨烈，"五月地震，日三次，明日又震。同时雅黎山倾陷塞河十数日，水涌河决。嘉定、泸州、叙府沿江一带人民漂没者不下数十万众"④。

① 丁仁杰等：《重庆地震研究暨〈重庆1∶50万地震构造图〉》，北京：地震出版社，2004年，第89页。
② 同治《增修酉阳直隶州总志》卷末《杂事志》，成都：巴蜀书社，1992年，第880页。
③ 赵尔巽等：《清史稿》卷四十四《灾异五》，北京：中华书局，1977年，第1635页。
④ 同治《荣昌县志》卷十九《祥异》，成都：巴蜀书社，1992年，第295页。

咸丰四年（1854年）地震中心在南川县陈家场，"咸丰四年冬十一月起，至次年冬止，南路陈家场地震不已，或数日或数十日一次，毁庙宇房屋坟墓，压毙人无算"①。由此可见，南川县地震灾情惨重，地震造成了严重的人员伤亡和财产损失，而地震后的余震更是持续了近一年时间。从现在研究来看，南川县地震为5.5级地震②。受南川地震影响，涪州、巴县和綦江县等地的地方志中都有相关记载。例如，同治《重修涪州志》记载："十一月五日，全涪地震。"③从史料记载来看，这些地区受地震影响远不及南川县。

咸丰六年（1856年）地震是清代重庆最为严重的地震，甚至是重庆历史上最为惨烈的地震之一。咸丰六年（1856年）五月初八（6月10日），重庆境内的黔江县、巫山县、奉节县、綦江县和彭水县遭受强烈地震，从地震灾情描述来看，地震中心在重庆和湖北交界的黔江—咸丰一带。这次地震在许多县志上都有详细的记载，据光绪《黔江县志》记载："咸丰六年夏五月壬子，地大震，后坝乡山崩。先数日日光暗淡，地气氤郁异常。是日弥甚，辰巳间忽大声如雷震，室宇晃摇，势欲倾倒，屋瓦皆飞，池波涌立，民惊号走出，扑地不能起立。后坝许家湾（距县治六十余里）溪口有山蠢起，倏中断如截，响若雷霆，地中石亦迸出，横飞旁击，压毙居民数十余家。溪口遂被堙塞，厥后盛夏雨水溪涨不通，潴为大泽，延袤二十余里，土田庐舍尽被淹没，今设舟楫焉。"④这次地震不仅造成了大量人员伤亡，还改变了局部的地表地貌，形成了巨大的堰塞湖，人们称为"小南海"，故将这次地震称为小南海地震，地震遗址保留至今，2001年成为国家级地震保护区。小南海地震成为不少地震学家的研究对象，王赞军等人认为这次地震"可能是多次构造地震叠加的结果，也可能是纯粹的山体自然坍塌形成的塌陷型地震"⑤。《重庆地震研究暨〈重庆1：50万地震构造图〉》作者结合文献记录和实地考察将这次地震定为6.25级，地震波及区域北至今重庆市奉节县、巫山县，西及今重庆市巴南区、南川区、綦江区，东南达湖南省大庸市、保靖县、花垣县和吉首市，整个川渝湘鄂黔五

① 民国《重修南川县志》卷十四《杂述》，台北：成文出版社，1976年，第1244页。
② 丁仁杰等：《重庆地震研究暨〈重庆1：50万地震构造图〉》，北京：地震出版社，2004年，第92页。
③ 同治《重修涪州志》卷十六《拾遗志》，成都：巴蜀书社，1992年，第701页。
④ 光绪《黔江县志》卷五《祥异志》，成都：巴蜀书社，1992年，第169页。
⑤ 王赞军等：《1856年重庆小南海地震地质灾害成因探讨》，《地质工程学报》2019年第3期。

省市毗邻地区均有震感，有感范围 87571 平方千米[①]。

根据地震史料的记载，贵州地震少，有破坏性地震更少，而且未发生过 6 级和6级以上的地震[②]。据代少强统计，"自元武宗至大元年至中华人民共和国成立前六百余年间，贵州共发生地震 117 次，其中元代 1 次，明代 41 次，清代 59 次，民国 16 次"[③]。

清代广西地震发生的次数，整体来看桂东多于桂西，受灾次数最多的县为北流县，共发生地震 19 次，其中光绪年间和咸丰年间发生地震次数最多，均为 4 次。其次是苍梧县，共发生地震 15 次，其中康熙年间发生地震次数最多，为 6 次。

（二）崩陷

除了地震灾害外，清代重庆地区还时有发生山崩地陷等地质灾害。崩陷所包含的范围很广，但古人对于崩塌、滑坡、泥石流等并无科学划分，一概称之为山崩，简称崩、坍、崩陷[④]。本章的崩陷是一个较为宽泛的概念，是指清代重庆灾害史料中所记录的除地震之外的其他地质灾害。

重庆地区层山叠嶂，地质构造复杂。不过山区相对来说人烟较为稀少，一些塌陷发生后对人们的直接影响较小或根本未被人发觉，因而未能在史料中留下记录。本章统计出清代 268 年中重庆共有 27 年出现了崩陷的记录。重庆各地累计发生崩陷 38 县次，平均每年 0.14 县次，平均每一个崩陷灾年就有 1.41 个县地受灾。

从受灾范围来看，清代重庆地区共有 17 个县有崩陷灾害记录：巴县、城口厅、大宁县、垫江县、奉节县、涪州、开县、南川县、綦江县、黔江县、荣昌县、石砫厅、铜梁县、永川县、酉阳州、云阳县、忠州。其中，云阳县发生崩陷次数最多，共有 5 次，占崩陷总次数的 13.16%；其次为城口厅、涪州和綦江县三地，各有 4 次，各占崩陷总次数的 10.53%；垫江县、开县和永川县各有 3 次崩陷，大宁县、黔江县各有 2 次；其余地区均只发生 1 次崩陷灾害。

① 丁仁杰等：《重庆地震研究暨〈重庆1：50 万地震构造图〉》，北京：地震出版社，2004 年，第 92 页。
② 贵州省图书馆：《贵州历代自然灾害年表》，贵阳：贵州人民出版社，1982 年，第 362 页。
③ 代少强：《贵州六百年地震灾害与社会救治研究》，贵州大学 2017 年硕士学位论文。
④ 李鄂荣、姚清林：《中国地质地震灾害》，长沙：湖南人民出版社，1998 年，第 178 页。

重庆 92% 的地区为山地地形，强降水时段集中，使得重庆地质灾害以山体滑坡和崩塌为主[①]。清代重庆地区崩陷多发生在强降雨集中的夏季，季节分布高度集中。清代重庆 38 县次崩陷中有明确季节记录的累计 33 县次，其中夏季发生崩陷次数最多，共有 21 县次，占崩陷总次数的 55.26%；其次为秋季，发生崩陷 9 县次，占崩陷总次数的 23.68%。冬春两季发生崩陷的次数较少，春季为 2 县次，冬季仅为 1 县次。

和清代重庆大多数灾害一样，崩陷灾害也往往和其他灾害关联在一起。一方面，崩陷大多数情况下由雨灾、洪涝和地震等多种灾害导致。例如，道光五年（1825 年）四月初一日，垫江县"大雨，县北有蛟，自西山出，大水陡涌数丈，岩崩石走。沿河一带田禾冲坍，庐舍漂没"[②]。咸丰六年（1856 年）夏五月，黔江县"咸地震，黔江来凤之交地，名大路坝，山崩十余里，压杀左右居民数百家"[③]。另一方面，崩陷发生后可能又会衍生出其他灾害。例如，光绪二十二年（1896 年）八月，云阳县"黄官漕土石崩圮，直送江心，宽约八十余丈，与江心石梁逼近，将水势逼成二股交流，形如剪刀，乱石冲激……舟至其中，非触石梁即入回湍，鲜有存者"[④]。

四、其他灾害

（一）火灾

作为著名的"火城"，重庆自古以来就饱受火灾侵扰。《华阳国志》中就记载"江州（重庆）地势侧险，皆重屋累居，数有火害"[⑤]，直到清代，重庆地区的火灾仍不绝于史料。除了"火灾"外，史料中也用"回禄""祝融"等代指火灾。与水旱等自然灾害相比，火灾发生的原因更为复杂，清代重庆火灾史料中记载的多为人为原因而引发居民区火灾，尤其是城市火灾，非常突出。《中国历朝火灾考略》中记载清代火灾有 12336 起，其中城市火灾 6084 起，占

① 《中国气象灾害大典》编委会：《中国气象灾害大典·重庆卷》，北京：气象出版社，2008 年，第 284 页。

② 道光《垫江县志》卷六《杂类志》，清咸丰八年（1858 年）刻本。

③ 同治《增修酉阳直隶州总志》卷末《杂事志》，成都：巴蜀书社，1992 年，第 880 页。

④ 光绪《云阳县乡土志·水利》，清光绪三十二年（1906 年）抄本。

⑤ （东晋）常璩撰，刘琳校注：《华阳国志校注》，成都：巴蜀书社，1984 年，第 49 页。

火灾总数的 49.03%①。战乱等原因导致的火灾比较特殊，因此"战火"不在本章的考虑范围，这里的火灾主要指发生在城乡居民区的火灾。

火灾大多属于人为灾害，虽然其影响范围不及其他灾害广，但损失严重，破坏极大，对受灾户造成毁灭性的打击，是苗疆境内仅次于气象灾害的另一个主要灾害类型。例如，康熙《黔书》载："黔之俗编竹覆茆以为居室，勾连鳞次，灶、廪、厩、井无异位，其民贫，冬月率蓆帽卉衣，寒必向火，故历来多火灾。"②乾隆《独山州志》亦云："从前惟火患最多，亦最烈，或曰羊角山燥，火位城西南，故若尔，是地气使然矣。"③苗疆火灾又可分为城市（村寨）火灾与山林火灾两类，尤以城市火灾最为严重，一旦失火，延烧少则数十家，多则数百户，难以扑救。康熙《黔书》云："而列处城市者为患尤甚，一遇火往往延焚数百家，少亦数十家，不可扑灭，民苦之。"④苗疆境内深林密境，森林资源丰富，加上因木材贸易而大规模种植杉树，山林火灾亦多发。山林火灾与城市火灾存在两方面的差别，一是记载的主体明显不同，城市火灾多由官方记载在地方志或者赈灾档中，而山林火灾多由民间记载，且多以契约和禁碑的形式出现；二是城市火灾容易得到官方的重视，灾后可以得到官方的赈济，而山林火灾则鲜见官方的身影，多由民间按当地习惯法或民间规约自行处理。例如，《放火烧山赔银记录光绪十九年二月二十七日》载："先年本寨显邦、显口放火烧我等公、私山，请中理论，赔我等酒水且收他来钱十千文。光绪十九年二月二十七日，本房天贵放火烧我等莲花山之木共（私山）山，请中理论，赔我等酒水且收来钱六千四百文。"⑤《杨惟厚失火烧山认错字》载："立错字，人塘养村杨惟厚情因去岁九月因口不慎失火所烧姜源淋之六百山塊，该姜源淋于本年正月内到达本口接请地方父老、龙甲长有政口民理论，窃民有案可查，只得无奈夫妇二人相商仰请原中龙甲长，有政代民要求说，令日后不得异言，持立错字是实为据。中口代笔民国三十五年正月二十六日。"又如，"番达连二十一山被塘养村杨维口失火烧，在民国三十七年二月一日，口

① 李采芹：《中国历朝火灾考略》，上海：上海科学技术出版社，2010 年，第 301—302 页。
② 康熙《黔书》上卷《禳火》，清光绪十三年（1887年）刻本，第 30 页。
③ 乾隆《独山州志》卷 2《天文志·祥异》，清乾隆三十四年（1769年）刻本，第 4 页。
④ 康熙《黔书》上卷《禳火》，清光绪十三年（1887年）刻本，第 30 页。
⑤ 张应强、王宗勋主编：《清水江文书》第 1 辑第 3 册，桂林：广西师范大学出版社，2007年，第 391 页。

乃请求众山友等培（赔）礼，经亲族姜廉、儒昭、宗铭、建才等调解，立有错字二纸，载口存一纸，地主存一纸。错字存在元汗家，儒昭亲笔立。民国三十七年二月二日"①。由于境内山林火灾多发，很多村寨立定了村规民约，规定失火烧山罚款的数额，并立禁碑作为警示和依据，如天柱县蓝田镇蒲溪竹山有禁碑云："一议放火烧坏（山林），罚洋四元。"②再如，"立合同人蒋姓、杨姓……一议不准乱入放野火，罚钱八百文……光绪十三年十二月初三日"③。《严禁盗砍焚烧践踏木植碑》云："自示之后，如有该地方栽蓄杉、桐、油蜡等树，无得任意妄行盗砍及放火焚烧、牧放牛马践踏情事。倘敢不遵，仍蹈故辙，准该乡团等指名具禀甲，定即提案重惩，决不姑息宽容。"④这亦从侧面反映出境内山林火灾的情况。笔者根据府、州、县志和第一历史档案馆存赈灾档、清水江文书及部分日记等进行统计得出，清代贵州苗疆共有 36 个年份，发生 41 次火灾（包括城市火灾和山林火灾），显然，这只是有明确文献记载的统计数据，远不能代表这一时期苗疆境内的所有火灾。

清代广西地区共发生 73 次火灾，主要集中在梧州府，共发生 33 次火灾，其中苍梧县共发生 19 次火灾。在火灾发生的季节分布中，我们可以看出，清代广西地区火灾主要集中发生在春、秋、冬三个季节，其中冬季最多，火灾年为 20 年。其次是春季，火灾年为 17 年。再次是秋季，火灾年为 16 年，而夏季只有 3 年。这是因为春、秋、冬三季气候较为干燥，火灾发生的频率也随之而频繁，因此"自农历八月十五起至十二月底止，广西人民称为冬防时期"⑤。

（二）饥荒

清代广西饥荒发生的次数，整体来看桂东多于桂西，饥荒次数发生最多的分别是平乐府、梧州府。其中平乐府在清代共发生了 47 次饥荒，受灾次数最多

① 张应强，王宗勋主编：《清水江文书》第 1 辑第 3 册，桂林：广西师范大学出版社，2007 年，第 433 页。

② 政协天柱县第十三届委员会：《清水江文书·天柱古碑刻考释》中册，贵阳：贵州大学出版社，2016 年，第 418 页。

③ 张新民主编：《天柱文书》第 1 辑第 7 册，南京：江苏人民出版社，2014 年，第 276 页。

④ 安成祥：《石上历史》，贵阳：贵州民族出版社，2015 年，第 44 页。

⑤ 中国人民政治协商会议梧州市委员会文史资料研究委员会：《梧州文史资料选辑》第 13 辑，内部资料，1988 年，第 58 页。

的是昭平县，共发生饥荒 12 次，然后是永安州，发生饥荒 9 次。其次是梧州府，发生饥荒 33 次，受灾次数最多的是苍梧县，共发生饥荒 17 次。

导致饥荒的灾害原因虽然史料没有记载，或语焉不详，因此饥荒单独列出，不归入具体灾荒中。但据广西灾害史料推测，导致广西饥荒的，主要是水旱灾害及雹灾，部分近海区域主要是风暴潮灾导致。能够饥荒，说明这些类型的灾害，无论是等级，还是灾害覆盖、影响的范围都比较大，或者是灾害持续时间比较长，才能导致农业歉收，出现饥荒。

总之，尽管人们对灾害的类型区分得很清楚，史料的记载也很明确，但灾害发生的具体情况却是多种多样、千差万别的。有时发生单一类型灾害，更多的则是多种灾害先后或交替、同时发生，或同时同地发生，或同时多地发生，灾害之后往往引发大规模的饥荒。

第二节　西南地区灾害文化产生的自然环境

自然灾害是人类赖以生存的自然界因地理环境和自然气候变迁而引发的自然异常事件与现象，它足以给人类及其赖以生存的自然环境和社会环境造成破坏性的影响。生态环境恶化与自然灾害之间错综复杂的互动关系，是灾荒史研究中绕不开的重要论题。纵观全球人类社会漫长的历史发展和演进进程，灾害发生的主要原因既与周遭生态环境变异相关，亦同人类社会活动密切关联。清代西南地区各府厅州县水灾、旱灾、地震、疫疠、虫灾、雹灾、霜灾、低温冷冻等自然灾害频发，其中局部地区的自然灾害的衍生和并发，相继呈现出累积性、诱发性和延伸性等特点。各类灾害发生的成因与机理，以及灾害并发和演变过程共同形成了西南地区灾害的成灾机制和系统结构。

特殊的地理位置及气候类型，决定了西南地区是中国自然灾害最为频繁、种类最为多样的区域。在一定程度上可以说，中国历史上发生过的绝大多数灾害类型，几乎都在西南的不同地区、不同历史时期上演过，故西南灾害具有了类型齐全、分布区域广泛的特点。又因山川雄峻纵横、地理单元众多且相对封闭狭小的地貌特点，使云南灾害的范围及影响程度相对有限，决定了西南自然灾害的影响及后果不如中原内地严重的历史特点。元明以后，随着中央王朝集权统治在西南地区的深入推进及儒学的广泛传播，各类重大自然灾害的记载逐渐完整、全面，自然灾害在表面上呈现出了逐渐增多的特点。随着传统赈济制度及措施在各地的逐渐普及，自然灾害对区域社会的冲击及影响逐渐减弱，尤其近代以后，灾害记载、传承媒介从形式到内涵都呈现出日益丰富多样的特点，社会对灾害的了解更为全面，传统赈济制度及措施也呈现出了极强的近代化趋势。囿于资料限制，西南灾害史的研究长期裹足不前，但随着近年来西南灾害尤其是环境灾害的频繁发生，以及灾害对社会造成的日益深广的影响，学界对西南不同时期及类型的灾害给予了关注，出现了一批可喜的研究成果，但尚缺少从宏观上对西南灾害进行系统研究的成果。

一、地理位置

毋庸置疑的是，西南的地理位置及地貌特点，在人类社会时期没有发生过激烈的变化，虽然西南的气候在不同历史时期发生了不同的变化，但山川河流、箐谷平川的位置及范围依然没有改变，故各种自然、人为的事件都在这块链接着黔桂、川藏高原的雄山险川间交替进行及演变。不同类型的自然灾害也是在此基础上发生发展、反复并演进着，此消彼长着。

西南灾害爆发的原因，主要是自然原因、人为原因及自然与人为相互作用诱发灾害。气候、地质地貌、海拔等成为常见灾害的基础性自然原因；一些地区由于人为开发不当，破坏并改变了当地的地质结构、生态系统构成，引发了多种环境灾害；很多地区因生态基础脆弱，人为开发不当而诱发了多种严重的灾害，灾害与弱化的自然环境交互作用，加重了灾害环境影响的程度及范围。故西南历史时期的灾害存在自然灾害及人为灾害并存共发的特点。

自然原因是最基础的原因，西南地理位置特殊，位于青藏高原东南侧，是一个横跨滇藏高原、云贵高原的特殊地理区域，这片低纬高原区亚洲大陆西南望印度洋、南连位于太平洋和印度洋间的东南亚半岛，东南远眺太平洋，是季风气候影响及控制区，受大气环流影响，冬季受控于干燥的大陆季风；夏季盛行湿润的海洋季风，受到来自印度洋的西南季风和来自太平洋的东亚季风的影响，成为多种季风环流影响的过渡交叉地带，干湿分明是气候的典型特点。夏季降水充沛集中，气候湿润；冬春季节天气晴朗干燥，降水稀少，成为季节性干旱期，风速大、蒸发量大（春季和夏初的水面蒸发量是同期降水量的10倍以上）。因夏季降水存在时间及区域分布不均的特点，水旱灾害成为西南气候灾害的主要类型，正常年份，大部分地区的雨季到 5 月下旬才开始，雨季前很难出现解除干旱的有效降水。而不同年份冬、夏季风进退时间、强度和影响范围不同，降水量在年内和年际的时空分布上存在较大差异，成为冬春季节旱灾及火灾、夏季水灾频发的基础原因。西南还受南孟加拉高压气流影响形成的高原季风气候影响，霜灾、冰雹及低温冷冻灾害在某些区域的爆发极为频繁，对当地的社会生产生活造成了极大影响。

从地壳板块构造的角度看，西南位于亚欧板块、印度板块与太平洋板块交界处，地壳板块的频繁运动，使西南很多地区成为地震、泥石流等地质灾害频发的地区。由于西南地形地貌复杂，是一个山地多平地少的区域，全省 94%山地面积被众多纵横交错的河流箐谷分割成了数量众多的、相对封闭的地理单元，使西南灾害的区域性特点极为显著。

西南的地貌特点决定了全省各地具有立体气候特点，全省气候类型丰富多样，具有北热带、南亚热带、中亚热带、北亚热带、南湿带、中温带和高原气候类型。同一地区的气候也随着海拔的高低起伏而丰富多样，"一山分四季，十里不同天"成为区域气候的典型写照，灾害的类型及影响也随之不同，同一个小区域内的不同海拔区或一座山的阴阳两面，水旱灾害、霜灾、低温冷冻、雹灾、风灾等多种自然灾害都能交替发生，灾害的立体型特点也极为突出。

对西南社会经济影响最大的自然灾害首先是气象灾害（洪涝、旱灾、风灾、霜灾、冰雹等），其次是地质灾害（地震、滑坡、泥石流等），爆发频次最高的是地震灾害，再次是疫灾。此外，在人为灾害中，火灾成为影响及损失最大的灾害。

二、气候因素的影响

气候的变化对自然系统有着十分重要的影响，也是导致西南地区灾荒频发的主要原因之一。西南地处季风交汇区，气候类型多样，包括热带季风气候、亚热带季风气候、高原山地气候等。由于特殊的地理位置，西南部地区的陆地生态系统易受到气候变化的影响。例如，广西地区常年气候温暖，夏天时间长冬季短，降水较为丰沛，夏季湿润冬季干燥，气候资源相对丰富，气象灾害也较为频繁①，主要体现在以下几个方面。

一是气候对冰雪灾害的影响。广西地区由于地处低纬度地区，一年四季气候温暖，当冬季风带来的强冷空气入侵时，气温骤降，会出现降雪、结冰等低温冻害。冰雪灾害的发生常会导致禾苗、树木被损折，池鱼、牲畜等冻伤，如同治四年（1865 年）藤县"十二月，大雪，树木多被压断"②。更为严重的时候，甚至会出现人被冻死的情况，如顺治十一年（1654 年）全州"大雪 50 余日，树木尽坏，民冻死无数"③。在明清小冰期的大背景的影响下，加上广西地区季风气候的影响，导致清代广西地区的冰雪灾害发生频率极高，共发生冰雪灾 158 次，其中重度雪灾 63 次，中度雪灾 69 次，轻度雪灾 26 次。

二是气候对水旱灾害的影响。受季风气候特点的影响，当夏季风盛行时，气候特征为高温、多雨，然而当冬季风盛行的时候，气候特征为低温、少雨。在季风环流的影响下，广西地区年降水量季节和热量差异十分显著。从前文水灾的季节分布图中，我们可以清楚地看出，清代广西水灾多集中在夏季，共发生水灾 246 次，降水量少的月份则多发生旱灾。

三是气候对风灾和火灾的影响。广西地区冬、春季强冷空气南下产生会产生大风天气，春、夏季强对流天气也会产生短时的大风天气④。这也与前面我们对风灾进行的统计数据相符合，清代广西的风灾主要集中在秋季、春季和夏季。季风气候对火灾的影响，主要体现在季风气候的特征是秋季干燥少雨，多风的天气又会导致火势蔓延，造成严重的财产损失。

四是气候对蝗灾的影响是双向的。由于蝗蝻、螟虫等在温暖的环境下更有利于发育生长，广西地区常年"燠多寒少"，温暖的条件给蝗虫生长和繁殖提供了有利条件，但是在明清小冰期的影响下，清代广西地区气温较低，冬天出现冰雪天气。气候寒冷会导致蝗虫的幼崽难以生存，甚至是死绝，因此常有润雪兆丰年一说。道光十五年（1835 年）藤县"乙未夏六月，蝗虫又起害稼……冬十二月大雨雪，平地深尺许，蝗一夕死尽"⑤。

① 杨年珠主编：《中国气象灾害大典·广西卷》，北京：气象出版社，2007 年，第 1 页。
② 广西壮族自治区第二图书馆：《广西自然灾害史料》，桂林：广西壮族自治区第二图书馆，1978 年，第 100 页。
③ 唐志敬编著：《清代广西历史纪事》，南宁：广西人民出版社，1999 年，第 33 页。
④ 杨年珠主编：《中国气象灾害大典·广西卷》，北京：气象出版社，2007 年，第 7 页。
⑤ 同治《藤县志》卷二十一《记事志·杂记》，清光绪三十四年（1908 年）铅印本。

五是气候对疫灾的影响。广西地区地处低纬度，热量充沛，雨热同期。康熙《广西通志》中记载："四时常花，三冬不雪，一岁之暑热过中。人居其间，气多上壅，肤多汗出，腠理不密，盖阳不反本而然。阴气盛，故晨昏多雾，春夏雨淫，一岁之间，蒸湿过半。盛夏连雨即复凄寒，衣服皆生白醭，人多中湿，肢体重倦，多脚气等疾。"[①]这样的气候虽不利于人们的生存，但是有利于动植物的生长，故广西地区植物多高大茂密，遮天蔽日，导致水汽不易蒸发，早晨和黄昏多形成雾气，而森林中生物物种多样，其中生活着很多毒蛇之类的毒物，毒气在炎热的气候下蒸发，以雾为媒介形成瘴气，如果长时间吸入便会使人生病。

三、地形因素的影响

　　气候条件导致广西地区瘴气丛生，地形条件又进一步加剧了瘴疫的发生。《桂海虞衡志》载："邕州两江水土尤恶，一岁无时无瘴。"[②]两江地区常年瘴气密布，江水难免受到瘴气的污染，人喝了被污染的江水多患病，因此左右两江所流经的区域，也是瘴疾最为严重地区。自然地理状况不仅是广西地区瘴疾发生的重要因素，也是鼠疫暴发的重要原因。广西鼠疫地区多集中在东北部，这与低山丘陵为主的地形特点密不可分，崇山峻岭中野生动物繁多，其中不乏鼠疫传染源鼠类[③]。

　　地形不仅对疫灾的形成具有重要的影响，也常导致地质灾害的发生。广西境内活动性断裂有两组，正是这两组断裂的活动，导致广西境内一系列中强及强烈地震的发生[④]。除此之外，广西地区地下水系发达，时常出现溶洞坍塌等情况，进而引起地表震动。

　　灾害的发生与生态环境内部诸要素的变异有着密切联系，稳定的生态系统虽无法完全避免灾害的发生，但一般来说在此种情况下不管是灾害发生的概率还是灾害的可控性都呈现出良好的一面。清代重庆地区的自然生态处于长期变迁之中，由于生态环境受到人为干预的不断加强，整体上呈现出生态环境日益

　　① 康熙《广西通志》卷四《气候》，清康熙二十二年（1683年）刻本。

　　② （宋）范大成著，胡起望、覃光广校注：《桂海虞衡志辑佚校注·杂志·瘴》，成都：四川民族出版社，1986年，第169页。

　　③ 郭欢：《清代两广疫灾地理规律及其环境机理研究》，华中师范大学2013年硕士学位论文。

　　④ 广西壮族自治区地方志编纂委员会：《广西通志·地震志》，南宁：广西人民出版社，1990年，第2页。

恶化的趋势，这为灾害的发生埋下了巨大的隐患。正如夏明方所说："人类不自觉不合理的社会经济活动在地球表层造成的环境退化和生态危机，无不成为引发或加剧自然灾害的重要因子。"①

明末清初巴渝一带饱受战乱之苦，人口锐减，耕地荒废，经济凋敝。由于人类活动的影响大为降低，清代重庆一带不少地区的生态环境逐渐复原，比较典型的表现是这些地区森林复生茂盛，豺狼虎豹等野生动物四处出没，如顺治五年（1648年）綦江县"群虎白日出游，下城楼阙，破残人户，四野荒凉"②，导致这些地区在清初一度受到兽灾侵扰。

随着战乱平息，清政府统治稳固，政府组织招徕流民，大量外省人口迁入重庆地区，加之采取鼓励垦殖和永不加赋等一系列政策，重庆地区人口得以迅速膨胀，这就注定了清初生态复原的现象并不会持续太久。清中期以后，重庆地区面临着巨大的人口压力，而生态环境承载力早已饱和，有限的低地丘陵与河谷地区早已被开垦殆尽，人地矛盾日益尖锐。在生产力水平较低的传统农业社会，为了生存，人们不断涌入山林，大肆地毁林开荒，加紧对生态资源的索取。例如，秀山县"四郊盛山旧时林木不可胜用，今垦辟皆尽，无复丰草长林"③。过度垦殖不仅直接导致大面积森林消失，同时也导致虎、狼等野兽因失去栖息地而日渐减少。例如，万县"虎豹熊罴殆非常产，县境举目皆山，在昔荒芜，尚或藏纳。今则开垦几尽，土沃民稠，唯见烟蓑雨笠，牛羊寝讹而已"④。石砫厅一带"野禽兽皆居山，山中人渐多，虎豹熊罴亦稀见矣"⑤。

毁林开荒虽然能够暂时扩大作物种植面积，增加粮食产量，但随着土壤肥力下降，人们不得不寻找新的开垦区域。换言之，呈现出一种从生态环境退化地区转向生态环境较好地区的动向，长此以往，人与生态环境的矛盾将愈加突显。蓝勇指出到清代后期，包括重庆在内的整个西南地区的平坝浅丘原始森林已经荡然无存，一些临近大中城镇的江河两岸森林多已遭砍伐，许多山地森林

① 夏明方：《从清末灾害群发期看中国早期现代化的历史条件——灾荒与洋务运动研究之一》，《清史研究》1998年第1期。
② 道光《綦江县志》卷十《祥异》，成都：巴蜀书社，1992年，第677页。
③ 光绪《秀山县志》卷十二《货殖志》，成都：巴蜀书社，1992年，第135页。
④ 同治《增修万县志》卷十三《地理志》，成都：巴蜀书社，1992年，第94页。
⑤ 道光《补辑石砫厅新志》卷九《物产志》，清道光二十三年（1843年）刊本。

已遭到较大砍伐①。

森林植被具有保持水土的重要生态功效，尤其在山区这一功效更为突出。现代研究表明，坡度大于25度的山坡上不适合种植农作物和果树，只有天然植物可以在高密度的条件下生存，从而保护山坡地的土壤②。然而，清代各地流民涌入山区，在山坡和半山坡上垦殖开荒，完全突破了这一自然规律。林木被流民砍伐殆尽之后，坡面裸露地表，由于失去天然植被的保护，雨水对地表的冲刷作用大为加强。尤其是重庆地区雨季多暴雨，冲刷力极强，凡是植被破坏地区，一遇强降雨，便易泥沙俱下，出现不同程度的水土流失。水土流失导致河流淤积，降低河流排洪能力，增加洪涝灾害发生频率。同时，水土流失导致的堰塘泥沙淤积也会在很大程度上削弱其水利功效，进一步降低农业生产的灾害抗御能力。

森林是生态环境中影响气候的最关键要素之一，一方面，林内枝繁叶茂有利于雾、露、霜和雾凇等凝结物，增加水平降水，森林中水平降水比无林地降水多1—2倍③；另一方面，森林通过蒸腾作用参与大气水循环，调节周边地区气候。清代重庆地区森林覆盖率的降低大大削弱了其调节气候能力，减少大气降水量，也不利于涵养地下水，在明清小冰期干冷气候的情况下，这无疑是雪上加霜，很大程度上进一步促进了清代重庆各地旱灾的高发。

人兽矛盾也是人与生态关系失衡的一大表现。清初重庆地区生态环境出现短暂复生，一些州县出现了野兽伤人的现象。随着山林开发，豺狼虎豹等野生动物的栖息地被人们侵占，以至于清中期以后这种野兽灾害愈演愈烈。以綦江县为例，顺治五年（1648年）綦江"群虎白日出游"，在人为治理之后，到顺治十年（1653年）就已经"虎狼患稍息"。然而从道光年间开始，綦江县又虎患肆虐，"邑多虎患，先见于□里金兰坝，近则各处均有三两成群，远近之犬几尽"④，这种现象一直持续到咸丰时期仍未有所缓解，虎更加频繁出入人的活动范围，进而导致"鲜夜行者"。

人既是灾害的受害者，同时又是灾害的推动者，在传统社会普通大众基本

① 蓝勇：《历史时期西南经济开发与生态变迁》，昆明：云南教育出版社，1992年，第63页。
② 赵冈：《中国历史上生态环境之变迁》，北京：中国环境科学出版社，1996年，第62页。
③ 张培栋：《森林调节气候的功能》，《中国林业》2005年第19期。
④ 道光《綦江县志》卷十《祥异》，成都：巴蜀书社，1992年，第683页。

认识不到自身与灾害之间的联系，在他们看来人更多的是灾害的承受者。在生产方式和精耕细作趋于稳定的情况下，人们通过扩大垦区的方式来达到增加产量和防备天灾的目的。长期来看，这种以牺牲生态环境为代价的方式不仅不能达到增产抗灾，反而将自身引入无尽的灾害深渊。随着生态失序，人们终将承受一系列生态灾难的恶果，清代重庆地区灾害便是在生态变迁的过程中发生的。

四、生态环境的破坏引发的新灾害

首先，人为开发是灾害增多的诱因。元明以来，随着中央王朝专制统治的深入，对西南半山区、山区的经营及开发日渐扩大、深入，山地农业得到了极大发展，山区半山区的金银铜铁锡铅盐等矿产资源的开发导致森林资源的损毁甚至是灭绝，地质结构受到破坏，区域气候改变，环境灾害的频次逐渐增多。一些生态破坏严重的地区，因大雨后山洪暴发，极易发生水灾，山边河畔的田禾被冲没，如宣威因灾大饥，"米粟腾贵"[①]。因此，随着山区开发的拓展及深入，生态系统的自然防灾、减灾、抗灾能力减弱，很多灾害往往因自生灾害引发次生的、程度严重的环境灾害，使西南成为灾害种类最多的地区，如地震、泥石流、塌陷、干旱、洪涝等灾害，其中以滇东北小江泥石流最具代表性。

其次，自然与人为的交互作用，促发了生态环境的恶化及突变，导致并加速了环境灾害，植被逆向演替，一些区域的生态发生了不可逆转的恶化，如金沙江流域、红河流域、澜沧江流域的部分盆地，在明清之前是生态环境极其良好的地区，气候炎热湿润，灾害较少，适合农业开发，但明清以来的移民开垦使很多生态脆弱区的生态环境遭到彻底破坏，土地结构和河谷坡地退化，气候逐渐干燥，水土流失严重，最终演变成为长期持续性旱灾频发的干热河谷区，自然抗灾能力下降，自然界的灾后自我修复能力减弱，泥石流、滑坡、水旱、冰雹、石漠化等灾害常常光顾。

因此，西南历史上的灾害类型以自然灾害为主，其中，地震、突发性的暴雨、洪涝、干旱、低温冷冻灾害、雹灾、雷电、火山、滑坡、泥石流、崩塌、病虫害等是主要的、发生频次较多的自然灾害。因人为开发导致的泥石流、地

---

① 道光《宣威州志》卷五《祥异》，南京：凤凰出版社，2009 年。

震（如水库地震）、塌陷、滑坡，水土流失及其导致的土地石漠化灾害也是西南主要的自然灾害，人类的开发活动诱发了许多自然灾害，或加重了灾害的程度。

某一时期西南地区灾害的频发与当时的社会环境也密切相关，如这一时期人为破坏环境的变迁、人口的流动、战乱等都会引起或加剧灾害的爆发。

西南地区的自然灾害，虽然在灾害类型、灾情等方面存在许多相似点，但因自然及人为原因方面存在的差异，尤其是科技、政策等方面的不同，致使灾害的具体状况及后果存在着极大的差异。自然灾害还呈现出了区域性、连续性的特点，灾害情况复杂、各种类型的灾害在不同地区、不同时段发生，以及灾害频次明显增加是此期灾害的又一特点。旱涝、地震依然是此期最常见的灾害，民国年间疫灾的增加与云南交通的逐渐改进及流动人口增加有密切关系，也与气候、生态系统的改变密切相关。

频繁的灾害致使云南耕地尤其是大量优质田地抛荒及废弃，农业经济受到极大冲击。高产农作物及烟草、咖啡等经济作物在山区的广泛种植，破坏了山区半山区的土壤、生态结构及山区生态自我恢复体系，往往大雨或水灾之际，山上泥沙倾泻而下，冲毁掩埋了山脚河边肥沃的上则或中则田地，这些被沙埋石压的田地成为无法垦复或不能耕种的永荒地。如 1931 年易门县发生洪灾，盘龙镇 1374 亩地被水冲沙埋、198 亩被毁，1948 年洪灾导致 2916 亩田地的稻谷无收，186 亩田地成为永荒地[①]。

云南灾害分布范围虽然较广，但与中原地区灾害相比，后果相对较小，其中范围及影响最大的灾害是 1923—1925 年的霜灾及大理、凤仪一带的 7 级地震，37 县受灾、30 余万人死亡，对社会经济造成了严重破坏，《申报》、《云南大理等属震灾报告》和大理传教士对此次地震均有记述。据当事的记述，地震后，大理城墙城楼严重毁坏，牌坊倾圮，铁栅震倒，全城官民房屋、庙宇同时倾倒，重者夷为平地，轻者墙壁倒塌，无一完好。东山洱海边、顺满邑、下鸡邑、小邑庄等村寨庙宇和民房几乎全部倒尽，阻塞街巷，平地、田坝、湖滨出现裂缝，缝冒沙浮，地涌黑水。4000 余户受灾，死 3600 人，伤者逾万，牲畜死亡数千头，城乡倒塌墙壁 1 万余堵，房屋损坏 7.6 万余间（包括震后大火烧毁

---

① 易门县地方志编纂委员会：《易门县志》，北京：中华书局，2006 年，第 100 页。

的房屋），地震后发生火灾，直烧至次日清晨，烧死者随处可见，平日繁华的大理城变成一片焦土。地震引发了严重的连发型灾害，"震后全省霜冻"，宣威大霜后"豆麦枯萎，斗米价涨至四十五元，苞谷斗价三十五元（涨十倍）"，文山马关县大霜后斗米价银十七八元，饥民用草根、树皮、野菜充饥；丘北县升米价银 5 元（原来 2 角），后无粮出售，全县饿死人口 2 万人。大理地震时，大理、凤仪、宾川、弥渡、祥云、邓川六县压死牲畜达 17075 头。这次灾害持续的时间及造成的影响在云南灾害史上极为罕见。

20 世纪 50 年代以后，由于政策执行的偏差及科技的发展，云南生态环境遭到了更为深广及严重的破坏，自然灾害及环境灾害的频次均出现了增加及上升的趋势。由于灾情记录及统计制度的逐渐完善，这个时期云南的灾情得到了全面的记载，可以从五个方面看出来。

第一，位于地震带上的云南[①]，震灾依然是 20 世纪 50 年代后影响最大的自然灾害，造成了重大人员伤亡和财产损失，但随着防震措施与救灾措施的日渐完善及社会经济的发展，死亡人口逐渐减少，经济损失日益增多。这可从相关地质资料的记载中明确反映出来，1951 年 12 月剑川 6.3 级地震造成了 423 人死亡的损失，1966 年 2 月东川 6.5 级地震造成 306 人死亡；1970 年 1 月通海 7.7 级特大地震，造成通海、峨山、建水、玉溪、石屏共 15621 人死亡、伤 26783 人，毁坏房屋 338000 余间，经济损失达 38.4 亿元，与唐山地震、汶川地震一起，成为中华人民共和国成立以来死亡超过万人的三次地震惨剧；1974 年 5 月大关、永善 7.1 级大地震，造成大关、永善等 5 县 1423 人死亡，伤 2000 余人，倒塌房屋 28000 余间；1976 年 5 月龙陵 7.4 级大地震，由于有准确的震前预报，仅 96 人死亡、伤 2442 人，导致 42000 间房屋倒塌，经济损失达 24.4 亿元；1985 年 4 月禄劝、寻甸 6.3 级地震造成 22 人死亡；1988 年 11 月沧源、耿马发生 7.6 级、7.2 级两次大地震，20 个县市共 748 人死亡，共倒塌房屋 75 万余间，伤 3759 人，经济损失共 25.1 亿元；1995 年 7 月孟连等地相继发生三次 5.5 级、6.2 级、7.3 级地震，西盟、澜沧、沧源、勐海 4 县 11 人死亡，受灾人口约 60 万人；1995 年 10 月武定 6.5 级地震，禄劝、富民、禄丰等 8 县死亡 59 人、808 人

---

① 云南土地面积仅占全国国土面积的 4%，但破坏性地震却占全国平均量的 20%，可能发生破坏性地震的地区约占全省土地面积的 84%。

重伤，直接经济损失达 7.4 亿元；1996 年 2 月丽江 7.0 级地震，鹤庆、中甸、永胜等 9 县死亡 309 人、重伤 4070 人，直接经济损失 40 余亿元；1998 年 11 月宁蒗 6.2 级地震，宁蒗及四川盐源死亡 5 人；2000 年 1 月姚安 6.5 级地震导致南华、大理等地 4 人死亡；2001 年 10 月永胜 6.0 级地震导致宾川、鹤庆等地死亡 1 人；2003 年 7 月大姚县、姚安、元谋等 5 县 6.2 级地震，波及 10 个县、70 个乡镇，导致 16 人死亡，造成 100 万人受灾，同年 10 月，大姚六苴镇又发生 6.1 级地震，42 万人受灾；2004 年 8 月鲁甸 5.6 级地震导致 3 人死亡；2007 年 6 月 3 日宁洱发生 6.4 级地震，死亡 3 人、重伤 28 人、轻伤 391 人，直接经济损失 189.86 亿元，每次大地震都对地方社会造成了巨大损失。

　　第二，由于生态破坏严重，很多半山区地质结构特殊，生态基础脆弱，泥石流成为中华人民共和国成立后云南最主要的自然灾害，且泥石流灾害也出现日益密集的特点。随着山区半山区原始森林的日渐减少，尤其大量诸如橡胶、咖啡、桉树、茶叶等经济作物在山区推广种植后，云南原始森林的覆盖面积急剧缩减，很多地质条件脆弱的山区半山区，泥石流灾害的频次日益增多，范围不断扩大，目前已有 2000 条泥石流沟，特大型泥石流、滑坡等地质灾害不断见诸新闻报道，造成了严重的经济影响及社会影响。如 1984 年 5 月 27 日，东川市因民区黑山沟发生了巨大泥石流，泥石流堵塞沟道，冲毁沿沟两岸的大部分房屋及其他工业设施，交通中断，给黑山沟上、下游都带来严重危害，上游坡面耕地被毁、沟槽拉深展宽，沟岸 11 户农户被吞没，下游在黑山村至粮管所、因民矿派出所门前等处形成一片乱石滩，其中最大的漂砾重达 81 吨，击毁矿山机关家属宿舍楼一楼、二楼阳台，造成经济损失达 1100 多万元，121 人死亡、34 人受伤。2002 年 8 月，云南又遭遇了空前严重的滑坡泥石流灾害，普洱、福贡、盐津、兰坪、新平发生大面积山体滑坡和泥石流灾害，国家重点工程小湾电站建设工地发生泥石流，滚泥石流夹杂着淤泥、石块、树枝，向村庄和田野蔓延，造成了极大的危害，仅新平泥石流就导致 10 个村庄受侵袭，冲毁房屋近千间，涉及范围近 300 千米，近 30 千米公路被冲毁，通信中断，初步统计直接经济损失达到 1.6 亿元，是当地历史上规模最大、受灾最重的泥石流灾害。2008 年楚雄 "11·02" 特大洪涝、滑坡泥石流自然灾害，造成楚雄、昆明、临沧、红河、大理、玉溪、保山、昭通、德宏等 11 个州（市）138.63 万人受灾，死亡 41 人、失踪 43 人。2010 年 7 月昭通市巧家县小河镇泥石流灾害造成 9 人死亡、36 人失踪、43 人受伤，15 户民房倒塌、50 余户房屋受损，地税所 1 幢房屋被洪水冲走，沿河街道多数损毁。2012 年 3 月 3 日，怒江傈僳族自治州贡山县城明珠路"洁丽"洗车店后山发生小股泥石流灾害，该店挡墙垮塌，3 名洗车店员工遇难、2 人受伤。此外，很多生态破坏严重的地区处于泥石流高发区，如寻甸回族彝族自治县金源乡是一个只有 7000 户人家的乡镇，却有 16 个地方有泥石流安全隐患，几乎一半人口都处在泥石流的威胁之下。

第三，旱灾成为日渐密集、间歇期日趋缩短的对工农业生产影响最严重的灾害。此期的旱灾，既有自然灾害，也有环境灾害，灾情呈现出日益频繁、严重的特点，出现"加速度增长"的态势。云南旱灾明显增加的时代始于明清，从 1961 年云南有气象记录以来，年降水量呈现不断减少的趋势，半个世纪以来年降水量减少了 39 毫米，其中夏季和秋季减少趋势明显高于春季和冬季。最显著的例子是西双版纳年降水日由 20 世纪 50 年代的每年 270 天锐减到目前的 150 天；年雾日由 180 天减少到 30 天，以往湿润的热带雨林气候已经发生明显变化。1958 年以来，全省性长时间、大范围干旱，主要表现为春耕时节，各地溪沟断流，井泉干枯，库塘干涸，田地开裂，无水耕种及保苗，病虫害也极为突出，尤以 4 月、5 月旱情最为严重。1962 年 11 月至 1963 年 4 月，全省平均降雨量 67 毫米，仅为常年同期的一半；5 月全省除思茅、临沧两地区外，全月降雨量均在 20—30 毫米，楚雄、大理、昭通、东川等 4 个地（州、市）基本无雨，全省小春减产约 30%，大春栽种严重缺水，有 265.8 万亩受旱成灾，8 月以后又有约 290 万亩作物受秋旱，有 0.9 万个生产队、90 万人口的地区人畜饮水困难。1977 年、1979 年，全省出现冬、春、夏连旱，大部分地区 4—6 月基本无雨，6 月 20 日前后在开远、弥勒、蒙自、文山、邱北、砚山、泸西、陆良、宜良、师宗、马龙、嵩明、路南、东川、玉溪、澄江、通海、丽江、易门、永胜、宾川、祥云等县市开展了高炮人工降雨，降雨量普遍增大 30%。到 1982 年，全省再次发生冬、春、夏连旱，4 月初小春受旱 248.25 万亩，6 月初大春受旱 519.09 万亩，全省全年受旱 822.93 万亩，有 331 万人、210 万头大牲畜饮水困难，因久旱少雨，其他自然灾害导致的受灾面积达 934.09 万亩。1992 年又发生了全省性的春、夏、秋三季连续、大面积的高温干旱，4 月份全省各地降雨量普遍偏少 6 成以上；5 月份降水不均，大部分地区偏少，为历年平均值的 55%；6 月份滇西几个地州偏少 5—7 成，滇东几个地区偏少 6—8 成，其余地州偏少 3—4 成；7 月份全省降雨极不均匀，大部分地区偏少，滇中、滇东地区的雨量是 1901 年以来的最小值，全省秋季农作物受灾面积达 2500 万亩，其中，受旱面积为 1400 万亩，成灾面积 667 万亩，绝收面积 240 万亩，全省农村 200 多万人口、100 多万头大牲畜饮水发生困难，干旱导致鲁布革发电厂、西洱河水电站、以礼河水电站、六郎洞水电站等发电量大幅减少，造成四季度和 1993 年上半年全省缺电。1998 年 9 至 1999 年 4 月，思茅地区降雨量偏少 42.2%，保山地区偏少 38.3%；昆明 3 月份降雨量只有 2 毫米，大姚县 150 多天无降雨，这是云南 1951 年有气象资料记载以来最严重的旱灾，全省雨量负距平 109 站，占总雨量站的 86%[1]。

第四，低温冷冻及冰雹灾害仍是影响农业生产的主要灾害，以冬季更为突出，尤其 20 世纪 80 年代和 90 年代初、2008—2012 年，寒潮活动减弱，低温日数也趋于减少。以 1975 年 12 月、1982 年 12 月、1986 年 3 月、1991 年 12 月、1999 年 12 月、2008 年 1—2 月、2011 年 2 月、2013 年 12 月出现的低温冷冻灾害，对农业生产造成的影响最大。

冰雹灾害是西南发生面积最广、对农业生产影响最为严重的灾害，如 2011 年 6 月 29 日，云南中东部地区遭受特大冰雹灾害袭击，最大冰雹出现在石林县，直径达 4.2 厘米，昆明、曲靖、玉溪和红河等 4 市（州）仅烤烟受灾面积达 7900 公顷，烟农受灾损失超过 2 亿元，此次灾害覆盖范围之广、持续时间之长、受灾面积之大、受灾损失之重，为云南种植烤烟历史上单次冰雹致灾之最[2]。

第五，森林火灾是导致云南现当代动植物等生物及非生物资源受到致命损害的破坏性灾害，森林防火工作是云南防灾减灾工作的重要组成部分，也是云南公共应急体系建设的重要内容，更是社会稳定和人民安居乐业的重要保障，还是加快云南林业生态恢复及发展，加强生态建设的基础和前提。

第三节　西南地区灾害文化产生的社会环境

某一时期西南地区灾害的频发与当时的社会环境也密切相关，如这一时期

---

① 和丽琨：《云南省建国以来重大旱灾基本情况辑要》，《云南档案》2010 年第 4 期。
② 田永丽：《近 48 年云南 6 种灾害性天气事件频数的时空变化》，《云南大学学报》（自然科学版）2010 年第 5 期。

人口的流动、战乱等都会引起或加剧灾害的暴发。

一、救灾能力低下

清代广西地区经济较为落后，在灾荒救济时，没有强有力的保障。广西地区土地多贫瘠，农业生产的收成较少。"各乡所产谷米，若遇中稔之年，仅足民食，荒歉之岁，竟不可问，小户贫民，多以薯芋杂粮充腹"①。加之灾害频发，破坏农业生产，民众连温饱都成问题，更不要奢求当地居民有多余的食粮，能够储存起来以备饥荒，确保灾害发生时不至于发生"人相食""鬻卖子女"的惨况。灾害频发给广西地区人们的生产和生活造成了极大的影响，地方政府作为赈灾的主导力量，如若在灾荒来临之时能够有力地抵御灾荒，给予人民及时的救济，也能给人民带来安全感，减缓人民对灾害的恐惧。广西地区由于地理环境的限制及频繁的战乱，清前期"路行竟百里无人烟，出入于茂草丛篁中，路止一线，前后不相顾"②。在生产技术水平还相对低下的封建农业社会里，相当规模的具有劳动能力、劳动技能和生产经验的人口是发展农业生产的必要条件。人丁的稀少严重影响了清代广西地区政府的财政收入，因此当灾荒来临的时候，当地政府无力进行及时的救灾活动。

二、战乱频繁

清代广西地区经历了南明抗清斗争，再到"三藩之乱"，以及从未间断的匪乱，作为农业生产最基本的生产资料的土地大多荒废。"窃查广西土旷人稀官荒，本多叠经兵燹，户口流亡，民荒亦多"③。战乱造成劳动力的大量流失、土地贫瘠。人们在战乱中犹如惊弓之鸟，随时准备逃命，不事生产，缺乏应对灾荒的能力。战乱的暴发不仅影响人们应对灾荒的能力，还容易导致疾疫的肆虐，因此常有大兵之后必有大疫的说法。广西地区清末暴发的太平天国运动，军中便发生了瘟疫。1851年10月，"太平军中时疫流行，军中士兵因此而丧失战斗力，天王洪秀全也身染重疾"④。中法战争时，统领抗法清军的彭玉

---

① 光绪《迁江县志》卷四《纪事·祥异》，清光绪十七年（1891年）刻本。
② （清）陆祚蕃：《粤西偶记》，北京：中华书局，1985年，第2页。
③ 中国第一历史档案馆：《光绪朝朱批奏折》第93辑，北京：中华书局，1996年，第846页。
④ 张剑光：《三千年疫情》，南昌：江西高校出版社，1998年，第524页。

麟五月奏称："屯驻于中越边界之清军，被疾疫所染，死亡甚众。"广西与交趾地处低纬度地区，气候炎热，接壤的地方都是深山，树林茂密，"水草恶劣，岚瘴时作"。湘军和淮军远征于此，将士们多水土不服，当时又是雨季，天气忽冷忽热变化多端，导致瘴气更加严重，并且战状激烈，将士们只能"掘地营居住，以避夷人开花居炮"。恶劣的居住条件，空气不流通，军中疫气盛行，死者无数，竟然出现短短数日内一个营全部死光的情况。死亡人数过多，到后面便没有棺木收殓尸体，只能"掘地为巨坑，累群尸而掩之"①。大规模的战争，士兵来源广泛，大多离开了自己长期居住的地方，新的气候难以适应，容易感疾病，而战争又使得大量士兵伤亡惨重，不能及时料理后事，尸体腐烂会污染环境。此外，作战时不断更换作战地点，疫病会随之传染给民众，而为了躲避战火，人们会大规模地迁徙，这些都为疫灾的发生和传播创造条件。

三、风俗习惯中的致灾因子

从房屋建筑材料来看，清代广西地区房屋建筑材料多为易燃物。乾隆年间广西地区兵民还多住在草房。广西总兵谭行义上奏，请求借银改造房屋，并得到批准，但是直到光绪年间，梧州府仍未改善，"小民累土墼为墙，而架于其上，全不施柱，或以竹仰覆为瓦"②。并且当时梧州府"人口已达五万多，闾里栉比，人烟稠密"③，房屋修建距离紧密，当一处发生火灾时，极易造成相邻地区也随之发生火患。康熙四年（1665 年）昭平县"十月火，自西城外至驿前，延烧一百五十余家"④；雍正三年（1725 年）马平县"小南门火，延烧城内三百余家"⑤。

从居住环境来看，良好的生活习惯会有效地减少病菌的侵袭，但是广西地区住居卫生条件极差。例如，"深广之民，结栅以居，上设茅屋，下豢牛豕。棚上编竹为栈，寝食于斯，牛豕之秽，闻于栈罅之间，不可向迩，皆习惯之，

① 《光绪十一年十一月十四日京报全录》，《申报》1886 年 1 月 7 日，第 11 版。
② 嘉庆《广西通志》，清同治四年（1865 年）刻本。
③ 中国人民政治协商会议梧州市委员会文史资料研究委员会：《梧州文史资料选辑》第 13 辑，1988 年，第 58 页。
④ 昭平县志编纂委员会：《昭平县志》，南宁：广西人民出版社，1992 年，第 103 页。
⑤ 乾隆《柳州府志》卷一《星野》，1956 年油印本。

莫之闻也"①。房屋一般为两层，楼上为人居住区，楼下便饲养猪牛等牲畜，牲畜的粪便导致居所气味难闻，污染空气，还会招来蚊蝇，造成细菌滋生引发疾病。除了居住条件外，当时人们由于卫生意识薄弱，在平时也不注意饮食卫生，如"山陇之间，尤有饮冷水陋习，是不知卫生者之所为耳"②。未经煮沸的水中含有大量的细菌，人喝了易患细菌性痢疾等疾病，并且"水泉清冷，乍至地易感寒症"③。

清代广西地区人们没有储存备荒的习惯。柳州府"岭西地广人稀，饭稻羹鱼，或火耕水耨，果隋赢蛤，不待贾而足以。故其民皆窳，家无积聚，非独柳郡然也，而柳尤甚"④。桂林府永福县"民物力穑，不为商贾，家不积贮，不忧饥寒吉凶之，礼尚俭"；思恩府迁江县"狼瑶蛮壮杂处……不习诗书，不劝生业，不种杂粮。家无二牛，廪无余粟"⑤，由于家中少有积贮，应灾能力差，在发生灾害时就十分需要政府的救济。

四、人口的增长与流动

人口的增长和流动也是导致灾害频发的重要因素。在清代开发西南边疆政策的推动下，经济活动的活跃、交通道路的修建等，都增加了人口的密度和流动性，加快了疫病传染的速度和广度，另外，人口的不断增加使得生态环境恶化，进一步导致灾害的发生。广西地区"自康熙十三年逆变之后，被逆横征苛敛，百计诛求，指称捉夫，肆行抢掠。因此百姓畏避，流离远窜。田地遍生荆棘，村野一望邱墟，道路几无人迹，萧条凄惨"⑥。当时土地开发和垦殖较少，生态环境较好，但是到了清后期，广西本地及外来人口的不断增加，对土地的需求量变大。"山嶂居太半，古为瘴区，近世以来，土渐开垦，人亦多，客民来佃耕，或结棚成群，瘴亦稀矣"⑦。瘴气虽然有所缓解，但是随着大量的土地被开垦，生态环境也不断恶化，水土流失严重，涵养水源的能力减弱，

① 民国《武鸣县志》卷三《地理考·风俗》，民国四年（1915 年）铅印本。
② 丁世良、赵放主编：《中国地方志民俗资料汇编·西南卷》下卷，北京：书目文献出版社，1991 年，第 924 页。
③ 民国《融县志》第二编《社会·风俗》，民国二十五年（1936 年）铅印本。
④ 乾隆《柳州府志》卷八《积贮》，1956 年油印本。
⑤ 嘉庆《广西通志》卷八十七《舆地略八·风俗》，清同治四年（1865 年）刻本。
⑥ 雍正《广西通志》卷一百一十四《艺文》，清雍正十一年（1733 年）刻本。
⑦ 光绪《永安州志》，清光绪二十四年（1898 年）刻本。

水旱灾害开始频发。不仅如此，清后期随着土地开发的不断深入，森林覆盖率逐渐降低，老虎等大型动物的生存空间被破坏，导致这一时期虎患严重，共发生虎患 19 次，占整个清代广西虎患次数的 34.5%。据史料记载，光绪二十二年（1896 年）武缘县"虎患传及葛墟、林墟、六塘、马头等团，统计遭虎患者，不下数百人"①。

明末清初，重庆地区经历了长期的兵乱。从崇祯六年（1633 年）张献忠首次入川攻克夔州等地算起，到康熙二十年（1681 年）清军平定吴三桂叛乱部将，攻克建昌、云阳、东乡等处止，战乱前后达半个世纪之久②。由于连年战乱和天灾频发，给重庆地区带来前所未有的损伤，人口锐减，土地荒芜，经济凋敝，出现了严重的社会危机，如奉节、永川、璧山、铜梁等多地"或无民无赋，城邑并湮，……皆一目荒凉，萧条百里，惟见万岭云连，不闻鸡鸣犬吠"③。

为了恢复巴蜀地区经济，清政府采取了一系列鼓励移民垦荒的政策。最终促成了四川和重庆地区历史上规模最大、持续时间长，且影响深远的移民运动，即现在所说的"湖广填四川"。"湖广填四川"是一次先由政府主导，后成政府倡导与民间自发相结合的移民运动④。这次移民运动的时间从顺治十六年（1659 年）至嘉庆年间，一个世纪的时间里，直接入川移民达到 100 多万。移民人口几乎占四川全部人口的 60%，形成了"移民社会"⑤。移民人口中以湖广籍最多，占 35%左右，这些移民分布川蜀各地。其中川东地区的湖广籍移民在移民中的比例在全川最高，占 50%以上⑥。重庆地区是当时湖广籍移民的最重要迁入区之一，在有的地区移民甚至成为当地的主要人口，如嘉庆十七年（1812 年）重庆府 234 万人口中，移民占比高达 85%左右⑦。历史文献中对重庆地区的移民有许多记载。例如，光绪《大宁县志》记载："宁邑为蜀边陲，

---

① 民国《武鸣县志》卷十《前事考》，民国四年（1915 年）铅印本。

② 吴康零主编：《四川通史》卷六，成都：四川人民出版社，2010 年，第 56 页。

③ 康熙《四川总志》卷十《贡赋》，清康熙十二年（1673 年）刻本。

④ 周勇：《"湖广填四川"与重庆》，《红岩春秋》2006 年第 3 期。

⑤ 曹树基：《中国移民史》第六卷，福州：福建人民出版社，1997 年，第 103 页。

⑥ 蓝勇：《清代四川土著和移民分布的地理特征研究》，《中国历史地理论丛》1995 年第 2 辑。

⑦ 隗瀛涛主编：《近代重庆城市史》，成都：四川大学出版社，1991 年，第 383 页。

接壤荆楚，客籍素多两湖人。"①同治《酉阳直隶州总志》："境内居民土著稀少，率皆黔、楚及江右人，流寓兹土垦荒。"②

经过"湖广填四川"移民和长久的休养生息，重庆地区人口快速增长。康熙六十一年（1722 年）重庆府人口已经达到 11 万户，50 多万人。嘉庆十七年（1812 年）重庆府册载人口达到 236 万，嘉庆二十五年（1820 年）达 301 万左右。夔州府在嘉庆十七年（1812 年）为 66 万多，到嘉庆二十五年（1820 年）达 86 万多③。

人口移民虽然促进了经济的恢复，加速了清代重庆社会的发展，但是由此造成的人口激增从清代中期开始逐渐暴露出人口压力。至清代后期，"四川已形成全局性的人口压力"④。为了生存，人们加剧了对土地、森林及其他自然资源的破坏性掠夺，加速了对山区的开垦。"二百余年以来，占田宅长子孙者，绵历数世。户口日蕃，田入不足以给，则锄荒，岁辟林麓以继之。先垦高原，续锄峻坂，驯至峰巅岩罅，均满炊烟。寻壑得水，则作梯田，隐石诛茅以求席地"⑤。

移民迁入也带入了更为精耕细作的农业生产技术，并将番薯和玉米等作物引入了巴蜀。为了生产更多的粮食来满足日益增长的人口需求，人们垦辟山林，开荒坡地，种上耐旱耐瘠的番薯和玉米等高产作物。这导致森林植被遭到严重破坏，水土流失加剧，随着生态环境日益恶化，最终酿成生态灾难。然而，由于社会经济发展、人口密度增加，人类社会受到灾害的破坏也变得更为严重。

五、碑刻的记载留存

通过杨航对西昌地震碑林碑刻的分析，我们可以看到当时当地的人们对自然灾害的记录。结合史料和碑刻，可发现宗教、宗族和士绅三者之间存在着权力的制衡，因此在不同的空间维度内有自身的表达。"社会权利结构"决定了灾害记忆的基本格局和特征。从碑刻分类的比例来看，基于血缘和地缘的宗族

---

① 光绪《大宁县志》卷一《地理志》，成都：巴蜀书社，1992 年，第 48 页。
② 同治《增修酉阳直隶州总志》卷十九《风俗志》，成都：巴蜀书社，1992 年，第 759 页。
③ 蓝勇等：《巴渝历史沿革》，重庆：重庆出版社，2004 年，第 116 页。
④ 曹树基：《中国移民史》第六卷，福州：福建人民出版社，1997 年，第 105 页。
⑤ 民国《云阳县志》卷十三《礼俗》，成都：巴蜀书社，1992 年，第 113 页。

和宗教成为灾害记忆的主要阵地。在滕尼斯看来，社区即"基于一定的地域边界、责任边界、具有共同的纽带联系和社会认同感、归属感的封闭性社会生活共同体"。正因为其叙述方式有其被叙述对象的认同感，且处在一个较为封闭的空间内，碑刻的目标也都指向了地方社会秩序的重建上，这些碑刻得以广泛保留。从叙事的内容中，没有看到灾害发生时人们的救灾行为，更没有看到有关救灾、避灾的记录。

"在中国长期的历史上，只有皇权、神权、族权……农民只是臣民、小民、草民，而不是主权者的公民，因此处于政治之外"，也因为在皇权、神权、族权的较为稳定的结构中，当时个人身份未同国家政权连接得很紧密，而有了更多自主的空间。大量关于地震遇难者墓碑的流传至今，说明了当时震灾之惨烈，在墓碑的碑文中所反映出对遇难者的缅怀，是个体情感在不受约束的情况下进行的表达，因此，过了几个世纪仍能打动人心。从大量地震墓碑的留存也可看出，在当时的社会尚未形成集体公墓，如前所述"凡地震被压身亡者，俱得棺木之资"。人们对遇难亲属的掩埋也由自身做主，因此留下了较为独立的纪念空间，也留下了最真实的记忆。西昌地震碑刻所呈现的是王朝时代的灾害文化，其根植于传统文化的土壤中。其表达的方式基于一种文化惯性。从中可以看出其存在的多面性，在公共记忆的表达中，注重生者的秩序重构，内含了强烈的"群"的特征，而在个体记忆的表达中，则注重死者与生者的连接，以此表达哀思，以及生生不息的希望。在集体和个体的灾害记忆中，均弱化了自然灾害本身，对于防治自然灾害稍显不足。碑刻中也没有对皇权的"感恩体"出现，反而对当地文化进行了写实的呈现，其朴实而真挚的叙述方式流传至今依然能打动人心。

西昌地震碑刻的叙述方式，也为当代灾害叙事提供了一个参考维度，即在权力话语之外，关注更多个体的灾害记忆的表达，而不只是"灾害发生—获救—感恩"的逻辑，也不只是没有温度的灾害数字统计。

六、社会群体的思想观念

在传统灾害观念中，人们常将各种灾害归因于天神动怒而降祸于人，因此一遇天灾，人们纷纷求神拜佛，祈禳消灾。随着近代西方自然科学思想传入，人们逐渐认识到人与灾害之间的关系，传统灾害认知观念受到强烈冲击，以至于到民国元年（1912 年）重庆地区的火神祭、川主祭、龙王祭等众多祭祀仪式遭到废黜。

灾害应对中，火灾应对方面表现得尤为明显。光绪三十一年（1905 年）参照西方警察制度，重庆巴县也组建了县城警察。县城警察内部专设有消防警察，消防警察一般都经过专业训练。与旧时的救火组织相比，消防警察明显更具专业性，消防工具也较旧时的器具灭火效率更高，使人们的灾害认知及防范的思想观念发生了极大的变化，从依靠神灵逐渐转向相信新技术。

第二章　西南地区灾害文化的内涵及特征

　　灾害文化作为文化的特殊组成部分，成为近年灾害史研究的新路径、新方向，是人类社会在与灾害共生过程中形成的文化类型，包含灾害认知、记忆、记录、传承，与灾害有关的思想、心理、伦理、祭祀、信仰、禁忌、习俗、文学、艺术，以及应对灾害的系列措施、制度及社会影响等内容，具有文化的区域性、民族性、社会性、历时性、系统性、兼容性、传承性等属性，也具有灾害的复杂性、多样性、变迁性等特点，在历代防灾减灾抗灾实践中不断积淀，遵循经验积累—传承—实践中丰富完善—技艺方法再优化等发展路径绵延迭续。灾害的广泛性、常发性及后果的滞后与累积性特点，使灾害文化不断推陈出新，内涵不断丰富。

第一节　灾害史研究的文化转向

　　20 世纪以来，中国灾害史研究在史料整理及研究、荒政制度、区域灾害史、赈灾实践等领域硕果累累①。随着研究的推进及现实价值的凸显，灾害史研究似乎陷入了瓶颈，大多研究都是就灾害说灾害，集中在灾害个案及赈济史实梳理的层域对灾害背景（原因）及影响、官民救灾及其机制和措施、思想、灾后重建，或是对在断代、区域、特别案例的探讨，对具体路径及方法等问题

---

　　① 详各朝代、各区域的灾害史、灾荒史研究综述、述评及回顾等，限于篇幅，此不一一赘引。

修修补补，研究思路及叙事框架无意识中形成了固有的路径及模式，重要创新及突破成果不多，理论及跨学科视域的创新性研究也略显不足。灾害史研究打破对固有路径的依赖及思维惯性，从文化层域重新审视、思考历史灾害，既能发现灾害史研究的新面向，也能揭示文化史的另一个维度，尤其是某些民俗禁忌等文化传统起源动因中的防灾减灾避灾因素，对丰富及深化灾害史、文化史乃至相关领域的研究，实现人文乃至更广泛领域及学科的跨界思考及研究具有重要意义。

一、灾害文化的定义及其内涵

文化的内涵丰富多彩，定义也五花八门，不同学科视域下的界定千差万别。与之相应，灾害文化的内涵也极富特色，国内外学界从不同学科视角给予的定义也是多种多样的。简言之，灾害文化是文化的一个重要类型，主要指在抵御、应对及防范灾害过程中形成并传承的，被不同区域及民族认可并遵循的思想、行为、准则及遗产等文化类型与符号。

灾害文化是人们对待灾害的态度、思想、理念、行为、经验、习俗等的总称。具体说来，灾害文化是一个国家（地区）或民族在长期与灾害共存的过程中形成并建立起来的，包括人们对待灾害的态度、思想、理念、习俗、惯例、规范、禁忌及一系列应对的行为、制度、措施，还包括人们对灾害的认知、记忆、神话传说、知识体系和用文字影音等形式记录的灾害现象及其经验价值等内容。灾害文化是众多文化类型中给人类思想及记忆冲击最强烈的独特种类，是一个群体（民族）见证及抵御、防范灾害的精神财富，具有较强的地域性、历时性特点。

灾害文化不仅是传统文化的重要组成部分，也能影响公众及官员、灾害管理及研究人员等群体的灾害认知、态度及行为。在现当代，灾害文化往往以通俗、普及等更容易被大众接受及喜闻乐见的方式呈现出来，包括灾难幽默、漫画、游戏、传说、挂历、诗词、舞蹈、歌曲、电影、小说、游记、纪录片、灾难纪念活动、徽章、卡通等。因此，灾害文化的具体内涵也是丰富多彩的，有不同层面的指向。

灾害文化的内涵，可从六个层面来看，一是灾害的认知、记忆、想象、意识等思想层面的内涵，具有抽象性特点；二是从生产、生活方面进行防灾、减灾、抗灾等行为层面的内涵，如钱粮赈济、免除赋役、以工代赈等具体救济措施，以及近现代防灾减灾宣传、教育、演练等活动，具有针对性特点；三是包括传说、神话、诗歌、小说、笔记、报纸、杂志等文字（学）、影音记录及音乐、戏剧、歌舞、绘画艺术等文学、艺术层面的内涵，具有形象性、具体性及感通性等特点；四是社会、国家推行实施的制度、法律、政策、保障及组织、团体等典章法制层面的内涵，具有宏观性、准确性特点；五是包括习惯、风俗、禁忌、心理、伦理、信仰、祭祀等精神层面的内涵，具有普遍性、多样性特点；六是以建筑、交通、通信、博物馆等实物层面遗留、存在及展现的内涵，具有实体性、客观性等特点。

以上六个层面的粗疏划分，纯属一家之言。不同国家、民族对待灾害的思想、理念、态度、行为、习惯及其文化遗存等都自成传统，其文化既有相同、相似之处，也有不同甚至迥异之处，故灾害文化是个具有地域及民族特色的概念，受不同国家及地区的历史、政治、经济、文化、教育、传统、习俗、习惯、军事、科技、工程等方面的影响而各具特点。不同民族、区域的灾害文化，在历史文化的交融中相互影响、彼此渗透。为了更好地在灾害中自保及发展，西南地区各民族在取长补短中保留了适应地方灾害的特色文化，这更强化了灾害文化同质性发展及异质性传承的特点。

灾害文化的思想及理念，一般是通过灾害与人、社会、自然等关系来体现的，包括灾后人与人关系的调整与平衡、社会心理的重塑、灾害创伤的修复等。良好的灾害思想及理念往往能启迪、教化公众，使人类社会正确、深入、系统地认识灾害，采取合理的防御措施，正确理解并顺应自然及其灾变，尊重自然规律。人类社会对待自然灾害的这种知行态度，不仅能体现生命存在的价值和意义，体现人的尊严及道德伦理价值，也体现了人对自然及未来所具有的执着探索的勇气与精神、权利与责任。

灾害文化往往能直接反映公众的灾害观，以及人们在面对灾害时的忧患意识、防灾减灾抗灾意识。进行防灾减灾抗灾文化的教育、宣传等系列活动，是灾害文化构建及传承的必要手段，能使一些经常、反复地遭到某类灾害袭击地区的人们，对灾害的性质与种类、后果及影响、方式及强度、预兆及后患等有充分了解，并做好周密准备，恰当应急，防范到位。

二、灾害史研究的文化转向之必要性

灾害是自然或人为灾变现象，是与人类共生共进的客观存在，既能给人类带来毁灭性结果，又能促进人类社会科技及文化的进步。灾害史研究的价值及意义毋庸置疑，其研究的文化转向，是新时代学术研究及现实需求的必然。反思过往、创新视域、拓展维度，是灾害史研究生命之树常青的基础，也是灾害史研究突破路径依赖、实现理论及方法创新的自救之路。灾害史研究实现文化转向极其必要，具有极大的学术价值及现实的意义。

灾害与文化是相互关联、不可分割的统一体。自然灾变或环境灾害的发生，其动因和影响都是多样态的，在传统文化的不同类别中得到重视和反映；灾害思想、意识、观念、记忆、叙述等文化层面的传承，使得以往的经验对于防灾、救灾、避灾及灾后重建能够发挥出异常重要的作用。换言之，灾害历史的不同侧面中包含了文化的诸多内涵，灾害史及其相关内容本身就是传统文化的一部分，与自然及社会存在着密切联系。用单一学科或独立问题的线性角度对其进行学理性思考及研究，无法完成其学术内涵自身的需求。只有从多个层域、多种面向进行思考，研究结论才能贴近灾害所反映的自然及社会问题，以及对灾害事件有客观、完整的判断。因此，发掘灾害史中的文化内涵，应该成为灾害史研究的目标。

关注灾害史的文化内涵，是突破灾害史研究瓶颈，拓宽学科视域、探索新研究范式的必要途径。文化史尤其新文化史的内涵、理念及具体研究，将传统灾害史研究中诸多不被重视、但又确实存在并发挥了不同作用的内容及面向凸显了出来。灾害文化的视角将很多传统灾害史研究中无法确立领域归属的问题，赋予了新的内涵及意义，不仅可以使我们从微观层面分析不同灾害及其场景所具有的文化学特征和价值，还能从新角度对老问题进行思考和审视。同时也突破了传统灾害史研究的界域，丰富了灾害史的学术维度，拓展了学术空间，提供了新的研究范式，真正践行了多元化的研究方法，使灾害史研究焕发生机，推动灾害史学进入全新阶段。

只有仔细解读及研究灾害史的文化内涵，灾害史研究才能顺应并融入国际学术转型的主流话语体系，更好地提升学科影响力。在传统史学的现代学术转型中，新文化史的理念、内涵及其方法、视野，越来越在学术研究及实际运用中彰显其不可多得的价值。在新文化史浪潮下，似乎出现了"一切皆文化"的现象，"几乎任何东西都能落入文化研究的问题之下，因为文化在其概念化中扮演着一种无处不在的角色，几乎每一件事物都在某个方面属于文化范畴，文化作用于每一件事物"①。尽管学界对新文化史也存在反思，但其研究路径及学术思路，依然为很多问题的研究提供着难能可贵的问题意识及思考路径。故对灾害史研究而言，文化史的转向正当其时，如从文化产生及其传承的视域来看，思考灾害的记忆、认知、思想、书写等起源和传承变迁的原因，探究防灾救灾避灾减灾制度和措施的文化学目的，思考灾后重建的措施及相关行为的文化内涵，发掘非历史学、非灾害学视域中与人类社会发展存在密切相关的"灾害文化"的内在价值，实现灾害史在人文及非人文研究领域的交叉及跨越等，正是灾害史建立学术话语体系的实践路径之一。

从本质上说，灾害史是一个具有未来学内涵及特点的学科，其文化转向能更好促发学术研究服务社会现实、资鉴人类生存与未来可持续发展需求的经世致用功能。文化的传承性、变迁性、服务性功能，不仅使学界对灾害文化内涵、意蕴及特点、规律等方面进行的探究及思考变得极为必要，也使灾害史学具备了面向未来、更具生命力的学科发展基础。灾害学、灾害史研究的另一个价值，是让人类从中继承最优良的防灾减灾避灾抗灾经验，进而使其对自然及人类社会可持续发展发挥不可替代的作用；灾害文化中还蕴含着人类行为及思想与灾害发生的关系，尤其是人为灾害的原因、特点、规律等方面的内容，丰富了传统文化内涵，增强了灾害防御需求对文化服务现实的诉求，是构建先进、科学、实用的灾害防御体系的基础。

灾害文化能极大地开阔人类观察灾害的眼界，使人们更好地尊重自然规律和科学，更新灾害认知和防御理念。不仅要在全社会培育先进的灾害文化，形成正确的灾害观，还要在现当代科技的支持下，以积极、从容、自信的态度对待和抗御灾害，为未来社会正确有效地防治灾害奠定坚实基础。因此，正确、积极、丰富的灾害文化，是灾害史学生命力的保障，直接决定着防灾减灾抗灾的效果。

---

① 〔美〕理查德·比尔纳其等著，方杰译：《超越文化转向》，南京：南京大学出版社，2008 年，第 11 页。

三、灾害史研究的文化转向路径

文化的标志之一，就是不同区域及不同人群对其相关要素的传统价值及其现实意义持有的共有认识。灾害文化的主要标志，就是人们对积累及传承的灾害特点、表象、规律及与相关行为的不同记忆、认知、思想、态度及其书写等的现实运用及传统价值的共有认识。在灾害文化内涵的基础上，将灾害史研究的文化转向路径分为以下七个方面。

一是抽象层面的灾害文化内涵的发掘及研究，即从对历史上灾害现场及赈济等案例的研究，转向对历史灾害思想、意识、认知、记忆、感知、回忆及心理感受、态度、语言表达、书写方式等抽象、不易把握的文化层域。这是具有极大主观性及感性的面向，可以随着时代及人群、区域的不同，随着记录者、表述者及实际感受者的心情、所处场景暨历史背景的变化而随时发生改变，而这种改变也属于灾害文化的可变内涵之一，这就决定了灾害文化的复杂性及多变性特点，需要研究者用冷静、审慎的眼光、辨析的思维，精准地捕捉、发掘其中的客观成分。

二是对灾害文学史中文化内涵的发掘及研究，即从准确客观、严谨固定的灾害史事记述及研究，转向有关灾害的神话、传说、志怪故事、诗词歌赋、小说、电影电视乃至现当代类型繁多的音频视频等具有文学化性质，以及具有宣传、传媒、教育、疏导等层面的文化内涵的发掘及研究。这种类型的灾害文化，突破了历史学古板的叙事模式，让灾害事件本身更具体、更形象，但却使这一层域的灾害事实具有了更多的个人感情及其夸张、比喻（暗喻）、想象等文学色彩，与客观真实有一定的距离。灾害文学性质的文化，具有亦真亦幻的特点，需要研究者具有极强的考据、辨析能力。

三是不同时期不同类型灾害实录中文化内涵的发掘及研究，即从单一的文本表述，转向以记录及表现灾害为主要内容的影音图片资料，如纪录片、档案资料、灾害实景的影音资料，实物实地及其他类型的真实资料等具体、形象、客观层面的文化意蕴的发掘、分析研究。这是还原灾害实况的第一手证据，除特殊情况外，资料的客观性、真实性毋庸置疑，其对灾害文化建构的价值及其本身所具有的文化学内涵，是无法估量的。其所具有的视觉性及现代性内涵，使灾害文化具有更多受众而更具生命力，灾害文化的研究及普及也能得到进一步升华和拓展，为传统灾害史研究提供潜在的理论资源与阐释路径，进而打开更新的面向与空间。

四是历史荒政层面的文化内涵的发掘及研究，即从应对灾害的系列行为、制度、措施及其影响等固定的模式及程序的层面，向荒政所具有的文化内涵及其制度对社会文化的塑造作用等层面的研究转向。这类性质严肃、措辞谨慎的国家典章法律，对灾害救助标准、等级、惩处等有严明规定，其内容、类型、形式大致固定，具有治国理政的性质。不同朝代的荒政实际上是一个个复杂严密、井然有序的灾害治理系统，上到朝廷中到封疆大吏下至基层胥役，都在灾荒中各司其职，发挥着不同的作用。这些体系及行为所塑造及构建起来的文化，长期以来是规范社会道德及伦理纲常的准则，其执行情况发挥着官方对基层社会的公信作用，但迄今少有学者发掘及研究。

五是灾害民俗史中文化内涵的发掘及研究，即从防范灾害的习惯及习俗、禁忌、信仰等内涵的个案梳理、研究，向更广泛的具有防灾减灾救灾性质的民俗、民间文化等层面的转向。灾害民俗文化极为丰富，但很多精彩的内容却分散在不同史籍乃至散存在民间，若能充分发掘、整理灾害民俗文化的不同内涵，如与灾害密切相关的民谣民谚、民间祈雨祈晴仪式、地方禳灾抗灾的民俗事象等，不仅能丰富灾害文化的内涵，也能促进灾害文化的传承，使民俗文化融入并有助于现当代防灾减灾抗灾文化的建设。目前，学界已有相关研究成果，但研究范畴及力度尚需加强，这是灾害文化中最具有地域性及多样性特点的部分。

六是灾害艺术史中文化内涵的发掘及研究，即从将灾害书写入史或作为历史记载的严肃客观模式，向以戏剧、歌曲、舞蹈、音乐、绘画、雕塑、影视等艺术形式表现灾害不同侧面及细节等灵动内涵发掘及研究的转向，这是灾害史及其文化内涵的研究向通俗化、普及化（即公众化）转向的典型表现。这是让灾害场景及不同人群的反应更直观形象、细致入微展现的最佳路径，使灾害艺术文化更具感染力、更能获得公众的同情心和同理心，使灾害毁灭性后果与人类可持续发展需求间的矛盾，更能在公众中展现共时性想象的特点，达到最好的防灾减灾救灾的宣传教育及文化普及效果。

七是散佚在民间的灾害文化的搜集整理，即从对不同类型的灾害记录进行的解读及研究中，走出书斋，走向田野，走向真正的民间，并感受、接触基层最真实的灾害文化。通过实地调查访谈的方式去搜集、整理传统文本之外的、更具写实特点暨更接近民众与灾害关系的底层文化。这是灾害文化中形式更为多样、丰富且更接地气的类型，数量极为庞大，是灾害文化转向中最值得尝试、最具有活力和潜力的面向，也是灾害文化的多样性、公众性特点最凸显的部分，能极大地拓展、补充并完善灾害文化的内容。

当然，灾害史研究的文化转向，还需要具有超越灾害文本及其叙述方式本身限制的思维，解决文本记录与文化、历史之间的关系问题，将灾害真正融入历史、政治、社会、意识形态、经济、教育甚至军事活动等广义的文化领域中，"呈现在特定历史时期的灾害记忆表象，是政治制度、社会结构、文化传统等因素复合作用的结果。对其建构过程的民俗志式的微观考察和描写，不仅可以了解受灾地区和人群在受灾—救灾过程中是如何平复灾害所造成的心灵创伤，重建恢复原有的社会机制，也可以揭示这个社会的政治、经济、文化等多方面的时代特征和地域特性"①。只有这样，才能真正实现灾害研究从历史向文化层域的转向，突破灾害史研究范式的瓶颈束缚。

四、灾害文化的实践价值

系统、正向的灾害文化，是可以被持续学习、宣传及传承的，若能被居民和官方、社会组织部门熟悉、掌握，在灾害来临时就能发挥更好的防范及保护作用。一个具有良好灾害文化构建及传承的地区，往往具有稳定的社会心理、有效的管理组织模式，能有条不紊地开展救灾及灾后重建与秩序恢复工作，尽可能将灾害的危害降低到最低。换言之，灾害文化对国家和区域防灾减灾救灾文化知识体系的构建具有重要价值。

一是灾前预防价值——无论是心理、情感还是行动反应，都能做到有的放矢，有效防范。稳定系统的灾害文化可以更好地建构起包括忧患意识、预防理念、底线思维及伦理道德等在内的危机常态化思维方式，培养灾害常态化理念，提高全民的灾害预警及应对素养，为现代灾害管理体系的构建和完善提供传统文化依据。灾害文化的传统能够对民族心理及行为模式选择产生积极的塑造及引领性影响，对当代社会危机情景下的公众心理、行为反应做出合理有效

---

① 王晓葵：《灾害民俗志：灾害研究的民俗学视角与方法》，《民间文化论坛》2019 年第 5 期。

的分析，及时制定出有针对性的预警、预案及处置措施，减轻社会恐慌及其不稳定因素导致的负向影响力。

二是有利于灾害发生过程中的协调管理及各项灾赈措施的推进。现当代灾害管理实践工作的顺利开展，有必要挖掘和总结传统灾害文化的积极内涵及现代价值，为防灾减灾抗灾政策的制定及决策管理者提供资鉴，提高国家及公众应对灾害的能力，故在一定程度上，灾害文化是一个社会在灾害应对机制的建设、完善及长时段实施中，彰显灾害韧性及有效性的基础。

三是在灾后重建、秩序恢复及心理疏导工作中起到人文关怀的纽带及桥梁作用。在全球化背景下，灾害在一定程度上成了传统风俗与现代观念、权力与话语、文化与资本等多元因素相互对话和博弈的话题[1]，发掘、梳理传统灾害文化的精神内涵，尤其要重视灾害感受、感情宣泄及其疏导安抚的历史经验与案例，才能在重建工作中发现不足、完善机制，避免社会失序与治安危机的出现。通过重构某些灾害记忆及书写、表达、宣泄方式等途径，消解社会创伤，迅速重建地域社会的认同，从而引导积极稳定的社会心态，促进全社会对人性、文化、社会、政治等问题的思考及应对，顺利度过灾后社会脆弱期。

四是灾害文化的发掘、研究能丰富、深化传统文化的内涵，更好地诠释中国趋利避害的传统文化起源的动因及社会行为习惯产生的依据。中华文化虽然丰富多彩、博大精深，但灾害文化的发掘及其在传统文化中的定位、作用的研究十分有限。例如，传统文化中顺应自然、趋吉避灾等内涵产生的灾害动因，灾害双重性影响的认识及其利弊的权衡，灾害认知和记忆特点与规律等层面的发掘研究十分不够，如2019年流行全球至今的新冠肺炎疫情暴发后，西方各大国曾一度出现惊慌失措等行为，既表现了全球疫灾应急体系的欠缺及能力的薄弱，也表现了卫生防疫文化的极度缺失及其现实适应力的薄弱，更表现了各国传统疫灾文化及其社会应对心理和效力的欠缺。当然，疫灾文化在防灾减灾工作中未能充分发挥其应有的作用，既凸显出灾害在传统文化内涵中的缺位，也凸显出灾害文化现实需求的急迫性。因此，灾害文化的发掘及研究，有助于丰

---

① 雷天来：《灾害文化记忆的建构：路径、逻辑及社会效应——以海原大地震为例》，《湖北民族学院学报》（哲学社会科学版）2019年第2期。

富传统文化内涵、夯实传统文化基础。

五是从文化层面对目前防灾减灾体系构建及现代化推进工作，提供经验及历史案例的支持。习近平强调："要总结经验，进一步增强忧患意识、责任意识，坚持以防为主、防抗救相结合，坚持常态减灾和非常态救灾相统一，努力实现从注重灾后救助向注重灾前预防转变，从应对单一灾种向综合减灾转变，从减少灾害损失向减轻灾害风险转变，全面提升全社会抵御自然灾害的综合防范能力。"①习总书记的这一要求，成为国家灾害应对及防御的主要目标。这些目标及其具体任务的实现，都需要丰厚文化及历史经验的支撑。因此，灾害史研究的文化转向，尤其对不同时代、区域的灾害文化进行发掘及研究，正当其时，这是学术研究服务社会现实、发挥学术研究经世作用的最好契合点。

灾害文化作为人类社会长期与自然灾害做斗争的过程中积累并传承遵循的一切知识、思想、观念（含道德观、价值观等）和禁忌、习俗，以及防御、抵抗灾害的一切行为能力和习惯，包括灾害救助及灾后重建的一系列制度、措施等的集合体，是人类社会可持续发展最宝贵的财富。一个恰当、实用的灾害文化，不仅能助力于防灾减灾抗灾机制不断完善、能力不断提升，也能成为灾前预警及灾后重建的动态凝聚力。

一个国家和社会灾害文化水平的高低及其宣传、教育、普及的程度，决定着防灾减灾救灾工作的成效，决定着这个社会灾害韧性的强弱，以及快速决策响应能力的大小等。只有公众具备了灾害意识，才能从容应对及抵御灾害，顺利度过危机。目前对灾害文化的发掘研究十分薄弱，"对于社会的防灾能力来说，组织措施和灾害文化就如同车子的两个轮子，任何一方偏大都将失去平衡，社会的防灾能力也会随之减弱。……组织措施虽不断得到充实，但灾害文化却面临着危机"②。因此，加强灾害文化的整理及研究已成当务之急，冀望灾害文化的研究能开创出中国灾害史研究的新局面。

---

① 《习近平在河北唐山市考察时强调 落实责任完善体系整合资源统筹力量 全面提高国家综合防灾减灾救灾能力》，《人民日报》2016 年 7 月 29 日，第 1 版。

② 田中重好等著，潘若卫译：《灾害文化论》，《国际地震动态》1990 年第 5 期。

第二节　西南地区灾害文化的内容、类型及特征

少数民族灾害文化因其经济、文化、历史进程的特殊性，而最富时代及区域特色。在全球化背景下，运用多学科方法，抢救性搜集、整理、研究那些未能进入传统史料、具有浓郁民族特色、趋于亡佚的少数民族防灾减灾避灾文化的史料，能够补充、丰富传统灾害文化的内涵，促进中华民族优秀传统文化的保护传承。

学界对单个民族，如彝、蒙古、苗、瑶、壮、藏、独龙、傣等民族的灾害文化进行过个案研究[①]，个别研究结合扶贫工作进行探讨，但尚无从中观层面对西南少数民族灾害文化的内容、类型等进行研究的成果。打破学术研究的"路径依赖"惯性，以全新视角理解、诠释并拓展民族文化起源传承动因的既有思考，以新路径发掘民族传统文化中的灾害内涵，探索人们耳熟能详的民族传统文化的起源与防灾减灾避灾的密切联系，既是灾害史研究转向及拓展的新需要，也是新时代防灾减灾体系建设的新要求。

一、西南地区灾害文化的内容

西南地区是典型的多民族聚居区，滇、川、黔、桂分别有 52 个、56 个、50

---

① 李永祥：《傣族社区和文化对泥石流灾害的回应——云南新平曼糯村的研究案例》，《民族研究》2011 年第 2 期；李永祥：《灾害场景的解释逻辑、神话与文化记忆》，《青海民族研究》2016 年第 3 期；叶宏：《地方性知识与民族地区的防灾减灾——人类学语境中的凉山彝族灾害文化和当代实践》，西南民族大学 2012 年博士学位论文；叶宏、王俊：《减防灾视野中的彝族谚语》，《毕节学院学报》2013 年第 1 期；王健、叶宏：《文化与生境：贵州达地水族乡对旱灾的调适知识》，《广西民族大学学报》（哲学社会科学版）2015 年第 1 期；罗丹、马翀炜：《哈尼族迁徙史的灾害叙事研究》，何明主编：《西南边疆民族研究》第 24 辑，昆明：云南大学出版社，2017 年；孙磊：《民众认知与响应地震灾害的区域和文化差异——以 2010 玉树地震青海灾区和 2008 汶川地震陕西灾区为例》，《国际地震动态》2019 年第 3 期；马军：《瑶族传统文化中的生态知识与减灾》，《云南民族大学学报》（哲学社会科学版）2012 年第 2 期；张曦：《地震灾害与文化生成——灾害人类学视角下的羌族民间故事文本解读》，《西南民族大学学报》（人文社会科学版）2013 年第 6 期；能继峰：《藏族有关地震灾害的地方性知识研究——以玉树"4.14"地震为例》，西北民族大学 2016 年硕士学位论文；梁轲：《云南贡山县独龙族传统文化与防灾减灾研究》，《保山学院学报》2019 年第 6 期；杜香玉、王晓亮：《佤族灾害认知及地方性防灾减灾知识研究》，《民族论坛》2020 年第 2 期；何云江：《佤族聚居区的灾害记忆》，《保山学院学报》2019 年第 6 期；谢仁典：《云南佤族村落火灾频发原因及应对方式探析（1959—1986）》，《保山学院学报》2019 年第 6 期；谢仁典：《云南佤族雷击灾害祭祀浅析——以西盟佤族自治县翁嘎科镇龙坎村为例》，《保山学院学报》2020 年第 3 期。

个、56 个民族繁衍生存，四省区世居少数民族分别有 25 个、14 个、18 个、11 个，是中国最典型的多民族融居地。各民族聚居区的地理位置、地质结构、地貌类型及气候类型、生态环境千差万别，民族文化源远流长、绚丽多彩，与自然和谐共生的传统及利用自然资源的方式多种多样，孕灾因子也因此复杂多样。明清以降，随着西南各民族聚居区的农业垦殖及工矿业开发①，生态环境受到极大冲击及破坏，自然环境的承受力及灾害区的自然修复能力发生了变异，区域性自然灾害呈现日渐频繁的态势，以地震、泥石流、滑坡、水旱、霜雪、疾疫、风雹、山火等灾害为多见。各民族在防御、对抗各种自然灾害的过程中，逐渐累积了与此相关的文化。

不同区域、民族的灾害文化，既有不同的内容及表现形式，也有因面对相同灾害而产生的类似的习俗、思想及防灾避灾的方法及传统，故西南少数民族防灾减灾文化的内容可分为两大类型。

（一）精神层面的祛灾、防灾、减灾文化及措施

西南少数民族精神层面的祛灾、防灾、减灾文化及措施，与各民族对自然环境的认知相伴随。很多源自于防灾减灾避灾的观念、意识及行为等，虽然是消极性的措施，但却嵌入不同民族的传统文化中，并对其政治、经济、文化、教育、军事等产生了不同程度的影响。某些防灾减灾避灾的理念、思想及措施甚至成为民族文化的标识。这一层面主要有两种表现形式。

一是各民族防灾减灾避灾的社会生活习俗及行为习惯，是灾害文化中最具区域特色的文化内涵。近现代少数民族村寨防护习俗中具有积极主动的防灾减灾内涵，如彝、白、纳西、佤等民族会通过一系列活动，让族人在村寨及住房附近清除杂草、疏通沟渠、修理树木枝杈、修补平整道路桥梁等，以清洁、干净、整齐的形象祈求神灵护佑村寨。这在客观上对少数民族躲避预防灾害及疾病有积极作用，是一种积极的防避灾害的文化行为。例如，云南临沧的佤族会通过对村寨附近的山沟、道路进行清淤疏浚，减少山坡的水土流失及滑坡灾害，防护村寨及族人的生命财产安全。这些行为成为一种良好的村寨传统习惯

---

① 蓝勇：《历史时期西南经济开发与生态变迁》，昆明：云南教育出版社，1992 年；周琼：《清代云南瘴气与生态变迁研究》，北京：中国社会科学出版社，2007 年；杨伟兵：《云贵高原的土地利用与生态变迁：1659—1912》，上海：上海人民出版社，2008 年。

传承至今。

二是有效防范传染病的习俗及传统，尤其是将特殊传染病瘟疫病人进行隔离、驱逐，以减少村寨族人感染疾病的既消极又积极的避灾减灾措施，在一定程度上能够发挥有效的防护作用。这是西南很多少数民族在面对热带、亚热带地区常见的麻风病、血吸虫病、伤寒、疟疾、鼠疫等瘟疫时，经常采取的防范习俗。通常是到远离村寨的山上重新建寨，把传染病人转移过去单独居住，如怒江州丙中洛第一湾的麻风病村，以及20世纪六七十年代在云南昭通、楚雄、大理、西双版纳、思茅、德宏等地普遍存在的麻风村就是这种措施及文化传统的体现。这些防范传染病的习俗及传统一部分具有尊重病人、给病人保留生存空间，同时也保护族人免受疾病侵害的风险躲避的文化内涵。

此类消极措施是各民族在面对灾害又无力抗拒时，下意识采取的初级层面上的文化，是少数民族灾害文化产生初期的主要行为模式，是各民族防灾减灾中较常见的文化传统，在客观上具有各类生灵各安其域、不越界惹祸造灾等人与自然（生物）、人与人和谐共生的防灾避灾认知内涵。

（二）积极的祛灾、防灾、减灾文化及措施

西南少数民族积极型的防灾减灾文化传统及措施，是各民族灾害文化发展中发挥主观能动性的第二个层面的文化内容，涵盖了各民族生产生活的方方面面，主要有四个方面的表现。

一是在村寨选址、建筑材质的选择上，具有有意识的、积极的避灾防灾的传统文化内涵。这类积极主动的防灾减灾避灾文化功能，以百濮族系和百越族系最为典型。

西南百濮族系的绝大部分少数民族都有洪水神话的传说，各民族在社会文化生活中深受其影响。这与西南、南方的少数民族聚居区一般都位于季风区，受东南季风及西南季风的影响明显，单点式大暴雨比较集中，极易形成洪灾有密切关系。聚居于这些地区的彝、景颇、苗、瑶、壮、白、纳西、傈僳、普米、哈尼、怒、独龙、佤等民族在选择村寨及聚居地时，都会不约而同地选择那些不容易受到洪水袭击的略平整的山顶或半山地区。这些地区虽然交通出行不易，但确实避免了洪水灾害的侵扰，成为西南很多民族聚居区特有的村寨景观文化。

在房屋的建筑结构上采用将粮仓和房屋分离的方法来保存粮食，以及为了防止火塘火苗上蹿燃烧屋顶而修建"汉木齐"，即独龙族、佤族、彝族一般会在火塘正上方搭建一层架子，将需要晾晒烤干的食物及其他潮湿物铺在上面，既可晾晒食物又可以防止火星上蹿引发火灾。目前，很多民族文化学家往往忽视了西南少数民族聚居地的避灾文化功能，往往只注重到其作为民族村寨文化的表象性功能及内涵，而逐渐忽略并淡忘了其灾害文化的特性及功能。

泰傣等百越族系聚居村寨地址的选择、房屋建址及朝向、坡度的选择等，也具有防灾减灾避灾的文化内涵。一般而言，百越民族的村寨近水而居但远离水深流急、坡度大的主河道以避免水患；村寨附近均有明显的竹子和榕树两大绿色标识。竹子一般在村寨周边、河水溪边、房前屋后及田间地头，既可作为方便砍伐的日常生活所需的食物、建筑材料及家居用材的来源，也可阻挡大型兽类攻击村寨，在河边的竹林还是人与水域的分界线及标识物，使人避免受到河水及有害生物的侵害。

其建筑式样、取材用材等的选择，也有避灾防灾的目的。干栏式房屋建筑的避灾功效极为显著。下层住家畜（牛羊马猪鸡等）的目的之一，是让自家饲养的家畜（财物）近身居住，以保护其不被野兽随意侵犯抓捕。人住在二楼，也能够避免虫、蛇和野兽的直接侵害。若有极为凶猛的野兽来临，抓捕一楼的家畜充饥后就不会侵害二楼的人，在一定程度上有以畜护（换）人的避灾防灾作用。干栏建筑在材质的选择上也有防灾减灾的目的，如为了防范毒蛇从楼下水边入侵居室，一般会使用方形柱子（也有美观的功用）。选择竹楼不仅由于其易于取材、通风凉快，物美价廉，还因为竹子在热带亚热带气候多雨、多虫、多微生物的条件下，不太容易腐朽，防水防蛀效果较好，有易于清洁、迅速干燥、减少病菌等功能。此外，竹楼还可减轻地震、滑坡对人畜造成的毁灭性影响。在竹楼的中部，一般都有一根顶梁大柱，即通称的"坠落之柱"。这是竹楼里最神圣的柱子，不能随意倚靠和堆放东西，有避免竹楼因为大柱倾斜而倒塌，保护竹楼里的人畜禽等免于灾祸的内涵。

同理，佤族的干栏式民居建筑中，晒台是不可或缺的组成部分。因其构造简单，竹木等材质轻便，故而地面承重较轻，适合复杂、陡峭凸凹的山地地形，且在雨季不易腐烂，干燥凉爽，在滑坡地震灾害中也能减轻其影响，就算倒塌也不会对人畜造成致命性伤害。这类防灾避灾的传统文化，在少数民族中代代相传，逐渐成为既有民族特色的建筑文化内涵，也有灾害文化内涵的传统文化必不可少的内容。

二是饮食中的防灾减灾避灾文化及其传统，是少数民族积极主动应对灾害的极为普遍的文化形式，主要表现在食材选择及饮食习惯、习俗等方面。百越族系的少数民族在饮食食材的选择中，大多以自然生长的草本木本植物为食物原材料，如水边山脚的各类野花野菜及林木，很多在河湖溪潭附近、在山坡地上生长的植物的花、根、茎、叶、果等都是入菜的好原料。各民族野菜谱系中，只要没有毒素，花花草草、根根蔓蔓乃至苔藓地衣，都是自然生态的美味食材，且就地取材、根据本地生态及生物类型取材入食，物美价廉，是百越民族的饮食习惯及文化的主要内容之一。除本地食用植物外，当地的虫卵蛇蚁等也是食材的来源，如菜花虫、竹虫、马蜂蛹、野蚕蛹、蛇、蚂蚁卵等，都是美味的高蛋白食材。这些食材在民族医药里，有不同的药用及保健功效，是防病治病的常用饮食食材。因此，来源于自然的酸甜苦辣涩的各种动植物，都是原生原味的具有防灾避灾功效的饮食百味，并有其特殊、不可替代的文化内涵。

这些食材用现当代的话语体系来理解，具有天然野生、自然生态的特点，但从少数民族灾害文化的视角来看，则具有防灾减灾避灾的文化内涵。例如，苦、涩、酸、辣、辛、腥的野生动植物食材，大多具有清热解毒的药疗功效，这既是近年来南方及西南少数民族的菜系大受欢迎的原因之一，也是少数民族地区在发生灾荒时，能依靠野生的菜蔬瓜果躲过饥饿，而很少发生饥荒的原因之一。优良的自然条件及多样、丰富的自然食用资源，孕育了少数民族饮食中防病治病的习俗。不同民族的饮食文化习惯相互融合，最终形成各民族防灾避灾的饮食文化内涵。这也是千百年来，生存在河谷山箐里的泰傣民族在遭遇疟疾、鼠疫、麻风病等疾病的不断危害，但依然能够生生不息、繁衍发展的原因之一。

一些草本、木本植物，也具有驱除蚊虫毒蛇的作用，将其种植在田间地头、房前屋后，在一定程度上可有效避免、预防畏惧这些植物的有害动物及昆虫入侵，客观上避免了不同的疾病危害源。这种文化习俗在漫长的历史发展中已深深融入各民族的生产生活中，从而成了公众普遍认同、具有标识作用的防灾减灾避灾文化内涵。

虽然西南一些少数民族也猎杀野生动物，但其对很多野生动物的崇拜，或是将很多动物赋予了神性并用不同的传说强化这种神性后，就产生了特殊意义上的灾害文化内涵，这种演绎而来的文化内容，让人不敢过多猎杀野生动物。这不仅在客观上避免人与动物的冲突及因动物引发的灾害，也保护了生物种群基数的多样性。

三是民族疾病灾害预防、治疗体系方面的积累及医药文化传统，以及在此基础上逐渐建立起来的不同民族如傣、彝、藏、苗、瑶等少数民族的医药体系，在本民族疫灾防范救治方面，发挥了极大的、得到普遍认同及赞誉的积极作用。这是少数民族在疾病（疫灾）预防治疗中的巨大成就，也是少数民族在防病减病文化层面较集中的体现。从很多案例及医疗实践中可见，很多少数民族已经建立起了防病治病的独立的医药体系，其医药治病理念及其文化内涵，已经成了各少数民族防灾减灾文化的重要组成部分。

检索历朝史料，西南少数民族地区尽管史料记载有限，但鲜有少数民族因大型瘟疫或饥荒而灭寨、灭族的记载，其中虽然有交通及信息不通畅、本地人没有记录历史的习惯及汉文史料记录者不了解情况等原因，但也不排除大型疫灾少的可能性，按照常理，若发生严重瘟疫，对当地民族是极为重要的大事，当地的传说、故事里及村寨记忆里也不会完全没有反映。这可以从一个侧面反映出少数民族医疗体系在防病治病方面的有效性及积极作用。

四是乡规民约中对破坏森林、引发火灾及随意砍伐森林导致水旱滑坡灾害的人员、家族、村寨等的制裁措施及法规，是防灾减灾文化的重要内涵。这些被称为乡规民约及习惯法的内容，成为各民族积极、主动防灾减灾中最有效率的措施及传统，也是少数民族以文字方式记录传承下来的防灾减灾文化内容之一。

例如，嘉庆四年（1799年）云南通海秀山护林碑记："将宝秀坝前面周围山势禁止放火烧林……仰附近居民汉彝人等知悉示后，毋得再赴山场放火烧林……倘敢故违，许尔乡保投入扭禀赴州以凭，从重究治，决不姑贷。"① 道光八年（1828年）镇沅州"为给示严禁盗伐树木烧山场事"立碑，要求村民李澍等在树木种植之地划立地界，规定若有混行砍伐、纵火盗伐不遵禁令

---

① 黄珺主编：《云南乡规民约大观》上册，昆明：云南美术出版社，2010年，第103页。

者，罚银十两充公[①]。

又如，清末云南大理弥渡县弥祉山的护林法规写道："弥祉太极山老树参天，泉水四出……千家万户性命，千万亩良田，其利溥矣"，由于当地森林被村民破坏，"近者无知顽民砍大树付之一炬……深林化为荒山，龙潭变为焦土。水汽因此渐少，栽插倍觉艰难，所以数年来雨泽愆期，泉水枯竭，庄稼歉收"。光绪二十二年（1896 年）牛街瓦腊底村规禁止伐树，违者罚银十两；光绪二十九年（1903 年）大三村的《封山育林告示碑》规定，盗伐松树者"准乡约、火头、管事、居民将……送官究治"，这个传统一直持续到民国年间。民国二年（1913 年）八士村民禀县知事陈祯，有"顽民"乱伐致龙潭干涸，陈祯出示通告，规定不准滥砍乱挖森林，"永远勒石"，村民也制定了惩罚规制，"藉资灌溉而重森林……乱砍滥挖者，即由该村董、百长五十长等集众罚议，以示惩儆"[②]。这些内容从环境保护、生态修复、民族法律诸多层面来看，都有着巨大的价值及历史意义，从防灾减灾的民族文化内涵来看，也有其不可替代的积极作用。

二、西南地区灾害文化的类型及传承路径

西南少数民族聚居的地区，山高谷深，地形破碎，自成相对独立、封闭的小地理单元，稍微平整的地区则被称为坝子。这既是西南少数民族众多的原因之一，也是民族文化丰富多彩的基础。例如，云南省土地面积约为 39.4 万平方千米，其中山地面积约占 84%，高原和丘陵面积约占 10%，坝子（盆地、河谷）面积仅占了约 6%。按行政区划看，全省 128 个县（市、区），除昆明市五华、盘龙两城区外，山区面积比重都在 70%以上，18 个县 99%以上的国土面积全是山地，几乎没有一个纯坝区的县。很多民族都聚居在相对独立封闭的地域空间中，在漫长的历史演进过程中创建出了独特的民族文化，其中包括了丰富的灾害文化。不同区域民族的灾害文化，都有各自的类型及传承路径。西南少数民族的防灾减灾文化，也有自己独特的类型及传承路径。

---

① 李荣高等：《云南林业文化碑刻》，德宏：德宏民族出版社，2005 年，第 307 页。
② 李荣高等：《云南林业文化碑刻》，德宏：德宏民族出版社，2005 年，第 515—517 页。

（一）西南地区灾害文化的类型

西南少数民族防灾减灾文化的类型，按灾害发生及救灾的先后顺序，可粗略地分为以下六种。

一是灾害讯息的预警、传递。少数民族民间也通常流传着大型灾害前，当地动植物出现奇异征兆的传说，因此有着相应的灾前、灾后信息的传递互通手段，主要以民族声乐器、狼烟、彩色旗帜等特殊方式通知、传递危险逃生的讯号。例如，云南文山州广南县贵马、里玉等壮族村寨，若遇到火灾、盗窃抢劫、械斗等紧急突发情况时，敲击铜鼓警示并召集村民，不同的事件，鼓点节奏不同，人们根据鼓点行动。在勐海傣族地区工作生活过的云南大学民族史学家林超民先生介绍，傣族人家门口若挂有仙人掌，就表明家有传染病人不宜入内；文山州广南县珠琳镇拖思旧寨的壮族家中，若有人得了天花，就将帽子挂在门口，让亲朋及外来人员注意不要入内。灾害疾病讯号的特别传递方式，彰显了西南少数民族灾害文化的丰富性特点，类似的预警风俗及传统习惯，在很多少数民族中也普遍存在。不同民族在面对不同灾害时，采取的预警及讯息传递物件及服饰的样式、色彩等都有差异，很多差异及其深厚的文化内涵都值得在未来的调查及研究中进一步挖掘、梳理。

在现当代少数民族地区的防灾减灾工作中，应最大限度发挥传统灾害文化的能动性，"在灾害监测、预报、评估、防灾、抗灾、救灾等工作中注重农户的参与"[1]。其中，将现当代灾害文化的内涵及路径，与传统灾害文化融合起来，发挥好民族地区灾害讯息的预警、传递工作是一项重要内容，"完善乡镇—村—农户的灾情预警信息发布系统，将乡镇以下的灾害信息发布系统深入到每家每户"[2]。

二是灾害救助物资按人口户数均分共享的传统。西南少数民族呈现出大分散、小聚居的居住状态，平时来往不多，但不影响在灾害及危机中彼此的互帮互助行为，其中的典型表现便是各民族对救灾物资的共享传统。在灾后救灾物资的分配方面，少数民族很少发生隐匿窝藏或贪污救灾物资等腐败现象，这既

① 庄天慧，张海霞，兰小林：《西南民族贫困地区农户灾前防灾决策及其影响因素研究》，《软科学》2013 年第 2 期。

② 庄天慧，张海霞，兰小林：《西南民族贫困地区农户灾前防灾决策及其影响因素研究》，《软科学》2013 年第 2 期。

得益于民族文化中面对灾难时物资共享传统的约束作用，也与少数民族家庭财产一般呈透明公开状态的习惯有关，更与少数民族文化传统中很少有偷盗的意识及行为有关。

三是面对不同类型灾害的自我救助传统。少数民族地区的地理空间比较封闭狭小，很多灾害是小范围的，灾害后果及损失不大，尤其是泥石流、滑坡等地质灾害，水旱冰雹霜冻等气象灾害等，一般只是几户、几寨或一乡一县受灾，除互助救灾外，更多的是受灾村寨及家户的自我救助。从严格意义上说，这是民间、私人性质的灾害救助传统，稍大的灾害一般由村老寨长或是半官方的基层统治者、管理者统一协调指挥。

四是灾害发生时不同的逃生技能及传统。各少数民族地区的灾害类型不同，其逃生技能也各具特色，如地震时跑到屋外空地上，洪水来临时爬上山顶房顶、抱住大树大石，泥石流发生时往侧上方山坡逃跑，等等，一些技能与当代防灾减灾宣传中提倡的措施一致。随着现当代灾害类型增多、危险性增强，很多民族传统的防灾减灾避灾技能，已不能适应实际需求，传统防灾减灾技能的更新及提升，成为少数民族灾害文化建设中的当务之急。

五是灾后重建时村寨民众具有的联合共建、互助同进的传统，凸显了村寨灾害韧性及自我修复力度。例如，在灾后农耕中籽种与劳动力畜力等方面的均享互换（工），房屋与公共设施建筑修复时的共建互助，以及对病亡羸弱家庭的抚恤安葬等方面的共助传统。这类由少数民族上层或有威望的村寨长老协调主导，有计划进行的灾后恢复共建，多带有集体或半官方的性质，使少数民族的灾害文化在实践及传承中，充满了人性及温情的色彩，也是少数民族相互依赖、相互帮助美德形成的基础之一，更是民族村寨灾害韧性修复及持续发展的基础，使村寨能够化解和抵御灾害的冲击，保持其主要特征和功能不受明显的影响和破坏。换言之，灾后重建的互助共建传统，极大地增强了村寨的灾害防御韧性，使村寨能够承受不同类型灾害的冲击并快速恢复生活秩序，保持民族村寨功能的正常运行，并更好地应对未来不同类型的灾害风险。

六是近代防灾备灾的新传统，即少数民族村寨的仓储建设。西南大部分少数民族在早期历史发展中没有仓储的概念，因为各地生态环境良好，人口少，生存空间大，可食用的生物资源数量丰富、种类繁多，除大范围的洪旱地震灾害外，很少有导致饥荒的灾害。在20世纪三四十年代之前，绝大部分少数民族村寨几乎没有建立过仓储，也没有仓储的理念及措施，仅在离汉族聚居区或行政中心近的部分村寨间或建有少量仓储。

西南少数民族都有个较为普遍的观念，即万事万物都是"天生天养"的，对人类而言，自然界有丰富的食物资源，随用随取，但不能奢靡浪费，只要用度适量，自然界提供的资源足够人类享用，无须仓储积贮，仓库里的东西不仅不新鲜还会腐烂败坏。这种对生存资源用取有度的思想及理念，形成少数民族利用自然资源的良好习惯，既避免了饥荒的出现，达到了防灾减灾的效果，也防止了浪费及对生存资源物种的过度摄取。这种利用生存资源的传统文化行为，成为西南地区迄今为止依然是中国物种基因库的主要原因之一。

20世纪五六十年代尤其是20世纪七八十年代后，传统思想文化的变迁，以及日益迅速的国际化使各民族的资源使用理念受到冲击。随着外来移民的进入、人口增加、生态环境的破坏及资源的耗竭，食物资源开始短缺。受汉文化积储备荒的理念及措施，以及民族州县乡基层政权贯彻国家备战备荒等战略部署的影响，民族地区开始设置仓储，百人以上的民族村寨才建粮仓，少则一个，多则三四个，或位于寨子中央，或位于村寨边缘。例如，云南布朗族为了预防火灾，一般把仓储建在村寨周边，但实际上，在布朗族的资源利用模式面前，仓储的实用性不大，有的根本没有发挥过作用。

（二）西南地区灾害文化的传承路径及当代转型

任何民族的灾害文化，都是通过特别的路径及方式，进行文化内涵及讯息的传递、传承的。西南少数民族地区灾害文化的传承方式及传承路径，粗略而言，主要分为以下四类。

一是亲缘性传承的方式，如家庭、亲族、宗族或近邻亲属间常用的防灾减灾避灾技巧，一般是通过口耳相传的方式传承。用这类方式防范、躲避的灾害，大多是范围小、程度轻、影响小的灾害，如旱灾中的取水储水、水灾中的缘木而居、疫灾中的卫生及服药防治、躲避与防范动物灾害等。当然，一些常见的大型灾害防护的文化传统及方法技能，如地震及泥石流灾害的躲避及逃跑方式等，也是此类防灾减灾避灾文化传承的主要内容。

二是地缘性（地域性）的防灾减灾避灾技能及知识体系的传承，如村寨、不同空间中同一个民族间或小地域内不同民族间的本土防灾减灾避灾的知识、技能等。这个类型的防灾减灾文化针对的多是村寨选址、水源地选择、田地选择及耕作防护机制等，以及区域性影响范围较大的水旱灾害、地质灾害的防范方法及具体措施等的交流及传递。

三是族际间防灾减灾文化的交融及传承，其交流及传承的文化传统，一般是针对大型的、后果严重的、民族记忆深刻的灾害，即跨区域、连续性灾害的防范及躲避、逃生路径及知识系统，如大型水旱灾、泥石流、地震灾害、瘟疫的防范、躲避和救助等。这是少数民族传统灾害文化传承中，公共讯息及知识体系、技能、经验的主要交流及传承路径，在现当代少数民族地区的防灾减灾工作中也有积极的借鉴作用。

四是跨国界（国际性）灾害的防治救助等灾害认知、记忆、思想、理念等文化的交流及传承，兼具族缘、血缘、地缘的综合特点。西南少数民族多跨境而居，但灾害不会区分民族及国界，很多跨界聚居的民族，因地质结构及气候背景、生态环境及生活习惯的相似，常常遭遇同一次地质、气象、疾病等灾害的袭击，其防灾减灾的措施、文化习俗及技能，一般也是共同分享及传承的。这种分享及传承最初是民间进行的，20世纪后逐渐实现了从民间到官方的转变，官方、民间的传承路径在同一个时空中共存，官方的资金、人员、政策等都得到少数民族的接受及认可。例如，在中缅、中老、中越等边境跨境而居的泰傣民族的防灾减灾经验及文化传统，就是因为族际、国际的政治经济文化交往而实现了交融、共享，这是西南少数民族文化具有国际性特点的表现之一。

西南少数民族灾害文化的传承路经及特点，不仅凸显了少数民族灾害文化的包容性、开放性特点，也对当代中国提倡的人类命运共同体理念及其建设、对"一带一路"及其国际防灾减灾体系的构建发挥了积极的资鉴作用。目前，国际社会面对频发的跨国巨型灾害，亟须共同建立协调、联动、高效的国际减灾合作模式与机制，从不同渠道、途径开展全方位、多渠道的防灾减灾国际合作，以提升各国的防灾减灾能力，促进区域间的可持续发展，并在其中有针对性地提高跨境灾害的综合防治能力及水平，制定国际化的、科学且系统的防灾减灾机制。对西南少数民族地区而言，构筑起面对中国—南亚东南亚利益共同体和命运共同体的综合性防灾减灾体系，也是亟须进行的工作，这也是西南少数民族防灾减灾文化面临的当代转型。

20世纪80年代以来，在国际疟疾基金项目的支持及研究下，中国云南的疟疾防治取得了举世瞩目的成就，其备受称道的另一重要原因，是中国疾控中心在输入性病例数量长期居高不下的情况下，采取国际、跨国联合防控的措施，越过国境线防疫并取得了极好的效果。例如，德宏傣族景颇族自治州盈江县的疟疾防治，从中缅边境的防治往缅甸国境内推进了 50 千米，在中缅间人员交往流动极为密集频繁的情况下实现了疟疾的可防可控，境内疟疾患者人数直线下降，防治效果显著。这是政府大力主导推行疾病防控、当地少数民族积极支持配合取得的防病治病的成绩，是少数民族地区在现当代防灾减灾行动中，政府、个人及家庭努力协调配合，使国际性的跨国防灾取得成功的典型案例。

　　因此，应充分利用中国传统灾害文化的优势，发掘并利用好西南少数民族在自然灾害防控和防灾减灾领域的经验技能，利用现当代的防灾减灾理论和技术优势，建构起现当代少数民族新型灾害文化体系，"强化对地观测、高分辨率遥感、导航定位、通信技术、地理信息在防灾减灾领域的应用，加快防灾减灾产业链发展，促进防灾减灾技术'走出去'，快速提升'一带一路'沿线国家防灾减灾基础与能力，是迫切需要解决的现实问题"①。

　　当然，国际合作及跨境民族间的传统文化交流机制，应该在其中发挥必不可少的作用，在此过程中提升、构建新型的、面向国际的民族灾害文化体系，"鼓励、支持在'一带一路'重点国家设立防灾减灾海外研究中心或网络，促进双边或多边合作研究；联合沿线国家防灾减灾科研机构与组织组建'一带一路'防灾减灾科学联盟……推动建立'一带一路'重大自然灾害仿真模拟系统……提升风险防控能力；构建"一带一路"防灾减灾救灾科技合作框架与体系"②。毫无疑问，这是西南少数民族传统灾害文化的重生及持续发展焕发的生机，只有这样，少数民族灾害文化才能真正成为"推动跨国际跨区域综合性防灾减灾合作和践行利益共同体与命运共同体理念的重要行动"③。

三、西南地区灾害文化的特点及弊端

　　中国少数民族大多位于边疆地区，灾害时空分布的畸零特性明显。部分地

　　① 葛永刚，崔鹏，陈晓清：《"一带一路"防灾减灾国际合作的战略思考》，《科技导报》2020 年第 16 期。

　　② 葛永刚，崔鹏，陈晓清：《"一带一路"防灾减灾国际合作的战略思考》，《科技导报》2020 年第 16 期。

　　③ 聂选华：《构建中国—南亚东南亚防灾减灾体系》，《社会主义论坛》2020 年第 6 期。

震带、气候带或地质结构带波动区的灾害，影响畸轻畸重、分布不均衡的特性尤为突出，这与边疆民族地区多位于自然地理及生态疆界线①上、气候带及干湿带分界明显、地质结构特殊、自然灾害类型独特有关。各民族灾害文化的积累、传承不绝如缕，虽然很多内容较少进入正史，却在民间以不同形式流传。在"华夏失礼，求诸野"的传统文化变迁趋势下，很多中原地区散佚的灾害文化，在民族融合、交流中以不同的内容及表现形式流传、保存在民族地区，逐步形成了具有区域及民族特色的防灾减灾避灾的文化体系。

（一）西南地区灾害文化的特点

灾害文化是文化的一种特殊类型，具有文化的共性及独特性。西南少数民族的灾害文化，既具有普通灾害文化的内容及特点，也具有民族文化的独特性。从独特性的角度看，西南少数民族灾害文化主要具有以下三大特点。

第一，西南少数民族灾害文化具有历时性、包容性、适用性并存的特点。与其他地区灾害产生、变迁规律一致的是，西南民族地区的灾害也具有频次、类型增多的趋势，呈现出很强的历时性特点，故很多区域尤其是民族聚居区的防灾减灾文化，也随着灾害类型的变化而适时调整。在近现代全球气候多变及山区开发背景下，山区常住人口不断增加，山地原始植被被大面积破坏，山区半山区土地被垦殖，水土涵养能力大大降低，西南少数民族聚居区暴雨洪涝灾害增多，流域性洪旱灾害频次增多，受灾面积、人口及灾害损失呈正增长趋势。

在漫长的历史时期，自然环境复杂多变，西南少数民族聚居区的自然灾害千变万化，灾害文化也随之不断丰富及完善。很多民族在防灾减灾过程中相互帮助、文化不断交融互鉴，形成了灾害文化的包容性特点。在历史上，没有一个民族是可以不跟其他民族交流而独立生存发展的，各民族为了生存及发展的需要，既要传承自己民族的文化，也需要吸纳其他民族的先进文化。尽管江河峡谷层层阻隔，但不同民族间的交流、融合从未停止，不绝如缕。即便在交通不便山川阻隔的怒江、德宏、红河等地区，少数民族也通过溜索、马帮等特别的交通方式，互通有无。西南少数民族由此形成了对其他民族优秀文化的学习

① 周琼：《环境史视域中的生态边疆研究》，《思想战线》2015年第2期。

及借鉴、尊重及包容的习惯及特点。因此，各民族的灾害文化在传承本民族优秀文化的同时，也兼容并蓄了其他民族的优秀文化内涵。

近 50 年来，在某些强降雨集中、生态环境破坏严重的西南少数民族聚居区，山洪、滑坡和泥石流等地质灾害及水旱、低温冷冻、冰雹等气象灾害的频次出现暴发式、单点式增多的现象。各民族的防灾减灾文化也随之发生变化，逐渐从宗教、信仰、禁忌习俗等消极的避灾，发展到积极救灾，提前防灾、减灾等主动防灾的层面；在与周边民族交流的过程中呈现开放、融合的发展趋势，民族间的分界及隔阂被打破，从个体、家庭、族群、村寨的小集体、民间的防灾减灾行为，发展到多个村寨联防联通的阶段，更重要的是开始推进到与官方配合、接受官方统筹调剂、分层领导的层面。

例如，很多经常受到泥石流、滑坡等灾害侵袭的少数民族村寨，开始积极配合官方的搬迁、扶贫政策，调整防灾减灾传统，一定程度上摒弃了旧的、适用性不强、效果不明显的防灾减灾措施，吸收近现代防灾减灾先进经验及技术，使少数民族灾害文化的内涵不断丰富，外延不断扩大，包容性日益凸显。最典型的是云南怒江的独龙、怒、傈僳、普米等民族，接受现代化的建筑选址及建筑材料、建筑样式，从生存条件恶劣、交通不便、气候及地质条件恶劣的深山区，从悬崖峭壁的村寨里，逐步搬迁到平坦、安全的坝区及山脚。其建筑及家具布局沿袭了本民族传统样式，并与现代防灾减灾文化相结合，在建筑格局、房屋朝向、窗户大小、房梁位置等方面，甚至吸取了其他民族有效的防灾减灾传统要素。这就使搬迁民族因出行及生产发生的交通意外及罹患气候病、地区病的风险大大降低，遭受地质灾害的可能性也大大降低，达到了防灾减灾的良好效果。

第二，西南少数民族灾害文化具有传承性、累积性、固守性的特点。作为民族文化中最具有实用价值的内容，不同阶段积累下来的灾害文化，都有其存在、传承的价值及实用的意义，其中防灾减灾文化必然是民族文化传承中的主要内容之一。因此，其传承路径及方式，既有普通灾害文化传承的特点，也有民族区域文化传承路径及方式的特点。西南少数民族在不同时期积累、传承下来的灾害文化，尤其是灾害文化的经验和教训，对各民族有效防灾避灾减灾、保持持续发展的生命力发挥着极大的作用。

少数民族灾害文化的固守性特点，主要是指对自己民族及村寨已经形成的、熟悉的灾害文化理念及认知、习惯保持着坚持、坚守的传统，在老一代人身上，其思想观念及行为习惯甚至到了固执的地步。例如，很多在山区居住的少数民族老人，在可以用电或太阳能的情况下，依然长期坚持用木柴、火塘烤火做饭烧水。由于少数民族的房屋建筑多采用木质材料，用火塘烤火做饭往往导致火灾或一氧化碳中毒。尽管教训深刻，政府多次宣传教育，但很多老人依然固执己见。这不仅对森林生态环境保护不利，也使防灾减灾工作的推进困难重重。固守传统文化的民族特性，对民族传统文化的传承有极大的优势，但对某些习惯及传统的过分固执和坚持，也会带来交流及借鉴的障碍，使很多实用、有效的灾害防御措施不能被吸收，给防灾减灾工作及其实际功效带来消极的影响。

第三，少数民族灾害文化还具有地域性、丰富性、变通性的特点。不同地域的灾害类型受到地貌、地质结构、气候及自然生态基础等因素的影响而各具特点，具有强烈的地域性色彩。例如，地质结构脆弱的区域常常发生地质灾害，季风气候变化突出的地域常常发生气象灾害，如果是两者兼具的地区，则常常因为气象灾害引发地质灾害。

不少民族受地域及相关因素的影响，具有不同的生产生活方式及习惯，对当地的生态环境、地质结构等有不同程度的冲击、破坏及影响。在不同地域形成的民族文化，也具有各自特殊的内涵，即灾害文化作为民族文化的特殊内容，其地域性特点是显而易见的。例如，滇黔桂的少数民族如苗、瑶、壮、彝、布依、水、侗等聚居的喀斯特区域就是如此，山地面积广、坡度大，表土层较薄，成土时间长，地质多为砂石砾岩结构，山区开发后森林急剧减少，原始生态环境遭到破坏，山地水土流失极为严重。

水土涵养能力下降，很多地区从潜在石漠化区域变成为石漠化区域，石漠化区域呈扩大趋势，19世纪后的史籍所见的水旱灾害频次开始增加。

20世纪以来，西南喀斯特地区的灾害频次呈加速度式发展，水旱、滑坡、塌方、泥石流、霜冻等成为这些地区最频繁发生的灾害类型，不同民族地区应对灾害的方式也千差万别，灾害文化的地域性特点极为突出，如云南西畴等地区，为了改造及治理石漠化，各村寨民众书写了一个个当代愚公移山的新故事，采用了挖石开路、搬土造田等方式改造石漠化景观，发展农业及经济林生产，形成了当代独特的"搬家不如搬石头，苦熬不如苦干，等不是办法，干才有希望"为内核的"西畴精神"，也形成了"不等不靠不懈怠，苦干实干加油干"等地质灾害防御的新文化内涵。西南其他民族聚居区也因气候、地质、生态环境等自然条件的相近或差异，灾害类型及环境影响强度出现了相似或差异的情况，相应的文化内容也随之进行了变通和调整。

（二）西南地区灾害文化的弊端及其克服路径

每一种文化，都难免存在弊端和缺陷。西南少数民族传统灾害文化的弊端也是显而易见的，如由于对家及房屋、村寨的感情，对神灵庇佑村寨的认知理念发生偏差，尤其对祖先超能力认知观念及遗物怀有感情的老人显得格外固执，灾害的打击及损失就更大。在面临新旧理念不一致时，其弊端更凸显。概言之，西南少数民族传统灾害文化存在两个层面的弊端。

一是个体（家庭）层面存在的弊端。少数民族防灾减灾文化中，年龄与防灾减灾理念、认知与实际行动存在反向递增的情况，即年龄越大，防灾减灾理念与行动力吻合度越低。

二是群体层面存在的弊端。村寨族人对自己周边生存环境的变化及灾害潜在危机认知不够，不愿搬离已经出现灾害风险征兆的村寨。很多少数民族在早期村寨选址时比较慎重，对水源地、田地与聚居地等因素的考量、选择比较合理。村寨初建时，生态环境极好，人口密度不大，生存资源丰富，环境承灾力及自我修复力都很强，很少有灾害风险。祖祖辈辈繁衍生息于斯，早就习惯了原生地的环境，往往忽视了其村寨及周边的山地因多年的开发垦殖，已出现生态恶化、水源枯竭、水土流失严重的情况，山坡地的自然水土涵养能力被破坏，灾害风险增强，气象灾害及地质灾害隐患增加，交通、通信不便，急需搬迁。

很多村民对自己周边生存环境的变化及灾害潜在的危机认识不到位，认为搬迁后远离祖宅，也远离了水源和田地林地，不仅耕作等农业生产不便，且很多搬迁的村寨都要与其他寨子合并居住，对具有不同习惯及风俗的人群而言，生产生活都极其不便，因此一些老人坚持住在老寨不愿搬迁，年轻人考虑交通、求学、就业等因素，积极配合政府搬迁。

少数民族对灾害环境变迁及其严重后果的认知差异，不一定符合人们对少数民族防灾减灾文化美好的预想和判断。一旦其防灾减灾思想及行动出现误区，效果可能就会出现偏差，而现当代少数民族地区整体的防灾减灾能力，仍然远远落后于经济的增长和社会发展的程度，再加上不同民族地区的常态灾害成因机理存在着较大的复杂性、多变性、不稳定性，很多少数民族传统灾害文化中的经验及技能，不仅远远达不到实际防灾减灾工作的需求，离国内及国际标准也有很大距离，使少数民族灾害文化因此面临着挑战及持续发展的危机。如何弘扬优势、克服弊端，找到少数民族传统灾害文化转型的合理路径，避免群体性灾害认知误差导致的灾害群体性损失，是目前西南少数民族地区灾害文化的构建及其防灾减灾体系建设中不可忽视的主要因素。

为了避免传统灾害文化的弊端及其带来的严重后果，在现当代少数民族灾害文化的转型提升中，不仅要发扬各民族的优秀传统文化，还要提升少数民族灾害文化的现代性内涵，主要有以下三条路径。

一是防灾减灾知识及优秀传统文化的宣传普及、现当代防灾减灾技能的教育培训。在民族地区进行常规化的、少数民族能接受的多形式、多语种的现代防灾减灾知识及技能的宣传普及和培训，如设置防灾减灾知识宣传栏，利用广播电台、电视机、手机微信等平台及现当代媒体网络的宣传动员力量，开设防灾减灾知识宣传的公众普及栏目，用民族语推送防灾减灾的公益广告及知识技能，并在学校、单位及村寨组织多种形式的防灾减灾宣传教育及演练活动。当然，各省州县乡民族村寨都可以编制不同层次及内容的、适合本地民族防灾减灾的科普读物、挂图或相关的音像制品，或诸如抖音等便于在手机上观看的视频、音频、文案广告等，推广国际国内先进的防灾减灾经验，尤其是成功的案例和知识、理念，提高少数民族群众的防灾减灾意识及能力，在现当代防灾减灾体系建设中，促使少数民族灾害文化的提升及转型。

目前，提升少数民族防灾减灾技能的宣传，正在成为少数民族灾害文化转型中的新形式、新内涵，如在云南少数民族地区地震灾害的预防中，一些团队已经开始组织拍摄多民族语言的《地震百科知识大全》，其中含藏语、傣语、傈僳语、拉祜语和景颇语 5 个少数民族语种版本，下发到民族地区、边疆和贫困山区播放；制作了少数民族民歌专辑，完成了"农居抗震·关爱生命""政策性农房地震保险在云南正式落地""地震预警·与地震波赛跑""主动源探测·给地球做CT"等公益科普视频产品，还制作了《普洱对话——景谷地震》

《防震减灾示范教学片》《防震示范演练》《中小学地震安全教材》等①。笔者从调查中了解到，山区民族村寨的防灾演练等活动也已经在普遍开展，少数民族群众的参与度及认可度也较高；基层地质灾害隐患检测装置及人员等的设置也具有较大的灵活性和及时性，实现了成功避灾的实效。

二是建立民族地区灾情信息搜集与及时报送机制。借鉴历史上报灾勘灾救灾机制及其良好成效，吸纳不同民族的群众参加，在民族地区建立一套及时、准确、完善的基层灾情信息搜集及报送机制，及时向群众传达灾害讯息，以提高少数民族的灾害预警及危机意识，"完善群测群防制度，普及防灾减灾知识，提高全民防灾减灾意识，充分调动和发挥农户参与农村防灾的积极性。……加强基本灾害知识普及和防灾意识提升；不同灾害的防灾技术手段，如作物防旱避旱的基本方法、预防地质灾害的建筑物选址和修建等"②。

少数民族地区还应考虑制定新型民族村寨选址和民居修建的质量标准、区域灾害安全规范标准。在各民族村寨尤其是灾害搬迁村寨，制定村落搬迁的规划标准、房屋建筑的灾害安全测量及防范标准，如村寨所在地的地质条件、住房的抗震性能、村寨道路的通达便捷等，使少数民族灾害文化尽快转型、更能适应当前防灾减灾避灾的实际需求。

三是加强民族地区防灾减灾能力建设，尤其是防灾减灾的基础设施建设，如少数民族聚居区交通、通信、卫生及医疗条件的改善已是当务之急，尤其是交通及通信条件的改进更是重中之重。为了灾情讯息上报及时及相关信息的流通，提高抢险救灾物资的抵达和受灾人员的转移安置，急需提高灾害易发区和外部联系的交通道路、通信设施建设，村道、乡道、县道的修筑及维护通信网络的畅通，应作为生态文明村寨建设的主要内容之一。

鉴于西南少数民族部分地区特殊的自然地理及气候条件，除了将灾害隐患区的少数民族群众搬迁到适宜居住的安全地区、改造村寨的危险建筑、加固危险设施等措施外，还可在灾害频发的少数民族地区着重进行防灾减灾隔离带、避难所、防护墙等灾害防护工程建设，这是少数民族灾害文化系统调整和优化的必经之路。

---

① 李道贵，郭荣芬：《云南少数民族地区防震减灾科普宣传探索》，《城市与减灾》2020年第4期。

② 庄天慧，张海霞，兰小林：《西南民族贫困地区农户灾前防灾决策及其影响因素研究》，《软科学》2013年第2期。

各民族的建筑、饮食、服饰、医药、信仰等文化的发生及变化，其原因是多源的。换个角度看文化，就会发现文化的另一重内涵，故其多源及多面向特点，应成为文化源流研究中的共识。很多少数民族的文化，在起源及传承上就具有浓郁的防灾减灾避灾内涵及特性，这些文化能够传承、发展，也与其能够发挥防灾减灾避灾的实际功能有密切关系，此即灾害文化功能的辐射性禀赋。西南少数民族的灾害文化，是中国灾害文化的重要组成部分，在西南各民族的防灾减灾避灾实践乃至中国多民族国家形成与发展中，发挥了积极的作用。

西南少数民族众多，文化类型多样，其防灾减灾文化保存了大部分少数民族在具体防灾减灾避灾中的经验及教训，具有极大的典型性和代表性，但并不能说明西南少数民族防灾减灾文化仅此而已，其他内容还需要灾害学、民族学、人类学、历史学、社会学等领域不断地努力及探索。其中很多防灾减灾的文化传统不仅属于西南少数民族，很多地理地貌及生态环境相似的南方甚至是北方少数民族，也有类似的灾害文化内涵及传统，即在同一个区域生存的不同族系的民族，其灾害文化也具有极大的相似性，这就是少数民族灾害文化存在的共性；不同民族的防灾减灾文化，也存在极大的差异性，甚至同一个民族、支系因聚居范围比较宽泛，或不同支系跨越不同的气候带或地理空间，其防灾减灾文化也就存在着明显的地域性差异。

"路径依赖"惯性是学术思考潜意识的行为，并在很多问题的思考上形成自我强化的效应，其弊端限制了学术界域的打破及不同层域间的融通。就像本书涉及的民族灾害文化，初看起来都似曾相识或很熟悉，以往多从民族专业文化或单一文化的视角来看待这些源于少数民族的传统智慧，很少从多维的角度尤其防灾减灾避灾的角度来看待这些文化的原动力及深层内涵。这种单一的观察视角或史料解读的"路径依赖"，让人们忽视了史料里原本含有的其他内涵，也就忽视了民族文化中固有的多重内涵。一旦变换观察及论述的视角，大胆脱离惯性的"路径依赖"，就能发现以前人们熟悉的知识谱系中未曾被发现的重要内容及史实，甚至能发现隐藏在史料背后的真正贴近历史真实的内容。因此，不仅学科视角、研究方法需要多元化，对史料解读、分析的角度也应提倡多元甚至反向的路径，从传统史料中发掘出历史及文化原本所具有的丰富内涵。西南少数民族防灾减灾文化的研究及思考，无疑也适用于这一原则，它对民族文化的再审视、再解读，往往能带来新发现、启迪新思考，更清晰地触及历史及文化本真的面向。

值得强调的是，西南少数民族的灾害文化，绝对不是孤立存在的。各民族的灾害文化，不仅与其政治、经济、文化、教育、思想乃至艺术、军事等密切联系在一起，也与其他的文化现象密不可分。一个民族的文化现象，有可能同时具有几个甚至是若干个文化要素、文化维度及面向，也有可能只是专指的、特别的或唯一的文化要素。西南少数民族的灾害文化，与其他的文化及组成要素融合、联系起来，形成了你中有我、我中有你的文化存在及传承模式。在现当代防灾减灾体系构建中，提升、增强灾害防御能力建设，凸显其韧性、适度性及国际性原则，成为西南乃至中国少数民族灾害文化现代化转型的适应性目标。

第三节　历史灾害记录及典型案例

西南地区是自然灾害最频繁、种类最多样的区域，中国历史上发生的大部分灾害几乎都在西南不同地区、时期上演过。因山川纵横、地理单元众多且相对封闭狭小的地貌特点，西南地区灾害的范围及影响程度相对有限，后果亦不如中原内地严重，早期文献记录也相对简单。元明以后各类灾害得到相对完整、全面的记录，灾害在表面上呈现出了逐渐增多的特点。近代以后，随着交通、通信的迅猛发展、文献传承媒介及记载形式与内涵的日益丰富，灾害记录更为详细全面，环境灾害及灾害链特征凸显。

随着近年来灾害尤其环境灾害的频繁发生，不同时期及类型的灾害受到了关注，断代灾害及其救助等问题的研究涌现了一批可喜成果，但宏观层面及长时段视角的研究成果相对缺乏。目前，历史研究较注重及强调数据在翔实、准确揭示某些历史问题时的重要价值，但数据及其计量对于历史全貌的整体、详细的复原，并非是万能的，也不是注重描述、忽视数据等叙事史学特点浓厚的中国历史研究通用的方法。中国传统文献史料直观、简洁、概括的记述特点，有助于全面、具体地复原历史场景，展现历史变迁的线索及脉络，故叙事史学作为传统的史学记录集研究方法，是新史学研究中不能回避、值得秉承的方法。灾害史研究，尤应以叙事史学为基础。

本节从历史灾害记录及其重要案例入手，从灾害场景的记述中分析云南灾害史的记录特点及变迁趋向，以资鉴于现当代防灾减灾决策及措施的制定。

一、西南地区历史灾害的记录

灾害多是自然、人为原因及自然与人为相互促发的。云南历史灾害类型复杂，早期以自然灾害为主；明清时期，自然灾害与人为灾害混杂；近现代以来，人为引发的环境灾害频次日益增加。自然灾害的原因及主要类型古今基本相同，环境灾害的原因在不同时期类型各异。

西南地区历史上的灾害记录，早期以地震、水旱、疾疫等自然灾害为主。元明以降，随着矿冶业及山地农业的发展，灾害频次增加，相关记载逐渐增多，新增泥石流、滑坡、山崩、塌陷等地质灾害，低温冷冻、霜雪、火灾、风灾等也日渐频繁见诸记载。西南灾害记录存在着简单、古略今详等普遍性特点，也有边疆政治控制及民族、区域性特点；明以前自然灾害多，明以后自然灾害与环境灾害交互发生，20世纪以后环境灾害频次增加，灾害链特征日益凸显，制度尤其经济政策是环境灾害的诱因。

（一）历史在乎记录的灾害类型

纵观西南历史以来的灾害史料，记录次数最多、对社会经济影响最大的自然灾害，首推气象灾害，如洪涝、旱灾、风灾、霜灾、冰雹等。洪涝及旱灾是最常见、分布区域最广的自然灾害；冰雹灾害与气候变迁密切联系，呈现出浓厚的年际及季节性变化特点，"除温带外，云南大部分气候带冰雹在气候偏冷期（偏暖期）较多年平均偏多（少）。云南各地对气候变暖的响应程度不一致，滇中及以西以南大部分地区以及滇东南大部分冰雹频次对气候变暖有着很好的响应，即偏暖时期冰雹频次偏少，而偏冷时期则偏多"[1]。

二是地质灾害，如地震、滑坡、泥石流、塌陷、水土流失、石漠化等。暴发频次最高、短期后果最严重的是地震灾害[2]，"云南是我国地震灾害损失最为严重的地区之一。……随着社会经济的不断发展和社会财富的不断积累……

---

① 陶云等：《云南冰雹的变化特征》，《高原气象》2011年第4期。
② 云南土地面积仅占全国国土面积的4%，但破坏性地震却占全国平均量的20%，可能发生破坏性地震的地区约占全省土地面积的84%。

相同地震能量条件下，云南地区地震灾害损失随年份呈增长趋势"[1]，"全国包括台湾省在内所有省区的地震史料的统计表明，云南各种震害占了全国总数的24.04%，高居榜首。其中崩塌、滑坡、泥石流、地裂缝、喷水冒砂及堵河尤为严重"[2]。明清地震灾害记录中，灾害烈度较大、人口死亡数量达数千人至数万人的地震就达十余次。"云南早期的地震记载极为零星、简单……从1481年到1999年，500多年来云南地区有人员死亡记载的地震共110余次，总死亡人数7万余人"[3]。灾害程度逐渐加深、影响日渐深广的地质灾害是水土流失及泥石流，"云南是我国地质灾害严重、多发的省份，滑坡、泥石流、地面塌陷、地面沉降、地裂缝、石漠化是云南常见的地质灾害类型。其中滑坡、泥石流点多面广、活动强烈、突发性强，是云南最主要的山地地质灾害"[4]。

三是疫灾。这是导致云南本土人口增长缓慢，影响社会经济发展并对民族社会心理产生重要影响的灾害，很多疫病随着交通的发展及人口的迁移流动而扩大了其传播范围，最著名的是瘴疠、疟疾、鼠疫、麻风、霍乱、血吸虫、白喉、猩红热等疾病。作为另一种类型被记录的疫灾是病虫灾害，如鼠害、蝗灾、虎狼灾患等，也是对农业生产及民众生活造成严重不良影响的灾害类型。

四是火灾，村镇火灾最为常见及频繁，直接影响社会经济文化；森林火灾是历史上未被重视但后果最为严重的灾害，对整个区域的生态环境、生态系统及工农业资源造成了严重破坏，进而影响到区域社会经济文化。

五是生物灾害，这是近现代以来涌现出的新型灾害，是随着物种入侵现象日益广泛地发生而产生的，表现在农业、林业、果蔬、花卉等产业上的新型病虫害，呈现出无法控制的复杂态势。

（二）西南历史灾害原因的记录

气候、地质地貌、海拔等是西南历史以来灾害常见的客观自然原因。西南的地理位置及地貌特点，山川河流、箐谷平川的基本状貌几乎未发生过激烈的

---

① 周光全，施卫华，毛燕：《云南地区地震灾害损失的基本特征》，《自然灾害学报》2003年第3期。
② 李世成等：《云南地震地质灾害与资源环境效应问题的初步研究》，《云南地理环境研究》2003年第2期。
③ 赵洪声等：《云南地震灾害特征分析》，《内陆地震》2001年第1期。
④ 解明恩，程建刚，范菠：《云南滑坡泥石流灾害的气象成因与监测》，《山地学报》2005年第5期。

大的变化，自然致灾因素变化不大。环境灾害的原因在不同时期差异极大，一些地区由于人为开发，破坏并改变了地质结构及生态系统，引发了多种环境灾害，尤其很多生态基础脆弱的地区，灾害更为严重；一些地区的灾害与弱化后的自然环境交互作用引发了更严重、频繁的灾害，加重了环境灾害的程度。近现代以来，西南地区自然灾害及人为灾害并存共发，呈现出人为灾害频次日趋增加的特点在历史灾害原因的记录中，主要有以下三个原因。

首先，自然原因。西南历史灾害的类型及程度受制于自然气候及地理地貌因素，即地理位置、地形地貌、气候等是自然灾害多发的基础原因。

西南地区位于亚欧板块、印度板块与太平洋板块交界处，地壳板块运动频繁，是地震、泥石流、滑坡等地质灾害频发的重要原因。因其地形地貌复杂，气候类型多样，从南到北分布有北热带、南亚热带、中亚热带、北亚热带、南湿带、中温带。同地区的气候随海拔的高低起伏而不同，"一山分四季，十里不同天"，立体气候特点显著，灾害的立体特点也极为突出，影响也各不相同，同一区域内不同海拔地带或一座山的阴阳面，水旱、霜冻、低温、雹、风、火等多种自然灾害都能交替发生。

西南大部分地区的地貌特点是山地面积大，滇黔桂渝都是山地面积占全省土地面积的 90%以上的地区，连绵蜿蜒的雄山及众多纵横交错的河流箐谷，将西南各省市南分割成了数量众多、相对封闭的地理单元，使西南灾害的区域性特点极为显著，如水旱灾害及冰雹灾害是坝区的主要灾害，旱灾、水土流失、泥石流、滑坡、塌陷等则是山区的主要灾害类型，河谷坝区多发生水灾及疫灾。

西南地区是典型的季风气候区，受大气环流影响，夏季降水充沛集中，冬春季降水稀少，风速大、蒸发量大，春季和夏初的水面蒸发量是同期降水量的10 倍以上，大部分地区 5 月下旬雨季才开始，此前很难出现有效降水，且不同年份冬夏季风进退时间、强度和影响范围不同，降水存在时间及区域分布不均、在年内和年际的时空分布上存在较大差异的特点，成为云南冬春季节易发生旱灾及火灾、夏季易发水灾的基础原因。云南火灾高发季节一般集中在春季1—5 月，云南高原被干暖的大陆气团控制，晴天多，蒸发量大，林地覆盖物的含水量急剧下降，一遇火种，极易燃烧形成火灾，火灾成为最常见的、危害最大的灾害。因受南孟加拉高压气流形成的高原季风气候影响，霜灾、冰雹及低温冷冻灾害在某些区域的暴发极为频繁。

其次，山地的长期垦殖是环境灾害增多的诱因。元明以降，中央专制统治日渐深入，半山区、山区得到广泛开发，山地垦殖及金银铜铁锡铅盐等矿产的采冶，森林资源大量损毁，地质结构及生态系统受到破坏，区域气候发生改变，环境灾害的频次逐渐增多。生态破坏严重的地区，大雨一过，山水暴发，极易发生水灾及泥石流灾害，山边河畔的田禾常被冲没淹埋。例如，乾隆三十三年（1768 年）夏六月，邓川州"洱苴河东堤决银桥上，秋洱水溢没田禾"①，浪穹县"普陀崆白汉涧水发，沙石填河，湖水横流，淹田宅无数"②，文山县"大水，淹倒民房数百间，田谷尽坏"③。山区开发的深入拓展、明清气候异常引发的自然灾害都使生态系统的自然防灾、减灾、抗灾能力减弱，很多半山区往往因水旱、地震等自生灾害引发了泥石流、滑坡、塌陷等多种次生的、程度严重的环境灾害，人为开发导致的环境巨变及其破坏也引发了较多的环境灾害，使云南成为灾害种类最多的地区。因此，地震、泥石流、塌陷、干旱、洪涝、霜冻、风、火等灾害频繁发生，以滇东北小江泥石流灾害最具代表性。

最后，自然与人为因素交互作用诱发灾害，生态脆弱区自然灾害与环境灾害相互促发，使得继发性灾害不断出现。明清小冰期的低温气候对西南地区的灾害频次及灾害强度也产生了极大的影响，由于气候寒冷，旱灾、低温冷冻灾害频繁发生。例如，咸同以来至民国初年，云南回民起义不断，自护国战争以后，军阀割据混战，天灾人祸，促发了云南生态环境的恶化及突变，加速了环境灾害的频次，植被逆向演替，一些区域的生态发生了不可逆转的恶化。例如，金沙江、红河、澜沧江流域区生态环境极其原始，自然灾害较少，但生态基础较为脆弱。明清以来的移民垦殖使生态脆弱区的环境遭到彻底破坏，土地结构和河谷坡地退化，气候逐渐干燥，水土流失严重，最终演变成为持续性旱灾频发的干热河谷区，自然抗灾能力下降、灾后自我修复能力减弱，泥石流、滑坡、水旱、冰雹、石漠化等自然与人为的灾害常常混杂发生。

① 咸丰《邓川州志》卷五《灾祥》，台北：成文出版社，1968 年。
② 光绪《浪穹县志略》卷一《祥异》，南京：凤凰出版社，2009 年。
③ 道光《开化府志》卷一《祥异》，清道光九年（1829 年）刻本。

二、西南地区历史灾害的特点

灾异是中国传统社会衡量统治是否符合天意民心、社会是否稳定的重要标志。元明以前，汉文史料很少有西南历史的记录，灾害记录多集中在正史中且数量较少，随着元明中央王朝统治的深入、西南历史记录及书写主体的扩大，史料记载逐渐增多。明清以降，地方志纂修蔚然成风，"灾异"志成为方志中一个不可少的类目，灾害记录随之增多，故西南传统史料记录时期主要指元明清三朝，但此期灾情记录零星简单，多以对生产生活产生重要影响的自然灾害为主，主要有六个特点。

第一，地震是史料中最常见、突发性强、社会影响最大的自然灾害。地震是西南历史上史料记录及民间记忆最强的常发性自然灾害，如从汉至清，云南地震记录达四百余次，其中重大震灾达百余次，不同程度的房屋倾塌及人员伤亡的记载不绝如缕。例如，西汉河平三年（前26年）二月，犍为郡地震，"地震山崩，壅江水，水逆流"①；唐光启二年（886年），南诏地震，《南诏野史》记："龙首龙尾二关，三阳城皆崩。"明代地震记录增多，以弘治十二年（1499年）冬波及云南县、宜良县及景东、蒙化、澄江、大理等府的连续性地震最严重，澄江"民人庐舍倾坏，人多压死，月余乃止"；大理"屋宇尽坏，死数万人，历时四年始宁"②，宜良"十二月己丑冬地震，有声如雷，从西南方起，自子时至亥时连震二十余次。衙门、城铺、寺庙、民房摇倒几尽，打死压伤男女无数。嗣后或一日一震、旬日一震、半月一震、一月一震，经四年方止"③。"宜良县地震，自西南来如雷，民居尽圮。压死以万计，旬月常震，越四年始宁"④。

清代西南地区的地方志纂修、存留较多，震灾记录也增多，灾情逐渐详细，灾害损失数据逐渐增多，如顺治九年（1652年）六月初八，云南大理蒙化府地震，"地中若万马奔驰，尘雾障天。夜复大雨，雷电交作，民舍尽塌，压死三千余人。地裂涌出黑水，鳅鳝结聚，不知何来。震时河水俱干，

---

① 《汉书·成帝纪》，北京：中华书局，1962年。
② 刘景毛点校：《新纂云南通志（三）》卷22《地理考》，昆明：云南民族出版社，2007年。
③ 康熙《宜良县志》卷2，清康熙五十五年（1716年）刻本。
④ 万历《云南通志》卷17，明万历四年（1576年）刊本。

年余乃止"①。乾隆朝地震记录以二十八年（1763 年）十月，云南临安府、澂江府及其邻近州县的地震最具代表性，临安"有声如雷，十余日乃止"②。"坏民居庐舍甚众"③，十一月二十六日亥时，江川、通海、宁州、河西及建水地震，通海"城郭、寺观、衙署、民居倒坏甚多，男妇压毙八百余口"④，河西"癸未地震，街房倒塌，伤人极多。市中无米，民间慌乱"⑤，江川"二十七日申时复大震，浃旬乃止。城垣、衙署、祠庙尽倾，民居倾圮者四千五百四十五户，压毙居民无数"⑥。乾隆五十四年（1789 年）五月十四日，通海、河西、宁州、河阳、江川五州县发生大地震，"城垣庐舍倾坏，压伤人畜无算，至二十八日大雨乃止。江川、新兴，路南地震"⑦，江川"戌刻地震，崩损城楼雉堞，城之西南坍塌二十二丈余，西北十余丈，周围雉堞损坏二十余处，四门城楼，俱已倾颓"⑧，宁州"与通海同时地震，坏屋舍，伤人畜，矣渎村倾入湖中。震无时，月余乃止"⑨。近邻州县损失严重，黎县"山崩川竭，坏屋压杀人畜无数，路居为甚矣。渎村落倾入湖中，震，时至闰五月初二日乃止"⑩。

道光十三年（1833 年）的嵩明地震，是云南历史上波及区域最广、危害最烈的地震之一，七月二十三日上午，昆明、嵩明、宜良、河阳、寻甸、蒙自、晋宁、江川、阿迷、呈贡等十余州县同时大震，"坍塌瓦草房八万三四千间，压毙男妇六千七百余口"，当日震数次，"其后至九月，每隔三四日或五六日又震十余次"，波及滇中、滇南 30 余县，各地"人民压毙""房屋人员损伤"⑪。

第二，洪涝及干旱是历史上频次最高的气象灾害。水灾是西南早期民族分布及迁移中影响最大的灾害，是西南少数民族早期历史上最惨痛的灾害记忆，

---

① 康熙《云南通志》卷 28，清康熙三十年（1691 年）刻本。

② 嘉庆《临安府志》卷 17，南京：凤凰出版社，2009 年。

③ 梁初阳点校：《道光云南通志稿》，昆明：云南美术出版社，2021 年。

④ 道光《通海县志》卷 3，南京：凤凰出版社，2009 年。

⑤ 乾隆《河西县志》卷 1，台北：成文出版社，1975 年。

⑥ 嘉庆《江川县志》卷 2，清光绪三十三年（1907 年）抄本。

⑦ 道光《澄江府志》卷 2，南京：凤凰出版社，2009 年。

⑧ 嘉庆《江川县志》卷 5，清光绪三十三年（1907 年）抄本。

⑨ 嘉庆《临安府志》卷 1，南京：凤凰出版社，2009 年。

⑩ 乾隆《黎县旧志·灾祥》，台北：成文出版社，1974 年。

⑪ 光绪《云南通志·灾异志》，清光绪二十年（1894 年）刻本。

其频繁及其影响的严重性可从彝、壮、苗、哈尼等民族的洪水神话、传说及零星记载中窥见。元明以前汉文史料记录较简单,元明后水灾广泛地出现在文献中,以地方志记载最多。例如,明正统五年(1440年)秋七月,顺宁府"大雨弥旬,山崩水溢,冲没田庐不可胜计"[①];弘治十四年(1501年),"六月朔,大雷雨,点苍白石二溪水涨,漂没民居五百七十余家,溺死三百余人","秋,永昌腾冲大水,坏民庐舍,人畜死者以百数计。浪穷淫雨,山崩水溢,冲纪民居,溺死者百余人"[②];正德七年(1512年),"滇池水溢伤禾稼,荡析昆明、晋宁、呈贡、昆阳等州县民居百余所,溺死者无计"[③];天启五年(1625年)六月,全省连降大雨,昆明松华坝"浪涌数丈",水决入城,"平地水深六七尺",街市行舟,"省城六卫军民室庐冲倒以三千计,漂没财物无算,附近十余州县亦成泽国",直至十月,大雨不停,寻甸、武定、澄江、临安、楚雄府等"迤东、西二三千里,同时被灾"[④]。

清代水灾记载以题本、奏折等档案及文集、笔记、方志的记录最多、最详细,灾情记录逐渐详细并有了简略的伤亡及财产损失等数据。例如,康熙三十年(1691年),元谋县"七月二日,大水,冲没田禾百余顷,居民数十,房屋财产不计其数",安宁州"秋,淫雨不止,洪水入城,冲倒民居,近河盐房锅土漂没过半. 两岸田禾尽损,秋成无收"[⑤];乾隆三十年(1765年),"滇省六月中旬连日大雨,河水泛滥,昆明县淹没田亩、兵民房舍,并云南府属之昆阳、嵩明、安宁、富民、宜良、呈贡、晋宁、罗次、禄丰,曲靖府属之平彝,澂江府属之河阳、路南,广西府属之弥勒等州县暨元江府各被淹低田房屋……七月初十、十一等日大雨,昆明等属复被水淹……昆明县地方续被水成灾田二百一十一顷九十七亩,坍塌瓦房七十五间、草房三百一十四间,墙三百九十七堵……景东府被水成灾田三顷一十三亩零,沙埋石压不能垦复,淹塌草房一十六间,统计昆明、晋宁、呈贡、安宁、景东五府州县,续被淹成灾田二百六十二顷一十亩零,被灾人民五千余户,大口一万五千五百余口,小口九千

① (明)刘文征撰,古永继点校:《滇志》卷31《杂志·灾祥》,昆明:云南教育出版社,1991年。
② (明)刘文征撰,古永继点校:《滇志》卷31《杂志·灾祥》,昆明:云南教育出版社,1991年。
③ 康熙《云南府志》卷25《杂志一·灾祥》,南京:凤凰出版社,2009年。
④ (明)刘文征撰,古永继点校:《滇志》卷23《艺文志》,昆明:云南教育出版社,1991年。
⑤ 李春龙,江燕点校:《新纂云南通志(二)》卷18《气象考》,昆明:云南民族出版社,2007年。

九百余口"①。

　　旱灾也是最常见、频次最高、发生区域最广的自然灾害，元明以后的记载逐渐增多，但记录最简略，仅能在一定程度上反映旱灾的大致状况。例如，元至治二年（1322 年），"临安、河西县春夏不雨，种不入土，居民流散"；景泰四年（1453 年），"昆明、姚安大旱，民多饿死"；万历五年（1577 年），"临安春夏不雨，升米三钱，民多殍"。清代地方志里几乎每年都有旱灾记录，如康熙元年（1662 年），泸西县"大旱"②；弥勒县"天旱，斗米价银二两"③；乾隆三十五年（1770 年）罗平、澂江"大旱"④；乾隆六十年（1795年）马龙、宜良、昆明、禄劝"大旱"；嘉庆二年（1797 年），楚雄"旱，大饥，斗米二千四百文"⑤；嘉庆二十二年（1817 年），巍山"春大饥，民食豆叶皆尽"⑥，腾冲"秋饥，薪桂米珠，饿殍盈野"⑦，保山"大饥，流民褓负而至者以万计"⑧，云龙"仍饥，民掘草木以食"⑨。

　　第三，泥石流、滑坡、山崩、塌陷等是各地都会发生的地质灾害。西南地区的明清史料中，泥石流及滑坡等地质灾害频发区，生态比较脆弱，但见于记载则是近现代以来的事。那是否意味着云南历史上没有泥石流灾害。显而易见，西南地区特殊的地质、地貌结构及生态基础，决定了一些位于地层断裂带上的区域在生态遭到破坏后会频繁暴发地质灾害。例如，东川小江泥石流就是地质及自然环境破坏等人为因素造成的，小江位于构造成熟度较低的断裂带上，断裂阶区多，断层面陡且转弯多，近南北向的主断裂与北东—北东东向的次级断裂交界处常处于闭锁状态，应力易强烈集中而引发强震及泥石流灾害，而清代中后期大规模的铜矿采冶导致地表森林植被消失及生态环境的巨变，成为诱发泥石流及地震灾害的人为原因。

　　① 水利电力部水管司科技司，水利水电科学研究院：《清代长江流域西南国际河流洪涝档案史料》，北京：中华书局，1991 年，第 291 页。
　　② 康熙《广西府志》卷 10《灾祥》，北京：中华书局，2019 年。
　　③ 乾隆《弥勒州志》卷 34《祥异》，南京：凤凰出版社，2009 年。
　　④ 梁初阳点校：《道光云南通志稿》卷 4《祥异》，昆明：云南美术出版社，2021 年。
　　⑤ 嘉庆《楚雄县志》卷 1《祥异》，南京：凤凰出版社，2009 年。
　　⑥ 民国《蒙化志稿》卷 2《祥异》，南京：凤凰出版社，2009 年。
　　⑦ 光绪《腾越乡土志》卷 3《耆旧》，南京：凤凰出版社，2009 年。
　　⑧ 道光《永昌府志》卷 24《祥异》，清道光六年（1826 年）刻本。
　　⑨ （清）张德霈等撰，党红梅校注：《光绪云龙州志》卷 2《祥异》，昆明：云南人民出版社，2019 年。

翻检史料发现，西南各地在历史时期，确实发生了数量不少的地质灾害，只是多混杂于水灾、水利工程疏浚的史料中，但灾情记录相对详细，也有粗略的数据。例如乾隆八年（1743年）十一月十六日，云南总督张允随奏报了金沙江沿岸昭通水灾及泥石流灾害，"永善县……所属火盆里地方濒临大江，沿江一带大山沙石兼生，土性松浮，易于坍卸，本年七月初七八九等日，大雨连绵，山水泛涨，崖石被水浸埈，夹杂泥沙，将靠山临江田地，逐段冲压，沿江房屋亦被冲坍……冲坍田地共二百二十七亩零……坍塌瓦房二十四间，草房七十一间"①。道光元年（1821年），邓川大水，"卧牛山崩，压毙男妇二十一人，民房二十七间"②。云南其他江河流域区及山区常在夏秋两季因暴雨引发泥石流及其危害的史料在清代以后逐渐增多。

第四，疫灾是云南频繁发生、危害巨大却尚未受到普遍关注的灾害。云南的气候及生态环境为传染性、流行性疫病的发生提供了条件，疟疾、鼠疫、血吸虫病、麻风病、麻疹、霍乱、天花、伤寒等是历史上影响较大的疾病，史料记录不绝如缕，但极为简略，明以前只以"疫""瘟疫""大疫"等形式出现，疫灾名称及疫情不得而知，如明正德九年（1514年），"鹤庆、丽江大疾，死者不可胜计"③。

清代以后疫灾记录稍多，疫情相对详细起来。例如，清康熙十八年（1679年），广西府"大疫，人畜皆灾"④；嘉庆十七年（1812年）冬，建水"疾疹大作，至道光六年未已，死者无算"⑤；光绪十八年（1892年）秋，邓川鼠疫，"染疫之处，鼠子得毒先死，臭不可触，人家传染，或为红痰，或为痒子，十死八九，连年不止，乡邑为墟"⑥；嘉庆六年（1801年），"大疫，死者千余人"⑦。

第五，火灾是云南冬春季节在城乡及山地森林区经常发生，但记录较少的灾害。云南火灾史料以明代以后的村镇火灾记录较多，森林火灾影响最大、破

① 《宫中朱批·乾隆八年》第5—73号，《清代灾赈档案专题史料》第25盘，第61—62页。
② 梁初阳点校：《道光云南通志稿》卷4《天文志·祥异下》，昆明：云南美术出版社，2021年。
③ （明）刘文征撰，古永继点校：《滇志》卷31《杂志·灾祥》，昆明：云南教育出版社，1991年。
④ 梁初阳点校：《道光云南通志稿》卷4《天文志·祥异下》，昆明：云南美术出版社，2021年。
⑤ 梁初阳点校：《道光云南通志稿》卷4《天文志·祥异下》，昆明：云南美术出版社，2021年。
⑥ 牛鸿斌等点校：《新纂云南通志（七）》卷161《荒政考》，昆明：云南民族出版社，2007年。
⑦ 民国《盐丰县志》卷12《杂类志·祥异》，南京：凤凰出版社，2009年，第562页。

坏最广，但记载极少。例如，明嘉靖三十七年（1558年）三月，"楚雄城中火，自申至丑，毁民居数百家"[①]；清康熙九年（1670年），"曲靖东南西城门灾，延烧兵民居千余所"[②]；同治六年（1867年），开化府"东安里大火，毁民房八百余间"[③]。清代以后，火灾灾情记录相对详细起来，如乾隆九年（1744年）四月初二日，云南总督兼管巡抚事张允随奏报了开化府火灾情况："白马汛地方客民杨逊远铺内灯煤燃草失火……风狂火烈，延烧铺户、民居八十三户，内瓦房十七间，草房一百八十五间，税房一所，其被火人口当即安顿铺户及附近亲友家居住，并量加资给等情……有府城关厢居住之军犯王一才草铺内煮饭起火……因草房遇火易燃，兼值大风，难于扑灭，延烧兵民五百二十八户，计瓦房二百六十六间，楼房三十九间，苫片草房七百九十间，并千把衙署十七间，当即会同开化府将被火兵民量加捐给抚慰。"[④]

第六，低温冷冻、霜雪灾等是云南常见的、对农业生产影响极大但记录简略的灾害。雪灾一般发生在滇东北、滇西北等高纬度、高海拔地区，滇中、滇南偶遇大雪便能成灾，如元至正二十七年（1367年）二月，"昆明雪深七尺，人畜多毙"[⑤]；明天启四年（1624年）七月，"武定大雨雪，损禾"[⑥]；清康熙五十七年（1718年）十一月，"鹤庆大雪，巡边供役民夫冻死几百人"[⑦]。霜冻也是较普遍、常见的灾害，如明正德元年（1506年）四月，"武定陨霜杀麦，寒如冬"[⑧]；清光绪二十三年（1897年）八月，"罗次大霜，禾苗被其肃杀，收成极少"[⑨]。

相较而言，雹灾在云南的分布较广泛，相关记载较多，如明嘉靖元年（1522年）四月，"云南左卫各属雨雹，大如鸡子，禾苗房屋被伤者无算"[⑩]；

① （明）刘文征撰，古永继点校：《滇志》卷31《杂志·灾祥》，昆明：云南教育出版社，1991年。
② 梁初阳点校：《道光云南通志稿》卷4《天文志·祥异下》，昆明：云南美术出版社，2021年。
③ 牛鸿斌等点校：《新纂云南通志（七）》卷161《荒政考》，昆明：云南民族出版社，2007年。
④ 《宫中朱批·乾隆九年》第5—15号，《清代灾赈档案专题史料》第25盘，第141—142页。
⑤ 梁初阳点校：《道光云南通志稿》卷4《天文志·祥异下》，昆明：云南美术出版社，2021年。
⑥ 梁初阳点校：《道光云南通志稿》卷3《天文志·祥异上》，昆明：云南美术出版社，2021年。
⑦ 梁初阳点校：《道光云南通志稿》卷4《天文志·祥异下》，昆明：云南美术出版社，2021年。
⑧ 梁初阳点校：《道光云南通志稿》卷3《天文志·祥异上》，昆明：云南美术出版社，2021年。
⑨ 梁初阳点校：《道光云南通志稿》卷4《天文志·祥异下》，昆明：云南美术出版社，2021年。
⑩ 《明史·五行志一》，北京：中华书局，1974年。

天启二年（1622年）八月，"师宗陨霜杀禾"①；清道光三十年（1850年）三月，晋宁"大雨雹，如拳、如杯、如栗，积深尺许，伤寂麦，岁饥"②；光绪二十年（1894年）六月初一日午时，"罗次大冰雹，形如鸡卵，五区西北击毙牛一、人一，田禾多损"③。此外，风灾、虫害等也在史料中多有所见，但记录较为简单。

从云南传统灾害史料记录里可以明显看出的是，14世纪以后，随着文献记录的发展，灾害呈现递增现象，频次日趋密集、影响范围日渐广泛，后果也日渐严重，这与明清以降山区开发的拓展及深入、生态环境的变迁及区域性气候的改变密切相关。同时，元明时期记录较为简单，清代以后不但灾害记录增多，灾情记录日益详细，而且程度严重的灾害数据开始进入记录范畴。

同时，明清以后西南省去的灾害链已初现端倪，灾情多样，千差万别，有时是单一类型灾害，更多的则是多种灾害先后或交替、同时发生（同时同地或同时多地）。例如，嘉庆二十一年（1816年）"丙子，昆明饥；云南县，秋水，冬大饥；嵩明饥；蒙化大饥；河阳雨雹，楚雄旱，大饥；太和、邓州大饥；云龙饥；浪穹大水、弥勒饥；云州大饥；剑川七月雨雪，秋不熟；禄劝旱，岁歉；南宁雹伤麦；八月蒙自大疫"。嘉庆二十二年（1817年）"丁丑，元江城内火毁民居数百家；昆明、嵩明、顺宁、大姚饥，时疫流行；云龙、宾川、广通饥；浪穹，夏雨雪，秋大旱，饥；蒙化岁大熟；剑川饥，疫；六月陨霜，八月弥勒陨霜，五谷不熟；腾越旱，饥；丽江大饥；禄劝旱，饥；琅井大饥"④。道光七年（1827年）"丁亥，三月昆明大风拔木；六月安宁大水，螳螂川溢，坏民居；新兴、建水疫"⑤。

三、近代记录的典型西南灾害案例——云南灾害特点及记录

20世纪云南的灾害因自然及人为原因存在极大差异，尤其是在科技、政策等方面的不同，不仅灾害的具体状况及后果存在着极大差异，灾情记录也存在较大不同。

① 梁初阳点校：《道光云南通志稿》卷3《天文志·祥异上》，昆明：云南美术出版社，2021年。
② 李春龙，江燕点校：《新纂云南通志（二）》卷18《气象考一》，昆明：云南民族出版社，2007年。
③ 李春龙，江燕点校：《新纂云南通志（二）》卷18《气象考一》，昆明：云南民族出版社，2007年。
④ 光绪《续云南通志稿》卷2《祥异》，清光绪二十七年（1901年）刻本。
⑤ 光绪《续云南通志稿》卷2《祥异》，清光绪二十七年（1901年）刻本。

（一）20 世纪前半期云南灾害特点及案例

20 世纪前半期，即清朝末期及民国年间，云南自然灾害频繁发生，几乎无年不灾，灾害种类齐全。加之农业、矿冶业与盐业的开发，生态破坏严重，由此引发的环境灾害频次增加。例如，蒙自因锡矿的采冶，森林减少速度极为惊人，个旧森林砍伐殆尽之后，又相继从邻近的建水、石屏采伐，出现了森林自东南向西北递进变迁的态势；景谷早期森林覆盖率较高，因"盐柴之需用浩繁，采伐又漫无节制，附井一带已成童山"；因白盐井的开采姚安森林受到极大破坏，水土流失、水旱灾害频次增加，"村用腾贵，樵采为艰……即征诸近年水旱偏灾之发生"①。自然及环境灾害的交互发生，对社会经济造成了极大影响，洪旱、泥石流灾害使耕地遭到毁灭性破坏，粮食绝收，粮价飞涨，"一遇水旱偏灾即成荒象，而至匮用也"②。此期，云南灾害记录呈现以下六个特点。

第一，多种自然灾害并发，环境灾害渐趋频繁，灾害范围扩大，灾害频率呈上升态势，很多地区或先旱后涝，或震涝、旱震并发，或震后霜冻疫灾并存，方志中常出现"云南 48 县被水旱虫疫等灾""云南 90 余县遭水旱风虫雹等灾"等记录，各类灾害在不同地区不同时期发生，以及灾害频次明显增加是此期灾害记录的显著特点。旱涝、地震依然是最常见的灾害，疟疾、霍乱、麻风、血吸虫、白喉、猩红热等疫灾记录增加，疾病暴发及流行异常活跃，地方志记录相对详细，如 1918 年洱源大疫，"症患红痰，人民死者四五千"，个旧"又疫，死者数千"，兰坪"十一月十四日疫死六千余口"；1919 年冬，永胜"大疫，月余死亡约万余"，民国《昆明市志》记："民国十年夏季至翌年春季，患白喉症而死亡者达三四万人，为从来未有之大疫。"

此期气候偏冷，霜冻、大雪和低温灾害频繁发生，范围从滇东北、滇西北等高寒地带逐渐扩展到文山、思茅、临沧、版纳等热带及亚热带地区。灾害链特点极为突出，反映了社会及灾害相互影响的特点，灾情及其数据的记录也较为详细，具备了现代灾害史料记录的条件。

自 19 世纪晚期以来，云南战乱频仍，盗匪横行，社会动荡，民不聊生，自

---

① 《云南森林》编写委员会：《云南森林》，昆明、北京：云南科技出版社、中国林业出版社，1986 年，第 252 页。

② 云南省志编纂委员会办公室：《续云南通志长编》中册，1986 年，第 723 页。

然及社会的抗灾防灾能力大大降低，普通的中小型的灾害都能因人祸酿成一场巨大的灾难。例如，1925年3月16日，大理地震，城墙城楼严重毁坏，牌坊倾圮，铁栅震倒，全城官民房屋，庙宇同时倾倒，重者夷为平地，轻者墙壁倒塌无一完好。东山洱海边、顺满邑、下鸡邑、小邑庄等村寨庙宇和民房几乎全部倒尽，阻塞街巷，平地、田坝、湖滨出现裂缝，缝冒沙浮，地涌黑水。地震后发生火灾，直烧至次日清晨，平日繁华的大理城变成一片焦土。地震引发了持续时间更长、灾害后果更严重的霜冻灾害，"震后全省霜冻"。3月23—25日三天，云南大部分地区突然遭遇降温、霜降，滇东、滇中37个县市发生了一场范围空前巨大的霜灾，"晴天突变，气温骤降，严霜满地铺白，寒如隆冬""霜雹两灾共摧豆麦一百三十一万余千亩，灾民五十六万六千余户，共计丁口三百一十四万四千五百余人，死亡二十四万四千六百余十人，实近百年未有之奇灾也"[1]。霜灾伴着降雪和冰雹，延续了四年，民众以树皮草根、观音土充饥，人口大量死亡[2]。《申报》及《云南大理等属震灾报告》和大理传教士对此次地震均有记述。因此，这一时期除了气象、地质等传统灾害外，虫灾、虎狼灾害等生物灾害也在很多地方出现，虎患、狼灾的出现，与气候变化、生态环境破坏后巨型肉食动物的食物缺乏有密切关系。

第二，自然灾害的记录反映出灾害的区域性、连续性特点。绝大多数县都有灾害连续发生的记录，常出现多地或一地多年持续发生同一类型的灾害、不同地域或同一地域多次发生多类灾害的情况，如19世纪30年代初滇东地区持续干旱等。很多地区呈现多种灾害连续或重叠发生的情况，如陆良县报灾公文记："聚贤乡年春又降巨雪，如是三朝……清宁乡本年阴雨连绵，海滨旱地杂粮数万亩，全部失收……旧历二月初十，夜雨冰雹降，逾时方止，损坏禾苗六千亩。"

自然灾害的分布呈现以生态破坏极为严重的东北和东部多、生态环境较好的西南较少的特点，水灾频次较高，大部分半山区、山区水灾往往伴随泥石流灾害，灾情及其数据记录逐渐详细。例如，1935年晋宁县被水淹沙埋农田

---

① 云南全省赈务处：《云南三迤各县荒灾报告》，1925年，第2页。
② 霜灾及地震情况，详见濮玉慧：《霜天与人文——1925年云南霜灾及社会应对》，云南大学2011年硕士学位论文。

5970 亩（1 亩≈0.067 公顷）[①]；1939 年 8—9 月，昆明"阴雨绵绵，山洪暴发，市内各江河水位陡涨……市郊田亩被淹十分之八，秋收无望"，"安宁、富民、路南地势低洼，水位高出平地数尺，田亩十分之八化为泽国……受灾黎民枕流而居，哀鸿遍野"[②]；元谋山洪暴发，水涨丈余，泛滥无涯，沿河两岸耕地顿成沙洲；1946 年滇西地区雨量过多，山洪暴发，淹没稻田逾 20 余万亩，冲毁桥梁二百余座，房屋、人畜之损失，不计其数，该区耕地面积总计 35 万余亩，荒芜约 130 余万亩[③]。

第三，对新型生物灾害的无意识、不敏感特点。云南早在民国年间就成为中国物种入侵首当其冲的区域，但有关早期物种入侵造成耕地及农业受损、危害本土生态并造成灾害的记录不多。例如，1934 年德宏、版纳等南部地区发现从缅甸大肆入侵的飞机草，1935 年紫金泽兰从缅甸传入云南，在全社会都没有物种入侵危害意识并无防范措施的背景下迅速扩展入侵领地，造成了极大的生态及社会危害，拉开了云南外来物种大规模入侵的序幕，很快就表现出了危害多种作物、明显侵蚀土著物种，发出化感物质，抑制邻近植物生长等危害性，但除地方志的物产志里以新物种名称记录外，其造成的危害相关史料几乎没有记载。

第四，人为灾害日益频繁。20 世纪以来，人口的增加，各地开发向山区广泛推进，矿冶业的开采更为密集，生态环境遭到更普遍的破坏，泥石流、滑坡等人为导致的灾害频繁发生，耕地尤其大量优质田地的抛荒及废弃使农业经济受到极大冲击。例如，高产农作物及烟草、咖啡等经济作物在地方政府的支持下在山区广泛种植，山区半山区的土壤、生态结构及山区生态自我恢复体系遭到破坏，一遇外力冲击，往往酿发巨大灾害。例如，大雨或水灾之际，山上泥沙倾泻而下，冲毁掩埋了山脚河边肥沃的上侧或中侧田地，成为无法垦复或不能耕种的永荒地，如 1931 年易门县发生洪灾，盘龙镇 1374 亩地被水冲沙埋、198 亩地被毁，1948 年洪灾导致 2916 亩田地的稻谷无收，186 亩田地成为

① 晋宁县志编纂委员会：《晋宁县志》，昆明：云南人民出版社，2003 年。
② 昆明市地方志编纂委员会：《昆明市志》，北京：人民出版社，1997 年，第 107 页。
③ 《滇西灾民嗷嗷待哺：灾民三十万食草根树皮，土地荒芜逾百分之四十》，《大公报》1946 年 10 月 22 日。

永荒地[①]。

第五，因地理及自然条件的影响，成灾面及灾害后果相对较小。此期灾害分布范围虽然出现扩大趋势，但因山川阻隔，洪涝灾害的影响范围有限，与中原地区灾害相比，后果相对较小，这与云南传统灾害特点相似，即便是云南历史以范围及影响最大的1925年的霜灾、冰雹及大理7级地震交加，受灾面积37县、受灾人口30余万人，对社会经济造成的破坏与此期中国内地的洪涝、旱蝗等导致的波及四五个省的数十万乃至数百万人口死亡的灾害相比，就不算太严重，云南很少出现因灾而致"人相食"的惨剧。

（二）20世纪50年代后灾害特点及典型案例

20世纪50—80年代，由于政策执行的偏差、过激，以及新科技在生产生活领域的广泛应用，森林遭到了毁灭性的破坏，生态环境遭到了更严重的破坏，环境灾害的频次均出现了上升趋势。交通通信的发展及地方志尤其是相关灾害志书纂修的兴盛，如民政部门编辑的灾害志或赈灾志等，使灾情记录及统计制度逐渐完善，灾情数据逐渐详细，具备了现代灾害记录的特点，主要有以下五个特点。

第一，地质灾害尤其是震灾依然是影响最严重的灾害，山区半山区的自然灾害及人为灾害集中暴发。地震依然是影响最大的自然灾害，造成的重大人员伤亡和财产损失得到了具体记录。随着防灾救灾措施的完善及社会经济的发展，死亡人口减少，经济损失日多。兹以几次主要震灾数据列表为例（表2-1）。

表2-1　20世纪50年代后云南地震案例数据记录表

时间	地点	震级	死亡/人	受伤/人	毁坏房屋/间	经济损失/亿元	受灾人口/万人
1951.12	剑川	6.3	423				
1966.2.	东川	6.5	306				
1970.1.	通海、峨山、建水、玉溪、石屏	7.7	15621	26783	338000	38.4	
1974.5.	大关、永善等	7.1	1423	2000	28000		
1976.5	龙陵	7.4	96	2442	42000	24.4	

---

① 易门县地方志编纂委员会：《易门县志》，北京：中华书局，2006年，第100页。

续表

时间	地点	震级	死亡/人	受伤/人	毁坏房屋/间	经济损失/亿元	受灾人口/万人
1985.4.	禄劝、寻甸	6.3	22				
1988.11	沧源、耿马等20个县市	7.6、7.2	748	3759	750000	25.1	
1995.7.	孟连、西盟、澜沧、沧源、勐海（3次）	5.5、6.2、7.3	11				60
1995.10	武定、禄劝、富民、禄丰等8县	6.5	59	808		7.4	
1996.2.	丽江、鹤庆、中甸、永胜等9个县	7.0	309	4070		40	
1998.11	宁蒗、盐源	6.2	5				
2000.1.	姚安、南华、大姚等	6.5	4				
2003.7.	姚县、姚安、元谋等10个县70个乡镇	6.2	16				100
2007.6.	宁洱	6.4	3	419		189.86	

从表 2-1 可知，尽管灾情统计数据逐渐详细，但很多灾害数据依然不完整、不系统。

在生态基础脆弱的半山区、山区，因地质结构特殊，橡胶、咖啡、桉树、茶叶等经济作物大量在山区推广种植，导致森林覆盖面积急剧缩减而引发了频次日益密集、范围不断扩大的泥石流、滑坡、塌陷等地质灾害，灾情记录更加详细、完备。

20世纪80年代后，在一切以经济建设及发展为中心的政策指导下，云南山区的开发以史无前例的速度及规模发展，原始森林、本土植被几乎被砍伐殆尽，地表大量裸露，雨季的水土流失及沟蚀现象极为普遍，云南目前有2000条泥石流沟，特大型泥石流、滑坡等地质灾害不断见诸新闻报道。例如，1984年5月27日，东川市因民区黑山沟发生泥石流灾害，堵塞沟道、冲毁沿沟两岸的大部分房屋及其他工业设施，交通中断、上游坡面耕地被毁、沟槽拉深展宽，沟岸 11 户农户被吞没，下游形成一片乱石滩，最大的漂砾重 81 吨，造成经济损失达 1100 多万元，121 人死亡、34 人受伤。2002 年 8 月，普洱县、福贡县、盐津县、兰坪县、新平县发生大面积山体滑坡和泥石流灾害；小湾电站建设工地发生泥石流，泥石流夹杂着淤泥、石块、树枝，向村庄和田野蔓延，新平县 10 个村庄受侵袭，冲毁房屋近千间，涉及范围近 300 千米，近 30 千米公路被冲毁，直接经济损失达 1.6 亿元。总之，很多生态破坏严重区先后成为泥石流高发区，如寻甸金源乡只有 7000 户人家，有 16 个地方有泥石流安全隐患，几乎一半人口都处在泥石流的威胁下。

第二，水灾频次稍减，旱灾日渐密集、间歇期日趋缩短，灾情数据准确详细。此期的水旱灾害既有自然灾害，也有环境灾害，灾害频次增速极大，灾情日益严重。云南旱灾明显增加的时代始于明清，1958 年以来，全省性长时间、大范围干旱的现象普遍发生，春耕时各地溪沟断流，井泉库塘干涸，田地开裂，无水耕种及保苗，以 4、5 两月旱情最为严重。从 1961 年云南有气象记录以来，年降水量呈不断减少的趋势，半个世纪以来年降水量减少了 39 毫米，夏季和秋季减少趋势明显高于春季和冬季。例如，西双版纳年降水日由 20 世纪 50 年代的 270 天锐减到 150 天，年雾日由 180 天减少到 30 天，湿润的热带雨林气候发生了明显变化。

1962 年 11 月至 1963 年 4 月，全省平均降雨为 67 毫米，仅为常年同期的一半，5 月全省除思茅、临沧外全月降雨量均在 20—30 毫米，楚雄、大理、昭通、东川等 4 个地（州、市）基本无雨，小春减产约 30%，大春栽种严重缺水，265.8 万亩受旱成灾，8 月以后又有约 290 万亩作物受秋旱，0.9 万个生产队、90 万人口的地区人畜饮水困难。1982 年，全省再次发生冬、春、夏连旱，4 月初小春受旱 248.25 万亩，6 月初大春受旱 519.09 万亩，331 万人、210 万头大牲畜饮水困难，久旱诱发了塌陷滑坡虫灾等灾害，受灾面积达 934.09 万亩。1992 年又发生了全省性的春夏秋三季连续大面积的高温干旱，4—7 月全省降雨极不均匀，滇中、滇东地区的雨量是 1901 年以来的量小值，全省秋季农作物受灾面积 2500 万亩，其中受旱 1400 万亩，成灾 667 万亩，绝收 240 万亩，200 多万人口、100 多万头大牲畜饮水困难，鲁布革发电厂、西洱河水电站、以礼河水电站、六郎洞水电站等发电量大幅减少[1]。

进入 21 世纪后，旱灾愈加频繁，社会影响严重，借用新闻报道的说法，2001 年发生了"接近于历史上最严重的旱灾"；2005 年发生了"近 50 年来最大干旱"；2006 年"遭遇 20 年来最严重旱情"；2009-2013 年发生了"百年未遇"的五年连旱。这些持续时间长、灾害间隔周期短的严重旱灾，既有自然原

---

① 和丽琨：《云南省建国以来重大旱灾基本情况辑要》，《云南档案》2010 年第 4 期。

因，也有人为原因，人为破坏生态环境等原因导致的干旱，尤其是水资源被电站大量占用、水利工程控制了水的使用及分布，以及城市大量用水等人为控制之后，使原来以自然调节分布的水资源为生的生物遭遇了毁灭性的破坏，加大了旱灾严重后果的社会行为影响力。

第三，低温冷冻及冰雹是影响农业生产的主要灾害，记录相对全面。近 40 年来，云南呈现平均最高气温略有上升、最低气温显著上升的趋势，极端最低气温和平均最低气温都趋于升高，以冬季更为突出。1975 年 12 月遭遇了 1949 年后云南罕见的低温天气，多种树木受到了严重危害，以哀牢山以东包括昭通、曲靖、文山、红河、昆明、玉溪及楚雄的部分地区最为最重。2008 年 1 月中旬—2 月上旬中国南方包括云南在内的地区经历了历史罕见的持续性低温雨雪冰冻天气，云南冷害出现时间虽然偏晚，但害性天气持续时间却偏长（持续到 3 月上旬），给交通、电力、通信及人民的生产、生活造成了巨大影响。

冰雹是云南发生面积最广、对农业生产影响最严重的灾害，1950 年后，冰雹灾害及其影响程度也呈上升趋势，每年平均约有 60 个县次受到不同程度的雹灾[①]。对 1961—1997 年云南冰雹灾害进行分析，雹灾主要发生于 2 月、3 月和 4 月，是春雹区，春季冰雹日数占全年冰雹日数的 64%；春雹有明显的年际变化，最严重的年份是 1990 年，最少的年份是 1984 年。从区域来看，滇西南是主要雹灾区，占全省冰雹日数的 30.4%，滇中占 23.8%[②]，20 世纪 70 年代后期到 80 年代初、90 年代中期是明显的多雹期，21 世纪初进入低发期后年变化趋于稳定[③]。例如，2013 年 5 月 22 日，云南多地发生雹灾，石林县城及周边部分地区冰雹堆积六七厘米，树木损毁，大春作物基本绝收；富源单点大暴雨夹冰雹自然灾害，造成 4 万多人受灾，直接经济损失达 1227.34 万元。

第四，近现代才见诸记载的森林火灾受到了密切关注，对火灾原因、损失的记录日益详细。火灾是导致现当代动植物等生物及非生物资源受到致命损害的破坏性灾害。20 世纪 50 年代后，森林火灾的频次逐渐增加、灾害后果日益严

① 王宝，赵爽，周泓：《滇中冰雹灾害特征及风险区划》，《云南地理环境研究》2012 年 6 期。

② 陶云，段旭，杨明珠：《云南冰雹的时空分布特征及其气候成因初探》，《南京气象学院学报》2002 年 6 期。

③ 田永丽等：《近 48 年云南 6 种灾害性天气事件频数的时空变化》，《云南大学学报》（自然科学版）2010 年 5 期。

重，对林业生产、生态平衡乃至生态系统构成了严重威胁。1950—1985 年林火过火面积达七千多万亩，相当于现有森林面积的 50%。在 1954—1984 年，除 1961—1962 年、1974—1975 年、1978—1979 年三个防火季出现异常外，其余 27 年中森林火灾发生次数和受害面积平均在 3500 次和 260 万亩上下。1975 年干季（1—4 月）降水仅为 52 毫米，火灾发生 6864 次，1979 年干季降水更少，仅为 18 毫米，火灾发生多达 12874 次[①]。2008 年云南共发生森林火灾 36 起，受害森林面积为 56.8 公顷，2012 年受灾林地面积达 184.5 万亩，成灾林地面积达 103.7 万亩、报废林地面积达 42.2 万亩，直接经济损失为 2.3 亿元。其中，苗圃受灾 1537.4 亩、新造林地受灾 104.9 万亩。森林火灾使森林植被遭受灭顶之灾，导致了整个自然景观的根本变化和气候、土壤、植被的迅速演变。

第五，新型灾害即物种入侵、生物灾害日益增多，后果及社会影响日趋严重。云南物种繁多，边境线长，容易遭受外来生物入侵，成为外来物种自然入侵最严重的省份。随着交通及科技的发展，出于观赏或经济发展需要有意引进异域生物，很多异域生物进入云南后很快成为入侵物种，危害并抑制本土生物的繁殖发展，造成了严重的生态破坏及环境灾害，如印楝、橡胶树、桉树、凤眼莲（水葫芦）、紫茎泽兰、空心莲子（水花生）、豚草、薇甘菊、互花米草、大米草等成为最常见的严重危害本土生态安全的入侵物种。20 世纪 90 年代后，随着生物学、生态学领域对入侵物种的数量、种群及其危害研究的进展，新闻尤其是纸媒及网络新闻媒体的发展及其快速传播特点，使入侵物种带来的农作物、林业病虫害等生物灾害及其后果、影响的记录增多并逐渐详细、完备。例如，2007 年林业司报道："2007 年上半年林业有害生物发生面积与危害程度与 2006 年同期相比有所增加。据全省 2007 年上半年数据统计，林业有害生物发生面积 374.45 万亩，较 2006 年同期增加了 7.58 万亩，上升了 2.07%"。2010 年 9 月 17 日《中国新闻网》报道："森林病虫害是不冒烟的森林火灾。近年来，云南省林业有害生物灾害呈高发态势，年均发生面积达 520 万亩，特别是今年的特大干旱造成了全省性的有害生物大暴发……到 6 月 30 日，全省林业有害生物共发生 404.8 万亩，比去年同比增加 32.7%；成灾面积 190.02 万亩，与去年同比增加 34%……一些耐旱喜阳的食叶害虫和蛀干害虫以

---

① 霍增，刘鸿诺：《云南省森林火灾的特点》，《森林防火》1987 年第 1 期。

及次期害虫种群数量迅速增加……蚜虫和木蠹象的发生面积分别是去年同期发生面积的 8 倍和 13 倍……云南林业有害生物灾害造成的直接经济损失为 8.874 亿元，造成的生态服务价值损失（间接经济损失）为 434.33 亿元。"

四、西南历史灾害的记录特点及发展趋向

云南历史以来自然灾害发展的明显趋向，就是水旱等自然灾害发生的频次呈现出日趋明显、密集的态势，灾害间隔时间日趋缩短，影响范围呈扩大趋势，后果也日益严重。造成这样的认知状况，不仅与环境灾害增多有关，也与云南灾害记录的完整、详细特点有密切关系。由于近现代以来生态环境发生了不同于历史时期的变化趋向，故灾害的发展也呈现出了新趋向。

（一）西南地区历史灾害的记录特点

首先，具有中国历史灾害记录的一般特点，即古详今略，灾情记录简单、粗略并流于形式。早期（明清以前）灾害的记录简单、粗略，大多数灾害仅二三字或一两句话，如"旱""大旱""水""涝""水泛""饥""大饥"等。地方志的灾害记录形式相互承袭，内容粗疏简单，仅能大致反映出灾情的大小概貌，灾情的具体情况及社会影响几乎没有得到反映，给区域灾害史学的研究带来了极大阻碍。

清代以后，灾害记录逐渐详细，资料随之增多，常见及频发灾害的记录出现明显的时代特点，离现代越近记录越详细。地震、洪涝、干旱等灾害是较常见、频率较高、影响较大的灾害，相关记录也相对较多、较细。明清时期官员的奏章、诗文集及笔记游记里对灾情、灾害后果、灾赈等记载较详细。近现代以来，记载方式、媒介多元化，记录群体及内容多元化，出现了对灾情、灾害损失及救济物额等相对详细的数据和统计。因灾害记录方式及内容的不一致，存在古代灾害少、近现代灾害多的史料表象，这是出现"随着时间推移，灾害发生的次数与日俱增，其频度也呈趋频态势"观点及"发生水旱灾害最多的是 20 世纪"等认知的重要原因。这虽与灾害史料存在较大的吻合度，但却未能真实客观地反映灾害史的详细状况。

其次，云南灾害的记录呈现出强烈的中央王朝政治控制及地方史的特点。元明以后，中央王朝对云南的经营及控制力逐渐深入及加强，儒学教育随之普

及深入，中央王朝地方政府主导的农业垦殖集中区及工矿业开采冶炼区的生态环境遭到了严重破坏。生态灾害如泥石流、塌方、滑坡等地质灾荒、气候异常导致的水旱灾害等逐渐增多，灾害记录的特点、方式及内容深受中央王朝文化教育模式的影响。重要灾害除被中原士子记录外，也被云南本土文人按中原模式记录下来，且本土文人记录的灾害史无论是次数还是灾情，都显得相对详细。云南地方史料的大规模记录及地方史的发展，始于中央王朝专制统治深入的明代，故云南灾害史料的记录呈现明代以后逐渐增多、日趋细致的特点。在中央王朝控制力量强的地区，灾害的汉文记录较多，但在土司地区、边疆地区，灾害的汉文记录相对较少。同时，灾害多发地点往往集中在中央王朝控制及开发比较集中且对生态造成了严重破坏的工矿区、农业坝区。

最后，云南史料灾害记录存在着显著的民族、区域特点。很多少数民族在明清汉族移民大量入滇以后迁移到山区，汉族移民聚居的坝区、河谷地区随着生态环境的开发及破坏，生态灾害增多，由于受教育者及史料记载者多为汉族，史料记录也以汉族聚集区的灾害为主。也因汉族聚集区是云南主要的农业、工矿区，灾害对农业生产及工矿业的影响也最为显著，灾害记录在官员奏章、诗文笔记、地方志等史料中较为集中。少数民族聚居区灾害记录相对较少，不仅因汉族对少数及其灾害状况民族了解较少，也因民族聚居的大部分山区生态破坏程度相对较小，生态灾害也较少，对很多显而易见的灾害如疟疾、血吸虫等疫灾，泥石流、水旱等灾害的记录也较少，多保存在生态碑刻及乡规民约中。

（二）西南地区灾害发展的新趋向

自然灾害的发生，往往受控于气候及其季风、环流的变化等导致的降雨量、降雨区域的差异，但随着交通、科技的迅猛发展，自然因素受到人类的干扰及影响日益深广，自然条件日趋激烈地发生改变，环境灾害逐渐增多，在传统灾害继续发生的基础上出现了新的发展趋向。

第一，自然灾害与环境灾害交互发生，相互促发，环境灾害的影响范围及程度越来越深广。云南很多地区的自然生态基础极为脆弱，自然灾害往往会引发连环性的环境灾害，日益深广的破坏自然生态环境自我恢复的能力及基础，且环境灾害的频次日渐增多，扩大了灾害区，如清代以后金沙江、澜沧江、元江流域区内出现越来越多的干热河谷区，就是自然与人为因素交替作用的结果，故明清后云南自然灾害与环境灾害先后或相伴随而发生，两种灾害相互促发，逐渐削弱了自然生态体系的防御功能，这一特点在近现代以后日益凸显。

近现代以来，云南灾害链即各种灾害相继发生的特征及趋向日益突出。云南很多自然灾害的诱发性及并发性特点，导致了多种连环发生的次生灾害，或一种灾害同时、同地引发多种灾害，或一地灾害引发邻近区域的异地灾害。例如，长时间旱灾或水库及水利工程的修筑往往导致地震，地震又会导致火灾、水灾、滑坡、泥石流、瘟疫、冰雪霜冻等次生灾害；雨季的洪涝灾害也能导致滑坡、泥石流甚至是瘟疫等次生灾害的发生。

第二，灾害对自然生态环境的冲击及影响日渐增强。灾荒与生态环境的影响是双向共生的，尤其是人为破坏的生态环境往往能诱发多种灾害并加重灾害的破坏性后果。灾害不仅对人类的生存环境造成极大破坏，也对自然生态环境造成重大的破坏和损害。例如，地震、水、旱、蝗、泥石流、雹、潮等灾害，不仅改变了原有的地质结构及生态结构，也使生态环境受到破坏及污染，很多动物在水灾中丧生，很多植被在旱灾中枯死毁灭，长时间持续的严重灾害甚至导致物种在一个区域的消失或灭绝；有的灾害导致物种的迁移甚至入侵，最后导致区域生态系统的崩溃。云南山地面积占绝大部分，很多耕地位于河边山脚，一场水灾过后，往往带来大量泥沙，淤塞农田水利，田地淤废，很多被沙埋石压的田地几乎不能垦复，直接导致了耕地面积的缩减及农业生态环境的破坏。

第三，城市灾害发生的频次及其危害强度呈现逐渐上升的态势。历史以来，人们关注的多是对农业、工矿业造成严重影响的乡村灾害，对发展较晚、人口密集的城镇灾害的关注度不够。随着近年来城市化的大规模发展，大拆大建、填湖削山，许多城市的内河道、湖泊水塘、地下水脉被填堵隔断，而城市的基础设施及其他防灾措施及建设几乎没有受到重视，一到暴雨，原有自然水道无法畅通运行，只能依赖于脆弱的现代排水系统，涌堵内涝每年都会发生，使城市灾害的受损及危害程度逐渐上升。例如，城市排水设施的不完善，一遇大雨就能酿成严重的洪涝灾害，交通很快陷于瘫痪，这在近年城市内涝报道中是不陌生的新闻。昆明 2013 年 7 月 19 日暴雨成灾，多路段积水、北站隧道无法通行、二环快速系统瘫痪，这是云南及中国其他城市常见的内涝灾害，是城市尚未作好防御和应对特大暴雨的心理及技术准备的表现，故加强云南城镇的防灾减灾能力的建设成为城镇化趋势下最紧迫的任务。

第四，生物灾害的频繁性及危害性将日趋强烈，其对本土生态系统的冲击及其引发的灾害，正在全社会生物灾害意识薄弱的背景下大肆上演并呈扩大化且不可逆转的趋势发展。独特的地理和复杂的生态环境条件，使云南作为入侵物种进入首当其冲的区域之一，入侵生物的数量越来越多、范围越来越广，成为物种入侵最严重的地区，不仅影响了通俗意义上"生物多样性特点及其持续发展"，更对本土生态系统造成了颠覆性、毁灭性的破坏，区域生态系统发生了不可逆转、无法恢复的恶化变向，云南是"外来入侵生物向中国内地扩散的重要集散地之一……共有入侵植物 300 余种。……在云南已造成了重大的生态灾难和巨大的经济损失，并将随着国际和地区间交往的日益频繁而继续威胁着云南的生物与生态安全"①。因此，生物灾害的预防和防治，将成为防灾减灾能力建设最重要的工作。

第五，政治制度尤其是经济发展政策往往引发深广的、后果严重的环境灾害。近代化以来，制度建设得到了加强，但制度对社会的影响也得到了强化。在云南生态环境变迁的因素中，制度的影响力呈现出日益强烈的态势，无论是民国年间的地方经济建设还是 1949 年后的大炼钢铁、垦山开荒政策，甚至是目前的封山育林、退耕还林政策，都对生态环境造成了不同程度的破坏或促进性影响。近代化以来，咖啡、可可、橡胶、桉树、茶叶、甘蔗、烤烟等经济作物在地方政府经济发展政策及制度的促进下日渐普遍地在云南山区种植，促使越来越多的原生植被迅速消失，而现当代因经济利益的驱动或各种贴着新名目、打着发展地方经济实则毁灭地方生态基础的政策，正促使并引发更多更大范围的生物消亡，导致并更严重地引发区域生态系统深层、激烈的变迁甚至崩溃，引发了目前已凸显的水旱、泥石流等灾害。很多因生物消失及灭绝，甚至是物种入侵引发的生态危机而导致的隐形的、尚未凸显及暴发的灾害，将为云南未来的生存环境甚至经济、社会的发展带来更严重的危害。原生物种的覆灭、入侵物种的扩张导致的生态灾害，将成为云南灾害发展趋向中最令人担忧及恐惧的远景。

---

① 申时才等：《云南外来入侵农田杂草发生与危害特点》，《西南农业学报》2012 年第 2 期。

五、结语

"叙事为本"是中国史学的优良传统，也是史学研究的重要基础。在 20 世纪七八十年代以后西方史学思潮进入中国并得到广泛应用后，历史叙事、"述而不作"的传统渐行渐远，后现代史学尤其是计量史学研究法在某些具体问题的研究中展现出优越性后，实践叙事史学的中国史学家越来越少。虽然目前复兴叙事史学的思潮使历史叙事成为学界关注的焦点，但真正放弃时尚的西方史学理论及方法，回归并实践叙事史学，放弃过分阐释、过分结构及理论预设的学者依然不多。

尽管西方史学理论在中国历史研究中取得了重要成果，却并非完全适用于中国史学的所有领域，这是很多史学领域的研究在计量及年鉴等范式面前停滞的原因之一。例如，灾害史领域很多诸如灾害等级、分类等问题长期裹足不前的原因，与灾害史料中数据即灾情、赈济数据的缺失有极大关系。虽然叙事史学存在不足及缺点，但在尊重中国古代叙事史学的功能及其史料记述特点的基础上，又不局限于单纯"叙事"的功能开展并深化灾害史研究，无疑是新史学值得实践的方法。

区域灾害史的记录方式受到区域地理地貌及气候、自然环境等条件的限制，也受到区域历史、民族及文化发展的影响，呈现出不同的特点。在史料记述的基础上，从叙事史学的视角入手，探讨区域灾害史的记录特点及其发展趋向以资鉴现实，无疑是史学经世致用功能的最好体现。云南灾害种类繁多，从灾害记录看，元以前，地震、突发性暴雨引发的洪涝、干旱、低温冷冻、冰雹、雷电、火灾、滑坡、泥石流、崩塌、病虫害、疫灾等是主要的、频次较多的自然灾害，环境灾害较少发生。明清时期，人为开垦、矿产开发导致了山地环境的破坏而引发了各种环境灾害，自然灾害也导致了环境脆弱区灾害频次的增多。清中期以后，自然灾害及环境灾害逐渐呈交替、混合发生的态势，水旱、地震、泥石流、塌陷、滑坡、低温冷冻、冰雹、火灾及水土流失导致的石漠化等是史料中最主要的灾害类型。在农民起义或改朝换代的战乱时期，诸如鼠疫、霍乱、疟疾等瘟疫（疫灾）的记录次数增多并详细起来。

20 世纪初期，气候继续保持干冷状态，水旱、泥石流、塌陷、低温冷冻、地震、冰雹等依然是传统的主要灾害类型；很多发生在坝区、半山区的灾害以环境灾害为最多，频次日渐增多。地震灾害的后果及影响由于记录的完整，呈现出灾情重、伤亡大的表象。此期灾害记录的另一个特点就是疟疾、鼠疫、血吸虫、麻风等疾病记录的增多，史料记录以疫灾对社会造成的严重冲击及影响为重点，且很多疾疫往往与其他如地震、水旱等灾害相伴随而发生。

20世纪50年代以后，水旱、泥石流、地震、低温冷冻、冰雹等是云南最典型的灾害类型，物种入侵、生物灾害的频次急速上升，灾害记录更为详细，灾害区域及内容更为完整。由于灾害及其后果的累积性及后延性特点，在森林覆盖率急剧下降尤其是国内及国际大河流河谷区的生态脆弱化趋势更为明显，促发了类型及频次更多的环境灾害，泥石流及水土流失、荒漠化成为各种文字记录最多的灾害，土壤退化及石漠化现象开始普遍，灾害从大气圈及地表逐渐向地下、水圈延伸，灾害影响的范围逐渐从人延伸到生物界，土壤及水的污染、生物资源的枯竭等逐渐成为灾害的新表现形式。

第三章　西南地区的灾害认知

第一节　西南地区灾害认知的自然与社会环境

一、西南地区灾害认知形成的自然环境

西南地区东临中南地区，西临西藏高原区，北依西北地区，且与老挝、缅甸和越南接壤。本章研究区域内地形复杂，且境内各类地貌形态分布均衡，低地盆地和平原的面积较大，海拔差异大，且河湖众多，涵盖长江、珠江、元江、澜沧江、怒江和伊洛瓦底江六大流域及云南高原的滇池、抚仙湖、洱海和泸沽湖四大湖泊。

研究区的经纬度差异大，地形地貌条件复杂，因此该区的气候多变，主要分为三类：一是四川盆地湿润北亚热带季风气候。该地区由于青藏高原的隆起，降水和温度的时空分布均有很大差异，降水量从西北到东南相差上千毫米，而东部的年均气温达 24℃，西部的年均气温最低可达到 0℃ 以下。二是云贵高原低纬高原中南亚热带季风气候。该气候区的代表城市是昆明，主要特点是四季如春。三是研究区南端还分布热带季雨林气候区，其主要特点是干湿季分明。总体而言，西南地区大到暴雨的降水量占全年总降水量的 50% 以上，其小雨日数最多，占总降水日数的 75%。川西高原地区是整个西南地区的少雨区，年降水量低于 800 毫米，而其他地区的年降水量在 1300 毫米以上，甚至年降水量在 1300 毫米以上，且研究区受季风环流和复杂地理环境的影响，常发生

局部强降水，旱涝灾害发生地极其频繁，是中国局部区域降水差异最大、变化最复杂的地方之一。太阳活动周期会影响季风的强度，从而影响西南地区的气候，对大气环流也有着明显的作用。研究西南地区的旱涝灾害与冷暖变化，可以为全球气候演变的分析提供参考与指导。

二、西南地区灾害认知形成的社会环境

西南地区是中国 21 世纪以来实施"西部大开发战略"的重要发展区域之一，也是中国有色金属工业发展和战略储备的重要基地①。研究区有丰富的水资源，其中，四川省拥有1300多条大大小小的河流，且有267条河流的流域面积达到了 500 平方公里以上，可开发量约为 1.2 亿千瓦的电量，占全国的 27% 左右，居全国第一。四川、云南作为中国水资源大省，2016 年两省水电发电量占到全国发电量的 8.9%。该研究区的矿产资源种类多、储量大，已发现矿种130 种，有色金属约占全国储量的 40%。此外，西南的少数民族人口众多，旅游业发达，并以成都、重庆、贵阳和昆明为中心，黔桂、川黔、湘黔、滇越、成昆、贵昆、南昆、内昆、昆玉、广大、大丽、玉蒙、蒙河、成渝、渝万和西成等铁路贯穿四省，有利于民族团结，而沪昆和贵广高铁又促进了其与沿海地区的经济合作，具有对内合作联系，对外发展经济，保卫祖国西南边疆的重要作用。

三、西南地区早期的民族形成及其生存经验

西南民族地区是我国少数民族的主要聚居地，全国56 个民族几乎都有成员在这里繁衍生息，其中有30 多个少数民族世世代代定居于此。本节以西南夷为例，来透视西南地区早期的民族形成。从考古学材料可以看出，在旧石器时代晚期，西南各地的人类活动及其遗存已超过旧石器时代早中期，奠定了本地人类繁衍发展、生产生活的基础。在土著居民和本土文化的基础上，西南地区的新石器时代文化已形成很多文化类型，形成较为稳定的稻作农业，以及不同程度的制陶、纺织等手工生产，渔猎和采集作为辅助性手段也长期存在。人们在从事物质生产的同时，也在进行着文化的积累，奠定了民族形成的良好条件。

---

① 刘增铁等：《中国西南地区铜矿资源现状及对地质勘查工作的几点建议》，《地质通报》2010 年第 9 期。

距今 3700 年前（公元前 1750 年）以剑川海门口为始，云南各地先后进入青铜时代。青铜器的制造和使用，作为文明形成的核心要素，标志着西南夷地区在氏族部落的基础上形成了初始的权力形态，跨入了文明的门槛，与此同时，原生态的民族也在氏族部落解体的基础上形成，这就是《史记·西南夷列传》中所记载的西南地区最初民族群体——西南夷的来源。到了春秋、战国时期，云南的青铜文化进入鼎盛时期，青铜器成为最主要的生产生活用具，经济获得更进一步发展，区域性王侯权力得到加强，文化获得积累和发展，形成较为灿烂的各类青铜文化。相应地，西南地区的民族类型有所增长，民族特点有所彰显。这种历史事实，在《史记》中以内地华夏的眼光得到记载，西南夷正式成为西南民族形成与初步发展时期的称谓。汉武帝在西南设置郡县后，西南与内地的政治、经济、文化联系日益增强，汉族移民迁入，到两汉之际云南由青铜时代进入铁器时代。东汉以后，在云南形成的汉族中的上层分子——南中大姓，其典型的文化标志梁堆墓在云南东北部昭通一带，东部曲靖、陆良一带，中部昆明等地呈现出较密集的分布，并延伸至滇西大理、保山等地，意味着汉族已在这些地区形成了较大的势力，汉文化已经成为主流，南中大姓登上历史舞台；相反地，西南夷则衰落和蜕化，西南夷一词逐渐被南中大姓和夷帅所取代。从西南夷的形成与发展，并在汉夷交融下逐步淡出历史舞台的脉络，我们可以看出，西南夷作为原生形态的民族，大体存在于夏朝末期至西汉时期。以往的研究中，学界对西南夷概念的使用颇不统一，或言秦汉时期的西南夷，或言汉晋时期的西南夷，甚或指称先秦至南北朝时期的西南民族，并不符合西南夷形成与兴衰的历史实际。同时，我们在认识和分析西南夷与其他地区民族及文化的联系性时，也要注意西南夷形成和发展的本土性，分析和归纳西南夷的民族文化本色。迁入的氐、羌、百越等民族对西南夷的发展产生了不小的影响，但他们不应该是西南夷的主体，我们应该注意辨析和厘清西南民族形成与发展的源和流[1]。

防灾减灾文化，就是一个群体对待灾害的思想、理念态度、行为、习惯等的总称。从根本上讲，防灾减灾文化的建设本质上仍属于灾害治理乃至社会治理的根本要求，其功能如下：形成积极向上、科学清醒的正确防灾减灾导向；

---

① 秦树才，高颖：《西南民族形成问题探究：以"西南夷"为中心》，《思想战线》2018 年第 2 期。

凝聚人心、汇聚合力进行防灾减灾活动；约束人们的经济开发活动和防灾减灾行动；提升人们对于自然灾害的认知和应对能力。防灾减灾文化本身属于一种文化现象，不同的国家、地域、民族对自然灾害的解释和反思也不尽相同。就西南民族地区而言，灾害文化所涵盖的传统性、民族性、地方性、民俗性更加突出，因而在建设防灾减灾文化时，要尤为注意兼收并蓄、传承创新本区域的民族文化和地方文化。在防灾减灾宣传教育、知识传授、技术指导的过程中，要将现代化防灾减灾科技知识和各民族的灾害观念、减灾智慧结合起来，既要接地气，又要入人心，方能起到事半功倍的效果。例如，近年来西南民族地区有些地方乡镇政府利用少数民族节庆日，将防灾减灾知识编成山歌进行传唱，并且通过文艺汇演、山歌对唱等多种喜闻乐见的形式将防灾减灾工作深入村寨和家庭，取得了不错的效果。

以东川为例以阐述西南少数民族的长期积累的生存经验。东川之前是一座以铜矿采选为主的工矿城市，为我国六大产铜基地之一。东川西临小江，城区就建在泥石流堆积扇上，其东、南、北被多条大规模泥石流沟层层包围。东川处于小江流域内，其附近不足 90 千米长的小江两岸有一级支流 123 条，其中灾害性泥石流沟竟有 107 条，为总数的 87%，平均每隔 800 余米就有一条泥石流沟。当前，东川已成为世界上最著名的暴雨泥石流活动区之一，中外学者称之为"天然泥石流博物馆"。在东川长期居住的少数民族主要有彝族、回族、苗族、布依族、白族、纳西族等。东川各族居民，在长期的生活和生产实践中逐渐形成了一套能够高效利用本地环境的地方性生态知识，这样的知识能够对东川的生态维护发挥积极作用。杨庭硕的《地方性知识的扭曲、缺失和复原——以中国西南地区的三个少数民族为例》一文，论述了彝族、侗族、苗族三个民族地方性生态知识与生态维护的关系①。杨庭硕和伍孝成的《民族文化与干热河谷灾变的关联性》认为东川所在的金沙江流域的主体居民是彝族、纳西族、藏族和羌族等。这些民族的共性特征都和彝族相似，从事的是农牧兼容生计。他们的生计方式同样不会冲击到坡面丛林生态系统的脆弱环节。清代改土归流以来，干热河谷荒漠生态景观扩大化，主要是由于东川地区铜矿和铅锌矿的大

① 杨庭硕：《地方性知识的扭曲、缺失和复原——以中国西南地区的三个少数民族为例》，《吉首大学学报》（社会科学版）2005 年第 2 期。

规模开采，但是政策层面刺激了炼铜等行业的发展，这显然是导致对森林生态系统超负荷利用的直接原因。除此之外，无序增多的移民不会意识到森林除了燃料之外还有其他的价值，更不会意识到林中的藤蔓类、匍匐类植物，乃至苔藓类植物具有什么样的生态意义。在炼铜燃料日趋紧张的时候，他们会很自然地把这些藤蔓类植物作为生活燃料去加以利用。为了节约劳动力，他们还会将这些藤蔓类植物的根也挖来烧掉，在无意中断送了坡面森林生态系统存活的根基。然而，对整个坡面森林危害最大的资源利用方式，就是把原有的坡面森林开辟为旱地农田种植高产的外来作物，如玉米等。以上各个因素综合起来，就易使坡面水土难以保持，所以暴发泥石流。随着泥石流等自然灾害的频频暴发，水土流失日益严重，地表的暴露、气温的攀升和湿度的下降，"干"和"热"就必然会愈演愈烈，"焚风效应"日益增强。但是，干热河谷是可治的，关键是要发掘利用当地各民族的传统知识、技术和技能，而不能套用内地其他类型生态系统的恢复办法[1]。

马国君和李红香的《云南金沙江流域干热河谷灾变的历史成因及治理对策探究——兼论氐羌族系各民族传统生计方式的生态价值》[2]就对金沙江流域的少数民族的传统生计方式进行了详细的探讨，认为云南金沙江流域氐羌族系各民族传统生计方式的生态维护具有很高的价值，为了适应本地生态特点，当地氐羌族系各民族中作为副业的农耕有其特异性。一方面农耕的规模甚小，东川等地的农耕种植面积不到可利用总面积的 1/5，80% 以上的土地都是牧场；另一方面农作物的结构与中原也截然不同。当地各民族种植的农作物，如燕麦等都能较好地适应这样的气候特点，不但自身耐旱，而且成活后能够对地表构成很高的覆盖度。此外，这些作物的秆蒿还可以为牲畜提供丰富的饲料，这正是当地氐羌族系各民族在农业上要农牧混合经营的生态原因。生活在金沙江河谷南部坡面的氐羌族系各民族，建构起来的以彝族农牧混合生计为主的稳定的族际制衡格局，对水土资源的利用与中原固定农耕生计方式截然不同。农耕生计方式出于定居的需要，要对水土资源的结构进行规模性的永久性改性，这就必然触动了金沙江河谷南坡面生态系统的脆弱环节，致使多种人为因素和自然因素

① 杨庭硕，伍孝成：《民族文化与干热河谷灾变的关联性》，《云南社会科学》2011 年第 2 期。

② 马国君，李红香：《云南金沙江流域干热河谷灾变的历史成因及治理对策探究——兼论氐羌族系各民族传统生计方式的生态价值》，《贵州民族研究》2012 年第 2 期。

在同一地区叠加起来，诱发复合性灾变。然而农牧混合生计由于人力控制的中心在于牲畜，而不在于水土资源结构的改性，同时牲畜对水草的变化十分敏感，还等不到灾变酿成，相关的农牧混合生计民族早就迁徙离去，绝不可能等到灾变后还死守在同一个地方。这种有规律的流动，有利于植被的恢复，一般也不会导致生态环境的破坏，因而不需要对原生的生态系统进行人为改性。即使有局部的改变，但都处在尽可能保持自然原貌的水平，而且这种经济形态，在金沙江河谷南部坡面具有很高的适应能力。对此，马国君和蒋雪梅的《论原生态文化资源利用的扭曲及其生态后果——以云贵高原三大环境灾变酿成为例》通过对历史时期东川所处的高原疏树草坡生态系统的资源利用的文化适应剖析，同样也认为东川地区彝族等少数民族已经掌握了循环利用山区草场的自然规律，实施随季节而变的垂直转场放牧。畜牧业是这一地区极为重要的主导产业，但并非纯粹的畜牧，而是实施农牧混合经营的复合生计方式，并且能够适应高山疏树草坡生态系统。在这里执行的农耕技术也与中原截然不同，这里不能够成片地建构固定农田，而是以刀耕火种的方式在草场中零星的小块耕种1—2季后，就必须退耕还牧，农用地和畜牧地必须处在有规律互换状态之中。由于当地各民族的传统经营方式与内地截然不同，以至于明朝在这儿推行开发时，也不得不采取一系列的变通措施。彝族等居民为了向中央王朝交纳赋税，不得不扩大农田面积，以至于很多高低山坡俱已开挖成田，大道两旁空土也俱耕犁种植，由此种下了水土流失的严重隐患[1]。然而如今东川泥石流泛滥成灾，一些学者也正从自然科学的角度去探索历史时期少数民族的生态文化内涵。崔鹏等的《干热河谷生态修复模式及其效应——以中国科学院东川泥石流观测研究站为例》[2]一文以中国科学院东川泥石流观测研究站为研究区，根据立地条件和植物生物学特性，提出的荒坡地乔灌草恢复性生态修复模式和坡耕地农、林、牧开发性生态修复模式正是对历史时期彝族等少数民族长期实行的农牧复合生计方式的一种复原。

刀耕火种是云南边疆民族惯用的耕作方式。以往的研究大多认为使用这种

---

[1] 马国君，蒋雪梅：《论原生态文化资源利用的扭曲及其生态后果——以云贵高原三大环境灾变酿成为例》，《原生态民族文化学刊》2010年第1期。

[2] 崔鹏，王道杰，韦方强：《干热河谷生态修复模式及其效应——以中国科学院东川泥石流观测研究站为例》，《中国水土保持科学》2005年第3期。

耕作方式是造成生态破坏与水土流失的重要原因。云南大学尹绍亭教授对此做了深入的研究，在其专著《一个充满争议的文化生态体系——云南刀耕火种研究》《人与森林——生态人类学视野中的刀耕火种》[1]中提出了新的见解。他认为刀耕火种可分为无轮作、短期轮作和长期轮作三种类型，对各种类型的利弊不能一概而论，合理适度的刀耕火种对生态环境无害。耿金在《清代滇东北矿区周边的物种与生态变迁》一文中也认为在移民大量进入之前，东川所在的滇东北地区最主要的耕种方式就是刀耕火种，这种耕种方式虽较落后，但在人口稀少、土地面积较广的山区，合理的间歇式刀耕火种并不会造成生态的急剧破坏，相反，还有利于保持生态系统的新陈代谢，维护生态平衡，能够与生物多样性形成一种良性的互动[2]。刀耕火种仅是云南少数民族居民适应生态环境的生计方式之一；刀耕火种内部还蕴涵着众多的珍贵性生态知识和技术技能，这些内容均有待深入研究。目前对于刀耕火种的研究，仍较少注意到从事刀耕火种所必须具备的特定生态知识和技术技能，更少有人注意到不同的刀耕火种样式对具体生态环境的适应，这些都是当前研究的薄弱环节，亟待进一步深化。

居住习俗与防灾减灾。良好的居住环境是安居乐业的重要条件，人们在追求宜居环境过程中逐渐形成了各种居住习俗。不同居住习惯的表现形式和具体做法可能存在差异，但其内部都不可避免地蕴含着防灾减灾的元素。清代重庆地区的居住习俗大到城市布局，小到建筑材料和结构，都蕴含着防灾减灾文化特性与功能。

清代重庆州县城建设布局时不仅考虑山川形势和生活便利，深究其中还能发现先民防灾避害的追求，这在巴县表现得尤为明显。清代重庆巴县格局承袭明代，主要以十七座城门为参照，乾隆《巴县志》中对此有详细记载：

> 明洪武初，指挥戴鼎因旧址砌石城，高十丈，周二千六百六十六丈七尺，环江为池，门十七，九开八闭，象九宫八卦，朝天、东水、太平、储奇、金紫、南纪、通远、临江、千厮九门开，翠微、金汤、人和、凤凰、

---

① 尹绍亭：《一个充满争议的文化生态体系——云南刀耕火种研究》，昆明：云南人民出版社，1991年；尹绍亭：《人与森林——生态人类学视野中的刀耕火种》，昆明：云南教育出版社，2000年。

② 耿金：《清代滇东北矿区周边的物种与生态变迁》，纳日碧力戈，龙宇晓主编：《中国山地民族研究集刊》总第2期，北京：社会科学文献出版社，2014年。

太安、定远、洪崖、西水八门闭①。

乾隆《巴县志》的这一记载至少透露了两层信息：一是巴县城址的选择，即"环江为池"。这不仅便于航运交通和生活取水，更为巴县火灾救火提供了潜在的水源。二是巴县城门的布局，即"九开八闭"。巴县十七城门九开八闭主要对应的是"象九宫八卦"。古人认为，九宫八卦不仅对应着八面方向，更是将其视为一种奇门遁甲，能够保佑一方防灾避灾，趋吉避凶，也反映了时人"人力不济，思以术胜"②的灾害应对观念。巴县内部布局依托于九个开着的城门，城门内街道纵横，城门外码头林立。其中太平门可以说是巴县的腹地，太平门内附近集中了大量的街坊商铺，重庆府署和巴县署衙门皆紧靠太平门。"太平门"的名字直接透漏出人们对生活安定的期盼。然而，现实往往是缺什么，人们内心就向往什么，从史料记载来看，太平门并不那么"太平"，火灾是影响其太平的一大因素，太平门附近是火灾的高发区，如"太平门外为商贾鳞集之区，列廛而居，动遭回禄"③。从这方面来看，也许太平门寄托着人们消除火灾的美好愿景。

与上述相比，民居建筑样式和取材更具有实际的防灾减灾功效。清代重庆民居的两大特色分别是吊脚楼和棚户区。重庆地区依山傍水，坡度较大，吊脚楼克服了地形的限制，取得了较大的居住空间。整个建筑融合了传统房屋的穿斗结构和竹木房屋特有的捆绑方式，使得吊脚楼稳固性和韧性强，具有良好的抗震性能。吊脚楼下层悬空或半悬空，人住上层与地面隔离，不仅能够避免蛇虫鼠蚁的直接侵害，还能减少地面湿气入体，防止风湿类疾病。棚户区建筑比吊脚楼相对简陋，大都有竹架和竹席建成，主要分布于两江沿岸。棚户区建筑移动方便，很好地适应了重庆地区地形和洪水涨落情况。"濒江人家编竹为屋，架木为砦，以防暴涨，盖地势然也"④。每当秋后水浅，棚户区大量聚集在江河两岸，而一到夏季水涨，则纷纷迁往岸上寻找新的搭建场所，成为人与灾害互动的典型。

吊脚楼和棚户区的建筑材料就地取材，大都选用重庆当地常见的楠竹。竹

① 乾隆《巴县志》卷二《建置》，清乾隆二十六年（1761年）刻本。
② 民国《巴县志》卷十五《军警》，成都：巴蜀书社，1992年，第494页。
③ 乾隆《巴县志》卷十二《艺文》，清乾隆二十六年（1761年）刻本。
④ 民国《巴县志》卷五《礼俗》，成都：巴蜀书社，1992年，第188页。

子不仅取材方便，价格低廉，更是人们长期防灾减灾实践的选择。一方面"竹子在热带亚热带气候多雨多虫多微生物的条件下，不太容易腐朽，防水防蛀效果较好，有易于清洁、迅速干燥、减少病菌等功能"①。另一方面，竹子中空，重量较轻，不仅能够较大程度减轻地震对人的伤害，同时也能成为洪水期间的逃生工具。

饮食习惯与防灾减灾。饮食习惯是人们适应环境的重要表现，不同地区饮食习惯各异，极具地方特性。不过，在食物的选择上人们都注重美味，更注重营养健康。清代重庆地区饮食中所蕴含的防灾减灾文化主要体现在食材选择和口味喜好等方面。

重庆地区地形复杂，人们因地制宜，在平原、丘陵与和谷地区种植水稻，在山区普遍种植玉米、番薯、土豆。清代重庆地区物产丰富，除了这些主食外人们还可选择其他多种副食。从花草野果，到蕨薇荞稗，只要是无毒的草本植物都是人们重要的食材，在饥荒年份甚至成为饥民唯一的食物而备受依赖。此外，一些野菜还兼具药用功效，成为人们防灾治病的可靠选择。总之，"来源于自然的酸甜苦辣涩的各种动植物，都是原生原味的具有防灾避灾功效的饮食百味，并有着其特殊、不可替代的文化内涵"②。

自古以来重庆地区饮食以喜辣、好辣闻名于世，好辛香成为外地人对川渝人口味的普遍印象。现有研究表明，冬季冷湿、日照少，雾气大是川渝等长江中上游食辣重区的最重要环境成因，而山区空气对流差，雾气大，冬季气候冷湿更明显，食辣环境背景更为突出③。由此可见，生活在这样的自然环境之下，食辣之风是重庆居民除湿驱寒，防御疾病的必要选择。此外，食辣还能够刺激食欲，使人获得更多的营养摄入，从而增强人的体质，促进人体健康。

长期以来重庆居民辛辣调味料主要是胡椒、花椒、茱萸等，直至清代辣椒伴随着移民之风传入重庆地区后，逐渐成为主要的辣味食材。辣椒营养丰富，不含胆固醇，热量含量低，富含多种维生素。此外，辣椒能够加速新陈代谢，预防心脏病和血栓；辣椒素能促使大脑分泌内啡肽，是一种天然的镇痛剂。④

① 周琼：《换个角度看文化：中国西南少数民族防灾减灾文化刍论》，《云南社会科学》2021 年第 1 期。
② 周琼：《换个角度看文化：中国西南少数民族防灾减灾文化刍论》，《云南社会科学》2021 年第 1 期。
③ 蓝勇：《中国饮食辛辣口味的地理分布及其成因研究》，《地理研究》2001 年第 2 期。
④ 张茜：《川人食辣问题的文化阐释》，《中国调味品》2016 年第 10 期。

因此，不管是食辣传统本身，还是辣椒的调味与使用，都是人们追求美味与健康的有意选择，是极具重庆地方特色的防灾减灾文化。

民间医药与防灾减灾。在长期与疫灾斗争的实践中，人们积累了丰富的防病治病经验，创造了绚烂多彩的医药文化。清代重庆地区医药文化既有普遍性又有民族特殊性。和全国大多数地方一样，清代重庆在疫灾应对中普遍使用传统中医治病救人的方法。在秀山、彭水等重庆部分地区的土家族和苗族，在防病治病等方面有不少独特的方式，成为清代重庆防灾减灾文化地域性和民族性的重要代表。

重庆地区土家族和苗族主要生活在东部山区，山区植物繁多，为发展民族医药提供了良好的自然条件，大多数无毒或毒性较弱的草本木本植物都是可选择的草药。土家族和苗族医药有着悠久历史，清代重庆地区改土归流以后，受传统中医的理论知识和治病方式影响，两族医药文化得到进一步发展。土家医药喜用鲜药，讲究用药配伍，药味简单，但用量较大，善用药引，同时讲究剂型变化，强调根据不同疾病选用具体剂型药物，如治疗风湿关节病，酒剂往往就比丸剂疗效更快[①]。苗族医药则将一切疾病纳入"冷病"和"热病"两大范畴，治病时遵循"冷病热治"和"热病冷治"的原则，使用药物时根据药物的气味来发挥其药理作用，如"酸的止泻甜的补，苦的退火辣退气"[②]。

土家族和苗族医药在治病救灾发挥了重要的积极作用，许多防治疾病的习惯传承至今，且广受欢迎。例如，现代重庆秀山土家族苗族自治县，为防范春瘟流感，每年农历二月人们采集各种药用价值的野菜吃社饭；农历五月在屋前屋后撒雄黄和大蒜叶来消毒杀虫和避毒蛇；夏天农户厕所普遍投放野棉花和麻柳叶来防蚊蝇滋生[③]。这些少数民族医药文化在无数次治病救人的实践中得到发展和传承，不仅是重庆地区防灾减灾文化的名片，更是中国防灾减灾文化的瑰宝。

旱灾作为清代重庆地区最为严重，影响最为深远的自然灾害，催生了众

① 洪宗国：《中国民族医药思想研究》，武汉：湖北科学技术出版社，2016年，第280—281页。
② 洪宗国：《中国民族医药思想研究》，武汉：湖北科学技术出版社，2016年，第359页。
③ 《秀山土家族苗族自治县概况》编写组：《秀山土家族苗族自治县概况》，北京：民族出版社，2007年，第24页。

多民间信仰，其中尤以龙神信仰和川主信仰最为流行。龙神信仰由来已久，在全国各地皆为流行，其标志是广布各地的龙神祠或龙王庙。清代龙神祭典的地位进一步提升，雍正二年（1724 年）敕封四海龙王，雍正五年（1727年）要求各省兴建庙宇供奉龙王神像，乾隆九年（1744 年）要求各州县每年春秋仲月举行龙神祀典①。在中国古代神话传说中，龙具有呼风唤雨的能力，是雨神的代名词，掌管地方的水旱丰歉。旱灾之年，人们往往祭拜龙王祈雨消旱。"免亢旸之灾，吾民永受明昭之赐，且舟楫往来人咸利涉昔之险滩，悉化为夷"②。川主信仰是一种地方信仰，主要流行于巴蜀地区，其标志是在巴蜀常见的川主庙、二郎庙或清源宫，崇拜的对象为秦蜀郡太守李冰父子，二人因治水功绩受到民间香火祭祀，逐渐演化为神灵而受人崇拜。在人们心中，川主能吐纳风雨，呵护一邑水利平安，因此每遇水旱，全蜀城乡无不祭拜。如乾隆四十三年（1778 年），江津县赤地千里，县民"无不致祷，且无不灵应"③。

除了前往寺庙宫观等宗教场所进行祈雨，人们还选择在一些水潭、山洞等特殊场所进行祭祀祷雨。例如，巫山县的乌龙洞、鱼潜洞，万县的龙潭、石龙洞等皆为当地重要的祷雨场所。乌龙洞在巫山县东六十里，洞中有水怒号，闻其声但不见其水，"居民祷雨辄应，祷时见洞中有乌云射空，蜿蜒若龙，立刻雨降"④。万县知县冯卓怀在《石龙洞祈雨纪事》提到，咸丰八年（1858 年）夏六月，万县苦旱，忧焚煎民命，冯卓怀入石龙洞恭祷。祈雨结束还未归家，天空即现密云，当午就下起密雨，作物因而得以穗苗稍稍，农田获丰稔⑤。从祈雨场所名称和祭祀的情形来看，这些其实也是龙王信仰的延伸。

清代重庆火灾常现，故人们普遍信仰火神，借以消弭火灾。祭祀火神的场所为火神庙或离明宫，在重庆各州县基本皆有分布。民间祭火神之风起源很早，《周礼》记载夏官中有司爟一职，掌管行火之政令，率民季春出火，季秋纳火，祭祀时必定祭爟。至清代火神信仰更为流行，康熙二年（1663 年）制定

---

① 民国《巴县志》卷五《礼俗》，成都：巴蜀书社，1992 年，第 175 页。
② 民国《江津县志》卷四《典礼志》，成都：巴蜀书社，1992 年，第 607 页。
③ 民国《江津县志》卷四《典礼志》，成都：巴蜀书社，1992 年，第 626 页。
④ 光绪《巫山县志》卷六《山川志》，成都：巴蜀书社，1992 年，第 308 页。
⑤ 同治《增修万县志》卷三十六《艺文志》，成都：巴蜀书社，1992 年，第 303 页。

火神祀，规定官方的祭典时间为六月二十三日，而民间居民的火神祭祀活动则没有时间规定，全凭个人需要。官方祭祀一般由地方长官主持，一方面通过官方与火神直接对话来反思政治得失，另一方面祈禳消灾，表明官方对火灾应对的重视态度。民间火神祭祀则更为普遍，普通民众的参与度也更高，祭祀场面热闹非凡。"城居之民以防火灾，故于火神之祀特隆，亦于夏正六月末建醮数日。泽日以小儿扮火神太子四人，并以游街冠服仪卫，俨然王者，道士入宅作法□火，市人道随众观，极其喧闹"①。

清代重庆祈禳消灾的方式也应用于兽灾这种较为特殊的灾害当中。从清代重庆兽灾史料来看，人们消除兽灾的主要办法还是捕杀驱除。不过，相对于其他灾害，野兽活动性强，经常行踪飘忽不定，捕杀野兽需要耗费相当大的人力和物力，甚至付出生命的代价，而民间长期流传着宗教修行者因自身道德修为能够与野兽相伴的传言。因此人们也利用宗教祈祷来作为驱除野兽和安抚民众的辅助措施。如道光十六七年，巫山县豺兽成群，噬人甚多。士绅招募猎户捕获一只，地方设坛祭祀，余兽逃匿，民始安②。同治四年（1865 年），黔江县"春三月，豺入城，食民畜甚多。邑侯康公为善，讠巽文于羊头山祀之，豺始敛迹"③。这种消弭兽灾的方式在史料中并不少见，是否真的能够使人避免野兽侵害值得怀疑。

第二节　西南地区灾害观及其演变

一、土司与流官的灾害观及其演变

作为元明清时期管理西南少数民族地区的国家制度——土司制度，有效地将唐宋时期的羁縻制度间接管理少数民族地区转变为中央王朝对土司地区的直接治理，这既是历史发展的必然，更是国家制度助推社会进步的一次践行。在历史发展过程中，土司制度铸牢了中华民族"自在"共同体的基础。元明清时期推行的土司制度，促使土司地区各民族民众共同开拓疆域，共同发展经济，

① 民国《重修南川县志》卷五《礼仪》，台北：成文出版社，1976 年，第 391 页。
② 光绪《巫山县志》卷十《祥异志》，成都：巴蜀书社，1992 年，第 342 页。
③ 光绪《黔江县志》卷五《祥异志》，成都：巴蜀书社，1992 年，第 170 页。

共同促进社会发展，培养少数民族对中华文化的认同和对国家的认同，为中华民族"自在"共同体铸牢了物质、制度、行为、精神诸方面的基础，并推进中华民族"自在"共同体向"自觉"共同体的转变，这是国家制度推动"西南蛮夷"向"中华民族共同体成员"转型的重要举措。土司制度推动了"西南蛮夷"融入中华民族共同体的历史进程。元明清三代实施土司制度的有壮族、藏族、彝族、土家族、布依族、苗族、纳西族、傣族、佤族、景颇族、哈尼族等20 多个少数民族，他们在元代以前正史的少数民族传记中书写为"西南蛮夷传"，而《明史》和《清史稿》则将这些少数民族传记书写为"土司传"，历史文献对西南诸多少数民族称呼的改变，不仅反映了国家制度从羁縻制度到土司制度的变化、中央政府治策的嬗变，佐证了土司制度的实施推动了"西南蛮夷"成为"中华民族共同体成员"的客观事实，而且蕴含着西南地区少数民族逐渐融入中华民族共同体、成为"中华民族共同体成员"的历史进程①。同时，西南地区各民族在共同拓展中华疆域、共同发展祖国经济、共同推动社会发展、共同创造中华文化的过程中，渐进融入中华民族共同体，共同创造中国历史，其中土司的灾害观演变是其功能重要促进力之一。

受传统儒家思想中天人感应观念影响，在中国古代社会人们将灾害和天联系在一起，这种联系并不是今天所说的灾害与环境的关联，而是一种带有浓厚神秘色彩的灾害认知观，它的前提是要塑造一个具有无上权威且能够感知人间意志的"天"。这种传统灾害认知观一直延续至清代，成为传统社会关于灾害的主流认知之一。

天人感应下的灾害认知将灾害视为上天的一种惩罚，即"灾者，天之谴也"②。事实上，这主要是将灾害和政治联系在一起，上至君王无道，下至地方官员政治不修，都会惹怒上天，从而通过降灾于世的方式来惩戒和警示于人。为了防止这种现象发生，也为了自身统治地位的合理性和长久性，一般情况下君王和百官都会注重统治秩序的优化。天降灾祸之后，除了稳定社会秩序之外，从反馈上天的警示和挽回自身在上天的形象方面的考虑，中央和地方也会重视对灾区的救济。清代重庆地区灾害发生后，中央政府和各州县政府积极

---

① 王珉，李良品：《土司制度与中华民族共同体建设初探》，《广西民族研究》2021 年第 1 期。

② （清）苏舆撰，钟哲点校：《春秋繁露义证》，北京：中华书局，1992 年，第 259—260 页。

采取各项救济措施的背后，不能不说没有这方面因素的考量。

中国古代社会讲究三纲五常，行善积德。为了维持这种社会道德伦理，人们经常通过灾害与反面案例的关系来自我警示和约束，如君王无道便会天灾肆虐，子女不孝便会被天打雷劈。在传统道德伦理的支配下，清代重庆人们认为行善举，积功德便能保佑自身无病无灾，一帆风顺。因此上至官员，下到基层百姓都对此十分重视，这在灾荒之年表现得尤为明显。灾荒之年官员捐养廉银，绅商富户施粥施棺施药等皆是这方面的表现，这样的案例在地方志人物义行当中不胜枚举。这就导致如果有人在天灾人祸中幸免于难，人们便会认为这是行善积德所庇佑，从而逐渐形成了一种修德弥灾的思想。例如，万县人邱宗昌秉性正直，素行仁厚，乾隆四十三年（1778 年）所居地方遭遇火灾，周边尽遭焚毁，而独邱宗昌数间茅屋幸存。即使他去世之后，嘉庆年间白莲教徒焚掠万县，而他的房屋仍然无恙，时人皆认为这是邱宗昌生前所积阴德所庇佑①。又如，梁山县监生刘长泰，诚朴友爱，咸丰末年滇匪扰梁期间，他倡捐资，制枪矛抵御。同治元年（1862 年）发生火灾，延烧数百家，然而火势"及宅反风灭火"②。此外，为了祛除灾害，人们还会将灾害赋予具体的善恶观，认为灾害代表"恶"，而防灾减灾是惩恶扬善的表现。正如奉节县人潘树申在《既济会碑记》中所言，"夫水火在一阴阳也，阴阳之赋于物性者曰水火，阴阳之占于人事者曰善恶，易理如是也，则以水制火犹之以阳伏阴，以善胜恶也"③。

与此同时，灾害对道德伦理具有严重的破坏和冲击，一旦灾害严重到足以危害人的生存，道德伦理维系的社会失序崩溃，人们固守多年的道德很容易失去其约束作用。因此大灾大难期间往往是短暂的道德败坏时期，人们思考的不是什么修德弥灾，更多的人只是想方设法地生存下去，哪怕是卖妻鬻子或易子而食这种传统道德观中天理难容的极端手段。不过，这种局面随着灾后社会的恢复而逐渐缓解，灾后也成了道德教化与恢复的一个重要阶段。

清代重庆灾害史料主要见于《清史稿》、《清实录》、地方志及相关的档案资料中，民间史书和私人笔记文集等虽有所涉及，但还是以官方性质的灾害史料占主体。官史掌握着重庆灾害史料的绝对记录权，使得灾害叙事带有鲜明

---

① 同治《增修万县志》，台北：成文出版社，1976 年，第 807 页。
② 光绪《梁山县志》卷九《人物志》，台北：成文出版社，1976 年，第 1101 页。
③ 光绪《奉节县志》卷三十六《艺文》，成都：巴蜀书社，1992 年，第 804 页。

的官方性质，表现为灾害本身叙事和灾害应对叙事。

灾害本身叙事即对具体灾害事件加以记录，主要分布在正史和地方志的"灾异"或"祥异"部分。从分布的文献条目名称来看，这也代表了官方主流的天人感应灾害认知。在这种灾害认知中，灾害被当成是天谴和上天的警示，这就导致了灾害本身叙事往往非常简单，大都只有寥寥数字，比较典型的叙事模式为"某年某月，什么灾"。有时为了掩饰自己的不作为，官方会对灾害事件虚报或瞒报，这就会导致一些具体灾害叙事的缺失。

和灾害本身叙事的简略性不同，灾害应对关系着地方社会的稳定与官员的声誉和前程，从自身立场出发的灾害应对叙事也就比较详细，包括对灾害事件、官员救灾行为、救灾成效等皆有叙事。例如，乾隆三年（1738 年）夏，南川县"旱魃为虐，郡守苏霖泓祷于山，雨倾盆下，合里均沾"[1]。若是救灾官员自叙其事，则还会尽力渲染灾害之严重，自己救灾心情之迫切，救灾成效之显著。例如，黔江邑侯张九章在《黔邑赈灾记》中详述了自己参与的多次救灾活动，其中光绪十六年（1890 年）夏的一次暴雨洪涝，据他所述"夏初三晨起，雷雨大作，蛟水涨，发环八面山，左右附近田土冲决漂没，尽付洪流。予急登陴拜祷，妖气立靖，雨亦旋止"[2]。除了官方灾害应对叙事外，出于彰显仁义道德，表彰善举和地方教化等方面的考虑，官方史书中也存在民间救灾慈善叙事，这在地方志中尤为常见。

二、祭司与士绅的灾害论及其演变

在传统风水堪舆学说当中，山川形势等自然环境特征都会影响事物的良性发展。这一观念深刻影响着清代重庆地区的灾害认知，由于重庆地区火灾多发，加之山地地形显著，人们便将火灾与山川形势紧密结合一起，使得清代重庆地区的火灾认知带有浓厚的地形风水色彩。具体表现为时人多将火灾与山势紧密联系，在预防火患时也通过在山地开挖水池改变局部风水，增加水源，以水治火。奉节县人汪志敏在《增修石涧引水记》中便提到，"莫非此地多火灾，何山形尖削如火字也。山形似火，当引水以制之"[3]。还有的甚至通过改

---

① 张德二：《中国三千年气象记录总集》，南京：凤凰出版社，2004 年，第 2320 页。
② 光绪《黔江县志》卷五《艺文志》，成都：巴蜀书社，1992 年，第 147 页。
③ 光绪《奉节县志》卷三十六《艺文》，成都：巴蜀书社，1992 年，第 798 页。

变山川名称来达到防火的目的，如开县东五里有一座山，旧名为火焰山，而开县多火灾，以至于邑令徐久道将其改名为河晏山，即"取以水制火之义"①。乾隆《巴县志》中更是直言："江州地势刚险，重屋累居。堪舆家言，郡城南涂山一带绵亘数十里，峰峦高耸，尽属火星。俯瞰城中火星旺则水弱多患，前人营建城郭，内多凿大池，以水制火，颇有深意。"②

作为掌握知识文化的群体，清代重庆地区的文人成为灾害的重要叙事者，他们或直叙灾害其事，或发表自己对灾害的所知所感。现保留的以灾害为题材的诗词歌赋和碑记铭表等是文人灾害叙事的直接文本，也是清代重庆地区灾害文化的直观体现。

与官员灾害叙事大都相对简略不同，灾害作为文人笔下的写作题材，通过语言文学加工后，其叙事就会显得比较详细，因此文人灾害叙事成为官员叙事的一个重要补充。以乾隆五十三年（1788 年）六月合州洪水叙事为例。在官方的记录中，仅仅是"大水"二字，而当地举人杨士镕以同一洪水事件叙事的《戊申大水歌》则是如此详细：

> 壬寅六月，江水涨，会江楼头生雪浪。今年六月不愆期，沿街螭吻系画舫。昔□合是飞凫形，飞凫爱戏水中萍，金沙洲上浴凫日，甲第县□地亦灵。我思此理不可不晓。一日科名万家扰，可怜男妇哭，哀哀扶老携儿坐屋□。君不见嘉陵江上隄，新隄虽筑，旧隄低，萧公隄久湮没，司空隄委涂泥。人事从来有消长，何怪江水高百丈，安得虬龙划削三峡山，永奠波涛平如掌③。

杨士镕的《戊申大水歌》用华丽的辞藻描述出了这次洪涝灾害的画面感，从嘉陵江水泛涨到沿街被淹，最终导致"万家扰""男妇哭""哀哀扶老携儿坐屋□"的灾后惨剧。他的灾害叙事中也重点提到此次洪水发生的重要原因是防洪堤久经废弛，对人事与灾害的关联发表了自己的看法，即"人事消"致灾害生，也隐约透露出对政府防灾事业荒废的谴责。杨士镕的戊申大水叙事很好地弥补了官方叙事的不足，也从某种程度上解释了后者叙事隐晦模糊

---

① 咸丰《开县志》卷四《山川》，成都：巴蜀书社，1992 年，第 414 页。
② 乾隆《巴县志》卷一《疆域》，清乾隆二十六年（1761 年）刻本。
③ 民国《新修合川县志》卷六十一《祥异》，成都：巴蜀书社，1992 年，第 444 页。

的原因。

　　不过，也有的文人在灾害叙事中代表了一定的官方立场，叙事者或受他人委托，或敬佩某人的防灾救灾行为，出于这些目的而对一些官员的防灾业绩展开叙事。这类叙事虽带有明显的歌功颂德的韵味，但为了突出当事人的业绩，叙事往往十分细致，内容丰富异常，从中可以窥探出当地防灾减灾事业的传承与兴废。例如，奉节县人潘树申的《既济会碑记》①本是一篇记录地方官兴火政的碑记文，但其内容翔实丰富，包含多方面的信息。一是当地火灾高发原因，"人烟凑集，望衡对宇，栉比鳞次"、"郡城踞江，高远艰于取水"。二是传统救火之法，即开挖水池，增加水源便于取水救火，"前守令创兴利民井、太平池，亦既得水教易"。三是传统救火方法的局限性，"一旦火作，水虽多而无济，街巷流湿就燥者仍复炎炎，官吏趋督久乃得息"。四是近代西方救火工具的使用和困境，"西洋水龙之法，其救火利器乎，制巧而精，用施而准。郡人士习，闻其善，而苦于无力"。五是地方官多次捐钱以兴火政，"公祖之不惜财而尽心火政，如此其志也"。

　　文学源于现实，灾害作为客观存在，催生了丰富的灾害文学，这些诗词歌谣等文学作品成为文人灾害叙事的细腻而又形象的表达。从清代重庆地方志所载的文学作品来看，以灾害为题材的当中，旱灾、洪涝是最常见的灾害叙事对象，这也对应了清代重庆各类灾害发生的显示情形。旱灾影响农业生产，人们通过歌谣来表达对雨水的期盼和热爱，如王尔鉴的《巴民望雨谣》流露的情绪十分直观，作者通过鲜明的对比表露出重庆人们对风调雨顺和农业丰收的无限追求，"巴之民叩天公，雨我珠，雨我玉，不如雨我粟。天雨粟不可食，不如雨雨与雨雪。雨雨，雨雪，粟不竭，胜似苍天雨珠玉"②。雨水过多又会酿成洪涝，就会使人产生相反的情感表达，如方积《宁场大水》表达了对洪水造成人们流离失所的慨叹，"扫尽苍赤付龙蛇，万宇漂流亦可嗟。那有怒鼋还语灶，可怜新鬼更无家……"③冯大观《白赶场苦雨》更是无奈写道"阿侬欲乞南溟石，试代娲皇补漏天"④。这些文学作品虽然带有作者个人情感色彩，但其描

---

① 光绪《奉节县志》卷三十六《艺文》，成都：巴蜀书社，1992年，第804页。

② 乾隆《巴县志》卷十五《艺文》，清乾隆二十六年（1761年）刻本。

③ 光绪《大宁县志》卷八《艺文志》，成都：巴蜀书社，1992年，第249页。

④ 光绪《大宁县志》卷八《艺文志》，成都：巴蜀书社，1992年，第250页。

述的灾害对象具有客观性，带有特殊的灾害印记，成为灾害促生文化的典型。

三、民间群体的灾害认知及其演变

不同于天人感应下的灾害天谴说带有强烈政治性，民间信仰下的灾害认知更偏向植根于基层民众。由于天人感应中的"天"带有明显的抽象性和模糊性，这不利于普通大众的理解，他们转而探寻和塑造形象更为具体的神灵，最终将民间信仰和灾害联系在一起，灾害的发生、防备和祛除都打上了深深的民间信仰烙印。

清代重庆地区民间信仰繁多，其兴旺程度不尽相同，但渝地最流行的诸如龙神信仰、川主信仰和火神信仰等最典型的一个特性便是与其对应的灾害发生情况紧密契合。龙神和川主主管一方风水，人们认为二者可以庇佑当地风调雨顺，防洪去旱。每当发生旱灾和洪涝，人们便在龙神庙和川主庙烧香祷祭。旱灾和洪灾作为清代重庆最严重的灾害，这极大程度上直接决定了这类民间信仰的流行。作为清代重庆最典型的地方性灾害之一，火灾烧毁房屋，吞噬生灵，人们认为火灾是火神发怒导致，为了避免火灾民间便崇信火神。火神甚至直接成为火灾的代名词，如道光二十六年（1846 年），万县"小西门外连被回禄"①，"回禄"即火神之名。

平民百姓是社会生活的底层，掌握的文化知识相对有限，加之平时忙于日常生计，现在可见的平民灾害叙事数量也就较少。平民灾害叙事并不完全是直接以灾害本身为叙事对象，而是经常蕴含在日常生活的叙事当中，使得这一灾害叙事带有浓厚的生活气息，更能直接反映出灾害对个体生活的影响。据道光十七年（1837 年）巴县民李永芳所述，"故父嵩山昔年在较场得佃官地基一块，修造铺面一大间，开设茶馆生理。嗣后父故，身接手多年无恙。不幸本年二月时逢天灾将铺放烧毁"②。李永芳的这一叙事虽然表达的火灾信息有限，但仍可看出火灾对其茶馆生意的打击。

与其他书写记录不同，石刻记录人人皆可参与，这就为普通大众进行灾害叙事提供了有利条件，清代重庆地区保存的大量洪水石刻中就有不少出自平民

---

① 同治《增修万县志》卷三十二《士女志·积善》，台北：成文出版社，1976 年，第 801 页。
② 四川省档案馆，四川大学历史系：《清代乾嘉道巴县档案选编》，成都：四川大学出版社，1989 年，第 54 页。

之手。例如，《忠县洋渡乡大山溪洪水题刻》记录了乾隆五十三年（1788 年）忠州洪水情况，"戊申年，六月二十二日，长（涨）大水，安（淹）齐治（至）步止，人难行。袁天海字"①。《合川县渭溪区龙门嘴洪水碑记》则记录的是同治九年（1870 年）合州洪水情况，"同治九年庚午岁六月十五，洪水徒（陡）涨，淹到二十日止。淹在此处"②。受限于文化水平，这一灾害叙事文本中经常存在着错别字和方言现象，这也成为平民灾害叙事文化的一大特性。

第三节　西南地区灾害认知演变原因与影响

一、西南地区灾害认知演变的原因

灾害的发生有着深刻的自然和社会根源，"自然灾害的发生，实质是地球系统自然环境变化作用于人类社会的结果，既包括了自然因素的作用，也包括了人类社会，特别是人类社会承受或适应自然环境变化能力的作用"③。

儒家文化是中国历史的主导思想文化，即使是拥有不同信仰体系的各个民族在根本上都受到儒家文化的影响。古代中国对于灾害的认知和救荒思想也是儒家思想的体现。早期的儒学思想除了孟子的"河内凶，移其民于河东"的移民救荒思想、"国无九年之蓄，曰不足；无六年之蓄，曰急；无三年之蓄，曰国非其国也"的备荒储蓄思想和"厉行节约"等积极救荒思想之外。还包括了敬天地，礼鬼神的禳灾救荒思想，关于后者，儒家著作《周礼》的《大司徒》一篇就提到荒政十二，指出要消灾就需实行眚礼，眚礼即祭拜鬼神，通过祭拜鬼神，达到禳灾的功能。这也成为历代禳灾活动和核心思想。

儒学发展到汉朝得到了大发展，以董仲舒为代表的儒学最终成了历代统治者封建统治的思想基础。其中的天人感应、君权神授的思想不但巩固了封建王朝的政治统治，而且也为古代人们重新阐释人与灾害关系提供了新的依据和视

---

① 水利部长江水利委员会，重庆市文化局，重庆市博物馆编：《四川两千年洪灾史料汇编》，北京：文物出版社，1993 年，第 540 页。

② 水利部长江水利委员会，重庆市文化局，重庆市博物馆编：《四川两千年洪灾史料汇编》，北京：文物出版社，1993 年，第 558 页。

③ 葛全胜等：《中国自然灾害风险综合评估初步研究》，北京：科学出版社，2008 年，第 1 页。

角。董仲舒新儒学为先前敬天地、礼鬼神的禳灾思想增添了新的内涵，即灾害是上天对于君主和官员等统治阶层失德和政治不作为的一种惩罚，需要通过修省、整顿吏治来获得上天的原谅。董仲舒的新儒学在原有的禳灾认知上增加了人的因素。自汉以后，历代统治者都以敬天地神灵和修政以德为禳灾的主导思想，一直延续了整个封建君主专制社会。

随着本土道教的产生及佛教的传入，三教合流更加丰富了中国传统思想观念的内涵。禳灾的内涵和认知体系也不断被增添新的内容，如佛教的禁屠和一些道观神灵也被作为新的禳灾形式加入中国封建禳灾思想中。这些以新儒学为核心，以儒释道相结合的禳灾认知和形式在不同的地域又结合着地方区域特色被不断地丰富着内涵，形成了大同小异的地方禳灾体系。

凡灾异必报。明太祖朱元璋十分注重禳灾，命令大臣凡有灾异必须上报，以便及时禳灾，他认为"祥瑞灾异，皆上天垂象"①。只有在上天给予惩罚后，积极采取措施回应上天对明朝统治的惩戒，请求上天的原谅，才能确保君权不被收走。朱元璋规定只要一发生灾害，不管大小必须立即上报，而且上报的内容必须要真实完整，不能隐瞒灾情，这也对明代报灾起到了很好的促进作用，既保证了报灾的及时性，也保证了报灾的完整性，虽然是为了保证统治者知道上天降下的旨意并及时采取措施，但是这一规定也保证了统治者对所发生的灾害采取积极的救济措施。

整顿吏治为目的。古代禳灾的思想核心之一是天人感应和君权神授，灾异的发生被视为是君王不德、不善政的惩罚，但是对于灾害的解释最终还是掌握在君王的手中。君权神授是君王为了彰显自己统治的合法性和不可替代性，只有君王能和上天进行沟通和传达神意。君王有义务和责任对灾异负责，并通过禳灾和修政达到消灾的结果，但是君王不会将所有责任推卸到自己头上，君王统治是一方面，但是大臣官员为政不善也是灾异发生的原因。大臣也需要通过自省修德来减少灾害。洪武十年（1377 年），由于发生火灾，朱元璋便下令不仅命大臣修德自省，还要求加强兵备防御②。灾害发生让大臣自省一方面是为

① 《明实录·明太祖宝训》卷四"洪武四年十月庚辰"条，台北："中央研究院"历史语言研究所，1962 年，第 161 页。
② 《明实录·明太祖实录》卷一百一十五"洪武十年九月丙辰"条，台北："中央研究院"历史语言研究所，1962 年，第 1885 页。

了将政治过失遭到上天处罚的责任转移到大臣身上；另一方面也是为了克制大臣们的一些不良作为，以清明政治。

统治者为了彻底整顿吏治，除了让大臣自己反省改过之外，更激烈的措施还有革职，从根本上进行整顿，乘机罢黜那些治理不力、为政不善的官员，也是为了自己更好地进行统治。例如，弘治十六年（1503 年），云南发生地震，皇帝便命令樊莹巡视云南贵州等地，并且"奏黜监司以下三百余人"①。此外，灾异也是弹劾罢黜大臣的有力武器，嘉靖年间，与嘉靖帝有大礼议之争的大学士严嵩，因嘉靖三十二年（1553 年）发生日食和山东一带连年大水，遭到云贵御史赵锦的弹劾而被降职罢官②。明朝，灾异现象也被作为统治者整理吏治的手段，利用灾害之机清理不为政者或者异党，维护自身统治。

等级不可僭越。明代以祭祀为主要的禳灾手段之一。同为禳灾祭祀，但是等级观念十分严格。《明史》中记载明初有大祀、中祀和小祀三种。大祀包括圜丘、方泽、宗庙、社稷、朝日、夕月、先农。后来朝日、夕月、先农则被归类为中祀。中祀则有太岁、星辰、风云雷雨、岳镇、海渎、山川、历代帝王、先师、旗纛、司中、司命、司民、司禄、寿星。小祀指的是各类神灵③。天地、宗庙、社稷等大祀由天子亲自实行祭祀，而中祀和小祀则派遣官员进行祭祀，禳灾祭祀中最常见的就是中祀。庶民百姓也有自己可以祭祀的对象，明朝规定"至于庶人，亦得祭里社、谷神及祖父母、父母并祀灶，载在祀典"④。实际上，百姓在灾荒之年祭祀的对象并不仅限于此，不同区域的庶民百姓祭祀的对象也千差万别，大多数情况下一些私人的小规模禳灾活动，官府根本无法管辖。只有大规模官方的祭祀活动只能由官员主持举行。例如，正统年间，晋宁州知州金贵捐资维修坛庙，一旦州内遇到灾害，就只能由他行使在坛庙祭祀禳灾的权力。当时在当地流行一个民谣称："旱莫忙，公行香，雨莫恼，公请祷。"⑤这个民谣是百姓对于知州善行的感激，反映出在各个府州县，社稷、山川、风云雷雨坛、厉坛、先师庙及所在帝王陵庙只能由各个府州县的地方官

① （清）张廷玉等：《明史》卷一百九十七，北京：中华书局，1974 年，第 5201 页。

② 《明实录·明世宗实录》卷三百九十五"嘉靖三十二年三月丁亥"条，台北："中央研究院"历史语言研究所，1962 年，第 6949 页。

③ （清）张廷玉等：《明史》卷四十七，北京：中华书局，1974 年，第 1226 页。

④ （清）张廷玉等：《明史》卷四十七，北京：中华书局，1974 年，第 1226 页。。

⑤ （明）刘文征撰，古永继点校：《滇志》，昆明：云南教育出版社，1991 年，第 374 页。

员进行祭祀，百姓则没有权力。体现出了禳灾具有严格的等级秩序，统治者十分重视对自己统治地位等级的巩固。

这些灾害认知各有差异，涵盖现实中的多种灾害，植根于社会各阶层，代表了不同阶层对灾害发生及防灾救灾的认识。不同灾害认知之间彼此联系，构成了清代重庆地区丰富的灾害认知文化体系。

二、西南地区灾害认知演变的影响

对传统社会伦理的影响。《荀子·劝学篇》"伦类不同，仁义不一，不足为善学也"是伦理在中国传统社会中重要性的最好体现，而元代西南地区灾害对传统社会伦理的影响主要表现在对家庭伦理上的影响。古代中国家庭伦理关系进行了以"父慈子孝、夫妇有别"向"三纲五常"的转化。家庭伦理观是维系古代中国传统社会的纽带，更是将伦理的重要性体现出来，而灾害的发生则对其进行了一定的冲击。元统治者对西南地区文化传播及教育上是收到了一定的成效的，其最具说服力的就是"北人鳞集，爨僰循礼，渐有承平之风。是以达官君子，绍述成轨，乘驲内地，请给经籍，虽穷边蛮僚之乡咸建痒序矣"[1]。元代西南地区灾害对家庭伦理还是造成了一定的冲击，其主要是由于社会、人民救治满足不了灾患所造成的社会危害，所引发的社会危机。其主要体现如下：鬻妻、遗妻、食妻，鬻子、遗子、食子等方面。其中，鬻妻行为有"至以妻子易一餐"[2]等；遗妻行为有"妇女满路啼，徘徊耐驱遣，云是流人妻。昔岁遭饥凶，售身生别离"等[3]；食妻行为主要体现在换妻而食之上"夫妇至相与鬻为食者，在在皆是"；鬻子行为有"南村家家卖儿女"[4]，但是由于"一女易斗粟，一儿钱数文"[5]的现象出现，在鬻子过程中，以出售女儿居

① （元）王彦：《中庆路重修泮宫记》，（明）陈文修，李春龙，刘景毛校注：《景泰云南图经志书校注》卷八，昆明：云南民族出版社，2002年，第385页。

② （元）程钜夫著，张文澍校点：《程钜夫集》卷21《宜兴守王君墓志铭》，长春：吉林文史出版社，2009年，第261页。

③ （元）吴师道：《吴正传先生文集》卷2《归妇行》，《元代珍本文集汇刊》，台北："中央图书馆"，1970年，第28页。

④ （元）硒贤：《金台集》卷2《新堤谣》，《景印文渊阁四库全书》第1215册，台北：商务印书馆，1986年。

⑤ （元）张养浩：《归田类稿》卷14《哀流民操》，《景印文渊阁四库全书》第1192册，台北：商务印书馆，1986年。

多；遗子行为有"有鬻子女，不售而弃之者"①；食子行为有直接食子："有父食其子者"②和易子而食："民有易子而食者"③两种行为。通过对鬻妻、遗妻、食妻，鬻子、遗子、食子等行为论述，可见其行为虽然是以自救为目的的，但是灾害对传统家庭"父慈子孝、夫妇有别"伦理的冲击是相当之大，在其进行冲击之时，也对传统社会家庭伦理秩序形成了严重的威胁，更是对当时社会整体伦理的一种考量。

扩大阶级差异性。阶级差异性指官方和民间之间的差异性。由于封建礼教的约束，灾害的解释和禳灾也存在着等级之分，在祭祀对象和禳灾内容上存在差异性。

官方包括中央统治者和地方官两个层面。发生灾害时，明中央统治者一方面会反省自己的统治，进行修德；另一方面，会派遣官员到发生灾害的地方进行巡查，除了勘察灾情之外，最重要的就是检查本地官员，将灾害看作地方官员渎职的警示，地方官往往也会因灾害发生受到罢免。如果灾害规模和影响过大时，官员的罢免也会大规模进行，正如弘治十六年（1503 年），云南各地先后发生地震、风灾、火灾（曲靖府正月内就发生了七次），所以明朝廷就派樊莹到云贵地区巡视，上奏罢免失职官员百余人，以此来消弭天变。明统治者在总结灾害发生的原因时也会受灾害发生地与京城之间的距离影响。灾害发生地距离京城越近或者就在京城内，会让统治者越发惊恐，这与自身的统治最为密切，正如天启六年（1626 年），由于京城屡遭大旱和地震，君臣上下倍感惶恐，皇帝带领大臣虔诚斋戒、着素衣、祭太庙及禁杀生，以此回应上天的警示④。当灾害发生在离京城偏远的地方时，尤其像云南布政司这样的边疆之地，每当灾害发生时则会被认为此地将有反叛之举，威胁封建统治，因此受到明统治者的格外注意，灾后便会在当地加固边防，稳定统治。当云南等地发生灾害时，有的大臣为了劝谏帝王修政，便会上奏请求中央修政，帝王修德。弘

①（元）许有壬：《圭塘小稿》卷8《彰德路同知林州事孙丞事去思之碑》，《景印文渊阁四库全书》第1211 册，台北：商务印书馆，1986 年。

②（明）宋濂等：《元史》北卷二十二《武宗本纪一》，北京：中华书局，1976 年。

③（元）唐元：《筠轩集》卷 5《郭外访梅》，《景印文渊阁四库全书》第 1213 册，台北：商务印书馆，1986 年。

④《明实录·明熹宗实录》卷七十一"天启六年五月己酉"条，台北："中央研究院"历史语言研究所，1962 年，第 3421—3422 页。

治十六年（1503 年）云南屡次发生灾害，朝廷罢免地方官员上千人，有的大臣持反对意见认为"灾异系朝廷而不系云南，譬如人之元气内损，血脉不和，则疮疡瘫痪发见四肢，朝廷元气也，云贵四肢岂可舍"①。

对于地方官员来说，当灾害在本地发生时，需要上奏朝廷，对于灾害的解释往往只能秉承统治者的意旨，将中央禳灾礼制结合地方实际应用到地方的禳灾活动中，包括祭祀山川大泽、风云雷雨坛、社稷、庙宇等，上承中央礼制，下禳地方灾异。所以准确地来说，地方官员仅仅承担着依照礼制进行禳灾的职责，往往没有对灾害进行解释的权力，但是也有的官员会依据本地的实际情况请奏消灾，如正德年间云南巡按唐龙就因云南全境大旱，考虑到可能狱中有冤情，就下令将狱中囚犯释放了一百多人②，用这样的方式积极禳灾。宽恤百姓，增加了农业生产的劳动力，虽然无法真正地起到禳灾的效果，但是让更多的人从事恢复生产，有利于度过灾年。

对于百姓而言，当发生灾害时，他们在等待官方积极救灾的同时，也期待着官府承担起禳灾的职责。正统年间，时任晋宁州知州的丁贵由于为官勤政，水旱灾害时积极禳灾，并且恰巧呈现出了一定的禳灾效果，所以百姓之间流传着"旱莫忙，公行香，雨莫恼，公请祷"③这样的民谣，一方面表达了这一时期地方官员承担着禳灾的主要职责；另一方面则表现了人们对于一些能官的敬慕。一些大型的祭祀活动，包括对庙宇、寺院或者龙潭的祭祀，或者临时设坛建庙等都由官府主持完成。晋宁州"于城隍庙建祈雨台，禁屠宰。文武各官致□行香祭境内龙潭，雨至坛上"。祭祀达到一定规模，文武各官都需要前往祭祀。这种大型公共祭祀活动需要一定的财力物力支撑，新兴州知州郭镇设澧酒祭河，平水患。黑盐井同提举吴勇筑铁牛镇水患。晋宁州知州蒋时极设庙祈禳杀虫，这些都需要花费大量的财力和人力，而百姓则没有足够的能力来进行这样的祭祀活动，尤其是在灾年，百姓连基本的生活保障也难以为继，所以基本上都有官府来主持。还有最重要的原因就是礼教秩序的影响，前文论述过古代

① 《明实录·明孝宗实录》卷二百一十"弘治十七年四月壬辰"条，台北："中央研究院"历史语言研究所，1962 年，第 3901—3902 页。

② （明）谢肇淛：《滇略》卷五《绩略》，《景印文渊阁四库全书》第 494 册，台北：商务印书馆，1986 年。

③ 正德《云南志》卷十九《列传》，《天一阁藏明代方志选刊续编》第 70 册，上海：上海书店出版社，2014 年。

君王、大臣和百姓之间在祭祀的时候也有严格的等级之分，以此来维护封建等
级秩序和统治者的权威。

　　古代对于灾害的预测统治阶级有专门的官员负责，而对于百姓来说则是通
过观察一些事物来预测凶吉。例如，澂江府江川县的双龙乡通过在春天观察古
树树叶的生长顺序对来年的灾害进行预测，而对于一些少数民族来说，不同的
民族也有不同的预测方式：彝族通过星回节点燃的火把的明暗来推测来年是灾
年还是丰年；明代獠人通过用盛水的水杯来预测灾年；明代云南百夷在预测灾
害的时候最常用的方式就是用鸡骨进行占卜，"谩说滇南俗，人民半杂夷……
问岁占鸡骨"①。不同民族都有着不同的灾害预测方式，在这个过程中形成了
自己的民族禳灾文化。

　　文化复杂与多元。明代的云南在禳灾方式上存在汉夷文化交融的趋势，尤
其是在汉夷杂居地区。汉族移民进入的同时，将中国传统儒释道的思想观念带
入云南，影响了人们对于灾害的认知和禳灾方式的变化。最明显的就是汉族英
雄祠庙的建立。在汉夷杂居的地方，史料记载夷人建立起一些汉族英雄的祠
庙，每遇灾害就会前往英雄祠庙中进行祈祷禳灾活动。例如，永昌府的诸葛武
侯祠，还有为平反南夷叛乱立的张嶷庙；此外，还有名宦李毅死后，蛮人哀痛
并为他立的庙，"遇水旱疾疫，祷之，无有不应者"②。在汉夷杂居的地方，
夷人在一定程度上受到了汉族文化的影响，对汉族英雄设立祠庙，在发生灾异
时便会祷于英雄祠庙之中以消灾异。

　　在有关汉夷杂居地的记载中可以发现有很多中国传统文化中的神灵也成为
这一地区的禳灾对象，如城隍庙、龙王庙等也在这一区域广泛分布。明代云南
地区新建的城隍庙和龙王庙数量众多。从明代新建成的城隍庙和龙王庙的分布
上来看，主要分布在大理府、楚雄府、临安府和曲靖府，这一片区域也是汉族
移民进入较多的地区，城隍庙和龙王庙的新建反映出了汉族文化的传入，史料
中记载当地的夷人在遇到灾荒时也会到这些庙宇中祈祷，而对于少数民族边疆
地区，在明代则很少看到有新建城隍庙和龙王庙的记载，即使有，也是在明后

---

　　① 正德《云南志》卷二十四《文章》，《天一阁藏明代方志选刊续编》第 71 册，上海：上海书店出版
社，2014 年。

　　②（明）陈文修，李春龙，刘景毛校注：《景泰云南图经志书校注》卷六，昆明：云南民族出版社，
2002 年。

期才出现，如顺宁府的城隍庙到万历四十六年（1618 年）才建成。顺宁府在明代一直为土官管辖之地，直到万历二十五年（1597 年）后开始改土归流，汉族文化才得以更好地传入。

从文化认知与禳灾方式来看，明代云南地区的少数民族文化随着汉族移民和流官的进入而得以与汉族文化交流互鉴，汉族英雄的祠庙及城隍庙、龙王庙的建立成为汉夷杂居地新的禳灾客体。但是，在文化交流中存在着区域不平衡性，灾害认知与禳灾文化的交流主要在流官治理的汉夷杂居之地，而土官管辖的少数民族地区则很少见相关记载，即使有也是在明后期才得以更好地进行文化交流。

减灾的有效性。明代云南对于灾害的解释虽然缺乏科学性，但是在灾害解释下做出的弭灾行为具有一定的进步性。明代以前的云南，人们往往将灾害与帝王不作为联系在一起，认为灾害是上天的警示，要求统治阶层治政修德，通过清刑狱、体恤民生来回应上天的警示，这在一定程度上有利于百姓的农业生产。明代之后，人们则开始将灾害与矿产开采联系起来，云南自古就有着丰富的矿产资源，明代大量移民的进入开发，矿产开采更是严重。"采矿事惟滇为善，滇中矿硐自国初开采至今，以代赋税之缺，未尝辍也"①。云南所采矿产为明代重要的矿产来源，尤其是银矿，矿产开采成了一项重要的财政来源。明代开始，由于矿井所在地经常因地震或下雨发生滑坡和坍塌，矿井经常被堵塞，造成人员伤亡。陈公察上奏称"云南府安宁州、大理府卫宾川州、鹤庆府白盐井提举司等处，地震数多，其切近银场处所，震动尤甚。臣伏念近年海内地震之变，云南独甚。夫地道属阴，理宜安静，今乃若此，盖缘前项银场采挖已甚，地土气脉伤损太多，阴道不宁，灾异岂免？"②人们开始将地震频发与矿产开采联系起来，认为挖山开采将地脉损伤了，最终导致地震增多。此外，矿产的开采需要大量的木材，矿产周边的森林被大量砍伐，导致滑坡、山移增多，所以当时人们也提出要减少矿产的开采。虽然究其根本，当时官员上奏减少矿产开采是为了减轻云南百姓的赋税，明代曾多次规定禁采，但是时开时禁，一直未被禁止，从一定的意义上来说，人们将地震、滑坡和矿产开采联系

---

① （明）王士性著，吕景琳点校：《广志绎》卷五，北京：中华书局，1981 年，第 124 页。
② （明）张萱：《西园闻见录》卷九十二，周骏富：《明代传记丛刊》第 116 册，台北：明文书局，1991 年。

起来，矿产开采会将山体挖空，遇到地震和大雨容易坍塌，明代的史料中有关山移、坍塌等的记载也开始增多，这与明代加大对云南的经济开发尤其是矿产开采有着千丝万缕的关系。所以当时人们的这种灾害认知对于生态环境具有一定的意义，也有利于减少滑坡、坍塌等地质灾害的发生。对于先前的灾害认知有一定的进步性，人们开始将环境和灾害联系起来，而不仅仅将灾害归咎于政治得失与上天降罪，丰富了灾害解释的内涵。

三、西南地区灾害认知演变的典型案例

这一部分以历史时期云南天花传染病为例，探讨西南地区灾害认知的演变历程。

天花在云南流行年代久远且病死率高，是云南历史上对社会经济发展及人民身心健康造成严重危害的烈性传染病之一，民间时常闻"花"丧胆，称"天花危险，不死也麻脸；天花流行，人民受害匪浅"。面对天花病毒的挑战，云南人民毫无畏惧并对之付出了坚持不懈的努力。1960 年 3 月云南西盟佤族自治县最后一例天花病人的治愈，不仅标志着云南最后一例天花病人的痊愈，也标志着天花在中国的消灭，更表明云南人民同心协力地与天花进行了抗争。

天花（smallpox），我国古代称之为虏疮、豌豆疮、登豆疮、疱疮、痘疮等，直至晚近时称之为天花。天花是佛教用语，意为天界之花、天女散花，诗词中也意指下雪，因病人患此症后几乎全身遍布斑点，宛如天女散花状，或受到佛教影响，抑或委婉表达病状，称之为天花。首次记载"天花"之名的是在清代袁句所著的《天花精言》。天花传染病是由目前所发现的最大、最为复杂的天花病毒所引起的烈性传染病，死亡率高达 20%—30%。天花病患者是唯一的传染源，其唾液、血液、组织液、水泡液、脱落的皮屑、结痂、排泄物及天花病人使用过的沾有天花病毒的物品等，以及从出疹至结痂，各期皮疹渗出液与痂皮内均有病毒，特别是在出疹期，患者口腔、上呼吸道及食管上段黏膜所形成的许多黏膜疹和浅溃疡中都含有大量天花病毒，可随飞沫排出体外。重症患者胃肠道及泌尿道可发生病变，粪尿内亦可带有病毒，这些病毒都可以直接或间接地在各种年龄的人群中传播。天花临床表现主要为高热、全身斑疹、疱疹等皮疹及中毒症状等，即使治愈也会留下瘢痕。多数感染者起初战栗、呕吐，并伴有头痛及全身酸痛。次日，腹部、大腿内侧及腋窝会出现红疹

且不久便扩散。第四日，体温逐渐下降，此时皮肤出现的小红疹陆续变大为丘疹、水疱，最后形成脓疱。当水疱过渡到脓疱之时体温又逐渐升高，而脓疱渐干涸为结痂时体温又渐归正常。病之第十四日开始落痂，并会留下难以磨灭的瘢痕。天花毒性较大，并伴有喉炎、气管炎、肾炎等并发症，即使痊愈之后，除留有麻皮外，也尚有中耳炎、盲目、秃头等后患。天花传染病可终年流行，一般冬春较盛，任何民众皆易感染，但出过一次天花痊愈后，多数患者便拥有免疫力。

天花，在古代的名称不一，因其击房所感染带回称之"房疮"；因其变化多端称之为"圣疮"；因其百治不愈为天行疫病称之"天疮"；因其老少皆易染称之为"百岁疮"；因其形如豌豆称之为"豌豆疮""豆""天豆疮"；因其症状千变万化称之为"天花"①。关于天花的最早记载见于东晋时期葛洪所著的《肘后备急方》，该书记载："比岁有病时行，仍发疮头面及身，须臾周匝，状如火疮，皆戴白浆，随决睡生，不即治，剧者多死，治得差后，疮瘢紫黑，弥岁方灭，此恶毒之气。世人云，永徽四年，此疮从西东流，遍于海中，煮葵菜，以蒜齑啖之，即止，初患急食之，少饭下菜亦得，以建武中于南阳击房所得，仍呼为房疮。诸医参详作治，用之有效方，取好蜜通身上摩，亦可以蜜煎升麻，并数数食"②，葛洪不仅记载了古时天花的症状，并且对其病理以及治疗方法都进行过探讨。此后历代不同地域医学家及医疗书籍都有对天花的记载，这从侧面说明天花传染病在古代流行较为广泛。

古代云南天花流行危害也较为严重，使人闻"花"丧胆。明代地理学家徐霞客游行云南丽江时记载，当时民众"是方极畏出豆"，认为天花是每隔十二年才出现一次，亦说明天花此前一直侵扰当地，而且难以治疗，故此，天花几乎每隔一段时间便会重新肆虐。每一次天花降临，必然"出豆一番，互相牵染，死者相继"，由于感染力较强，每一次必将死亡重大。当时丽江府城和边镇之间，一有传染上天花的人，大数民众立即迁到丽江府南部的边镇，主要是文笔峰南山主脉之外与剑川州接壤地区的九和，"绝其往来，道路为断，其禁甚严"。此疫一降，靠躲进山谷而避免染上天花的人占一半，而且"然五六十

---

① 李经纬：《记载天花最早文献的辨证》，《广东医学》1964 年第 2 期。
② 《肘后备急方》卷二《治卒霍乱诸急方 治伤寒时气温病方》，《景印文渊阁四库全书》第 734 册，台北：商务印书馆，1986 年。

岁，犹惴惴奔避"①，足见民众对天花的恐惧。天花不仅在云南民间盛行，而且上层人物对此传染病亦束手无策。曾担任明代宫廷胜任太医的杨辉曾医治丽江土知府木家天花疾病，而深受木家欢心②。清初，东川土司"永明患痘疮"，而被"安氏杀犬以压，永明遂死"③，故此，足见天花的危害之重。

（1）古代云南天花的认知与防治。首先，恐痘与避痘。避痘，即远离传染源，不与天花感染者近距离紧密接触或将感染者进行隔离，以杜绝天花病毒的传播。在医疗卫生基础薄弱的情况下，不明疾病的病例与传染源，将患者进行隔离以切断传染途径，不失为一种快速有效的防治病毒大规模扩散的处理机制。隔离防治疫情是预防天花过程中一个关键环节。明代医学家万全在《痘诊心法》中就曾记载："夫痘者，天行正病也。所居欲静，所御欲洁，但见真候，即当洒扫房室，修饰帷帐，避风寒，远人物，调护保养，以待收成。……如有病痘死者，宜远避之，毋使疠气得相传染也"④，着实强调隔离的重要性，隔离不但能够修身养性，而且还能阻断或远离传染源而抑制天花病毒的传播，以达到控制疫情的效果。

崇祯十二年（1639 年）明代地理学家、旅行家和文学家徐霞客在云南丽江考察时对当地的躲避天花进行了详细的记述。明代丽江一带极其畏惧天花，但是大多数民众都能够躲避而不被感染。每到天花流行之际，"故每遇寅年，未出之人，多避之深山穷谷，不令人知。都鄙间一有染豆者，即徙之九和，绝其往来，道路为断，其禁甚严（九和者，乃其南鄙，在文笔峰南山大脊之外，与剑川接壤之地）。以避而免于出者居半，然五六十岁，犹惴惴奔避。木公长子之袭郡职者，与第三子俱未出，以旧岁戊寅，尚各避山中，越岁未归。惟第二、第四（名宿，新入泮鹤庆）者，俱出过。公令第四者启来候，求肄文木家院焉。……初十日……时余欲由九和趋剑川，四君言：'此道虽险而实近，但此时徙诸出豆者在此，死秽之气相闻，而路亦绝行人，不若从鹤庆便'"⑤。每到虎年，没有出过天花的人，多数都躲进深山穷谷，不让人知晓。府城和边

① （明）徐弘祖著，朱惠荣校注：《徐霞客游记校注》，昆明：云南人民出版社，1985 年，第 938 页。
② 彭建华、李近春主编：《纳西族人物简志》，呼和浩特：内蒙古大学出版社，1998 年，第 9 页。
③ （清）王崧著，（清）杜允中注，刘景毛点校：《道光云南志钞》，昆明：云南省社会科学院文献研究所，1995 年，第 449 页。
④ （明）万全：《痘疹心法》，北京：中国中医药出版社，1999 年，第 727—728 页。
⑤ （明）徐弘祖著，朱惠荣校注：《徐霞客游记校注》，昆明：云南人民出版社，1985 年，第 938 页。

镇之间一有传染上天花的人，立即把他迁到九和，断绝往来，道路被截断，禁令很严。靠躲进山谷而避免染上天花的人占一半，而且已经五六十岁的人，仍然惴惴不安地逃避。躲避天花是古代在医药条件落后的情况下为保自身不被感染的一种易行又高效的方法。

其次，天花病理认知与中草药治理。对于天花治疗方法最早可见葛洪所著的《肘后备急方》，该书记载："诸医参详作治，用之有效方，取好蜜通身上摩，亦可以蜜煎升麻，并数数食。"[①]此后唐代的医生也多有关治疗天花病的论述。隋巢元方的《诸病源候总论》对痘疮的症候进行过论述；王焘的《外台秘要方》称天花为"天行发斑疮"，并引用葛洪的《肘后备急方》对天花的描述和治疗方法，如用蜂蜜或蜂蜜煎升麻敷擦效果较佳，"煮葵菜，以蒜齑啖之"等[②]。孙思邈的《备急千金要方》也言"疮若黑者，捣蒜封之"，又提出也可以"煮芸苔洗之"，并给出治疗豌豆疮药方，"黄连五两，以水二升煮取八合，顿服之。又方……水服之瘥。又方青木香二两，以水三升煮取一升，顿服之愈"[③]。此外，宋代官修医书《太平圣惠方》卷十四"治伤寒发豌豆疮灭瘢痕诸方"、卷十五"治时气发豌豆疮诸疮"，不但记载了治疗天花的方法，而且对消除痘瘢的方法进行了研讨。北宋末期由政府编纂，集民间、官方等大量医书集合而成的《圣济总录》卷二十八"伤寒发就豆疮"、卷一百六十九"小儿疮疹"论述了天花症状及治疗方法，言"甚者，其邪在脏，发为豆疮，状如豌豆，根赤头白，穴出化水，俗号疮疮。皆于未发之时……仓公扁鹊常用油剂草剂，其法最秒，大率汤剂之用，所以透肌和里，开通中外，使疹毒通快……"[④]。《圣济总录》列举30余种治疗痘疹的方法，包括紫草汤方、生油汤剂法、黄柏膏方、盐花水、槐白皮汤浴方、青黛散方、上取熟煮大豆汁服之、头发、必胜汤方、木通汤方、四味散方、败毒汤方、四妙汤方、发毒散方、人参汤方、青黛散方、夺命煎法、浮萍丸方、千金散方、龙脑散方、定命散方、紫雪汤方、无比散方、神效散方、通神散方、丁香散方、黑金散方、人

①《肘后备急方》卷二《治卒霍乱诸急方 治伤寒时气温病方》，《景印文渊阁四库全书》第734册，台北：商务印书馆，1986年。

②《外台秘要方》卷三《天行病发汗等方 天行发斑方》，《景印文渊阁四库全书》第736册，台北：商务印书馆，1986年。

③（唐）孙思邈著，李景荣注：《备急千金要方校释》，北京：人民卫生出版社，2014年。

④（宋）赵佶：《圣济总录》，北京：人民卫生出版社，1962年。

参丸方、神验散方、再苏散方、冲和散方、南朱散方、解热丸方、栋实膏方等。此外，闫孝忠的《小儿药症直决》、元代危亦林《世医得效方》、明代的王肯堂的《幼科证治准绳》、清代的《外科启玄》和《痘科金镜赋集解》等医学家及医书都对天花病发病原因、症状及治疗的医方都进行过叙述。

云南民间民众善于运用动植物药材，治疗骨折、跌打损伤、疟疾、痢疾、妇科杂病等疾病，尤其是民间民族医生用当地丰富的药物资源及长期积累的经验为群众治病，除运用一些单方、验方、秘方治病外，还兼施刮痧、割瘤、放血、拔火罐、按摩、推拿、针灸等疗法。同样，他们对天花传染病的治疗也进行过探寻。明代丽江世代以医为业的著名中医师、纳西族中医创始人杨氏家族始祖杨辉，其家世代从医，他从小熟读医书，精于医术，素号国手，曾在南京明宫廷为太医。因宫廷变故，燕王朱棣篡位，随故主建文帝逃亡来到云南。适逢丽江土知府木土在昆明，访知杨辉医术高明，多方聘请。杨辉欣然应聘来到丽江，宣称自湖南游学至滇，由滇至丽，隐瞒其太医身份。丽江地处西南边陲，当时民间不信医，有病求神驱鬼，生死由命。杨辉正是利用当地丰富的中草药资源以治木家天花病，其研究出多验奇方，颇有疗效，而深得木家欢心，而改姓为木留守纳西族，其子孙杨成、杨初两兄弟更是继承其祖高明医术，被巡道李兴祖曾题"边塞华佗"之美名①，但杨辉所总结的以纳西族世居之地的中草药而形成的治疗天花的药方未被遗留下来。

再次，人痘的认知与普种。关于人工种痘的起源时间与地点，清代对此就进行过讨论。张璐的《张氏医通》云："迩年有种痘之说，始自江右达于燕齐，近则遍行南北"②，认为种人痘起源于江西，之后才流传河北、山东一带。朱纯嘏的《痘疹定论》载："宋仁宗时有丞相王旦，初诸公子俱苦于痘……招时知医者而告之曰：尔等……时有四川做京官者闻其求医治，乃请见，而陈说种痘有神医，其神医有种法，十可全十，百不失一"③，而将种痘推至宋代。雍正年间的《痘科金镜赋集解》言："闻种痘法起于明隆庆年间，宁国府太平县，姓氏失考，得之异人，丹传之家，由此蔓延天下。至今种花

---

① 彭建华、李近春主编：《纳西族人物简志》，呼和浩特：内蒙古大学出版社，1998年，第9页。

② （清）张璐著，李静芳、建一校注：《张氏医通》，北京：中国中医药出版社，1995年。

③ （清）朱纯嘏：《痘疹定论》，上海：荣记印务局，1915年。

者，宁国人居多"①，认为种痘之术起源于明代，并认为是以安徽为中心，四散周方的。乾隆时期的《医宗金鉴》认为人痘接种乃宋真宗时期一位峨眉山僧人发明之后从江西传入北京，但清人吴汝纶否决这一说法，认为宋代峨眉山僧人发明种痘之术是误上加误的民间传说，此传说是以马援、钱乙事迹为样本进行的虚构②。光绪年间武荣伦和董玉山的《牛痘新书》③言："考上世无种诸法，自唐开元间，江南赵氏始传鼻苗种痘之法"，他们将种痘术发明时间推至唐代开元时期，并认为此时期便出现鼻苗法。现代学者也多对人痘接种术的起源时间进行过讨论。翦伯赞认为宋真宗年间发明了种痘之术，系明清人杜撰④，张箭认为李时珍《本草纲目》中并没有提到种痘预防，也可作为杜撰的佐证，直至 16 世纪中叶中国人才发明了种痘术⑤。余新忠认为人痘术应是在 16 世纪中后期出现的⑥，但梁峻认为 11 世纪中国发明人痘接种法确有其可能性，但在全国范围内盛行起来，引起医家的普遍重视，也就是说真正发挥其预防天花的作用，还得在 16 世纪之后⑦。虽然学者意见并不统一，但多数认为起源于明代隆庆年间。

　　最早明确记载人痘术的古籍为《三冈识略》，《望山堂文集》则是目前所知最早记载关于集体进行人痘接种的古籍。人痘接种的技术也是经历了一个演变的历程，早期的人痘术比较简易和粗糙，主要采用痘衣法进行接种，之后逐渐发展，乾隆年间鼻苗法的使用逐渐增多，种痘技艺不断改进，之后人工接种术逐渐形成一套较为完整的技术体系。种法主要有四种：痘衣法、痘浆法、旱苗法及水苗法。痘衣法是指从天花病患者身体部分上所生的痘疮中收集一定量的浆液，将这些浆液涂抹到接种者的衣服上或被褥上，或者让接种者直接穿上患者的内衣，使接种者与天花病毒接触，一般持续时间为一到两天，夜间不脱，以感染引发轻微痘症，最终完成接种。《医宗金鉴》《续名医类案》《茶

　　① （清）俞茂鲍：《痘科金镜赋集解》，清雍正年间抄本。

　　② （清）吴汝绝：《桐城吴先生全集》，《清代诗文集汇编》编纂委员会：《清代诗文集汇编》第 743 册，上海：上海古籍出版社，2010 年。

　　③ （清）武荣伦，董玉山：《牛痘新书》，清光绪年间刻本。

　　④ 翦伯赞主编：《中国史纲要》修订本，北京：人民出版社，1995 年，第 159 页。

　　⑤ 张箭：《天花的起源、传布、危害与防治》，《科学技术与辩证法》2002 年第 4 期。

　　⑥ 余新忠：《清代江南的瘟疫与社会——一项医疗社会史的研究》，北京：中国人民大学出版社，2003 年，第 230 页。

　　⑦ 梁峻等主编：《古今中外大役启示录》，北京：人民出版社，2003 年，第 156 页。

香室化钞》等文献均记载此法。旱苗法、水苗法及痘浆法统称为鼻苗法，其原理都是将感染的痘苗送入鼻腔中，经呼吸道感染，引发轻微症状，以完成接种。鼻膜对天花病毒较身体其他部位为敏感，通过鼻膜感染，符合现代医学科学原理，充分显示了我国古人的经验智慧。其具体做法为痘浆法，是指在患者痘疮中取一定量的浆液，一般指出痘较为顺畅的儿童，用棉花蘸取后直接塞进接种者鼻腔中，通过呼吸道以达到感染轻微天花病毒的方法以获取免疫力。《张氏医通》对此有过详细记载，"原其种痘之苗，别无他药，惟是盗取痘儿标粒之浆，收入棉内，纳儿鼻孔。女右男左，七日其气宣通，热发点见，少则数点，多不过一二百颗"①。旱苗法，顾名思义，就是收集患者痘疮的痂后，将其研磨成粉状，再取长五六寸的银管，将其颈部弯曲，其中一头涂抹已经研成粉的痂，吹入患者的鼻腔中，以不脱落为准，使接种者能够感染轻微症状的天花病毒，完成接种。水苗法是指，将精心挑选的痘痂放入净磁钟内，用柳木为杵研磨成粉状，滴入三五滴清水于磁钟内调匀，一般冬季用稍微加热的清水，春季则常温即可，之后取出少量放入平铺薄片的新棉之上，捏成枣核状，再将红线圈起并留下一寸以备便于取出。最后塞入鼻孔之内，一般下苗后，12个小时之后便可取出，若天气较为暖和也可少于 12 个小时，反之，天气寒冷之时，需多于 12 个小时。

这四种方法之中水苗法为最佳接种之法，痘衣法成效率较低，而豆浆法又过于残忍，所以一般少用。因此，《医宗金鉴》言："然即四者而较之，水苗（痘）为上，旱苗次之，痘衣多不应验，痘浆太涉残忍……夫水苗之所以善者，以其势甚和平，不疾不徐，渐次而入，接种之后，小而无受伤之处，胎毒有斯发之机，百发百中，捷于影响，尽善尽美，可法可传，为种痘中最优者。"②人痘法同样也在云南广泛流行，清代昆明、曲靖、沾益、保山、腾冲等地就多有行种人痘者。高铭，字子新，原籍本是保山金鸡村人。其自幼求学于陈姓老中医，学习痘科。学成后到腾冲专事治疗痘疹病。19 世纪末，高铭到腾冲接种人痘，名保婴花，以预防天花。每年冬春二季，游历于曲石、界头、明光、固东、瑞滇一带，足迹遍腾冲四、五、六、七区，每年接种人数上千。

① （清）张璐著，李静芳，建一校注：《张氏医通》，北京：中国中医药出版社，1995 年。
② （清）吴谦等：《医宗金鉴》第三分册，北京：人民卫生出版社，1973 年，第 1543、1544 页。

1902 年定居于腾冲城，在城郊及荷花等地继续引种，至八十余岁而终。后传其子高大本及孙高吟深继续行村医种人痘。与高铭同时，保山金鸡村医生姚成义时常到腾冲北练草坝街一带游走以种人痘。董绍义于每年冬春到古永一带引种人痘，名五经花，并携其子董德智同来。1914 年，古永人沈宫廷拜董绍义为师学习种五经花，从此为本地人种人痘。

最后，牛痘的认知与接种。中国的人痘术虽起源时间早也经历代所发展和改进，但是被接种天花病毒并不是一味地具有温和性、慢性与安全性，时常出现发作猛烈，而导致过高的死亡率和破相率，尤其被接种者在痊愈之前，不但无法获取免疫力，反而成为天花病毒的传染源又存有一定的危险性。为了更安全地预防天花病毒，人们也进行了不懈努力。18 世纪末，英国著名医师琴纳在偶然情况下，发现感染牛痘的挤奶工们基本不会感染天花病。他对奶牛乳头上的疱疹脓浆进行分析研究，发现这种浓浆都会感染人，但其中一种可以预防天花。琴纳受中国的人痘术启发在患有牛痘的牛身上提取了痘苗。为了减轻病毒的毒性，他再将痘苗接种到牛犊身上再次提取疫苗，然后用甘油保存痘苗，在接种时采用锡尔嘎西人创用的在胳膊上划小伤口的种痘法，而摒弃中国的吹鼻花法。19 世纪初，英国医师皮尔逊在澳门推广牛痘术。1806 年，广东南海人邱熹在澳门向皮尔逊学得牛痘术之后著《引痘略》加以总结推广。至此，牛痘术在中国开始逐步推广[1]。由于牛痘具有较低副作用、快速产生抗体且免疫力强、接种者不易传染人等优点，受到清政府的重视。清末牛痘术传入中国后，也流传到云南。清光绪五年（1879 年），云南总督刘长佑曾在昆明成立官医局为百姓诊病和引种牛痘，但由于经费短缺，不久便停办了。清光绪十六年（1890 年）云贵总督署昆明官痘局就有正办痘医 1 名，帮办痘医 4 名，也为贫家婴儿点种牛痘。清末，外国传教士在云南山区进行传教的同时，在遇天花之时，也为当地民众接种疫苗。1895 年，在云南迪庆的真朴一带，天花传染盛行，当地的基督教杜贝尔纳神甫除了直接给患病的婴幼儿接种疫苗外，还给附近村庄一带广泛接种疫苗，共达 9000 余人。故此，杜贝尔纳神甫被广大村民视为"圣人"一样而受到广泛尊重[2]，但种痘价格之昂贵，再加之并没有政

---

① 张箭：《天花的起源、传布、危害与防治》，《科学技术与辩证法》2002 年第 4 期。

② 〔法〕亨利·奥尔良著，龙云译：《云南游记：从东京湾到印度》，昆明：云南人民出版社，2001 年。

府推广。因此，有清一代种牛痘术没有广泛使用，直到民国时期才进行了大力推广。

（2）民国时期云南对天花的认知与防治。民国时期，云南天花流行较为严重，尤其是山区，由于交通闭塞，文化与社会都较为落后，时常死亡惨重，民国《碧江县志》记载，民国二十四年（1935 年）该县天花流行，人死如麻，惨不忍睹。次年，金满乡第二保格甲光利登村 41 农户中，死亡人数达 45 人。甚至，农户光玛利一家均感染天花，导致全家死绝。直至民国二十八年（1939 年），当年死亡人数高达 800 多人①。因此，民间闻"花"丧胆，称"天花危险，不死也麻脸；天花流行，人民受害匪浅"②，足见天花的危害性之重。为有效抵制天花病的流行，人痘术逐渐流行起来，而且种痘一般不是官方进行组织，而是民间的自发性行为。在云南民间，将天花称为"滥痘子""烂痘"，人工接种天花的人痘术称之为"吹花""种花""吹鼻花""保婴花""五经花""吹大花""吹紧痘""吹鼻痘"，种痘之人称为"花先生""种痘先生"等。

云南民间负责实施人工接种主要为跨省者、省内流动人员与本地民间中草药医生，但主要以省内民间医生为主。云南少数民族人口居多，一般疾病并不求助医生，再加之医疗卫生较不发达更加难以科学性地认识天花。曲靖清早期之前并未有人痘之术，对待天花主要靠中草药或祈求神灵、巫医等，清光绪年间才始有下江人（江、浙人）奔来曲靖、沾益吹放天花，以预防天花，并且医治效果明显，多数人被"吹花"后长时间内并未再感染。因此，曲靖、沾益县等本地人纷纷向跨省吹花者学习人工接痘术，学成之后便自立门户开始经营，如曲靖人张纪之在西门街设吹花室，仿效下江人吹花。继之，曹耀星、周学在东门街也设吹花室，慕名而来吹花者甚多③。云南省内各区域由于山高险阻，交通不便较为闭塞，各地对"花先生"需求量较大，故此，多数掌握人痘术的民众除在本地开设吹花室之外，也会四处游走云南省各地进行吹花，成为种痘游医。1920 年，官渡区双哨流行天花，患病者骤然

---

① 云南省怒江傈僳族自治州地方志编纂委员会：《碧江县志》，昆明：云南民族出版社，1994 年，第6 页。

② 安化彝族乡志办公室：《江川县安化彝族乡志》，内部资料，1996 年，第 394 页。

③ 曲靖市卫生志编纂委员会：《曲靖市卫生志》，昆明：云南科技出版社，1990 年，第 50 页。

高烧，数日内皮肤起脓包，染病者十有二三死亡。次年，东川人陶氏"花先生"前来吹花，将天花病人的痘痂或痘浆取下，干后研成粉末，吹入小儿鼻孔，受种者因患轻症天花而获免疫受到当地民众的欢迎，因而在此地沿用此法种痘至 1949 年。在此年间，官渡区矣六、金马、小板桥等地方都有"花先生"吹花种痘①。民国乌马人王银科在保山隆阳区西邑乡广种人痘，而被当地人称为"花医生"等②。

云南地方上拥有众多民间草药医生，自然也成为实施人痘预防天花传染病的实践者。民国时期保山金鸡村行医者较多，金鸡村先后开业行医有堂号的中医及西医道生堂、恒春堂、助生堂、永德堂、安和堂、近春堂、友伯乐房、惠康诊所等 8 家，基本都是本村人所经营，专职受聘当坐堂中医有 2 人，草药医生 6 人，都以农为主，药材的来源大部分为就地取材。中西医虽设有诊所，但都较简单，堂内仅一人诊病拿药。本乡千百年至今有的人家都沿用单方、秘方，儒医进行治病。光绪后期，金鸡村人董绍义才用"种人痘"的方法预防天花。农村俗称"吹大花""吹金痘"，当天花患者发痘后出现色浆泡时，把痘浆吸出保存在鹅毛管内备用，称为"收花""收浆"，再接种到健康人身上，此后其他药堂多会行人痘术③。董绍义于每年冬春到古永一带引种人痘，名五经花，并携其子董德智同来。1914 年，古永人沈宫廷拜董绍义为师学习种五经花，从此为本地人种人痘。

职业种痘者和民间游医在云南各个地区广种人痘对抵抗天花流行以保护一方，确实起到了一定的积极作用，但接种人痘并不是免费的，种痘一次会收取小米一升，同时也收取金钱，但对于平常百姓尤其是山区民族群众，因收费过高，贫苦人无钱种痘，并且种人痘也存有较大风险，有时种人痘不成，反而成为天花病的传染源。民国二十八年（1939 年），怒江傈僳族自治州人张子良等采用传统的吹鼻法将天花患者身上结痂研末吹入健康人鼻内，以预防天花，结果造成大量人群感染，致使碧江境内死亡 800 余人④。在牛痘术未普及云南之

① 官渡区卫生志编纂小组：《官渡区卫生志》，内部资料，1990 年，第 119、131 页。
② 中共西邑乡委员会，西邑乡人民政府：《西邑乡志》，香港：天马图书有限公司，2001 年，第 244 页。
③ 腾冲县卫生志编纂委员会：《腾冲县卫生志》，内部资料，1987 年，第 63、208 页。
④ 怒江傈僳族自治州卫生志编纂委员会：《怒江傈僳族自治州卫生志》，昆明：云南民族出版社，1997 年，第 9 页。

前，天花仍然连年不断地发生和流行，患者遗留残疾和麻脸者比比皆是，故此，民国政府曾多次下令，禁止民间种人痘。

清光绪五年（1879 年），云南总督刘长佑曾在昆明成立官医局为百姓诊病和引种牛痘，但由于经费短缺，不久便停办了。中华民国成立后，云南于民国三年（1914 年）在昆明设立了省会牛痘传习所，每年招收各县保送中西医医士到传习所学习牛痘术，学成后又在各地开办牛痘传习所，培养本地及乡村的种痘人员。牛痘传习所最初在昆明宏济医院，每年冬季招生一次。市政公所成立后，宏济医院由其管理，改称为市立医院，牛痘传习所便暂告停顿。民国二十八年（1939 年），昆明市市长陆亚夫复于院内继续办理牛痘所，继续以每年冬季招生，讲授接种牛痘知识科目，此外还讲述其他传染病及公共卫生知识，以造就普通人才。牛痘传习所从 1914—1935 年，共举办 10 期，加上县乡传习所若培训的种痘员工共计培训两千多人。民国二十年（1931 年）由遇难省府发放牛痘疫苗费 600 元，年种痘 2 万人以上[1]。

除开设牛痘传习所之外，地方上还开有种痘局。清光绪二十五年（1899 年）楚雄地区为防治天花曾设牛痘局，但因经费不足至宣统三年（1911 年）停办。1917 年腾冲济善局开设牛痘局。1925 年临沧缅宁县成立牛痘局，分设四处，颇著成效[2]。弥渡县于 1937 年成立种痘局，1940 年移交县公立卫生院管理。弥渡县从 1937 年开展牛痘点种工作后，至 1940 年共培训种痘员 40 余名，种痘 1135 人次[3]。与其他县不同的是，鲁甸县于 1926 年成立了官痘局。1926 年 1 月 12 日，鲁甸县县长郭燮熙颁布鲁甸县官痘局简章，成立官痘局。为预防天花流行，引进种牛痘技术，招收 1 名医士兼任教员，招收学徒，借用器具完成预防接种任务。鲁甸县的官痘局的宗旨为以普及种牛痘铲除天花婴儿不罹天花之危。由于是县政府官办，并无固定来源，一部分主要来自公款，一部分按接种婴儿的贫富等级抽取以作经费。上等，主要指富者，每种一人收银圆一块；中等，指衣食不困难者，每种一人收银圆六角；下等，指衣食窘迫者，每种一人收银圆二角，对于极贫者则不收取任何费用。同样，官痘局也招收学

① 云南省卫生厅：《云南卫生通志》，昆明：云南科技出版社，1999 年，第 259 页。
② 临沧地区行政公署科学技术委员会：《临沧地区科技志》，昆明：云南科技出版社，1998 年，第 403 页。
③ 弥渡县卫生局：《弥渡县卫生志》，昆明：云南民族出版社，2007 年，第 11 页。

徒，学成之后将分配各区分局进行普及①。鲁甸县官痘局的成立培养了众多种痘员，广泛种痘，民国后期，多为地方卫生院进行种植。

由于牛痘疫苗短缺与接种需要收取一定的费用，即使广泛地培训种痘员，民国前期受种痘者数量并没有大幅度增加。1936 年，云南省卫生实验处成立后，开始负责云南省各卫生院所需牛痘苗，并规定每年春秋两季免费普种牛痘，自此接种人数逐年增加。1936 年仅昆明在一次普种就达 84871 人。据云南卫生处统计，1939—1944 年，全省接种牛痘人数共计 138 万②，但大规模地接种牛痘预防天花，还是在中华人民共和国成立之后。

为了防治天花广泛传播，云南在防治天花病人时也常常施行封锁。1946 年武定县羊街地区普遍流行天花，感染人数众多且男女死亡人数众多。武定县与元谋县相互邻，武定县羊城暴发天花后，病毒由羊街北端传播到元谋县境内广为流行，10 岁以下儿童发病率超过 20%。元谋县国民政府为防治疫情的蔓延于 5 月 7 日下达训令，令各乡镇凡在三月后由羊街来之旅客，勒令出镜，以免带菌传染，令元谋县禹能乡长派壮丁在与羊街接壤的各处要口，实行封锁禁止来往。本县民众前往羊街地区者，必须持有种痘症，短期不返回者准予前往，否则拒绝出境，并在老城街设立临时防疫站，限期在南门强行种痘，令福音堂派医务人员前往羊街调查流行状况，并拨国币 200 元，购置牛痘疫苗 100 打，普施牛痘，短时期内控制了疫情的传播③。

云南民间在预防天花病时同样也实施了避痘隔离。1934 年国民政府为调查滇缅边界问题全权任命周光倬为外交部特派云南边地调查专员，深入中缅边界的阿瓦山佤族聚集区进行调查。周光倬在班洪调查时了解到，由于当地医药缺乏，对于天花更是缺少认识，只知道其病的严重性，常常"闻最忌痘症，若发现一人患此，即须活埋，以绝其根"④。此法虽然较为惨烈，但是在当时医疗水平难以抵制天花病毒情况下，人们认为这是合理的。

① 鲁甸县卫生局：《鲁甸县卫生志》，乌鲁木齐：新疆科技卫生出版社，1996 年，第 182 页。
② 云南省卫生厅：《云南卫生通志》，昆明：云南科技出版社，1999 年，第 259 页。
③ 阿嘉兴主编：《元谋县卫生志》，内部资料，1994 年，第 242 页。
④ 周光倬著，周润康整理：《1934—1935 中缅边界调查日记》，南京：凤凰出版社，2015 年，第 352 页。

第四节 西南地区地质灾害文化

一、西南地区地质灾害防治的本土知识

在悠长的历史时期内，充满智慧的古人在与地质灾害的长期相处与预防中，形成了丰富的地方性知识。

历史上，贵州省境各族居民在长期的与大自然灾害磨合进程中，积累了一系列与地震预测有关的本土知识，并主观或客观上对地震做出了科学的预防，从而避免或减少了地震所诱发的灾害损失。

历史上的地震预测问题，普遍采用的是搜集地震前兆的办法。学界认为，"地震预告最直接标志就是前兆，寻找前兆一直是研究地震预告的一条重要途径"①。地震前兆可分为两种，一种是在地震前数天内便已发生，另一种是在地震前一天甚至数小时前发生，这两种地震前兆都与地震有关。如前所述，贵州地区地震较多，从贵州历史文献中来看，当地各族居民常将贵州地震与地震前特殊现象联系在一起，并据此成功预测地震，可见其积累出了一套行之有效的地震预测本土知识，具体包括地震发生前气象、水泉、动物活动异常等。

（1）气象异常。在地质结构土层断裂带，久雨和久旱都有地震发生的可能。据历史文献记载，贵州地区在地震前后，也常发生天旱、大雨的天气，如弘治十四年（1501年）八月乌撒军民府大雨，山崩地裂②；嘉靖十四年（1535年），清镇一带发生春旱，连续三月未降雨。三月初一，威清发生地震③；明嘉靖四十年（1561年），春旱，三月不雨，三月朔，威清地震④；万历二十九年（1601年）夏四月不雨，五月大饥，斗米四钱，雨桂子于贵阳，六月定番地震，秋七月大疫⑤；万历四十三年（1615年）都匀地震大旱⑥；康

---

① 付承义：《有关地震预告的几个问题》，《科学通报》1963年第3期。

② 道光《大定府志》卷四十五《纪年》，清道光二十九年（1849年）刻本。

③ 贵州省清镇县地方志编纂委员会：《清镇县志》，贵阳：贵州人民出版社，1991年，第19页。

④ 民国《清镇县志稿》卷十二《杂记》，成都：巴蜀书社，2006年。

⑤ 乾隆《贵州通志》卷一《祥异》，清乾隆六年（1741年）刻本。

⑥ （清）犹法贤编，胡海琴点校：《黔史》卷三，贵阳：贵州人民出版社，2013年。

熙五十一年（1712年），五月朔六日地震，岁歉。康熙五十二年（1713年）夏大水，山土崩裂①；嘉庆二十四年（1819年）己卯夏水骤见于土城，是年土城远近皆亢旱歉收，八月初七日地震②；民国四年（1915年）乙卯大水，南门右城垣塌十余丈，七月二十五日鸡场地震等③。地震发生与久雨、久旱的现象有一定联系。对上述现象，苏晓棠认为，在我国云贵高原等喀斯特地区，有一些地震可能是由于大雨引发的。陈瑞芳等根据西南地区多次大旱之后均有大震发生，进而得出自然气候周期与中国地震关系密切④。这一知识积累，可以提前提醒各族居民注意地震灾害的发生，进而可以将灾害发生后的影响降到最低。

（2）水泉异常。除了气象能提醒人类注意地震灾害外，其实地震前，各井水中的气体会减少，井水的水位亦会随之变化，有的地下水也会呈现出红色或黄色。苏联专家根据以上现象首次提出了用水化学法预测地震的论断，他们认为："随着震动的接近，水中一些气体（如氡）的含量会提高到平均水准以上，相反，临震前这些气体的含量却在下降。井水的水位也有同样的现象，同位素成分也会发生变化。水的成分和水位反常现象，不但表现在震源，而且表现在距离震中几百千米以外的地方。"也有学者认为："地下水的变化和地震活动性增大都可能是幕式应变的结果。"⑤车用太等认为："地壳应力变会引起地下水位的显著变化"⑥等。可见，地震前后井水水位的变化、水体颜色与地震有一定关系。

对于上述论断，在贵州地震历史文献中亦多有记载，如咸丰《安顺府志》卷二十一《纪事》载，嘉靖十九年（1540年），"七月乙西，地震。八月，安顺井水黄"⑦。道光《贵阳府志》卷四十《五行界第二》载："嘉庆二十四年七月二十五日，出贵阳地震有声。日久复震，泉水皆赤。二十五年四月，贵阳地

① （清）犹法贤编，胡海琴点校：《黔史》卷三，贵阳：贵州人民出版社，2013年。
② 光绪《增修仁怀厅志》卷六《祥异》，成都：巴蜀书社，2006年。
③ 民国《独山县志》卷十四《祥异》，成都：巴蜀书社，2006年。
④ 陈瑞芳，丁铁，陈育樵：《关于地球活动与尚志气候变化的探讨》，《科技创业家》2011年第10期。
⑤ Chi-YuKingeta 著，范树全译：《井水的化学变化异常与地震的可能关系》，《地震地质译丛》1982年第3期。
⑥ 车用太，鱼金子，赵苹：《地震地下流体物理化学动态形成的基础理论研究》，《国际地震动态》1995年第12期。
⑦ 咸丰《安顺府志》卷二十一《纪事》，清咸丰元年（1851年）刻本。

震，即土渗也"等①。"渗"，意为因地震，引发水流不畅。可见地震前后地下水的变化和地震有一定的联系。

（3）动物活动异常。需要注意的是，地震前地层会有小量位移，因而引起地壳内部放电，电冲出地表后地磁场会发生变化，在震区内的燕子、鱼、水螺、白蛾、螟等动物有提前感知这种变化的能力②。贵州地区在地震前，动物常亦会表现出许多异常，明清贵州方志对此也多有记载，如崇祯十四年（1641年）夏六月都匀燕数万集府署，崇祯十五年（1642年）地震③；康熙十九年（1680年）彗星夜见，西北昼见白气经天，半月后城崩，是年城东双潭水红，时有大黑鱼跃出，遇辄灾见④。嘉庆二十四年（1819年）己卯，夏水骡见于土城，远近皆亢旱歉收，八月初七日地震。同知陈锡晋说：赤虺河至土城范家嘴之下有石碑沱，沱不甚广而深有神物巨之，土人谓之水骡不常见，见必旱，嘉庆二十四年水骡见于土城，其时适患亢旱，土城一带地方歉收⑤；同治元年（1862年）夏，白蛾满天，由东西去，十月地震⑥；光绪二十二年（1896年）丙申元旦次日，天螟，仁怀县地震等⑦。对此，贵州学者王尚彦认为："地震发生之前，一些动物确实有一些特异的感知能力接收到地震时地球物理和地球化学的刺激信号，生理指标发生变化，从而表现出行为异常。"⑧中国科学院生物物理研究所蒋锦昌认为："动物的行为异常确是一种在临震前出现的宏观前兆现象"⑨等。这种特殊征兆，不仅在贵州地震前多有发生，在其他各地也有出现，因此科学地利用动物前兆预测地震，对于我国乃至世界上的抗震救灾都有着极大的意义。

地震前的预兆还有黑云压城，"弘治十六年，云南景东卫云雾黑暗，昼夜不别者七日，宜良地震如雷，曲靖大火数发"⑩；白虹贯天，"天启元年秋八

① 道光《贵阳府志》卷四十《五行界第二》，成都：巴蜀书社，2006年。
② 黄赞：《动物行为异常与地震灾害预警》，《防灾减灾工程学报》2007年第1期。
③ （清）犹法贤编，胡海琴点校：《黔史》卷三，贵阳：贵州人民出版社，2013年。
④ 乾隆《平远州志》卷十五《灾祥》，成都：巴蜀书社，2006年。
⑤ 道光《仁怀直隶厅志》卷十六《祥异》，成都：巴蜀书社，2006年。
⑥ 民国《绥阳县志》卷九《大事表》，成都：巴蜀书社，2006年。
⑦ 民国《续遵义府志》卷十三《祥异》，台北：成文出版社，1974年。
⑧ 王尚彦：《浅谈地震与动物异常》，《中国科技信息》2013年第18期。
⑨ 蒋锦昌：《动物的行为异常是一种临震前兆》，《地震学报》1980年第3期。
⑩ 民国《贵州通志·前事志二》，成都：巴蜀书社，2006年。

月白虹见，长竟天，毕节地震"①；天鼓鸣，"崇祯五年天柱天鼓鸣，地震有声"②及"崇祯五年天鼓鸣，地震有声"③；也有星体和月色异象，"同治十三年，甲戌五月初二日仁怀县有星自东南出，明灭不常，二更后始长明，三夜不见，初五日夜深地震，六月二十八日桐梓县见三日并出"④及"光绪五年三月望夜月色赤暗，次夕亦然，二十七日地震"等⑤。

以上诸现象，也应引起学界关注，进而揭示其与地震的内在联系，为今天的地震预防服务。值得注意的是，地震波按传播方式可分为纵波、横波与面波三种类型，纵波乃推进波，在地壳中传播速度为 5.5—7 千米/秒，最先到达震中，它使地表发生上下振动，破坏性较弱。横波是剪切波，在地壳中的传播速度为 3.2—4.0 千米/秒，第二个到达震中，它使地表发生前后、左右抖动，破坏性较强。面波是由纵波与横波在地表相遇后激发产生的混合波，其波长大、振幅强，只能沿地表面传播，是造成建筑物强烈破坏的主要因素。掌握这一规律后，在横波与面波到来前，只要抓紧迁移，也能减轻地震灾害。对此贵州方志也有记载，光绪《续修正安州志》卷一《祥异》载："嘉庆十四年七月朔，忽见山动石坠，居民即将器具牛羊移居对山，迁毕地摇，房屋倒塌，田土尽翻，山泉凝而为潭，深不可测。"⑥从材料可见，清代时，镇安州居民已经掌握了地震波传播形式，即纵波到来时会出现山动石坠，此时危害不大，要加紧转移财产。纵波过后，就不能再去抢救财产了，正因为他们掌握了这一规律，才减少了人员伤亡和财产损失。

从上可见，贵州古代文献记载中常将地震灾害与震前气象、地下水、动物等异常现象联系起来的这一认识，此乃历史上贵州居民面对地震灾害所积累的重要本土经验，对今天的地震预防有着积极意义。

二、地质灾害影响下的古代社会多重面相

当前灾害研究范围千篇一律为"某地域空间或某时段中灾害的发生状况，

---

① 乾隆《贵州通志》卷一《天文志》，清乾隆六年（1741 年）刻本。
② 乾隆《贵州通志》卷一《天文志》，清乾隆六年（1741 年）刻本。
③ 光绪《续修天柱县志》卷一《天文志》，成都：巴蜀书社，2006 年。
④ 民国《续遵义府志》卷十三《祥异》，台北：成文出版社，1974 年。
⑤ 光绪《普安直隶厅志》卷一《天文志》，成都：巴蜀书社，2006 年。
⑥ 光绪《续修正安州志》卷一《天文志·祥异》，台北：成文出版社，1974 年。

或灾害对某时某地造成的各种影响，抑或国家与社会的各种灾害应对"，得出结论也较为相似，即"凡谈及灾情特点必称其严重性，述及灾害影响便称其破坏性，论及救灾效果必称其局限性"。在地震研究上如何突破这一范式。历史的发展就是无数偶然性集合体，诸多偶然性构成了历史形象的诸面相。史料提供给我们的仅仅是历史的某些表象，实际上在这些表象背后隐藏着众多未知的形象，需要我们通过史料分析与逻辑推理，将它们挖掘出来。当一系列历史形象被一一揭示出来之后，具有整体意义的史实便逐渐呈现在我们面前。由此，综合考察地质灾害，能够解开其灾害背后的各种社会面相。

自然灾害的发生是环境系统运动过程的一种常态性特征，而其演变为灾难的过程则有着深刻的社会文化背景。例如，灾难的发生不仅有着自然生态的原因，更是社会、政治和经济环境的产物，而这些正是人们社会生活环境的基本构成要素，所以灾难是人类社会的一种具有历史纬度的深层次脆弱性之表现。

若单纯从自然环境的因素出发，古代西南地区的自然灾害可大致分为气候灾害与地质灾害两种类型：气候灾害主要有冰雹、干旱和洪灾等；地质灾害主要为泥石流、地震、滑坡等。然而，这些频发于西南地区的自然灾害并非必然造成当地居民生命财产的损失或产生灾难性的社会后果，其中不少灾害现象只是人们必须适应的环境系统中的一种常态性和结构性的特征因素，也就是说，有些自然灾害在当地居民社会生活的经验掌控之中并不会构成真正的灾难事件。正如一些学者所强调的，若将社会文化因素引入灾难的辨析之中，那么纯粹的自然灾害现象与人类社会的灾难事件之间就不可轻率地画上等号。因此，必须将自然灾害现象放置在古代西南地区各族群的生活世界和社会文化体系之中去考察，才可能就这一地区的自然灾害类型和灾难生成机理进行辨析。

从人们生活世界的经验图景出发，自然灾害现象可区分为可克服的风险和不可控的灾难。一般而言，可克服的风险多是一些规律性的自然灾害现象。在社会的本土实践之中都拥有应对其所处环境的知识与策略，使得一些规律性发生的灾害现象不再成为一种不可控的灾难，而只是人们生活方式与经验的一个必要部分。除了将灾害影响的可控性作为一种考察维度之外，自然灾害所引发的社会后果及其影响层次也是辨析灾难类型的一个重要路径。大致而言，自然灾害带来的社会脆弱性主要体现在对经济生产的局部影响和对整体社会生活的全面影响这两个层次上。实际上，每个族群都置身于一定的自然灾害的风险场景之中。在对其所处环境系统的适应和改造过程中，社会自身也通过克服灾害或经历灾难来对各种自然灾害进行潜在风险和实际风险的辨析评判，从中实现生存的可持续性。由于每一个族群都是在特定的生态环境系统和社会文化体系中应对具体的自然灾害的风险场景，所以人们对自然灾害的感受方式和适应程度存在着明显的族群差异与地方特征。

在西南地区，古人对气候灾害和地质灾害的感受方式与适应程度就存在着一些值得关注的差异。相对而言，由于气候灾害的发生在一定的季节周期和地域范围内，具有常态性和规律性的特征，并且其产生的社会影响主要体现在人们的经济生产活动方面。所以这一地区各民族传统的社会时空体系的组织安排之中，蕴含着许多应对当地气候变化规律的策略和机制，且这些策略和机制融入于地方的习俗、节庆等社会生活的方方面面，从而构成了生活世界中重要的常态化经验图景。当地突发性的高强度地震或大面积滑坡等地质灾害则是当地居民必须适应和容忍的潜在风险，甚至是要经历的灾难。对于这种潜在的风险和灾难，虽然当地居民也积累了一些应对经验，但仍将这类灾害视为一种需关注的非常状况。正是在这种灾害风险评判的地方经验之上，西南地区的许多民族常在高海拔山腰或山顶向阳台地上选址栖居。一方面，这种聚落选址习惯综合考虑了日照、温差、降水、坡度、土壤等生存条件与环境因素，从而最大限度地避免了规律性的气候灾害对生产生活的不利影响。另一方面，这类栖居地又多处在这一区域脆弱的地质断裂带上，山崩滑坡较为频繁。于是，人们在规避常态化的气候灾害之时，又不得不承受突发性地质灾害带来的潜在生活风险，这变成了古代西南区域内许多族群在当地特定的风险场景中维系生活持续性的一种权衡策略。人们之所以如此权衡灾害风险，则恰如一些学者所指出的，是因为自然灾害发生过程的时间框架与人类社会做出决定过程的时间框架差别很大，故而在各社会适应环境系统的过程中，对不同灾害的感受方式和适应程度有一定的差异。就西南地区的居民而言，如冰雹和洪水干旱等气候灾害是每年都有可能发生的，这是一种实际的风险，而大规模的山崩滑坡和地震等地质灾害则一般要间隔三四十年，甚至上百年才可能发生，这类灾害所带来的风险则被认为是潜在的。因此，为规避气候灾害而选择在地质灾害风险较大的区域生产生活，这虽增加了当地社会的一种潜在的生活风险性，但又在某种程度上减少了社会脆弱性。此种状况进一步说明，古代生活在西南地区的人们乃是基于对各种灾害的发生概率和影响程度的权衡，以最大限度地实现地方资源的有效利用和生存的持续性。这就使得有些自然灾害已经被化解为当地社会的文化生态系统中的一种常态现象，而有些自然灾害则不可避免地构成了当地居民必须适应、克服，甚而必须承受的潜在风险。

在长期与当地环境系统的互动适应过程中，对各类灾害的风险评判和应对实践的探索，也已成为西南地区各民族实现社会持续和环境适应的一种能力，而在应对当地特殊的风险场景过程中，该区域的各地方群体也由此获得了社会维系和文化创新的动力，并且当地的各种灾害场景深嵌于地方的社会记忆和集体心态之中，并以民间传说等形式来长时段地影响着一个族群的社会结构的形塑和价值体系的形成。故而，当对一个地方的自然灾害进行辨析时，不能脱离具体的风险场景，仅就灾害现象的描述和灾害后果的考察来展开研究，而应回到地方整体的生活世界中，就灾害所暴露的环境系统的脆弱性和灾难所隐含的社会文化肇因进行深入分析。因此，通过考察古代西南地区丰富多样的文化生态，来把握古代居民生活世界的风险特征，并将当地各类自然灾害现象融于古人的生活方式和经验图景中加以理解，才能够深入理解古代地质灾害文化与包含的社会面相。

三、地质灾害影响下文化的生成及再适应

灾害一旦发生，除危及人类以外，对于人类所以依存的生态环境也会造成严重影响，尤其是破坏性极强的灾害会改变地质地貌。

灾害的发生会影响民族文化的生成及再适应甚至是消失。从民族文化的生产而言，历史时期古人在长期与自然灾害斗争的过程中已经形成了自己的灾害文化，主要表现在其日常生产生活、风俗习惯、宗教信仰、神话传说之中。

一旦地震诸类灾害发生，就会导致房屋的坍塌，落下的巨木与砖石就会危害人们的生命安全。如前文所言，贵州有五大地震区，历史上这些地震区的居民多建干栏式木质茅草房建筑。例如，弘治《贵州图经新志》卷七《黎平府》

载，曰僮家者，"所居屋用竹为阁，或板木为，人安其上，畜在下"①。《黔书》卷上《苗俗》载："花苗在新贵县、广顺州……散处山谷间，聚而成村，曰寨。诛茅构宇，不加斧凿，架木如鸟巢。寝处炊爨与牲畜俱，夜无卧具。"②"克孟牯羊苗在广顺州金筑司，悬崖洞穴以居，高者百仞，不设床第"③。"黔之俗编竹覆茆以为居室，勾连鳞次，灶廪厦井无异位"④。乾隆《普安州志》卷二十三《风俗》载："罗罗、仲家率妻孥，结茅耕其地，无异鸟之择木而栖，兽之得穴而处也。"⑤道光《大定府志》卷十四《风俗》载，毕节西部冬季"白气弥山，漫入户牖，阴凝草树，望之皆雪柱冰车也，故土人谓为凌城，屋不可瓦，受冻则毁，以故茅屋居多"，红仡佬房屋"不用瓦而覆之以槛叶，如羊栅，亦自谓之羊楼也"⑥。这些房屋建筑，即使发生地震，引发房屋倒塌，其对人畜伤害亦较小。查阅贵州元至民国六百年间地震灾害区，很少发现该处出现大量的人员伤亡，记载较多都是当地的房屋坍塌等内容，如民国三十七年（1948年），石门坎地震，当地"房屋普遍震裂，房屋倒塌约占百分之十，麻风病院之块石墙房均倾倒，山崩堵河，沿河北岸地裂"⑦，有"20—30名学生被地震震晕昏倒"，但却并无"太多人员伤亡"。根据梁操等对震区遗迹调查发现，认为此地多木构建筑⑧，这样的建筑用材轻便，即使房屋倾倒，对人们的生命安全影响甚为有限。因此，我们不能不说这种建筑方式是对当地多地震灾害的一种适应，此研究发现对今天我国地震区建设，最大限度地使用轻质材料有着积极启示。

生计方式的环境适应。常年来，学界将历史上贵州的游牧、游耕样态视为贫困落后的表现，殊不知这样的生计方式在一定程度亦可以防范地震对人类的危害。例如，乾隆《平远州志》载，生息在今贵州安顺、织金一带的箐苗，"居依山箐，迁移不常，不善治田，惟火种，荞、麦、稗、粱，力耕而食，多

① 弘治《贵州图经新志》卷七《黎平府》，成都：巴蜀书社，2006年。
② 罗书勤等点校：《黔书 续黔书 黔记 黔语》，贵阳：贵州人民出版社，1992年。
③ 罗书勤等点校：《黔书 续黔书 黔记 黔语》，贵阳：贵州人民出版社，1992年。
④ 罗书勤等点校：《黔书 续黔书 黔记 黔语》，贵阳：贵州人民出版社，1992年。
⑤ 乾隆《普安州志》卷二十三《风俗》，成都：巴蜀书社，2006年。
⑥ 道光《大定府志》卷十四《风俗》，清道光二十九年（1849年）刻本。
⑦ 贵州省地震办公室：《贵州地震历史资料汇编》，贵阳：贵州科技出版社，1991年，第55页。
⑧ 梁操等：《1948年10月9日贵州省威宁地震研究》，《贵州科学》2016年第5期。

种火苏，缉线而衣，亦不刺绣"①。《黔南识略》卷三《罗斛州判》载："民迁徙不常，有寸土可垦者皆艺杂粮、棉花，无隙地。"这种迁徙性较强的生产方式，不仅受地震影响较小，也决定其居住形式定极为简单。例如，历史上在黔西北进行游牧的彝族居民，早年多用披毡搭建帐篷，乾隆《普安州志》卷二十三《苗属》载："男女鲁革为帔。今罗罗多以羊皮批背。"②乾隆《平远州志》卷十一《灾祥》载："《宋史》又谓群舸诸蛮虽畜牧迁徙，今犹然"③等。这样的生计方式，就是发生地震，对人畜危害也不大，但对于生息在陡坡山体的居民，最怕的就是地震发生后，引发的山体滑坡，对人畜造成危害，故对于这样的地段，当地居民特注意对山体进行保护，如光绪《黔西州续志》卷四《杂记》载："（州境）印山，在城东门外小河桥之侧，前州主李公讳安中建碑其上，计有宽窄长短丈尺，禁止挖掘。"④今生息在贵州南部麻山地区的居民还掌握了一整套的减灾本土知识，他们在建造房屋、道路和农田时，多选择刚刚发生过崩塌的地方或周边，因为这些地方一经崩塌后，可确保数十年甚至上百年的山体稳定，即使发生地震，危害也不大⑤。从上可见，贵州地区各族居民的生计方式，在主观或客观上与这一地区多地震灾害的自然环境是相适应的，在一定程度减小了地震对于当地的破坏。对此，杨庭硕教授认为，积极挖掘、整理和研究这样的知识，对于贵州地区抗震减灾有着积极意义①。

　　总之，灾害文化是在各民族所处的特殊环境之中而衍生的，更是古人在顺应自然、改造自然、尊重自然的人与自然相互作用的过程中形成的一种地方灾害文化体系，这套体系是对所处环境变化的响应，贯穿在古代民众的世界观、人生观、价值观之中。灾害文化并非是一成不变的，而是动态的过程，即文化是存在变迁的，而文化变迁的核心是文化适应，人类历史上产生的文化被特定的环境所制约，文化变迁的过程就是适应环境的过程，此处的环境包括自然环境及社会环境，社会与环境之间是双向的互动关系，社会固然要适应环境，但也影响及至改造环境；社会对环境的依赖或适应程度随文化（特别是技术）的

① 乾隆《平远州志》，成都：巴蜀书社，2006 年。
② 乾隆《普安州志》卷二十三《苗属》，成都：巴蜀书社，2006 年。
③ 乾隆《平远州志》卷十一《灾祥》，成都：巴蜀书社，2006 年。
④ 光绪《黔西州续志》卷四《杂记》，成都：巴蜀书社，2006 年。
⑤ 杨庭硕：《麻山地区频发性地质灾害的文化反思》，《广西民族大学学报》2013 年第 4 期。

发展而变化，发展程度越低的社会越受到环境的制约。也可以说，古代传统的灾害文化在一定程度上是社会生产力相对较低的历史时期所形成的，而随着文化的变迁，这些传统的灾害文化受到外来文化、科学技术及社会经济发展等诸多因素的影响，其内涵和外延是有所选择与继承的。

第四章　西南地区的灾害应对文化

　　灾害应对文化是灾害文化的重要内容。灾害文化旨在总结灾害与人、灾害与社会关系的基础上，建立科学地应对灾害、处理人与自然关系的共识，促进人们在预防灾害、赈灾救灾和灾害重建方面的协作[①]。日本学者田中重好从预防灾害、预测灾害、救灾赈灾、灾后重建四个层面对灾害文化进行了界定，一是灾害发生前人们为防灾所共有的一种生活智慧（预防灾害）；二是人们对难以预防的灾害进行预测（预测灾害）；三是灾害发生过程中人们靠自身力量保护生命财产免受灾害破坏的一种集体性行动（救灾赈灾）；四是灾后恢复重建过程中形成的文化（灾后重建）[②]。历史时期以来，西南地区防灾、减灾、救灾体系逐步完善，除以官方为主导的灾害应对外，民间在长期与自然灾害斗争过程中也积累了诸多丰富的防灾、减灾、救灾的经验、知识，这一由官方与民间互嵌过程中而建立起来的灾害应对机制经过不断地传承、发展、创新及创造性转化，形成了丰富多样的灾害应对文化，包含灾害防御、灾害救助、灾后恢复及重建。西南地区灾害应对文化的形成的原因主要是基于其特殊的自然环境及人文社会环境，自然环境包括其复杂的气候特征、地形地貌、生物资源，人文社会环境包括其刀耕火种的游耕方式及日常生活中的节日、习俗、禁忌、建筑、服饰等，特殊的环境塑造了独特的灾害防御文化，但又由于历史时期与其

---

　　① 高中伟，邱爽：《西南民族地区乡镇灾害文化建设的意义与可行性——以阿坝藏族羌族自治州汶川县为例》，《西藏大学学报》（社会科学版）2017年第2期。
　　② 田中重好等著，潘若卫译：《灾害文化论》，《国际地震动态》1990年第5期。

他民族之间的交流而形成了共性的文化。

第一节　西南地区灾害防御文化

历史上，西南地区一直是灾害多发区域。由于地形地貌复杂、气候多变，常年遭受旱灾、洪涝、地震、滑坡、泥石流、低温冷冻等多种自然灾害的威胁，边疆民族地区灾害更甚。因此，西南地区在长期与自然灾害斗争过程中，逐渐形成了一套官民联动的灾害防御文化体系。

一、西南地区官方的灾害防御文化

灾害防御是西南地区传统的灾害应对过程中的必要环节，在整个体系之中具有持久性、常态性。西南地区的灾害防御主要表现在仓储备荒、兴修水利、环境治理及修复，对于有效应对灾害及降低、缓解灾害造成的严重影响具有积极作用。这一过程中，官方主导的灾害防御占据主流，但民间的灾害自我防御意识及行为同样发挥着重要作用。

（一）仓储备荒

仓储备荒是以官方主导、民间力量参与为主的重要灾害防御举措。西南地区山多地少，偶有逢歉岁，即饥寒时节，仓储建设对防御灾荒尤为重要。

隋唐五代时期西南地区建立了以义仓和常平仓为中心的粮食储备机构。开元七年（719 年）六月，敕："关内、陇右、河南、河北五道，及荆、扬、襄、夔、绵、益、彭、蜀、汉、剑、茂等州，并置常平仓。其本上州三千贯，中州二千贯，下州一千贯。"[①] 天宝八载（749 年），"常平仓粮，剑南道万七百十石"[②]。直至元代，仓储制度在西南地区官方应对灾伤之时同样发挥着重要作用，此一时期以救灾为目的，仓库以官仓和民仓为主，其中又以常平仓和义仓最具代表性，"立常平、义仓，谓备荒之具，宜亟举行"，但"时以财用

---

① （后晋）刘昫等：《旧唐书》卷 49《食货志下》，北京：中华书局，1975 年，第 2123 页。
② （清）常明，杨芳灿等：《四川通志》卷 73《食货志十一·仓储一》，成都：巴蜀书社，1984 年，第 2372 页。

不足，止设义仓"①。自明清以来，仓储备荒制度日臻完善，西南地区在省厅州县、乡镇村社相继建立了以常平仓、社仓、义仓为主的、自上而下的、官民一体的仓储备荒体系。

明初，中央政府诏令地方政府要设立仓库，"州县则设预备仓，东南西北四所，以振凶荒"②。例如，思南府，在南平仓后建预备仓，又分别在水德江司、蛮夷司、沿河司、朗溪司、务川县、印江县各建预备仓一所；铜仁府有预备仓六所，毕节卫有预备仓七所，兴隆卫有预备仓五所③。嘉靖初年（1522年），为恢复预备仓，令"府积万石，州四五千石，县二三千石为率"④。按照这个标准，各地方政府储备了相当数量的粮食来应对荒年。嘉靖八年（1529年），朝廷"乃令各抚、按设社仓。令民二三十家为一社，择家殷实而有行义者一人为社首，处事公平者一人为社正，能书算者一人为社副，每朔望会集，别户上中下，出米四斗至一斗有差，斗加耗五合，上户主其事。年饥，上户不足者量贷，稔岁还仓。中下户酌量赈给，不还仓。有司造册送巡、按，岁一察覆。仓虚，罚社首出一岁之米"⑤。在贵州诸府中，石阡府成效最为显著，先后设立社仓四间。此外，明代贵州宣慰司辖地主要为少数民族居住，土司为应对灾害建立起了类似于仓储的制度，贵州宣慰司粮储制度的典型代表是则溪⑥制度。历史上的贵州宣慰司统治着今乌江上游鸭池河以西广大地区，包括今大方、毕节、水城、六枝、纳雍、织金、金沙、黔西等地及鸭池河以东的修文、息烽、清镇等部分地区。贵州宣慰司将其属地分为若干片区，并在每一片区的中心地点驻兵屯粮，设立仓库以征钱粮。则溪制度是传统宗族势力宗法化、地域化、政权化的发展，是集军事、行政合一的地域性组织，其职能一是兵马所出，二是钱粮所出，负责掌管军事和征收赋税。则溪的头目，"上马管军，下马管民"，一身兼有军政二职，遇到灾荒之年就近调剂粮食，实行区域内自救⑦。

---

① （明）宋濂等：《元史》卷163《马亨传》，北京：中华书局，1976年，第3828页。
② （清）张廷玉等：《明史》卷79《食货志》，北京：中华书局，1974年，第1924页。
③ 陈永胜，周承：《试析明代贵州自然灾害影响及社会应对》，《农业考古》2015年第3期。
④ （清）张廷玉等：《明史》卷79《食货志》，北京：中华书局，1974年，第1925页。
⑤ （清）张廷玉等：《明史》卷79《食货志》，北京：中华书局，1974年，第1926页。
⑥ 则溪，彝语的原意是仓库。
⑦ 陈永胜，周承：《试析明代贵州自然灾害影响及社会应对》，《农业考古》2015年第3期。

清朝为了加强对西南地区的统治，采取了一系列重要举措，其中尤为重视仓储制度的建立。顺治十二年（1655 年）题准："各衙门自理赎锾，春夏积银，秋冬积谷，悉入常平仓备赈……其乡绅富民乐输者，地方官多方鼓励。"①康熙十八年（1679 年）题准："地方官整理常平仓，每岁秋收劝谕，官绅、士民捐输米谷，照例议叙。乡、村立社仓，镇、店立义仓，捐输积储，公举本乡敦重善良之人管理，出陈入新，春月借贷，秋冬偿还，每石取息一斗。"②康熙三十一年（1692 年）议准："令直省各督、抚饬各州、县、卫、所官员，劝谕绅士民人等，每岁秋获，各户量力所能，不论几石几斗，捐输积储。"③雍正三年（1725 年）上谕："积贮仓谷，特为备荒之用，但云南省地方潮湿，米在仓一二年便致红朽，改贮稻谷……存仓米限以四年尽可改易，令各地方官增建仓厫，以备积贮。"④雍正十三年（1735 年）题准："云南设立社仓。"⑤乾隆时期，常平仓、社仓、义仓等仓储制度逐渐完善，进入快速发展及繁荣时期。乾隆三十年（1765 年），"常平仓实存谷、麦共八十四万四千三百五十五石有奇，社仓实存谷、杂粮五十六万九千八百九十六石有奇……时则岁稔时和，各常平、义、社等仓，均积贮充实，且有溢额"⑥。

有清一代，中央及地方官员都极为重视仓储建设，各州县官员也大都遵循谕旨，加紧积贮，到嘉庆时期，全省常平仓额贮约二百万余石积谷。《贵州通志》中记载："实贮各府州县常平仓积贮、重农、钦奉、案内米，并各罚米，共一千二百六十四石一斗七勺五抄；实贮各府州县常平仓积贮、重农、钦奉、案内谷，共二十五万六百六石四斗二升二合四勺；实贮常平仓重农、钦奉、案内莜折米共二十五石；本邑莜，共一千七百一石五斗八升六合七勺；实贮常平仓钦奉、案内麦，共五十四石三斗。"⑦

仓储在灾荒之年确实发挥了积极效应。雍正二年（1724 年），梧州知府徐嘉宾曾带头捐资建立社仓，遇到歉丰的年头则收取低额的利息，将粮食借贷给

---

① 民国《新纂云南通志》卷 159《荒政考一·仓储》，民国三十八年（1949 年）铅印本。
② 民国《新纂云南通志》卷 159《荒政考一·仓储》，民国三十八年（1949 年）铅印本。
③ 民国《新纂云南通志》卷 159《荒政考一·仓储》，民国三十八年（1949 年）铅印本。
④ 民国《新纂云南通志》卷 159《荒政考一·仓储》，民国三十八年（1949 年）铅印本。
⑤ 民国《新纂云南通志》卷 159《荒政考一·仓储》，民国三十八年（1949 年）铅印本。
⑥ 民国《新纂云南通志》卷 159《荒政考一·仓储》，民国三十八年（1949 年）铅印本。
⑦ 乾隆《贵州通志》卷十五《食货志·积贮》，清乾隆六年（1741 年）刻本。

百姓，每逢灾年赈济灾民。徐嘉宾在《梧州府社仓记》中记载："梧郡各州县旧有常平仓，贮积谷于公，为歉岁之需。而郡则无社仓，更未有举行者也，地瘠民贫之区劝之输而罔应。余于是捐资一千五百金，买谷三千石，择地建廒一所为社仓。值春耕小民乏食，借给以资其入口，丰年每石息二斗，次丰则收息一斗，遇歉岁全免其息，岁大歉即以发赈。"[1]乾隆三十五年（1770 年），"安笼府境旱灾，民大饥，知府尽粜常平仓米谷，从三月至七月，全部将仓储粜尽"；光绪十七年（1891 年）夏，府亲辖境频遭水灾，知府邹元吉"粜谷一万八千余石救荒"；光绪二十三年（1897 年），府境北乡、西乡遭水、旱灾害，知府石廷栋禀准赈灾，"发谷六十四石救灾民"[2]。自嘉道之后，仓储备荒逐渐衰落，尤其是"咸同以还，各地积谷多寡遂无定准，甚至仓廒亦因之而毁坏者"[3]。

民国时期，在储粮备荒方面，大力推行积谷备荒。1935 年，四川灾荒日益严重，省政府决定恢复仓储，以一年为一期，按乡镇所辖户口，每户积谷一石为标准。1936 年 10 月，内政部公布《全国各地建仓积谷办法大纲》，对仓储种类、经费来源、保管和考核办法、新陈代换等作了规定；10 月 27 日，省民政厅第三科根据 138 个县、市、区的统计，共有仓粟 2 322 933.47 石；1940 年，据111 个县、市的统计，原有积谷 2 373 834.07 石，新募 300 111.99 石，开销1 861 723.61 石，实存 812 222.45 石[4]。

（二）兴修水利

水利是农业生产发展的重中之重，更是防灾减灾之重要举措。中国历代都极为重视兴修水利，以保证正常的农业生产活动，水利工程的兴修在防洪抗旱中发挥着重要作用。西南地区的水利工程主要包括渠、闸、坝、堤、堰、塘等类型。

隋唐五代时期，中央政府除采取上述措施应对已发生的自然灾害外，更采取了一些积极预防措施，防治或减少自然灾害的发生。隋唐五代时期，隋文

① 同治《梧州府志·艺文志·记序下》，清同治十二年（1873 年）刻本。
② 贵州省安龙县志编纂委员会：《安龙县志》，贵阳：贵州人民出版社，1992 年，第 572 页。
③ 民国《新纂云南通志》卷 159《荒政考一·仓储》，民国三十八年（1949 年）铅印本。
④ 四川省地方志编纂委员会：《四川省志·民政志》，成都：四川人民出版社，1996 年，第 274 页。

帝、唐太宗、唐高宗、武则天和唐玄宗时期，当政者大多能够重视水利工程的兴修，据学者研究，唐代共兴修水利工程 323 项，其中西南地区有 50 项，约占全国水利工程总数的 15.5%①。这些水利工程在防洪防旱等方面发挥了重要作用。武则天时，长史刘易从"决唐昌沱江，凿川派流，合堋口埂歧水溉九陇、唐昌田，民为立祠"②；长庆元年（821 年），"刺史李翱因故汉樊陂开，溉田千一百顷"③。都江堰水利灌溉工程是历朝历代的重点工程，唐时期除了对都江堰进行日常维护之外，还兴修了许多渠堰堤塘工程，其中多数是都江堰的辅助工程。例如，山南地区的塞古堤为贞观八年（634 年）节度使嗣曹王李皋建，"灌良田五千顷，亩收一钟"④；剑南地区水利设施发达，工程数量居多，如万岁池乃天宝年间章仇兼琼所筑，"积水溉田"⑤。五代时期，西南地区为前蜀、后蜀所统治，地方官对农田水利兴修也很重视，如山南节度使武漳，在襄中，"以营田为急务，乃凿大渊，溉田数千顷，人受其利"⑥。

有元一代，水灾是西南地区最为频发的灾害，水灾多次引发江河决堤造成人员及财产伤亡。在防御水灾上，元朝政府建立防御水灾的都水监、行都水监及都水庸田使司等政府机构，还采取了许多实际性举措。至元年间，云南滇池年久失修，"夏潦必冒城郭"，赛典赤兴修滇池水利设施，以泄滇池之水；还对都江堰进行了修缮等；此外，加固堤防也是政府防御水灾的重要举措之一⑦。总之，元代在西南地区兴修水利的举措在防御水灾方面起到了一定的积极作用。

黔地山多田少，鲜有平畴，每届播谷之后，若雨水稍多，则高阜者得济，而低洼之处未免浸损。若晴霁稍久，则低下正赖有秋，而高阜山田灌溉不足，因此水利问题更关乎其要⑧。由于历史原因，贵州水利工程兴修较晚，直到弘治十六年（1503 年）才设置专门管理水利的官员，嘉靖十二年（1533 年）建立

---

① 段重庆：《隋唐五代西南地区自然灾害及对策研究》，西南大学 2012 年硕士学位论文。

② （宋）欧阳修、宋祁：《新唐书》卷 42《地理志·剑南道》，北京：中华书局，1975 年，第 1079 页。

③ （宋）欧阳修、宋祁：《新唐书》卷 40《地理志·山南道》，北京：中华书局，1975 年，第 1027 页。

④ （宋）欧阳修、宋祁：《新唐书》卷 40《地理志》，北京：中华书局，1975 年，第 1028 页。

⑤ （宋）欧阳修、宋祁：《新唐书》卷 42《地理志》，北京：中华书局，1975 年，第 1079 页。

⑥ （宋）路振：《九国志》卷 7《武漳传》，济南：齐鲁书社，1998 年，第 77 页。

⑦ 张阜炳：《元代西南地区自然灾害研究》，吉首大学 2019 年硕士学位论文。

⑧ 赵文婷：《清代贵州灾荒赈济研究》，西南大学 2019 年硕士学位论文。

提学道，屯田水利之事乃责成各分巡道经理。由于朝廷的重视，各地又有官员分管，加上农业灌溉特别是农业发展的需要，明代贵州水利工程兴修出现了一个高峰期，先后修建的较大水利工程有贵阳府长丰堰、圣泉，石阡府登沙塘，龙里卫纸局坝、窑坝、石头坝，都匀府胡公堰、江边坝，镇远府平宁陂等。明代贵州有记载的官修塘堰共有 42 个，其中灌溉面积在数亩到数百亩的有 5 个，灌溉面积在数千亩的有 3 个①。农田水利工程的兴修，减轻了自然灾害对农业生产的影响，提高了农业生产的抗灾能力，促进了农业生产的发展。

修筑堤坝作为清代防洪抗旱的重要实践，有利于防御水旱灾害，减少水土流失，保证农业生产。例如，云南富民县右记堰坝，由于当地民众较少提前疏浚修筑，往往是"亢旱而后兴工"，此时"禾伤已多"，严重影响农业生产，因此，地方官员严行督催百姓，"务于农隙之时按亩出夫，大小沟渠一一浚筑，令其完固无壅，不惟防旱，亦备涝也"②。雍正年间，云贵总督鄂尔泰大力兴修水利。云南府昆明池，是昆明、呈贡、晋宁、昆阳、安宁、富民六州县农田灌溉的重要水源，而"滇之水利莫急于滇池之海口……流通则均受其益，壅遏则受其害，故于滇最急"③。滇池于每年五六月雨水暴涨，海口是唯一宣泄口，但海口出水处狭窄，一旦沙石齐下，冲入海中，填塞壅淤，宣泄不及，则沿海田禾半遭淹没。为解决滇池水患，必先疏浚海口，鄂尔泰在《修浚海口奏疏》中提出："另开子河，以分其势……先测量水势，沿海深八九尺，近两滩之水仅止九寸，其不得条达畅流，有势使之然……再查得水尾有石龙坝横亘，中流水必迂回，不能直下，而石龙坝又断难开凿……另买民田，照价给值，开筑成河，以便泄水。"④大理洱海一带农田众多，涉及大理、邓川、凤仪、洱源、宾川五州县，一旦有桥梁堤坝年久失修，往往会使沙石壅积，水难流泄，沿海农田房屋常遭水患。雍正四年（1726 年），为治理洱海水患，鄂尔泰亲自踏勘，在《请疏海尾疏》中提到水患频发的原因及防御之策，"水患之久盖海尾壅塞所致，急应修浚疏泄，使之畅流……嗣后五年一修，自雍正六年为始，令沿海有田之大理、邓川、凤仪、洱源、宾川五州县，并大理府该守牧

① 陈永胜，周承：《试析明代贵州自然灾害影响及社会应对》，《农业考古》2015 年第 3 期。
② 雍正《重修富民县志》卷 1《河防·附堰坝》，清雍正九年（1731 年）刻本。
③ 民国《昆阳县志》卷 20《艺文志·奏疏》，民国三十四年（1945 年）稿本。
④ 民国《昆阳县志》卷 20《艺文志·奏疏》，民国三十四年（1945 年）稿本。

各自捐银卅两，不得派累于民"①。雍正七年（1729 年）议准："疏浚大理府洱海淤沙，以除大理地区水患。"②此外，广西梧州地区对水利灌溉尤为重视，"梧郡田坏，多倚山距河，亟需水利，故灌溉之术农民百计讲求。甃砖以引之曰圳，架竹通之曰笕，树栅畚土以潴之曰陂"③。

道光十一年（1831 年），"前仁怀厅儒溪有二源……合流于唐朝坝，坝分上、中、下，沿溪筑二十七堰，引水灌田，出谷万余石。兼以菽麦杂粮，一岁三获，水旱无虑"④。清代曾在大方县（大定）修建防洪排涝工程，鼓励民众开山运石修筑响水河堤、双山普六河堤，以防洪排涝，又在瓢井营脚村修排洪渠约两千米，使淹没频繁的八百亩洼地得到改善。贵州地方官员亦提倡兴修水利，早做防备。例如，黄宅中在任大定知府期间，兴利除弊，有关地方要政，均认真研究处理，提倡兴修水利，防旱抗旱，指出"大定山高地脊，农人种植，仰赖天雨，宜于田旁修理塘坎，蓄水备旱"⑤。地方官员在提倡兴修水利的同时，常常会捐俸捐资修建堤防、津梁、沟渠。据资料记载，石阡知府罗文思曾见府城西，有民房立于河滩沙岸，正当上游之冲。询知每逢夏秋水涨，满街漫溢，店舍漂没，人畜淹死不计其数，于是捐俸砌堤，言："筑斯堤者，余之责也。凡我黎庶，毋许助一钱。"乾隆二十九年（1764 年），堤成，长 270 米，高 2.7 米，宽 2 米，使人民不再受水灾危害，此后石阡人民便将这段堤称为"罗公堤"⑥。

民国时期，在水旱预防方面，政府沿用前代荒政措施，在盆地丘陵地带修筑水渠和小型塘堰。在川西平原，实行都江堰岁修，据部分州、县志书记载，取得一定抗旱防洪效果。抗日战争时期，水利专家会集巴蜀，对促进四川水利建设有所发展。1942 年全川兴办 17 个重点水利工程，约 20 万亩农田得到灌

① 云南省水利水电勘测设计研究院：《云南省历史洪旱灾害史料实录》，昆明：云南科技出版社，2008 年，第 471 页。
② 云南省水利水电勘测设计研究院：《云南省历史洪旱灾害史料实录》，昆明：云南科技出版社，2008 年，第 472 页。
③ 同治《梧州府志·田赋志·水利》，清同治十二年（1873 年）刻本。秦浩翔：《明清时期广西梧州地区水旱灾害及其社会应对》，《广西科技师范学院学报》2019 年第 6 期。
④ 贵州省地方志编纂委员会：《贵州省志·水利志》，北京：方志出版社，1997 年，第 463 页。
⑤ 贵州省地方志编纂委员会：《贵州省志·水利志》，北京：方志出版社，1997 年，第 463 页。
⑥ 贵州省石阡县地方志编纂委员会：《石阡县志》，贵阳：贵州人民出版社，1992 年，第 600 页。

溉，免除干旱威胁①。

（三）重视环境治理及修复

改土归流促进了西南地区社会经济开发，但导致地方生态环境趋于恶化。例如，云南楚雄地区的相关碑刻，上迄乾隆四年（1739 年），下至道光三十年（1850 年），从不同角度如实地反映了生态环境日渐恶化②。此一时期，西南地方官员及民众逐渐意识到环境保护、治理及修复的重要性。

清前期，地方官员就意识到"劝民种树"对于协调当地生态环境保护与经济社会发展的重要作用。自雍正年间改土归流之后，人地矛盾日渐突出，山地开发加剧，生态环境遭到破坏，西南地区的地方官员开始重视环境保护。乾隆初年（1736 年），在靖州至黎平驿道沿线，锦屏知县董淑昌劝导村民林粮间种："竹箐荆榛之悉辟以治，得实熟地五六百顷，沟塍间隙以桑柳茶桐诸树，三年后悉成行列可观"③。乾隆五年（1740 年），朝廷关于贵州的九卿会议做出决议，鼓励老百姓种植树木："查黔地山多树广，小民取用日繁。应如所议，令民各视土宜，逐年栽植，每户自数十株至数百株不等，种多者量加鼓励。……民间牲畜如有肆行纵放致伤种植，及秋深烧山不将四周草莱剪除以至延烧者，均令照数追赔"④。一些地方官员在河堤两岸通过种树以固水土、减轻水患。例如，广东嘉应州宋湘，曾于嘉庆十八年（1813 年）至道光四年（1824 年）在云南任职，其在曲靖任知府之时，"救民先救困"，为根治水患，兴修水利，首先植树，在廖郭山种树，时人称之为"太守林"⑤。此外，康熙二十九年（1690 年），鹤庆府猪卷场、西庄、汉登三村农田靠近海滨，遇雨泛涨，濒海田地常被淹没，州牧张国卿"亲督村民治海筑堰，堤边植柳，而水患渐息。每村复徭役一人巡守，海防始固"⑥。雍正十二年（1734 年），江

① 赖静：《民国时期四川的自然灾害救济及其启示——从汶川地震的救援工作中透视》，《西南民族大学学报》（人文社会科学版）2011 年第 3 期。
② 周飞：《清代民族地区的环境保护——以楚雄碑刻为中心》，《农业考古》2015 年第 1 期。
③ 贵州省锦屏县志编纂委员会：《锦屏县志》，贵阳：贵州人民出版社，1995 年，第 488 页。
④ 《清实录·高宗实录》卷 130 "乾隆五年十一月癸酉"条，北京：中华书局，1987 年，第 900 页。
⑤ 李荣高：《长期沉睡的林业碑终于重见天日——云南明清和民国时期林业碑刻探述》，《林业建设》2001 年第 1 期。
⑥ 康熙《鹤庆府志》卷 5《建置》，清康熙五十三年（1714 年）刻本。

川县北五里甸头乡，地无活水，原本大村之左有一水塘，三面皆山，因无堤闸，不能积水，于是，"捐筑堤岸，自北而南，长一百一十二丈，两旁植柳，并建石闸，因时启闭，灌田数千亩"①。嘉庆十八年（1813 年），澄江郡东、西两大河常年遭沙石填淤，亟待疏浚修筑，而民力未逮，为了长久之计，唯有种树，"束土以固堤根"②。道光五年（1825 年），保山有南北二河，两河的源头来自老鼠等山，每当雨水之际，难以宣泄，这主要是由于原本茂密的山林已是童山濯濯，"先是山多林木，根盘土固，得以为谷为岇，藉资捍卫。今则斧斤之余，山之木濯濯然矣而石工渔利，穷五丁之技于山根，堤溃沙崩所由致也"③；于是，永昌知府陈廷焴倡导种树以固水土，《种树碑记》中记载："然则为固本计，禁采山石而外，种树其可缓哉？余乃相其土，宜遍种松秧。南自石象沟至十八坎，北自老鼠山至磨房沟。斯役也，计费松种廿余石，募丁守之，置铺征租，以酬其值。日异，松之成林，以固斯堤。堤坚则河流清利，而无沙碛之患。岁省万夫，田庐获安。"④光绪十六年（1890年），黎平知府俞谓饬令乡民"举署中隙地植杉木，冀加倍护，数十年即作桄材，事半功倍计算"⑤。

森林具有调节气候水源，涵养水土之功能，对于防御水旱灾害具有重要作用。民国时期，政府极为重视森林事业，北洋政府和国民政府先后设立了管理林业的专门机构，颁布了林业法律法规，确立了发展林业的政策。在中央政府的影响下，西南各省也相继开展了各方面的林政管理工作，主要包括制定林业法规、建立林业机构、划分森林权属、加强森林管理和保护等。民国时期，云南陆续设立了管理林业的各级机构，开展了对森林资源的管理和保护工作，主要体现在制止滥伐、护林防火、防治病虫害等三个方面。民国三十三年（1944 年），丽江县共有三处森林发生严重火灾，大火均延烧数日。针对此种情况，云南采取了严禁放火烧山、扩大防火救火宣传、建立护林防火组织、推

---

① 云南省水利水电勘测设计研究院：《云南省历史洪旱灾害史料实录》，昆明：云南科技出版社，2008年，第 189 页。

② 云南省水利水电勘测设计研究院：《云南省历史洪旱灾害史料实录》，昆明：云南科技出版社，2008年，第 199 页。

③ 光绪《永昌府志》卷 65《艺文志·种树碑记》，清光绪十一年（1885 年）刻本。

④ 光绪《永昌府志》卷 65《艺文志·种树碑记》，清光绪十一年（1885 年）刻本。

⑤ 《锦屏县林业志》编纂委员会：《锦屏县林业志》，贵阳：贵州人民出版社，2002 年，第 93 页。

广私有林种植、倡导使用天然肥料、指定放牧场所等措施，预防森林火灾的发生。为了防治森林病虫害，民国三十一年（1942 年），云南省建设厅建立了农林植物病虫害研究所，专门负责农林植物病虫害的防治研究工作。民国三十二年（1943 年），蒋介石在贵阳下令，对放火烧山情节严重的要处以死刑；同年，贵州省政府颁布《防止烧毁森林办法》，规定对放火烧山者立即拘捕，毁林严重者处以死刑。民国二十六年（1937 年），广西颁发《广西省防止山林火灾及禁止牲畜踏毁林木办法》，加强对森林火灾的预防及林木的保护；民国三十四年（1945 年），再次颁布《防止山林火灾及禁止牲畜毁林办法》，规定公私有林均需设立防火线　竖立严禁放火警示牌、对放火毁林者要立即逮捕并处以刑罚等。民国三十二年（1943 年），四川省政府颁布专门的《护林奖惩条例》，规定对放火毁林者要判处有期徒刑及相应罚款①。

民国时期，从中央到地方政府，对于城市环境卫生尤为重视。以重庆为例，早在重庆正式建市之前，政府就组建了专业的清洁队伍，负责清扫街道、收运垃圾，还制定了一系列的法律规范，如《重庆商埠整齐街面暂行办法》《重庆市清洁取缔办法》《整理市容初步办法》等。通过法律法规，重庆要求市民注重街道及房屋周围的清洁，以改善城市环境卫生；针对重庆疫病频发的情况，政府也十分注重疾疫防控，增强医疗防御设施，推广卫生教育，积极研发疫苗，为市民免费接种疫苗、建立疫情报告制度、在市内筹办多个救济所等；针对"重庆城内时有淤塞，雨时则溢流街面者有之，积潴成河者有之"的情况，在市内修建疏浚下水道。除了在市政建设方面对城市环境进行改善外，政府还积极促进居民的环保卫生观念的加强。民国二十三年（1934 年），政府发起新生活运动，号召群众一起来改善城市环境，加强全民防灾意识，提高市民的卫生观念及防范灾害发生；1935 年，四川省新生活运动会在重庆市成立，并创办了《新生活半月刊》来宣传卫生健康观念；1937 年后，四川省新运会迁到重庆的七年中，重庆每年都要举行全市清洁大扫除，并下令开展卫生运动，实行市区大扫除，并规定 1944 年为陪都整洁年，令警察、卫生两局就市区环境卫生切实予以整顿，制定各级新生活运动章程②。

---

① 张文涛：《民国时期西南地区林业发展研究》，北京林业大学 2011 年博士学位论文。
② 周志强：《环境史视野下近代重庆城市灾害及其社会应对》，《保山学院学报》2017 年第 6 期。

治水之道在于治源，中华人民共和国成立后，周总理曾多次指出，"造林是百年大计"，"伐木与育林，重点放在育林"①。例如，百色地区对破坏森林者必加严究，提出了"封山育林、严禁砍伐"、"保护森林，人人有责"等口号②。1955 年，广西省人民委员会发布关于护林防火保持水土的布告："一、禁止在山上烧灰积肥、山边烧田基草；二、严格控制烧荒、烧垦炼山造林、烧牧场、烧病虫害等用火；三、提高警惕，严防一切反革命分子和不法地主纵火破坏山林；四、凡报告林火及防火救火有功者，予以表扬奖励；五、禁止滥垦，凡在 25 度以上陡坡冲刷严重地区，严禁垦荒，30 度以上陡坡一律禁止开垦，已开垦者应采用农林混合耕作，逐年退耕还林；六、河流两岸、铁路、公路两旁大量种植竹林、饲养竹林、肥料林及果树林等，以增加收益；七、防止乱砍滥伐，贯彻深山采购合理采伐的方针。"③1956 年 2 月，广西省人民委员会发出《关于大力开展绿化工作的指示》，要求 1956 年全省造林 700 万亩，封山 300 万亩，抚育林木 800 万亩，育苗 4 万多亩④。

封山育林另一有效举措就是，利用壮族人民保护环境的优良传统来推行。广西山多田少，且多自然灾害，各族人民重视环境保护，对风水保护、山林水源保护和耕地及其设施的保护尤为重视。例如，宜山洛东乡壮族 1949 年以前在乡约中规定：防火烧山林者，小孩罚一元二角，大人罚七元二角；大新县三合屯壮族 1984 年订的乡规民约规定：按政策落实的自留山，各户种下的竹木、果树，任何人不得破坏，否则，必须赔种保活。融水苗族自治县滚贝乡瑶族民约规定，不准放火烧山，不准乱放耕牛糟蹋庄稼和幼林，违者罚款五元到三十元，严重者追究刑事责任。融水苗族自治县林业发达，贝江河沿岸森林茂密，水源充裕，靠的是"依直"（埋岩会议）的习惯法和乡规民约，苗族有"不长三只手"的观念，人人自觉地保护山林和水源林，不乱砍他人一根树木⑤。诸如此类的乡规民约还有很多，历史年代也较久远，也体现

---

① 《广西农业地理》编写组：《广西农业地理》，南宁：广西人民出版社，1980 年，第 116 页。

② 百色市志编纂委员会：《百色市志》，南宁：广西人民出版社，1993 年，第 185 页。

③ 梁林秋：《清代以来广西少数民族环保习惯法探析》，上海师范大学 2020 年硕士学位论文。

④ 广西壮族自治区地方志编纂委员会：《广西通志·大事记》，南宁：广西人民出版社，1998 年，第 308 页。

⑤ 广西壮族自治区地方志编纂委员会：《广西通志·民俗志》，南宁：广西人民出版社，1992 年，第 187 页。

了广西少数民族的优良传统。广西是少数民族聚居地，相对于国家的法律规章制度而言，古老的风俗习惯对规范人们的行为有着不可替代的作用。1957 年，全省育苗面积发展到 22183 亩，其中群众育苗达到 19152 亩，占育苗总数的86%①。

在火灾防治上，重庆政府一直十分重视。在光绪时期，重庆就有由地方绅士组成的水会工所专门负责扑灭城市火灾，近代以来重庆市政府也组建了专业的消防队伍。不仅如此，重庆市政还将宋代在火灾中修建防火巷的经验借鉴过来，通过开辟火巷改善市内建筑密集的状况，以防止火灾的蔓延，规定"沿街铺房及临街楼廊一律折退与门柱平齐"，兴建房屋时一律比照退让，应留火巷之处，即禁止再造，城区以内，不准搭建捆绑房屋。火巷的开辟极大地增强了城市抵御火灾的能力，减少了由于空袭带来的损失，同时改变了城市内部拥挤不堪的状况。另外，开拓马路也是防治火灾的重要措施，很多火灾由于道路不通而无法进行救援。例如，1938 年临江门火灾"虽经消防各队努力施救，但以马路未通，摩托水龙不能到达，以致延烧甚广"。为了能够迅速处理火情，重庆还新建并拓宽了多条市内马路。同时，政府也认识到重庆"水质淤浊，汲运不便"，而户口日繁，一遇火警，取水艰难，蔓延至广，对于消防关系尤重，舍创办自来水厂别无他途，于 1927 年开始筹备重庆自来水公司，于 1933 年正式开通自来水，并在市内多处设置水龙头，另外组建专业的消防队伍。通过迁坟整理滩地以扩大市区面积等一系列措施的实施，不但极大地减轻了火灾对城市的威胁，而且使旧城拥挤的状况得到缓解，改善了城市居民的居住环境②。

二、西南地区民间的灾害防御文化

民间灾害防御依托当地特有的自然环境、民族文化等，形成了本土的、地方性防灾减灾知识。这种基于当地民族传统防灾减灾经验基础上的民间灾害防御意识和行为，在防御灾害、降低灾害影响等方面产生了较好的实践效果。

① 广西壮族自治区地方志编纂委员会：《广西通志·林业志》，南宁：广西人民出版社，2002 年，第73 页。

② 周志强：《环境史视野下近代重庆城市灾害及其社会应对》，《保山学院学报》2017 年第 6 期。

（一）民居建筑中的灾害防御

为了有效防御自然灾害，西南地区各民族居民建筑因地制宜，形成了自己的特色，在抵御灾害、保护生命财产方面起到重要作用。

云南地区多风灾发生，明代政府特别允许云南民居使用筒瓦，用于抵御大风。民国《宜良县志》记载："各省专用板瓦，滇中兼用筒瓦，以滇多大风，明初特敕许用也。"[①]地震是西南地区的主要自然灾害类型之一，防范地震成为当地民众民居建筑中一个重要考虑因素和功能。《鹤庆风物志》记载："群众住房是土木建筑，建房时用'穿坊'加固，有较高的抗震能力。"[②]丽江地区是地震高发区，居民的房屋建筑对抗震的要求更高。在长期的生活实践中，纳西族人民在抗震方面总结了一些有效的构造措施。丽江纳西民居维护墙体采用下重上轻的结构，即墙体的下半部分用土坯垒砌，而上半部分采用木板结构，一方面使得重心靠下，地震时房屋的基础更加牢固；另一方面木板较轻，若墙体真的坍塌下来，伤害力也是有限的，可以减少人员的伤亡。整个房屋采取木制的框架，即用柱子托住屋顶，在柱外打墙。后墙和两山墙相互勾连咬合，形成一个整体的半包围结构附着在木构架的外围，万一墙体震坏，里侧有立柱、梁等木架结构支撑，房顶不至于塌落。当地居民称为"墙倒屋不塌""倒墙倒外面"。另外，有的民居的靠土墙里面装了一层叫作"顺墙板"的木隔板体系，这样加上屋顶、地面，使室内空间成为一个六面板的大箱子，抗震性能相当好[③]。

在云南东部、南部地区的少数民族（如傣族、侗族、壮族、布依族、水族、佤族、景颇族、德昂族等）习惯居住干栏式建筑。例如，滇南一带的傣族聚居地区河流分布众多、高温多雨，水灾极为频发，当地民居建筑是干栏式的高脚竹楼，由一个方形竹木框架，分为上下两层，高脚是为了防止地面的潮气，这一干栏式建筑在防御水灾中仍旧发挥着重要作用。例如，摆夷干栏，建以竹木，木柱深直地中，楼上住人，楼下栖牲畜，当发生洪水时，虽然楼下禽

① 丁世良、赵放主编：《中国地方志民俗资料汇编·西南卷》下卷，北京：书目文献出版社，1991年，第815页。

② 李森：《鹤庆风物志》，昆明：云南民族出版社，2004年，第180页。

③ 朱良文：《丽江古城与纳西族民居》，昆明：云南科技出版社，2005年，第52页。

畜杵臼等用具有所损失，但房屋不易被洪水冲倒，一般不会造成人员伤亡①。此外，由于滇南地区气候湿润，蚊虫极易繁殖，高脚竹楼的设计也可以有效防御野兽攻击、毒蛇蚊虫叮咬，又因为干栏式建筑楼下柱子裸露，既无土墙，也无砖瓦墙，即使发生地震也较少造成人员重大伤亡。此外，为了有效防御瘟疫，在云南南部的普洱、临沧、西双版纳等市，多数屋顶用泥土覆盖，而不用瓦片，其实这也与当地的天气灾害有密切关系。思普地区地处回归线附近，属于热带气候，终年潮湿闷热，这种情况下，瘟疫是当地居民最大的敌人。湿热的环境有利于致病菌的生存，要想抵御瘟疫，除了医学手段之外，还必须使居住环境干燥、凉爽②。因此思普地区"人家的居室，都是土墙土顶，不用瓦盖，名曰'土掌'，这样才稍能避掉些热气。那里的土真好，捶成的平的屋顶不会漏雨，小孩妇女多半于晚间在上面乘凉"③。云南的独龙族聚居区山高谷深，夏季多雨，冬季多雪，泥石流和雪灾常常发生，一旦洪水和大雪冲走或压垮房屋后，就不得不重新建造。因此，独龙族一般不会在原址建造房屋，都是另行选址搭建，考虑到灾害的再次发生，新的房屋选址会选择在面朝南、地势更高的远离河口的斜坡上，这样就可以接触到更长时间的太阳光，积雪亦可以更快地融化，从而降低压垮房屋的可能，房屋远离河口，就可以减少泥石流冲击的可能，而且斜坡不容易产生积水，房屋地基被淹的可能性不大。更为重要的是独龙族的干栏式的木楞房结构，进一步降低了灾害的力度，主要是因为干栏式结构的房屋稳定性强，承重能力较大，不会轻易倒塌，加之木质结构材料相对砖瓦结构要轻巧许多，即使房屋倒塌，对人畜造成的伤亡程度要小很多，从1950年贡山大地震中，可以看到干栏式建筑的优势，怒族、藏族的土墙建筑地震时多数房屋倒塌，而傈僳族、独龙族的栏杆式竹木结构，不易倒塌，没有一间倒塌陷落，所造成的损失相对也要少许多④。

历史时期，四川康定传统城镇建筑多为一、二层夯土密梁平顶式。经多次地震灾害，人们也在逐渐摸索增强结构刚性的经验，出现了在内部或上层墙身

---

① 李拂一：《镇越县新志稿》，台北：复仁书屋，1984年。
② 殷守刚，崔广义：《浅议民国时期云南自然灾害与农村建筑结构》，《居业》2017年第1期。
③ 许柱北：《云南思普区游记》，《东方杂志》1935年第9期。
④ 《抢救保护少数民族灾害文化——解读〈云南世居少数民族传统灾害文化纪实丛书〉的秘密》，《民族时报》2021年4月14日，第A01版。

做井干式木墙的做法，减轻自重并加强相互间的撑托。清雍正三年（1725 年）的地震中，城内喇嘛寺院、官员住居衙门、平民楼房俱行摇塌，一间无存，百分之八十的商人和居民被楼房压死，其中包括当时地方最高长官土司桑结、驿丞俞殿宣、料理钱粮事务的典史徐中宵。乾隆五十一年（1786 年）的地震中，砖石城墙倒塌，文武衙署、仓库、兵房共塌 169 间，城内店铺房屋倒塌 722 间，土房 54 间，藏民碉房 177 座。经过乾隆年间数次大地震后，康定重建的官衙住房、商贸民房、坛庙会馆、回族清真寺，先后由碉房建筑改为穿斗木结构的楼房，基本上所有的城区居民住房在民国时期都逐渐由抗震效果更好的木结构代替了原石砌碉房。民国时期，康定城内多为穿斗木结构的一楼一底小青瓦屋面低矮房屋，但与内地住房有所不同，为防火灾，部分房屋两侧或后建出屋面石墙围之，称为风火墙；这些住房在汉化的同时仍保留着明显的藏地民居特点，很多住房在正房后建有一小房，仍像过去的碉房一样四面围以高出屋面约2 尺长石墙，门用厚木板包上铁皮做成，俗称"土仓库"，用以存放家庭贵重物品，既防火防盗，又防兵变抢劫①。

（二）农业生产中的灾害防御

在农业生产中，历史上滇南一带的摆夷族种植水稻的历史极为悠久，在长期与自然灾害抗争的过程中，已然形成了有效的天然预防病虫害的灾害防御手段。"寄秧"（又称"教秧"）是摆夷族栽培水稻先进生产经验之一，即将秧苗移植到大面积的水田之中，移植时间约一个月左右，摆夷族叫"戛盏"，可抗倒伏，抗病虫害，增加产量，是传统的农业先进生产技术之一②。当地民众长期经验积累形成的广为人知的气象谚语蕴含了丰富的农业灾害防御及应对的地方性智慧，如《安宁谚语岁时占验》中记载："……春前春后下大雪，害虫害鸟都杀绝，大麦小麦都青秀，男人女人少灾疾……月牙仰，米价涨；月牙歪，米价梭……伏暑不热，五谷不熟，寒冬不冷，六畜不稳。雨打清明前，麦豆难收捡。雨打清明后，今年田好耨……西风能杀虫，南风无伤害。伏里三

① 田凯，陈颖：《近代以来四川藏区民族城市针对地质灾害的应对方式之变迁》，《生态经济》2015 年第 2 期。

② 《中国少数民族社会历史调查资料丛刊》修订编辑委员会：《西双版纳傣族社会综合调查（二）》修订本，北京：民族出版社，2009 年。

场雨，禾苗大长起。人怕老来穷，谷怕秋来晒。立秋闻雷，百日无霜，若种荞麦，俾收满仓。"①

在农业作物方面，元代西南地区在面对灾害时，灾民自身也采取了一些救灾举措。例如，元代西南地区种植粮食作物以备荒年，"近水之家，又许凿池养鱼鹅鸭之数，及种莳莲藕、鸡头、菱角、蒲苇等，以助衣食"②。明清以来，随着玉米、番薯等山地作物传入西南地区，因其产量远高于传统作物，被当地民众广泛种植，成为当地民众应对灾荒之年的重要作物。清初，四川民众对番薯、玉米等美洲作物的接受程度并不高，四川土著更多的是栽种黍、粟等作物以作主食，美洲作物更多的是在闽粤移民内部传种，但伴随灾荒的频发，人们发现美洲作物适应环境能力强，且十分高产，逐渐在四川地区推广开来。"救济者尤莫如芋薯二种，吴越人沟畦种芋取以佐食之，以其余者用碓春烂作砖砌墙，历数十年不坏，荒岁屑而煮之甚便"③。甘薯、南瓜等既可作为当季时蔬食用，同时也可制成薯干，在荒年再次拿出食用，物质和文化因素共同决定了人们对新食物的接受。此外，在种植结构的调整中，人们还十分注重芜菁的救荒功能"凡遇水旱，他谷已晚，但有隙地，即可种之，以济口食"④，在高寒山区甚至还以之代口粮。种植结构的积极调整是人们积极抵御灾荒的重要方式⑤。又如，广西郁林直隶州，"番薯，四时可种，味甜，贫民常用充饥"；《崇善县志》也有提到"红薯各乡重者极多，贫民赖以充食，有磨洗作淀粉，作粉条，以充菜食者"；广西地区人民也常通过改善农业种植的品种来抵御灾荒，如容县等地区降雨量充沛，容易发生水灾，当地人民选择单季稻品种，穬芒谷，根大杆高，宜于下泽也，选育具有较强抗洪能力的稻谷品种来种植，可以减少水灾对农业生产的影响⑥。

（三）民间信仰中的灾害防御

西南地区民族文化多样，人们敬畏自然、尊重自然，地方社会的民间信仰

① 民国《安宁县志稿》卷2《安宁谚语岁时占验》，民国三十八年（1949年）稿本。
② （明）宋濂等：《元史》卷93《食货志一》，北京：中华书局，1976年，第2355页。
③ 乾隆《屏山县志》卷1《舆地志·物产》，民国二十年（1931年）铅印本。
④ （清）张宗法著，邹介正等校释：《三农纪校释》，北京：农业出版社，1989年，第247页。
⑤ 周志强：《清代四川地区食物消费地理研究》，西南大学2018年硕士学位论文。
⑥ 梁轲：《清代广西灾荒研究》，云南大学2021年硕士学位论文。

较为多元，信仰"万物有灵"，形成了龙神崇拜、山川崇拜、本主崇拜等多元的本土信仰。基于这一多元信仰，西南地区民间消灾祈禳的类型、形式、内容等方面有所差异，在具体的消灾祈禳中既有集体行为也有个体行为，但其功能及目的一致，都是为了祈求风调雨顺、人畜平安。

由于水旱灾害频繁，明清时期，西南地区已经形成了祭祀神灵的社会风气。广西梧州府及其所属各县修建了众多的神庙，如赤帝庙、城隍庙、虞帝庙、关帝庙、药王庙等，在诸多民间信仰中流传最广、影响最深远的当属龙母信仰。明清时期梧州地区建有多处龙母庙，雍正八年（1730 年），甘湛泉所作《重修龙母庙碑记》中记载："川岳钟灵藉神以显，故自有庙以来，世凡几更，兵燹频仍，兴废互异，赖神为之，静镇于其闲，而庙貌之存历朝不改，胙蜡供祷，凡有所求，靡不响应，论者以为此神通所致，而诚无不格有如斯也。第以日久岁远，风雨飘摇，垣墉楹桷不无倾圮之虞。适众信共发诚心，乐为捐助，爰遵旧制，鸠工庀材，重为修葺。"[①]

在云南地区，龙神信仰是一种较为普遍的信仰，康熙《呈贡县志》中记载："龙场有火龙盘旋之上，每见必雨，甚验。"[②]云南很多地区都有龙潭、龙池、龙神庙、龙王山等，这些地方是当地民众进行集体祈雨祭祀的重要场所。呈贡县有白龙潭，"水泽利民，春秋祭祀"[③]。昆明县有黑龙潭，"一泓绿水，无数白条，滇人称有龙气，祷雨应辄"[④]。腾越州有龙池，"天旱以祷雨，以石浸龙池，雷雨辄至"[⑤]。黑盐井七局村也有龙池，"《定远志》云：'相传有龙潜于池中，每天将雨，土人即闻山鸣如雷，中隐隐有鼓吹笙箫之音，云雾中时有灯炬，若导引然。春夏水涨，巨石流滚，山谷动摇，民居多以酒禳之，伏腊人投帛香纸致祭。今不恒闻笙箫、灯炬之异，但灵应如响，井民飨□甚恪也。'"[⑥]亦有一些官吏、士绅等进行的个体性的祈雨禳灾，如乾隆五十三年（1788 年）三月初，云南布政使王昶从昆明出发，"沿途望雨禁屠……亦斋戒，兼从皆不得食鱼肉，每过州县，辰起梼龙神城隍诸祠，至广通

① （清）沈秉成：《广西通志辑要·梧州府》，清光绪十七年（1891 年）刊本。
② 康熙《呈贡县志》第 1 册《灾祥》，清康熙五十五年（1716 年）刻本。
③ 康熙《呈贡县志》第 1 册《灾祥》，清康熙五十五年（1716 年）刻本。
④ 赵树人：《昆明县地志资料·古迹名胜》，1922 年铅印本。
⑤ 乾隆《腾越州志》卷 3《山水·古迹》，清乾隆五十五年（1790 年）刻本。
⑥ 嘉庆《黑盐井志》卷 3《疆域·山川》，清嘉庆年间刻本。

得微雨，自是霖霪不绝"①。宣威州龙王山，每年军人"祷雨其上，輒应"②。另外，基于本主崇拜进行祈雨，如蒙化直隶厅蒙舍山，在城北二十里，下有蒙舍庙，故名其山，"岁旱祷雨立应"③。《滇南志略·重修土主庙序》中记载："或立石相社，或立祠妥社，旱则祈之，潦则祷之。"④此外，基于山川崇拜进行祈雨，如蒙自县东山，在浪穹县东七里，"遇旱祷雨则应"⑤。

（四）乡规民约中的灾害防御

森林具有稳固水土、涵养水源的重要功能，西南地区大多数少数民族世世代代与森林共生共存，尤为注重森林的保护和管理。民国二十三年（1934 年），锦屏县同古乡设立护林碑，规定要保护林木、禁止乱砍滥伐。云南澄江县松子园村彝族崇拜的松树和梨树就有严厉的禁忌："'民址（神山）'附近的'松'和'梨'，一面禁止任何人去斩伐，若是犯禁，虽属小枝，也要受严重的处罚。"⑥广西金秀大瑶山的瑶族群众在《大瑶山团结公约》中订有条规："经各乡各村划定界之水源、水坝、祖坟、牛场不准垦殖；防旱防水之树木，不准砍伐。"⑦

由于西南少数民族聚居地区多为山区，传统的刀耕火种方式对森林容易造成破坏，稍微不慎便会烧毁森林，因此少数民族特别注意护林防火，并制定了严格的乡规民约。民约中有严格的火灾防范规定，云南许多民族聚居地区为更好防御火灾发生，已经形成了一套严格的民约。例如，冬春之季为旱季，天气干燥，极易发生火灾，会专门组织人员进行巡查，同时，制定了严格的惩罚措施。道光二十五年（1845 年），《石屏肖家海村立封禁护林碑》中记述，石屏

① 云南省水利水电勘测设计研究院：《云南省历史洪旱灾害史料实录》，昆明：云南科技出版社，2008 年。
② 乾隆《宣威州志》卷 1《山川》，民国三十五年（1946 年）石印本。
③ （清）刘慰三：《滇南志略》卷 2，方国瑜主编：《云南史料丛刊》第 13 卷，昆明：云南大学出版社，2001 年。
④ 咸丰《嶍峨县志》卷 28《艺文·序五·重修土主庙序》，清咸丰十年（1860 年）抄本。
⑤ （清）刘慰三：《滇南志略》卷 2，方国瑜主编：《云南史料丛刊》第 13 卷，昆明：云南大学出版社，2001 年。
⑥ 雷金流：《云南澄江倮倮的祖先崇拜》，《边政论坛》1944 年第 9 期。
⑦ 《中国少数民族社会历史调查资料丛刊》修订编辑委员会：《广西瑶族社会历史调查（一）》修订本，北京：民族出版社，2009 年，第 150 页。

肖家海村二樵夫往乾阳山砍柴，进玉皇阁烧香，香火弃之草丛引起森林火灾，寺院僧众和村民将火扑灭，罚樵夫立碑封禁森林[①]。民国二十八年（1939年），贵州黎平县南江乡订立乡规民约，规定要赏罚分明、违者必究[②]。云南弥勒县彝族支系阿细人以密枝林、寺庙林、风景林、"驱火妖"等多种形式保护森林资源，禁砍禁伐密枝林、寺庙林、风景林里的树木，直接保全了大量森林，在"驱火妖"活动中告诫人们安全用火，这对防止森林火灾具有教育意义[③]。

广西龙胜县潘内村瑶族采取划分山火危险区、防火线，区域内禁烟禁火等方法来防止森林火灾，桂林市兴安县大寨村就有禁约碑：禁高山矮山，四处封禁，不许带火乱烧。如有砍山烧耕地土，各要宽扒开火路，不许乱烧出外，又清明挂青，各要铲尽（净）坟前烧纸，不许乱出外。如有乱烧，拿获查出，众等公罚二两二钱[④]。隆林县磨基乡仡佬族和苗族曾共同签订了一份护林防火公约，该公约严格禁止放火烧山的行为，并且将山林防火救火规定为每一个人义不容辞的责任，制定了落实护林防火工作责任制："在山坡上不准一个人烧火，如发现谁烧火就根据治安条例处理；发现火烧山就停止一切工作去救火；每家家里都留有水，如发生火灾就抬水去救火……烧房草要经过区里批准才烧，如批准后做好准备工作，开好火道；小孩放牛不准拿洋火（火柴）；各队长坚决保证各队不得发生火灾；看见谁放火烧山，不管任何人，都要处理他；抓着纵火烧山的人，如果严重的话，符合劳改的就要劳改，符合罚苦工的就罚苦工，符合批评的就批评；保护山林人人有责，人人都有好处；本公约每一个公民都要实行。"[⑤]侗族、壮族对放火烧山的行为以经济处罚为主，柳州市三江侗族自治县马胖乡的侗族村落在光绪元年就曾立有碑文条规，其中规定："放火烧山，罚钱一千二百文"，该乡于民国二年（1913年）订立的《永定合

① 李荣高：《长期沉睡的林业碑终于重见天日——云南明清和民国时期林业碑刻探述》，《林业建设》2001年第1期。

② 张文涛：《民国时期西南地区林业发展研究》，北京林业大学2011年博士学位论文。

③ 刘荣昆：《林人共生：彝族森林文化及变迁探究》，云南大学2016年博士学位论文。

④ 《中国少数民族社会历史调查资料丛刊》修订编辑委员会：《广西瑶族社会历史调查（四）》修订本，北京：民族出版社，2009年，第337页。

⑤ 《中国少数民族社会历史调查资料丛刊》修订编辑委员会：《广西彝族仡佬族水族社会历史调查》修订本，北京：民族出版社，2009年，第176页。

约》中又规定："不许乱放野火，倘有不遵，一经察觉，公罚不贷。"①河池市恩恩县毛南族在"隆款"中有明文规定："放火烧山者，罚钱五千文。"②河池市宜山县（今宜州区）洛东乡壮族村寨的乡约则规定："放火烧山林者，小孩罚一元二毫，大人罚七元二毫。"③南宁市武鸣县清江乡壮族的乡约也有涉及人为引起森林火灾的经济处罚规定："禁止烧山，如果不慎失火烧山，即罚款。"④罗城仫佬族在民国二十三年（1934 年）乡村禁约中规定：不拘公有私有的山林，概行禁止放火；各村山场多是田水发源地点，不论何人，不准入山乱行砍伐，偷取林木，如有违犯罚金三十元以下。侗族地区几百年前产生的《约法款》中有"保护山林"的条规：谁人砍树，抓到柴挑，捉住扁担，要他父亲补种树，要他母亲赔罪，随从的人罚银六钱，带头的人罚一两二钱；京族永福村1949 年前的封山育林规约：居民后林一带山林，折生枯木、树木根等项，一概净禁⑤。

西南诸多少数民族均有崇拜水神和爱护水源的风俗习惯，特别注重水源地的保护。例如，广西壮族认为江河溪流里的水是由水神掌管的，对水的利用必须取之有度、用之有节，否则将会受到惩罚，会有水旱之灾⑥。清嘉庆年间，金秀瑶族自治县的九个瑶族村落曾立下一份《禁示龙堂碑》，碑文强调了保护水源的重要性："水源顿绝，田禾没涸，大为民害"，还规定了："如还（犯），依律重究。"⑦

三、西南地区灾害防御文化的特点及影响

灾害防御文化是西南地区灾害应对文化的重要内容，是当地民众与自然灾

① 《中国少数民族社会历史调查资料丛刊》修订编辑委员会：《广西侗族社会历史调查》修订本，北京：民族出版社，2009 年，第 124 页。

② 袁翔珠：《石缝中的生态法文明——中国西南亚热带岩溶地区少数民族生态保护习惯研究》，北京：中国法制出版社，2010 年，第 122 页。

③ 《中国少数民族社会历史调查资料丛刊》修订编辑委员会：《广西壮族社会历史调查（五）》修订本，北京：民族出版社，2009 年，第 54 页。

④ 《中国少数民族社会历史调查资料丛刊》修订编辑委员会：《广西壮族社会历史调查（六）》修订本，北京：民族出版社，2009 年，第 58 页。

⑤ 广西壮族自治区地方志编纂委员会：《广西通志·民俗志》，南宁：广西人民出版社，1992 年，第 187 页。

⑥ 梁林秋：《清代以来广西少数民族环保习惯法探析》，上海师范大学 2020 年硕士学位论文。

⑦ 唐正柱：《红水河文化研究》，南宁：广西人民出版社，2008 年，第 185 页。

害长期斗争过程中形成的一套具有边疆性、民族性的防灾减灾文化体系。这套体系在不同历史阶段具有不同的特点，经历了近代化、现代化、全球化转型，在一定程度上减轻及缓解了自然灾害对人们生产生活、生命财产造成的影响。

（一）西南地区灾害防御文化的特点

西南地区灾害防御文化具有边疆性、民族性、地域性的特点。西南边疆地区既是我国边疆的重要组成部分，更是我国少数民族最多的区域，有壮族、白族、傣族、水族、佤族、苗族、怒族、门巴族、彝族、土家族、德昂族、景颇族、瑶族等民族。在历史上，西南地区一直是我国自然灾害种类最多、最为严重的区域之一，如地震、旱涝、泥石流、风灾等自然灾害，部分地区水土流失、石漠化现象严重，区域经济社会发展受到极大制约。与其他地区相较，西南地区灾害防御既有共性，又有个性。

西南地区诸多少数民族在漫长的历史变迁过程中，逐渐形成了一套与自然和谐共生有关的风俗习惯、民间信仰、生产生活方式、禁忌和生存智慧，其中蕴含着丰富的防灾减灾知识和技能。西南地区的苗、黎、傈僳、彝、纳西、阿昌、景颇、独龙等山地民族在传统社会都是刀耕火种的耕作方式，这种生产方式极易引起火灾，大规模的烧山更是会焚毁森林中的动植物，为了更好地防御火灾发生，独龙族在烧山之前，会举行祭山神和祭谷神的仪式，届时会敲响铓锣皮鼓、跳舞吆喝、念祭词，这样在客观上就惊动了林中的动物，使它们有时间逃走。另外，在烧地之前要把四周的树枝和干草铲除干净，避免火苗蔓延烧毁其他森林。烧地时应特别注意风向，让火慢慢从四周向中央燃，避免顺风点火和坡底点火，否则火焰会借风势扩大，一发不可收拾。但在春天既可以从地边坡底点火，也可以顺风点火，因为此时地里都是青草，且雨水多，火势不会蔓延。烧完之后，还要把没有烧着的树枝或草堆放在一起烧，要把烧不尽的树干拣去堆在地的四周，把地修理得干干净净，这个过程独龙语称之为"大开哇"①。此外，为了更好地防御灾害，佤族极为重视水源、森林的保护。这种认知及观念在很大程度上约束、规范了人们砍伐树木的行为，更让当地民众意

---

① 高燕：《抢救保护少数民族灾害文化——解读〈云南世居少数民族传统灾害文化纪实丛书〉的秘密》，《民族时报》2021年4月14日，第A01版。

识到保护森林的重要性，以此来稳固水土、涵养水源，减少旱涝、泥石流、水土流失等灾害的发生。

在西南地区许多少数民族村寨周边都分布着茂密的森林，这些森林为佤族民众提供了丰富的食材、薪柴及建盖房屋的用材，是当地民众日常生产生活不可缺少的自然资源，而且茂密的森林在一定程度上减少了水土流失，也因此佤族民众形成了严格的保护森林植被的环境习惯法。例如，"阿佤理"是普洱市西盟佤族社会成员必须认真遵守的行为规范准则，是佤族社会重要的口头传承的文化，世代相传，"阿佤理"规定，严禁任何个人或组织砍伐水源地的树木，若有人砍伐，将按高出实际价值100倍的价格予以赔偿。若拒执行者，将会遭受更加严厉的处罚。可以看出，佤族民众珍惜及合理利用森林资源，其原始习惯法中蕴涵丰富的环境保护意识，为当地自然生态环境的发展起到保护作用，也在一定程度上减少了因环境破坏而造成的灾害。

西南民族的传统知识中包含了丰富的防灾减灾文化，主要表现在村寨建筑、生产生活、周边环境之中，蕴含了防风、防寒、防涝、防火及应对突发灾害所采取的应急意识等，独特的自然环境和人文环境为防灾减灾体系工程的建设提供了重要基础。在现代防灾减灾过程中，广大农村社区被当成在灾害面前没有任何防御能力的受体，而在西南地区许多少数民族的防灾减灾知识体系中，在对大自然的不断适应中，当地形成了独特的灾害防御文化，体现在节庆习俗、神话传说、生产生活等诸多方面，对当前防灾减灾具有重要价值。例如，在佤族的日常生活中的减灾举措，承载着佤族民众适应生境的诸多体验，并通过乡规民约及民间习惯法等得以维系和保障。这些独具特色的民族文化，或经世世代代口耳相传，或存在于遗留的历史古籍之中，如建粮仓是佤族一个有效的减灾措施。可见，建粮仓能够有效减少火灾发生时所造成的损失，保存下粮食和一些贵重物品，帮助人们度过艰难时期，这在一定程度上亦起到维护社会稳定的作用，是一种重要的减灾方式。

西南地区关于防灾减灾的习惯法是与当地民族宗教信仰、风俗习惯、生产生活息息相关的，诸多少数民族的禁忌和乡规民约体现了各民族民众认知自然、崇敬自然、保护自然的一套自发的生态环境保护意识及防灾减灾意识。在今后防灾减灾过程中，应重点关注少数民族传统制度文化对于防灾减灾体系建设工作的维系与促进，需要在现当代防灾减灾法规保障的前提下，借助当地民族习惯法的约束力度，充分调动广大民众的积极性，增强民族文化认同，提高民族地区优秀的传统防灾减灾文化的地位，建立健全防灾减灾制度体系，更好地推动民族地区防灾减灾事业建设。

（二）西南地区灾害防御文化的影响

在历史上，西南地区各民族民众在长期与自然灾害的斗争过程中形成了一套完备的防灾减灾知识体系，主要体现在神话传说、宗教信仰、风俗习惯、节庆习俗等传统文化之中，并贯穿在各民族民众日常生产生活的方方面面。随着现代化元素的冲击，传统文化逐渐消失。西南地区各民族防灾减灾知识作为中国优秀灾害文化的重要组成部分，对于当前灾害风险防范及防灾减灾工程也有一定的借鉴意义。

西南地区是我国的灾害频发区，自古以来，包括气象灾害、地质灾害、生物灾害、火灾等各种灾害频繁发生，严重影响了云南人民的生产生活。面对严峻的灾害形势，不同时期国家与地方政府便制定了一系列的防灾减灾对策和措施，虽效果不一，但也取得了一定的成效。中国古代社会，兴修水利防洪抗旱以官方为主导，民间力量广泛参与其中，这一灾害防御举措实现了官民之间的有效联动，达到了防御水旱灾害的效用。清雍正年间，建水县境内河高田低，常年遭水患所扰，鄂尔泰饬令地方官员浚河筑堤，并动员民间力量按时修筑，"岁发国帑三百两以为之倡，民间从而捐赀助工，以时修筑，河患赖以稍平降"[①]。乾隆四十七年（1782 年）奏准："官民捐资修浚邓川弥苴河身堤坝，涸出粮四万亩。嗣后每岁冬春水涸时，该管府州督率民夫兴修一次，以资蓄泄，乃有利而无害，成熟民屯田若干。"[②]

中华人民共和国成立以后，党中央、国务院高度重视防灾减灾救灾工作，西南地区省委、省政府在不同阶段也出台了一系列防灾减灾规划，建立了一套较为完善的防灾减灾体系建设工程。西南许多少数民族地区在中华人民共和国成立以前，防灾减灾救灾主要依赖民众自身，虽灾害发生后官方也有少量赈

---

① 民国《续修建水县志稿》卷 10《祥异》，南京：凤凰出版社，2009 年。

② （清）刘慰三：《滇南志略》卷 2，方国瑜主编：《云南史料丛刊》第 13 卷，昆明：云南大学出版社，2001 年。

济，但由于地方官员、土司层层克扣，到灾民手中所剩无几，受灾民众仅能依赖于乞讨、采山茅野菜度日，或举家迁徙躲避灾荒。中华人民共和国成立以后，党和中央政府极为重视防灾减灾救灾工作，每遇重大灾害，县委、县政府立即组织人力深入灾区调查、上报受灾情况、安抚受灾群众、组织灾区群众生产自救，并对因灾造成无房、无粮、无衣、无用具等困难户给予及时救济，在很大程度上缓解了灾害对于民众生产生活带来的影响，因此以政府为主导的防灾减灾工作愈来愈占据主导地位。

西南地区传统灾害防御文化对于现代防灾减灾更好地贯彻落实是有一定积极作用的，而现代防灾减灾对于传统灾害防御文化虽然造成一定冲击，但同时又可以进一步促使传统灾害防御文化的当代转型。当前，西南地区的防灾减灾方式主要依托于政府，民众的灾害应对能力相对较弱，现代防灾减灾工程为传统灾害防御文化带来了一定的冲击和影响，具体如下：一是西南地区诸多民族传统的防灾减灾知识由于社会文化的变迁而逐渐消失，如佤族传统民居建筑的变迁，传统的竹木结构的干栏式建筑被钢筋混凝土建筑所取代，在一定程度上降低了火灾的频发程度，而且在房屋的"统规统建"之下，房屋的抗震程度要求达到6级，然而，在实际的防灾减灾过程中，传统民居建设的抗震能力是高于当前的钢筋混凝土建筑的。二是随着现代防灾减灾在西南地区灾防御中所发挥的作用愈加重要，传统灾害防御文化逐渐由原本的防灾减灾功能而转变为文化功能，如澜沧县文东佤族乡多依树村是一个兼有多元信仰的行政村，求雨节是当地最隆重的禳灾仪式。目前，虽然求雨节的祭祀仪式仍在延续，而且更为隆重，但其功能发生转变，更多的是一种文化功能，重在保护和传承，其目的是使从芒堆走出的人们能够有机会回到家乡，牢记自己的根在何地。

西南地区各民族传统生计中的生态维护和防灾减灾智慧，蕴含着的丰富的生态脆弱环节规避、风险灾变的缓解、资源缺环的补救手段等知识，对于自然灾害具有化解能力①。

---

① 邵侃：《文化生态的因应协同：西南民族地区农村综合防灾减灾能力建设的行动取向》，《原生态民族文化学刊》2022年第4期。

第二节　西南地区灾害救助文化

随着历史的发展，灾害救助制度日臻成熟及完善，如赈济、抚恤、蠲免、缓征、平粜、借贷、工赈等灾害救助举措在西南地区得到一定的贯彻落实，官方因此成为应对重大自然灾害的中坚力量，同时，民间力量也发挥着重要作用。

一、西南地区官方的灾害救助文化

灾害救助是西南地区灾害应对过程中的重要环节，在整个体系之中具有应急性。西南地区的灾害救助是由官方与民间协同展开的。官方灾害救助在传统的灾害救助中占据主导地位，但由于西南地区远离中央王朝，较之于内地官方灾害救济的实际效用而言，官方灾害救助具有一定的滞后性，民间灾害救助更具有及时性，甚至有时在灾害发生时民间自救会起到更为重要的作用。

（一）赈济

赈济是指灾后以钱款、粮食或灾物等方式救济灾民的方法，也是古代最流行的一种消极救灾措施。赈济救灾起源很早，《礼记·月令》记载："天子布德行惠，命有司仓廪，赐贫穷，赈乏绝。开府库，出布帛，周天下。"[1]

隋唐五代时期中央政府对西南地区的赈济措施主要是遣使赈灾、义仓赈济。一是遣使赈灾，即中央政府派遣使臣，奔赴灾区安民救灾，体现国家是救灾的主体及对灾区的重视[2]，这在当时对西南地区的灾害救治中也多有体现，如隋文帝时期，开皇六年（586 年）二月，"山南荆浙七州饥，遣工部尚书长孙毗赈之"[3]；唐太宗贞观九年（635 年）秋，"关东剑南之地二十四州旱，分遣使赈恤之"[4]；唐文宗开成二年（837 年）八月，"山南诸州大水，田稼漂

---

① 李学勤主编：《十三经注疏·礼记正义》卷 15《月令》，北京：北京大学出版社，1999 年，第484 页。

② 毛阳光：《遣使与唐代地方救灾》，《首都师范大学学报》（社会科学版）2003 年第 4 期。

③ （宋）王钦若等编纂，周勋初等校订：《册府元龟》卷 106《帝王部·恶民》，南京：凤凰出版社，2006 年，第 852 页。

④ （宋）王钦若等编纂，周勋初等校订：《册府元龟》卷 106《帝王部·恶民》，南京：凤凰出版社，2006 年，第 852 页。

尽。丁酉，诏：大河西南，幅员千里，楚泽之北，连互数州，以水潦暴至，堤防溃溢，既坏庐舍，复损田苗，言念黎元，罹此灾沴，宜令给事中卢宣刑、郎中崔瑨宣慰"①。二是义仓赈济，义仓赈济就是动用义仓的储备粮来救济灾民，帮助灾民度过难关，这在隋唐五代具有普遍性②，西南地区亦不例外，唐太宗贞观十八年（644 年）九月，"襄、豫、荆、徐、梓、忠、绵、宋、亳十州言大水并以义仓赈给之"③。

元代在西南地区灾害救济时，一是发放钱粮赈济。发放钱粮赈济是元代西南地区最为常见的急赈举措之一，其数目也是颇为可观的，对救灾起到了积极作用。元代西南地区在赈灾之中有明确钱粮记载总计：二十万一千余锭，粮食十一万五千石，当然，其实际远不止于此，据统计元代西南地区灾害赈济次数30 余次，有明确钱粮数记载仅有 8 次，可见元代西南地区赈济钱粮数目之多、力度之大④。二是派遣官员赈济。元代西南地区在灾害赈济上除直接进行钱粮赈济外，有时也会派遣官员进行赈济，对赈灾事宜进行调控。例如，大德十一年（1307 年）七月，"江浙、湖广、江西、河南、两淮属郡饥，于盐茶课钞内折粟，遣官赈之"⑤。元统二年（1334 年）六月，中书省臣言："云南大理、中庆诸路，曩因脱肩、败狐反叛，民多失业，加以灾伤，民饥，请发钞十万锭，差官赈恤。"⑥可见，派遣官员对灾害发生区进行赈灾是元朝赈灾的重要举措之一。

明清时期，灾荒赈济制度逐步完善，赈济银米或籽种是最为直接的灾害救济举措，在救灾过程中尤为重要。具体如下：一是赈济银米，这是官方灾害救济的首要措施。例如，顺治十七年（1660 年），"毕节旱，大饥，巡抚卞三元请动楚运米三千石赈之"⑦。康熙二十年（1681 年）立冬日，"思州府城大火，被焚兵民四十五家，知府陆世楷发粟以之赈"⑧。康熙五十二年（1713

① （宋）王溥：《唐会要》卷 44《水灾下》，北京：中华书局，1955 年，第 786 页。

② 潘孝伟：《唐代义仓研究》，《中国农史》1984 年第 4 期。

③ （宋）王钦若等编纂，周勋初等校订：《册府元龟》卷 106《帝王部·惠民》，南京：凤凰出版社，2006 年，第 853 页。

④ 张阜炳：《元代西南地区自然灾害研究》，吉首大学 2019 年硕士学位论文。

⑤ （明）宋濂等：《元史》卷 22《武宗本纪一》，北京：中华书局，1976 年，第 485 页。

⑥ （明）宋濂等：《元史》卷 38《顺帝本纪一》，北京：中华书局，1976 年，第 822 页。

⑦ 乾隆《贵州通志》卷 1《天文志·祥异》，清乾隆六年（1741 年）刻本。

⑧ 康熙《思州府志》卷 7《事变志·灾祥》，1964 年。

年）二月二日夜，寻甸州地震，城垣及远近墙屋尽圮，压死兵民不可胜计，知州李月枝"发米先赈，续蒙督抚叠加恩恤"①。康熙五十九年（1720 年）三月二日，寻甸州前街营兵失火，烧毁右营守备署、钟鼓楼、南门城楼及民舍三百余家，知州李月枝"赈以米，续奉督抚先后檄行分给银米"②。乾隆四十七年（1782 年），腾越州发生水灾，南甸、干崖两土司农田土地及房屋都被淹没，奏准："发款银抚恤。"③嘉庆十年（1805 年），秋雨连绵，昆湖水涨，附近低洼之地，昆阳等州县的农田房屋都被淹没，督抚勘奏："奉旨将乏食贫民先行抚恤一月口粮。"④道光十三年（1833 年）九月，昆明、嵩明、宜良、河阳、寻甸、蒙自、晋宁、江川、阿迷、呈贡十州县同时地震，当地百姓既无栖身之所，又无糊口之资，奉上谕："该督等业经动拨司库银两，查照乾隆、嘉庆年间成案，震倒房屋每间给银五钱，草房三钱，压毙大口每口给银一两五钱，小口五钱，伤者不论大小，每口给银五钱。被灾各户现存大口给谷一京石，小口五斗，分别赈济。"⑤二是赈济籽种，以备灾时生产之需。例如，光绪三年（1877 年），云南东川、昆明、武定、永北、景东等府厅州县二十余署被水被旱，题准："应行抚恤，及来春接济籽种之处，仿照光绪元二年所办成案，先由本省厘金下动款散放，归入善后案内报销。"⑥光绪七年（1881 年）题覆："滇省被灾昆明、石屏、龙陵等厅州县十余属分别动款抚恤，其缺乏籽种、牛、贝之处，亦即着借钱文，以作补种之资。"⑦

民国时期，赈济措施进一步组织化、制度化。在赈济组织机构上，如四川巡按使公署乃于 1915 年 1 月 5 日成立四川省筹赈总局，办理灾赈；1934 年成立四川筹赈会；1935 年，四川筹赈会改称四川省赈务会；1936 年，四川省赈务会训令各县成立赈务分会；1936 年后，所有勘灾、筹拨赈款等事，交由省民政厅办理；1939 年，四川省赈务会与非常时期难民救济委员会四川省分会合并成立四川省赈济会，同时成立四川省赈济专款保管委员会，各县（市）限务分会亦

① 道光《寻甸州志》卷 28《祥异》，清道光八年（1828 年）刻本。
② 道光《寻甸州志》卷 28《祥异》，清道光八年（1828 年）刻本。
③ 光绪《腾越厅志稿》卷 1《天文志·祥异》，清光绪十三年（1887 年）刻本。
④ 道光《昆阳州志》卷 2《天文志》，清道光十九年（1839 年）刻本。
⑤ 民国《昆阳县志》卷 5《政典志·蠲恤》，民国三十四年（1945 年）稿本。
⑥ 民国《昆阳县志》卷 5《政典志·蠲恤》，民国三十四年（1945 年）稿本。
⑦ 民国《昆阳县志》卷 5《政典志·蠲恤》，民国三十四年（1945 年）稿本。

与难民救济支会合并，相应成立赈济分会①。在赈灾法规制度上，1935 年，川政统一后，四川省政府公布行政院先后颁行的《勘报灾歉规程》《修正勘报灾歉条例》《灾听查放办法》《旱灾急救办法》《救灾干旱紧急办法》等②。由于战乱和灾荒频仍，当地慈善团体和官绅捐募成为赈济的主体，以设厂施粥，作为急赈。1936 年、1937 年，全省大旱，赤地千里，哀鸿遍野。四川省政府先拨出救灾准备金 14 万元，分配给武胜等 42 县，对老弱灾民进行急赈。随后，国民政府拨赈款 100 万元，加上省政府向金融界借款 100 万元，共 200 万元，分配给 26 个重灾县 85 万元，46 个次重灾县 80 万元，68 个轻灾县 35 万元。1939年，秋冬两季雨水愆期，次年入春后仍亢阳少雨，有乐至、通江等 77 县受旱请求赈济。经省政府派员复查后，以乐至等 16 县灾情严重，批准由省赈济会拨款救济③。

中华人民共和国成立以后，灾害救助的方式更为多元，相应的制度、政策愈加健全。2008 年 5 月 12 日，四川省汶川县发生里氏 8.0 级特大地震，按照《国家自然灾害救助应急预案》，国家减灾委、民政部当即启动国家自然灾害救助Ⅱ级应急响应，当天根据灾情发展，将响应等级提升为Ⅰ级，这是《国家自然灾害救助应急预案》实施以来首次启动Ⅰ级响应。汶川特大地震灾害救助过程中，政府、企业、社会等多方均以各自的职责与方式参与到救助过程中，成为成功应对特别重大自然灾害的关键因素之一④。地震后，根据不同时段受灾群众生活所需，及时制定临时生活救助、后续生活救助等生活救助政策，具体如下：一是临时生活救助政策。5 月 20 日，民政部、财政部、国家粮食局下发通知，明确对因灾无房可住、无生产资料和无收入来源的困难群众给予现金和成品粮补助，对因灾造成的"三孤"（孤儿、孤老、孤残）人员给予现金补助，补助 3 个月（6—8 月）。二是过渡期生活救助政策。临时生活救助

① 四川省地方志编纂委员会：《四川省志·民政志》，成都：四川人民出版社，1996 年，第 261—262 页。

② 四川省地方志编纂委员会：《四川省志·民政志》，成都：四川人民出版社，1996 年，第 266—267 页。

③ 赖静：《民国时期四川的自然灾害救济及其启示——从汶川地震的救援工作中透视》，《西南民族大学学报》（人文社会科学版）2011 年第 3 期。

④ 周洪建，张弛：《特别重大自然灾害救助的灾种差异性研究——基于汶川地震和西南特大连旱的分析》，《自然灾害学报》2017 年第 2 期。

政策到期后，灾区仍有约 400 万受灾群众面临生活困难，民政部、财政部下发通知，明确救助对象和标准，补助 3 个月（9—11 月）。三是对于过渡期生活救助政策结束后仍然存在生活困难的受灾群众，按照有关程序和规定，纳入城乡最低生活保障或冬春生活救助体系。与常规灾害救助相比，汶川地震过渡期及后期救助需求量大，通过及时出台相关救助政策，有效满足了受灾群众的基本生活救助需求①。

2009 年 9 月至 2010 年 5 月，云南、贵州、广西、重庆、四川等西南 5 省（自治区、直辖市）持续少雨天气，给当地群众生产生活造成严重影响。2010 年 2 月 2 日，国家减灾委、民政部针对云南、广西旱情紧急启动国家Ⅳ级旱灾救助应急响应；2 月 5 日，将国家Ⅳ级救助应急响应提升至Ⅲ级；2 月 25 日，鉴于云南省的特大旱情，将国家自然灾害救助应急响应等级提升至Ⅱ级。此次旱灾作为渐发灾害的典型代表，旱灾救助的过程性更为明晰，尤其是旱灾持续发展过程中的救助。与地震不同，旱灾主要对人畜饮水与口粮、农业生产、部分工业生产等造成严重影响。针对旱灾导致的饮用水、口粮和因旱返贫等问题，采取多种措施，通过物资、资金开展救助。首先，在救助资金方面，财政部、民政部向西南旱区下拨抗旱资金，重点用于帮助受灾群众解决饮用水及饮用水成本增高造成的口粮困难；灾区各级政府及时调整财政预算支出结构，切实加大救灾资金投入，确保受灾群众口粮供应；多方筹集救灾捐赠款物支援灾区。其次，动用部分地方储备粮，针对 4—6 月受灾群众缺粮情况更为严峻的形势，云南省民政厅、省粮食局联合下发通知，动用部分地方储备粮，解决因灾生活困难群众的口粮供应。此外，确保重点对象得到及时救助，云南省对灾区无收成人员，无经济收入、无基本口粮的家庭实施重点救助，广西将旱灾救助和政策性救助结合起来，对符合条件的受灾群众及时纳入冬春救助和低保救助范围②。2016 年 12 月 26 日，广西壮族自治区人民政府办公厅印发了《广西壮族自治区自然灾害救助应急预案（修订版）》。该预案根据广西近年来救灾工作的实际情况，将每一响应级别的各项指标都略作降低，主要对因灾死亡人口、

① 周洪建，张弛：《特别重大自然灾害救助的灾种差异性研究——基于汶川地震和西南特大连旱的分析》，《自然灾害学报》2017 年第 2 期。
② 周洪建，张弛：《特别重大自然灾害救助的灾种差异性研究——基于汶川地震和西南特大连旱的分析》，《自然灾害学报》2017 年第 2 期。

紧急转移安置或需紧急生活救助人口、倒塌和严重损坏房屋及旱灾需救助人口等指标的下限进行了调整①。

（二）平粜

平粜乃"惠济贫民第一要务"。平粜是在灾荒期间由于青黄不接或粮价上涨，民众乏食，遂以官方为主导将仓廪中的粮食按照低于市场的价格出售给灾民的举措。历史时期，西南地区常年发生灾害饥馑的状况，物价飞涨，政府通过平粜方式尽心调控，稳定粮价，使灾民能够获得粮食，不致伤民伤农。发生灾荒时，粮价突涨，民众无力购买粮食，大多饥死，因此地方志等资料中多记载，"岁大饥，斗米银一两、二两"、"岁大歉，斗米银二两"、"大饥，斗米千钱，人多饿毙"。可见政府直接干预，平粜市场的重要性。

隋唐五代时期，西南地区仅有一例移民就粟事，即唐高宗总章二年（669年）七月，"剑南益、泸、茂、陵、雅、绵、翼、维、始、简、资、荣、隆、果、梓、普、遂等一十九州大旱，百姓乏绝，总三十万七千六百九十产遣司，尔大夫路励行存问，赈贷许其往荆襄等州就食"②。清代贵州黎平府曾多次发生灾害，"乾隆四十年夏，五六月，民大饥，斗米易银一两二钱，饿死者无数，发廪减价粜赈之；乾隆五十二年，岁旱民饥，发廪减价粜赈之"③。道光十四年（1834年），"永宁州饥稼，二、三两月，郎岱荒歉来永赈米，乡储积一时俱空，斗米五钱有零。四月下旬，州城缺米，贫民惊惶欲罢市，知州杜端传谕绅士发卖社仓谷二十余石，人心稍定。五月十八日，开仓平粜，至七月十五日止"④。道光十五年（1835年），宣威州饥荒，州牧熊守谦"发广储仓兵米于署前粜卖，以平市价"⑤。光绪四年（1878年）、光绪二十四年（1898年）、光绪三十二年（1906年）、光绪三十四年（1908年），建水县连年大旱，地方官员设局平粜，"光绪四年戊寅，春夏不雨，米腾贵，官绅设局天君庙平粜……十九年癸巳春三月至六月，不雨，设局平粜。二十三年丁

① 苏峰：《广西：修订自然灾害救助应急预案》，《中国减灾》2017年第2期。
② （宋）王钦若等编纂，周勋初等校订：《册府元龟》卷106《帝王部·惠民》，南京：凤凰出版社，2006年，第854页。
③ 光绪《黎平府志》卷一《天文志·祥异》，清光绪十八年（1892年）刻本，第42页。
④ 道光《永宁州志》卷二《天文志·丰歉》，台北：成文出版社，1966年，第28页。
⑤ 道光《宣威州志》卷7《艺文·名宦熊公守谦叙略》，南京：凤凰出版社，2009年。

酉正月至六月，不雨，荒，设局平粜……三十二、三、四年丙午、丁未、戊申，连年大旱，秋谷不登，时用银币，每元得米二升，贵乃如珠，馁且待毙，乃亟分设公局平粜，动支国帑，官商合力捐赈，困赖以苏"①。光绪十九年（1893年），昭通府发生饥疫，"盐井渡运粮平粜"②。光绪二十一年（1895年），"仁怀县，民饥，设局平粜"③。光绪二十九年（1903年），维西县大饥，地方官绅、商贾"捐资办平粜"④。

在官方具体救灾过程中，遇到重大自然灾害时仅依靠某一救济措施很难达到救灾效果，因此，地方官员往往根据灾情程度并行实施多种救济举措。例如，光绪十六年（1890年），腾越厅水灾，光绪十七年（1891年）复饥，官绅筹赈，办平粜并施粥；光绪十八年（1892年）、光绪十九年（1893年），寻甸县水灾，除以积谷平粜外，并由官绅及地方殷实商民，捐助谷米、杂粮，减价平粜⑤。光绪三十一年（1905年），省城附近洪水泛滥，受灾尤重，昆明等十余州、县的田禾尽被淹没，总督丁振铎率领当地官员紧急筹赈，"先发积谷以拯灾黎，倡捐输以事急赈，随飞电请帑于朝廷，请粜于各省……岑春煊并购办越米，王玉麟又购办黔米，先后运滇接济"⑥。

民国十四年（1925年），云南霜灾以后，各被灾县均平粜。"而各县灾民来省城就食者愈加多，而省城住户也因生活继增，多不能举火。乃由公米局采办越米，由民食救济会照市价减收二成，分发各区。平粜购买者，以平民为限。省城方面，拨款三十万元，采购越米接济民食。又由市政公所筹款十万元，设立民食共济社，代理市民径向越南购米（购者不限于贫民），并准各商家自由购办越米入口。总计官商先后所办入口越米约在八千余百车，价值一千八百余万元，犹不能将米价平减，平均每中米百斤，省价尚在三十余元"⑦。1941年6月，四川省政府《关于平粜积谷救灾应注意事项》规定，"灾区贫民有下列情形之一者，

① 民国《续修建水县志稿》卷10《祥异·旱灾类记》，南京：凤凰出版社，2009年。

② 韩世昌，谢远辉点校：《盐津县志》卷一，昭通旧志汇编编辑委员会：《昭通旧志汇编》第6册，昆明：云南人民出版社，2006年，第1612页。

③ 民国《续遵义府志》卷十三《祥异》，台北：成文出版社，1974年，第10页。

④ 民国《维西县志》卷1《第二大事记》，南京：凤凰出版社，2009年。

⑤ 民国《新纂云南通志》卷161《荒政考三·赈恤·义赈》，民国三十八年（1949年）铅印本。

⑥ 牛洪斌等点校：《新纂云南通志（七）》，昆明：云南人民出版社，2007年，第491页。

⑦ 云南省志编纂委员会办公室：《续云南通志长编》中册，1986年，第406页。

得购平米或借贷积谷，60 岁以上无力自救者；无生产能力之妇孺；家庭妇孺众多，无力负担者；出征抗敌军人家属；其他应行救济者"①。

（三）养恤

养恤亦是清代一项重要的临灾赈济措施，主要分为施粥与居养两个方面。贵州在赈灾过程中亦多采用这种便捷、快速的措施。乾隆三十五年（1770 年），大方（大定）发生饥荒，"斗米价白银 3 两，于东山寺施粥赈济"。嘉庆十九年（1819 年），"霜毁禾苗，饥荒，设厂煮粥赈"；道光十四年（1834 年），饥荒，瘟疫流行，知府王绪昆施粥赈济；同治三年（1864 年）四月，大饥荒，施粥赈济；光绪二十六年（1900 年），大饥荒，斗米白银 5 两，发府银一万两购米，在南门煮粥赈济，"日食粥者万余人"②。

西南地区各地也多设有惠民药局、养济院、普济堂、栖流所等施药、收养孤贫及灾民的慈善机构。元大德三年（1299 年），四川、云南行省均有设置的惠民药局，在应对灾害所发生的疫病之时与中央太医院构建了较为完善的医疗体系③。养济院是西南地区最主要、最为普遍的传统慈善救济机构。养济院在明初时始为倡设，到了清初已经逐渐扩展到了中国西南边陲地区。清朝时，统治者饬令西南各省府州县之官员在其境内广设养济院。通常来说，一个州县设立一所，一般设在城内治所，如四川高县设养济院一，在南门外；犍为县养济院在北门外；贵州思南府养济院，凡一所，初在兵备道之东，后改建于遵化门外。只有极个别州县确因现实需要，且财力宽裕则设立两所，如贵州兴义县"养济院有二，一在东门外，一在捧鲜北门外"。贵州正安州也在州城南门外建有男女养济院二所。各府州县养济院的规模因地制宜，阔窄有别，数量不一，如四川省丹棱县养济院"房共九间，围墙悉备"④。贵州黎平府养济院"在城东门内，卡房对面，正屋七间，左右房共五间。大门一，围墙一周。府额设孤贫十八名，额外孤贫十三名。口粮，府捐给"。"开泰县，额设孤贫二

① 四川省地方志编纂委员会：《四川省志·民政志》，成都：四川人民出版社，1996 年，第 267—268 页。

② 大方县地方志编纂委员会：《大方县志》，北京：方志出版社，1996 年，第 10—12 页。

③ 张阜炳：《元代西南地区自然灾害研究》，吉首大学 2019 年硕士学位论文。

④ 王琴：《近代西南地区的慈善事业（1840—1949）》，湖南师范大学 2011 年硕士学位论文。

十名……又养济院亦名普济堂"①。道光十三年（1833 年）五月，"兴义府属挖银口一带洪水泛滥。八月，令抚恤灾民。知府谷善禾在五洞桥侧建养济院，收养孤老灾民"②。

普济堂在西南地区的创设要稍晚于养济院。养济院在有的州县亦被称为普济堂，如贵州安顺府之"养济院，一名普济堂"③，但有的州县又加以区分，如贵州思南府分别"无疾年老者住普济堂，废疾者住养济院"④。栖流所是清代官方举办，用以安抚流民的救济机构，属非主流及辅助性的官赈措施。西南地区在各府州县地区广为设置栖流所是"基于大量流民的出现已对社会秩序的稳定构成了威胁，是官府为加强社会控制的产物"⑤。雍正八年（1730年）上谕："五城赈济贫民饭食银米，著都察院堂官不时查看，钦此。遵旨议定，五城赈济，各设循环簿登记所赈数目，一日一换。平粜设簿亦如之，五日一换，均由院察核。其赈粥米粮柴薪，及粜米数目，并栖流所用银，均报明户部核销，由院确察转送。"乾隆初年（1736 年），云南总督张允随奏请在云南 32 个府州县建立 76 间栖流所房屋，以安抚流移，得到批准："云南总督张允随疏称，昆明、嵩明、宜良、罗次、富民、寻甸、宣威、沾益、邱北、弥勒、建水、宁州、阿迷、嶍峨、镇沅、宝宁、元江、他郎、思茅、宁洱、宾川、永平、腾越、鹤庆、剑川、中甸、姚州、和曲、元谋、大关、镇雄、永善各府厅州县，请建栖流所房屋七十六间。所需工料，并口粮、药饵、棺木、抬埋以及资送回籍等项，俱于司库公项银内动支，从之。"嘉道以后，栖流所在全国的设置更为普遍，嘉庆二十三年（1818 年），"擢广西巡抚……缮城浚河，广置栖流所，并取给焉"⑥。四川省栖流所建立时间相对集中于清中后期，最早的是垫江县知县丁涟于乾隆二十年（1755 年）修建；光绪十年（1884 年），四川井研县大旱，当地为了应对旱灾，而于县城北城外新建栖流所。贵州建栖流所也是在清后期，道光十四年（1834 年），"诏

① 光绪《黎平府志》卷三上《蠲恤》，清光绪十八年（1892 年）刻本，第 236 页。
② 贵州省安龙县志编纂委员会：《安龙县志》，贵阳：贵州人民出版社，1992 年，第 9 页。
③ 咸丰《安顺府志》卷 36《经制志·恤政》，清咸丰元年（1851 年）刻本。
④ 道光《思南府续志》卷 2《公署》，成都：巴蜀书社，2006 年。
⑤ 周秋光，曾桂林：《中国慈善简史》，北京：人民出版社，2006 年，第 164 页。
⑥ 周琼：《天下同治与底层认可：清代流民的收容与管理——兼论云南栖流所的设置及特点》，《云南社会科学》2017 年第 3 期。

内开各省人民有孤寡残疾无人赡养者，该地方官加意抚恤，如无庐室栖处，该地方官酌设栖流所，以便栖处"①；光绪十三年（1887年），又诏"外省民人有孤贫残疾无人养赡者，……如无室庐栖处，该地方官酌设栖流所，以便栖处"②。某些地方之栖流所的具体救济对象有些不同，如贵州仁怀县之栖流所设草屋三间，"向系军流人犯栖止"③，而清镇县栖流所则"以为残废孤贫栖息之所"④。

　　政府令各级官府建立漏泽园、义冢等机构以埋葬客死他乡或者贫不能葬之人。晚清西南社会，迭经灾荒、匪患，百姓流离失所，倒毙道左，漏泽园制度顺应而生，几乎每府州县均有设置。例如，贵州石叶府内漏泽园有数处，"东西关及衡城西南郊外皆有之"⑤。施棺会、掩骼会、白骨塔是一种典型的助丧善会。若遇有水旱饥馑、疫病横行之年月，死亡过于平常，息金、房租不敷施送时，亦请由官府拨款补助和临时劝募。西南地区处于黄河、长江、珠江三大水系的源头，并有澜沧江、怒江、元江红河和墨江黑水河等水系。在事故频发河段设立救生局、捞浮会或设立救生红船每日到江河上营救生者、打捞溺尸。地方官绅捐修红船，按救生局之规模大小招募水手，每名每月给工食银六钱，每年共给银三十六两，并设立局董一人，专司局内各事，名曰"管滩"，捐置田业以作常年经费，包括水手工食用费，救生船只修补费用及"置买棺木、打捞掩埋、祭扫培垒"等各项费用，为了提高工作效率，捐置者还规定："遇有浮尸，实力打捞，每尸一具，给钱一百文。"⑥此外，养幼堂也是一种重要的灾害救助机构。《遵义府志》记载："遵义府地辽阔，人口密稠，每遇隆冬，无倚幼稚，沿街求乞，殊堪恻悯。虽经府县捐廉抚恤，然旧章仅至春暖即行停止，极幼之孩仍属无归，总非长策。十九年秋，与所属州县及绅士公商，广为劝捐，以重久远，共获银五千四百七十两。二十年春，建房屋共二十七间，名'养幼堂'"⑦。

　　① 光绪《黎平府志》卷3上《经费》，清光绪十八年（1892年）刻本。
　　② 光绪《黎平府志》卷3上《经费》，清光绪十八年（1892年）刻本。
　　③ 民国《贵州通志·建置志·公署公所》，成都：巴蜀书社，2006年。
　　④ 民国《清镇县志稿》卷5《政治》，成都：巴蜀书社，2006年。
　　⑤ 民国《贵州通志·建置志》，成都：巴蜀书社，2006年。
　　⑥ 王琴：《近代西南地区的慈善事业（1840—1949）》，湖南师范大学2011年硕士学位论文，第42页。
　　⑦ （清）郑珍，莫友芝纂：《遵义府志》卷十五《蠲恤》，遵义：遵义市志编纂委员会办公室，1986年，第450页。

（四）祈禳

灾荒发生之后，统治者及官员寄希望于上天，祭天诚心祈祷以求灾害停止。清代贵州地方志中多有地方官员祈天禳灾的资料记载，嘉庆二十四年（1819年）五月旱，"六月中旬，守备梁廷海学正金章，聘训导陈一亭率士民设坛祈祷，五日后大雨。经旬，枯苗复生，秋收较常数倍"①。同治九年（1870年）秋，"正安州小里小溪口地方无故飞火，延烧民房，多方祈禳，其灾始息"②。

古代西南地区"流官"与"土官"所主导的消灾祈禳建立在不同的灾害观念基础之上。其中，"流官"主持的消灾祈禳多是基于传统的"天人感应"灾害观，而"土官"主持的消灾祈禳多是基于本土多元信仰，但不论是"流官"还是"土官"主导的消灾祈禳，其功能及目的都是安抚民众心理、彰显其统治地位、稳定社会秩序。"流官"主持的消灾祈禳，以官方为主导、民众广泛参与。清康熙五十一年（1712年）五月，富民县发生虫灾，小虫最开始时长一分，数日后便大如指，专吃禾苗，仅留其根，人用手触碰肿痛难忍，飞禽经过都会避让，整个县城民众极其恐慌；于是，县令彭兆达"亲制文率官属绅士军民人等斋戒步祷三日，百鸟遂啄之，其未尽者堕地死。禾复活，倍茂"③。乾隆五十六年（1791年），景东直隶厅瘟疫大行，从四月中旬到六月，自塘窑传至景东城，损人五六千，署丞周赞撰《为景东瘟疫叩天祈祷身代疏》进行祈祷，"愿以身代绅耆禀禁牛宰，准令各地勒石永禁，疫遂消"④。

"流官"主持的禳灾仪式中以祈雨仪式最为频繁，地方官员多撰有祈雨文，以向上天诸神告罪，祈求风调雨顺，如《城隍神祈雨文》《龙神祈雨文》《四境山川祈雨文》《蚩尤神祈雨文》《南坛祈雨文》《龙潭取水祈雨文》《谢雨文》等。清嘉庆三年（1798年），巍山县发生旱灾，郡守李怀纲祈雨，由于屡祈不应，人心惶惶，遂"聘腾龙祈之，甫开坛行法，阴云四合，甘霖立沛，田畴皆霑足"⑤。新兴州遇旱，由绅士禀地方官断屠祈雨，即由官府下令

① 道光《永宁州志》卷二《天文志》，台北：成文出版社，1966年，第28页。
② 光绪《续修正安州志》卷一《天文志·祥异》，台北：成文出版社，1974年，第86页。
③ 雍正《重修富民县志》卷2《祥异》，清雍正九年（1731年）刻本。
④ 嘉庆《景东直隶厅志》卷25《祥异》，清嘉庆二十五年（1820年）刻本。
⑤ 云南省水利水电勘测设计研究院：《云南省历史洪旱灾害史料实录》，昆明：云南科技出版社，2008年，第483页。

在短期内禁止宰杀牲畜，并设雨坛，每日官必诣拜，民间老幼磕头赤足，"具香案旗幡沿途诵经，祈雨与境内龙潭，雨至乃止"①。昆阳县有旧习，遇天不雨即祈祷，在龙潭附件空旷之地搭建祈雨台，要诵经礼忏，五日或七日内要禁止屠宰，每日早晚要进行斋戒，由"长官率僚属及附近士民羽缨素服齐集，拈香行礼，具文拜读，以雨降为止"②。在众多祈禳仪式中，祈雨仪式最为隆重，其祭祀程式有极为严格的要求。时人曾言："滇人祈雨最可笑，务为剧钱饮噉以作乐，迎神像于街祷之。大小神像毕出，街衢阗隘不得行，几于举国若狂，大吏不之禁也。钱尽即散，而街上空矣。"③滇人祈雨有春夏秋冬祈雨之说，春秋祭苍龙，夏祭赤龙，季夏六月祭黄龙，秋祭白龙，冬祭黑龙。地方官员往往会借助禳灾仪式的庄严性、神圣性，彰显封建统治者的权威性，以此威慑民众，规范民众的灾害防御行为。例如，"春祈雨法"中在祭祀期间"禁诸人无伐名木、松柏樟楠之木，无斩山林。将各该里社之沟渠疏浚，使与间外之沟相通"④；"秋祈雨法"中明令禁止民户"焚烧山泽，陶取铁冶"⑤，这些要求有利于保护环境，巩固水土、防御水旱灾害；"夏祈雨法"中要求百姓"将井泉淘浚使深，勿留污浊"⑥，可以保证水源安全，预防疫病。

　　"土官"主持的消灾祈禳，由土司主导、地方民众集资举办。例如，车里摆夷聚居地区水旱灾害频发，摆夷民众为更好地防御水旱灾害，自古以来便有祭祀水神的惯例。每年生产节令到时，当地首领松列帕兵召（即宣慰使）、议事庭召波乃郎（波郎）就会通知水利官备上一对红鸡、一瓶酒、一串槟榔、八对花蜡条，奠祭"底瓦问""底瓦拉"众水利神，并乞求"底瓦拉"诸神灵管好沟水渠坝，使其不倒塌渗漏，水畅流无阻，并祈求神灵在各地普遍降雨，滋润土地上的禾苗，求得苗肥秧壮，稻穗饱满，免受旱灾虫害，让各地丰产丰收⑦。闷遮来水渠是车里地区五大水渠之一，这条水渠每三年祭祀一次水神，由宣慰

　　① 民国《续修玉溪县志》卷9《曲礼·祈雨》，民国二十年（1931年）石印本。

　　② 民国《昆阳县志》卷8《祈祷》，民国三十四年稿本。

　　③ （清）檀萃辑，宋文熙，李东平校注：《滇海虞衡志校注》卷12《杂志》，昆明：云南人民出版社，1990年。

　　④ 民国《泸西县志稿》第6册《艺文》，民国旧抄本。

　　⑤ 民国《泸西县志稿》第6册《艺文》，民国旧抄本。

　　⑥ 民国《泸西县志稿》第6册《艺文》，民国旧抄本。

　　⑦ 《中国少数民族社会历史调查资料丛刊》修订编辑委员会：《西双版纳傣族社会综合调查（二）》修订本，北京：民族出版社，2009年。

使司署议事庭加封的"帕雅板闷"（即级别最高的头人）主持，沟渠附近的村寨共同举办，祭祀时所用的祭品主要由种田户出资。祭祀水神后的第三天，水利官员顺沟渠逐寨安放分水用的竹筒，分水筒安装完毕，即举行放水仪式；由水利官开锄，然后大伙动手挖开渠口，水即顺渠流入田中；水利官每五天沿沟检查一次，若发现有人偷水，有意将分水筒洞口放大者，水利官有权按情节轻重予以罚款。这种由土司主导的定期消灾祈禳的行为，通过仪式的权威性、神圣性使保护水源及疏浚沟渠成为当地民众的日常行为，让仪式具有了日常化功能，更好地防御水旱灾害，保证了正常的农业生产活动。

直至民国时期，面临水旱灾害，仍以祈祷神灵保护为主。1937 年，四川大旱。当年 4 月 24 日，全国赈务委员会委员长朱庆澜专程来川，会同省主席刘湘，率领官绅至成都省佛教会设坛焚香祈雨；28 日四川省政府电令全省各县居民一律斋戒，禁止屠杀①。官方消灾祈禳以集体性、权威性、严肃性的祭祀仪式加强了对当地民众的教化，维护了地方政府的统治地位，保证了区域社会的正常运转。因此，官方主导的消灾祈禳行为并非完全是一种临灾无力应对的消极举措，反之，这一行为可以更好地强化民众防御自然灾害的认知、意识及行为，促使其积极防御及应对灾害。

二、西南地区民间的灾害救助文化

西南民族地区地势复杂、气候多变、生态环境脆弱，且经济相对落后，应对灾害能力较差，民间救助在灾害救助中发挥着重要作用②。历史时期西南地区灾害救助中的民间救助是作为官方救助的补充存在，民间救助在一定程度上弥补了官方救助的不足。例如，官方救助要经过烦琐的行政手续，缺乏时效性，民间救助则在灾民得到官方救助之前及时为灾民提供急切需要的物品，帮助灾民度过艰难时期。

（一）民间个人开展的灾害救助

在面对灾害时，民间慈善活动十分活跃。《佛祖统记》载：至德二载

---

① 四川省地方志编纂委员会：《四川省志•民政志》，成都：四川人民出版社，1996 年，第 276 页。

② 高中伟，邱爽：《西南民族地区乡镇灾害文化建设的意义与可行性——以阿坝藏族羌族自治州汶川县为例》，《西藏大学学报》（社会科学版）2017 年第 2 期。

（757年），大饥，僧英干在"成都城南市，于广衢施粥以救贫馁"，这是僧人救灾的例证；前蜀时期"僧智广，俗姓崔氏。处居雅州开元寺，善救病，以竹片为杖，拍其痛处决之，无不立愈，瘾者便申，跛者能行，其余疾苦，应手痊损。乾宁二年，高祖延智广于成都宝历寺，为人疗病，所得资财，即用修造，遂于本寺天王阁居止。于是病者竞来，日有数千百人，贫者不复施钱，时号圣僧"①。此外，唐五代时期在佛教寺庙设置的"悲田养病坊"更是发挥了重要作用，该机构虽非针对自然灾害而设，但在救助灾民方面的作用也当肯定②。元代西南地区民间慈善措施也是具有相当之表现性的，如"大德八年，蜀人饥，亲劝分以赈之，所活甚众。有死无葬者，则以己钱买地使葬"③等民间慈善举措，其在灾害赈济过程中也发挥了重要的作用。

隋唐五代自然灾害发生后，政府鼓励民间自救。隋唐五代时期西南地区"蜀汉既繁芋，民以为资"；"大和中，荣夷人张武等百余家请田于青神，凿山开渠，溉田二百余顷"④，这是民间兴修水利的例证。除过备荒措施之外，在面对政府及社会无法进行救济之时，灾民就会违反社会伦理进行自救。元代西南地区灾害频发，生产力普遍不高，由于中央财政和地方财政上的困难，政府有时会出现无力独自承担救济灾害的情况。在此情况之下，元代政府在应对西南地区灾害救济时，进而鼓励民间对灾害进行救济。大德十一年（1307年），由于"官仓无粮，及无客旅贩到米粮，是致贫民夺借米谷，致伤人命"⑤，所以元朝政府"率富民出米赈济饥民、验数立赏，权宜禁酒，开禁山场、河泊听民采捕，量为救民急务"⑥等，元代在鼓励民间救济的同时，还在灾伤严重之时实行"入粟补官"制度，其始于大德十一年（1307年），"七月，江浙、湖广、江西、河南、两淮属郡饥，于盐茶课钞内折粟，遣官赈之。诏富家能以私粟赈者，量以授官"⑦。并于泰定二年（1325年）九月，规定"募富民入粟拜官，二千石从七品，千石正八品，五百石从八品，三百石正九

① （清）吴任臣：《十国春秋》卷47《前蜀十三列传》，北京：中华书局，1983年，第669页。
② 段重庆：《隋唐五代西南地区自然灾害及对策研究》，西南大学2012年硕士学位论文。
③ （明）宋濂等：《元史》卷120《察罕传附立智理威传》，北京：中华书局，1976年。
④ （宋）欧阳修，宋祁：《新唐书》卷42《地理志·剑南道》，北京：中华书局，1975年，第1079页。
⑤ 陈高华等点校：《元典章》卷3《圣政二·救灾荒》，天津：天津古籍出版社，2011年。
⑥ 陈高华等点校：《元典章》卷3《圣政二·救灾荒》，天津：天津古籍出版社，2011年。
⑦ （明）宋濂等：《元史》卷22《武宗本纪一》，北京：中华书局，1976年，第485页。

品，不愿仕者族其门"①。由此可见，元代在应对西南地区灾伤时，"捐官"政策日渐成熟，这一政策在中央及地方政府钱、粮缺乏之际起到了一定的救灾作用，但是从长远来看，并不利于社会的稳定发展。

清代西南地区民间的灾害救济主体更为多元。在具体实践中，以官绅、士绅、乡绅等地方精英主救，义民、客民等下层民众互救，一般是通过施粥、施药、捐资、平粜、借贷谷米等散利的方式进行救济。首先，官绅以民间身份展开救济，凭借自己的声望与影响力，通过施粥、捐钱及捐物作为表率带动地方社会力量积极参与②。例如，康熙九年（1670年）六月，罗次县地震，土城、民舍倒塌无数，知县马光"捐赈"③。乾隆二十三年（1758年），北流县"旱大饥"，"邑人李淳、陈畴文各赈粥一月，李润、陈在文各赈粥十日，陈成文赈粥三日，党维赵捐钱米赈济"④。嘉庆二十一年（1816年）秋，腾冲州大饥，斗米银一两，饥民遍地，州牧李正芳倡捐赈济，其一人"捐银千两，全活其众"⑤。嘉庆二十二年（1817年），昆明县大饥，许多百姓在流亡途中病死或饿死，太守钱裕斋"设立粥场给医药，资以路费，散归故里，俾凶年转为乐岁……盛称先生月捐俸十千钱，为士民倡设恤民局"⑥。道光十四年（1834年），安顺府境内大饥，知府经武济、普定县知县张瀚中"粜义仓米以济之"⑦。其次，由士绅、乡绅等地方绅士进行救济。例如，顺治年间，富民县闹饥荒，百姓饥馑，监生曹晶"给牛种，全活甚众"⑧。乾隆年间，宜良县发生水灾，百姓饥馑，段官村人张殿捷"施米赈之，全活饥民甚众"⑨。乾隆三十一年（1766年），晋宁州连年旱荒，瘟疫大起，士绅唐文灼"躬任医药，全活甚众"⑩。嘉庆二十一年（1816年），景东厅大饥，乡绅程松亭"出资平

① （明）宋濂等：《元史》卷29《泰定帝本纪一》，北京：中华书局，1976年，第660页。

② 赵家才：《清代山东民间社会的灾害救济》，《内蒙古农业大学学报》2006年第3期。

③ 光绪《罗次县志》卷3《祥异》，南京：凤凰出版社，2009年。

④ 雍正《广西通志》卷3《祥异》，《景印文渊阁四库全书》第565册，台北：商务印书馆，1986年。

⑤ 云南省水利水电勘测设计研究院：《云南省历史洪旱灾害史料实录》，昆明：云南科技出版社，2008年，第557页。

⑥ 云南省水利水电勘测设计研究院：《云南省历史洪旱灾害史料实录》，昆明：云南科技出版社，2008年，第124页。

⑦ 咸丰《安顺府志》卷二十六《经制志·食货下》，清咸丰元年（1851年）刻本，第351—359页。

⑧ 雍正《重修富民县志》卷1《名宦》，清雍正九年（1731年）刻本。

⑨ 民国《宜良县志》卷8《秩官志·循吏》，民国十年（1921年）铅印本。

⑩ 宣统《晋宁州乡土志初稿》卷上《唐文灼》，清宣统元年（1909年）稿本。

粜，米价顿减"①。咸丰二年（1852 年），石屏州大旱，士绅朱方伯"复设米厂，以救饥者"②。咸丰十年（1860 年），宜良县大饥，乡绅邱鸿锐"于城隍庙设粥场，又于桥头营立施棺会"③；何世经"施米赈济"④，也有一些客民、义民等下层民众互相救济；顺治十七年（1660 年），大理府闹饥荒，山民张相度有援赈之志，"遂馨资以出，不足又称贷，或约同人捐助之"⑤。同治四年（1865 年），宣威州五福桥冲决于大水，客民刘兴顺"倡捐重修"⑥。光绪二十六年（1900 年）夏，盐井渡一带大旱，田地仅栽插五分之三，民众饥饿无粮，"各乡义民纷纷集资购川米平粜"⑦，亦有一些乐善好施的妇女在灾害救济中也发挥着一定作用，如咸丰十一年（1861 年），新兴州因洪水，连年荒歉，刘连氏"出所储仓谷数百石，砲米为粥，以食饥人，存活者万计"⑧。

由于政府力量并不能顾及民间各个地方，故民间救济力量成为重要补充。乡绅之类的富裕人家多受儒家传统仁义思想的影响，君子善善，从长苟有，救助贫困已是常举。更有掩骼埋胔之礼："州县建义塚，有贫不能葬及无主暴骨，皆收埋之，民有收瘗遗骸，年有不怠者，有司表其门。"⑨政府对于有此善举之人进行奖励鼓舞。民间出资捐建普济堂等机构救助灾贫，抚育婴儿，除了有政府倡议、鼓励的原因之外，多是出于善行，帮助乡里。民间慈善机构，经费主要来源于乡绅及富民的捐助，其中大多出资捐助的人还承担了管理责任。通常清统治者往往会对捐助之人赐金、赐匾额以示鼓励，并且要求地方官员对有此善举之人，"宜时加奖劝，以鼓舞之"，"有官绅民好义捐建者，其

---

① 云南省水利水电勘测设计研究院：《云南省历史洪旱灾害史料实录》，昆明：云南科技出版社，2008 年，第 381 页。

② 云南省水利水电勘测设计研究院：《云南省历史洪旱灾害史料实录》，昆明：云南科技出版社，2008 年，第 343 页。

③ 民国《宜良县志》卷 8《秩官志·循吏》，民国十年（1921 年）铅印本。

④ 民国《宜良县志》卷 8《秩官志·循吏》，民国十年（1921 年）铅印本。

⑤ 云南省水利水电勘测设计研究院：《云南省历史洪旱灾害史料实录》，昆明：云南科技出版社，2008 年，第 461 页。

⑥ 光绪《宣威州志补》卷 2《关哨·津梁》，民国十年（1921 年）铅印本。

⑦ 韩世昌，谢远辉点校：《盐津县志》卷 1，昭通旧志汇编编辑委员会：《昭通旧志汇编》第 6 册，昆明：云南人民出版社，2006 年，第 1612 页。

⑧ 云南省水利水电勘测设计研究院：《云南省历史洪旱灾害史料实录》，昆明：云南科技出版社，2008 年，第 206 页。

⑨ 嘉庆《黄平州志》卷五《学校志》，成都：巴蜀书社，2006 年。

经费并听其经理"①。

（二）民间组织开展的灾害救助

首先，民间慈善组织开展的灾害救助。民国年间由于自然灾害频发，各类以灾害救助为宗旨的民间慈善组织的成立和发展壮大。各种各样、大大小小的以行业、地域或者宗教为纽带的民间慈善组织纷纷成立，规模较大的有中国红十字会总会、中国华洋义赈救灾总会、世界红十字会中华总会等②，其在西南各省均设有分会。云南华洋义赈分会于1926年1月成立。自分会成立后，承总会拨发赈款国币295000元，汇合滇币728280元，定为工赈六成，急赈四成，而可以一成为伸缩，并指派工程师来滇襄办，此款汇到，急赈期间已过，即以急赈款项提作救济老弱之用，函请政府调查各县灾区之轻重、灾民之多寡，分等拨款，设立支会，办理赈济③。例如，1926年思茅县办理防疫，1927年红十字会办理冬赈，1928年省会水灾，1929年昆明火药爆灾，1930年阿迷县东山等处火灾，1931年昭通等县"八一四"水灾，1933年昆明市、县水灾，都拨款项，力谋赈济④。民国时期，云南有昆明红十字分会、昭通红十字分会、大理红十字分会、保山红十字分会。民国时期天灾和战乱相交，死伤无数，疫病传染四溢，因此云南红十字会的一个重要职能就是防疫工作，其中包括防治霍乱、疟疾、天花等，他们所到之处都是免费施药、治疗，将灾害的危害性大大缩小⑤。

民间慈善组织向社会民众募集赈款经费主要有以下四种方式：一是向海外华侨和国外募捐；二是向个人劝募，即个人怀着积德行善的观念，希望通过捐款来消灾免祸，求得平安吉祥；三是收取会费，对于大型民间慈善组织，会费收入是其固定经费来源；四是举行游艺募捐方式。除了向社会公众募捐筹集善款外，政府补助也是民间慈善组织经费的一大来源。民间慈善组织进行的灾害救助活动除了施粥放米、收养灾民等传统救助方式外，还涉足长期性的防灾减

---

① 《钦定户部则例》卷117《蠲恤·矜恤下》，台北：成文出版社，1968年。
② 林楠：《近代中国灾害救助中的民间参与模式研究》，西南财经大学2012年硕士学位论文。
③ 朱金芬：《民国时期云南的自然灾害及社会应对机制》，云南师范大学2008年硕士学位论文。
④ 云南省志编纂委员会办公室：《续云南通志长编》中册，1986年，第308页。
⑤ 朱金芬：《民国时期云南的自然灾害及社会应对机制》，云南师范大学2008年硕士学位论文。

灾工程的建设，通过开渠、峻河、筑堤、修路等防灾减灾工程的建设，以达到救灾防灾、标本兼治的目的。同时，防灾减灾工程多采用以工代赈的方式建设，既救助了灾民，又使之自食其力，避免养成灾民仰赖赈济为生的恶习。民间慈善组织除了修建防灾减灾工程外，还考虑如何改善农民生计的持续发展性问题。例如，云南华洋义赈会曾尝试建立一种农民互助的制度，从农村经济方面，培厚农村根本，以提高农民的自我保障能力，此外，还尝试开展农村信用合作运动，也可称作农民合作银行，为农民提供发展生产所需要的资金①。

其次，宗教组织开展的灾害救助。宗教组织开展的灾害救助是民间灾害救助中的一种辅助性方式，以在中国古代社会影响最深的佛教与道教为例，佛教和道教都以积德劝善作为教义箴言，并以因果业报来劝化百姓。当面临重大灾害之时，为了传播宗教信仰和扩大影响力，宗教团体自然而然地积极投入救助活动中，实践其教义，并成为民间参与灾害救助中的重要力量。佛教在民间救助中的作用尤为显著，佛寺常以施粥的方式无偿赈济灾民，并帮助和收留那些因灾害破坏而无法生存的灾民。宗教参与民间灾害救助主要有两种形式，第一种形式是通过赠粥施药、散给钱银和衣物等方式无偿赈济灾民；第二种形式是为灾民提供避灾场所，佛道寺观经济能力有限，不能为灾民提供大量无偿物资，只能为灾害救助做力所能及的辅助工作，也成了宗教寺观参与灾害救助的主要方式之一。除了以上直接参与灾害救助的情况外，宗教组织通过传播劝善积德的教义，间接引导了更多的善男信女参与到灾害救助活动中，为民间救助积累了更广大的力量②。

（三）民众以消灾祈禳的方式进行灾害救助

云南一些地区为了杀灭蝗虫，保证农业生产，多由当地百姓集资在山上建赈蝗塔，这种行为一是基于山川崇拜。例如，蒙化直隶厅因蝗虫多害稼，有专门以虫蝗命名的"虫蝗山"，原本此地建有塔寺以镇蝗虫，但后来此塔倒塌，遂"虫害复作，今更修治"③。据《滇南志略》记载，邓川州天马山、浪穹县

①　林楠：《近代中国灾害救助中的民间参与模式研究》，西南财经大学 2012 年硕士学位论文。

②　林楠：《近代中国灾害救助中的民间参与模式研究》，西南财经大学 2012 年硕士学位论文。

③　（清）刘慰三：《滇南志略》卷 4，方国瑜主编：《云南史料丛刊》第 13 卷，昆明：云南大学出版社，2001 年。

天马山，山上均建有赈蝗塔，"即樵青神分水处"①。洱源县凤羽镇凤河村东天马山也有赈蝗塔，据说此塔修建是因为以前凤羽地区经常闹蝗灾，为了镇虫保收而建此塔，清康熙年间补修②。二是瘟疫祈禳。清晚期，以祈禳的方式来应对瘟疫的民间行为仍旧普遍。例如，光绪二十年（1894 年），蒙自县瘟疫流行，当地士绅周思程"悯念地方人民罹此巨灾，不得其解，作说讨论，人倡首由公筹款令何兰亭及其子小春到江西向天师问故，归，得符，遍给家户张贴并供奉，康大元帅因塑像于西林寺中殿，癸亥，疫始渐息"③。同治十三年（1874 年），缅宁厅大疫（俗名疹子病），死亡者众，人心恐慌，"旋城北一碗水有八十四岁之杜老人言某夜见肩令旗者四，后一人乘红马，翎顶辉煌，由城来，前复有乘白马来者一人，亦肩令旗，四并拥众多人相遇于中途，若有所争议，已而前来者拥众折回，乘白马者亦退，细视之魁公也，方欲前往拜谒，忽不见。是夜，市民咸见东城楼高悬，顺云协镇都背府红灯，愈时而灭，疫病亦熄，人谓魁公显灵阻疫"④。

（四）互助互济与自救度荒

1950 年 1 月，中央人民政府内务部《关于生产救灾的指示》中提到："灾民与灾民搞生产要互助，灾民中有劳力的与无劳力的要互助，有劳力的与有资金的要互助，灾民与非灾民要互助，灾区与非灾区要互助。"⑤1952 年，广西钦县五区黄坡后乡每日参加推救基围群众 4700 人，内钦州镇党、政军及工人团体，各阶层群众所组成的抢修队则占 1300 人。抢救水灾中，桂林市曾动员了各机关干部及工人团体、学生等抢运公粮 50 万千克，以及价值 4 亿元的木材；灵川县甘棠区亦动员群众 1330 人，抢救公粮 24 万千克；贵县粮食公司桥圩仓库被水淹没时，曾发动工商联、机关、干部、青年群众共 500 余人，连夜抢运，在 12 小时内，救出公粮 20 多万斤⑥。

---

① （清）刘慰三：《滇南志略》卷 2，方国瑜主编：《云南史料丛刊》第 13 卷，昆明：云南大学出版社，2001 年。

② 薛琳主编：《新编大理风物志》，昆明：云南人民出版社，1999 年，第 124 页。

③ 宣统《续蒙自县志》卷 12《祥异》，上海：上海古籍书店，1961 年。

④ 民国《缅宁县志》卷 24《杂志·魁公阻疫》，民国三十七年（1948 年）稿本。

⑤ 孟昭华：《中国灾荒史记》，北京：中国社会出版社，1999 年，第 923 页。

⑥ 唐方圆：《建国初期广西水灾及其救济研究（1950—1957）》，广西师范大学 2016 年硕士学位论文。

中华人民共和国成立初期，在党的领导下广大农民面对水灾不再悲观失望或依赖救济，开辟了新的救济途径——生产自救。1950 年，政府开展退租退押、土地改革等运动取得了较大的胜利，生产自救是农村地区救灾的主要举措。生产自救包括开展副业生产、建立生产互助组等，以帮助农民在遭受严重的水灾打击后恢复生产、顺利度荒。社会各界的救援对水灾救济起到了一定的作用，一定程度上缓解了灾民的困难，政府与民间力量实现有效结合，积极开展生产自救运动。农村地区开展生产自救运动，政府建立各级生产救灾委员会帮助各市、县、专区制订生产自救计划。例如，灵川甘棠区灾民龙朝发放 22.5 千克救济粮后，制订出简单易行的生产自救计划，计划用菜园开种小白菜，20 天后，就不要政府救济了。生产自救缓解了灾后"僧多粥少"的局面，稳定了灾区秩序，节约了大量的救灾物资，减轻了政府救济的压力①。

三、西南地区灾害救助文化的特点及影响

西南地区灾害救助文化既有全国统一的灾害救助方式，又具有民族性、边疆性、多样性等特点。在这一过程中，逐渐形成了官方与民间相呼应的灾害救助文化，有力地减轻了自然灾害对于人们生产生活、生命财产造成的危害及影响。

（一）西南地区灾害救助文化的特点

1. 西南地区灾害救助文化从传统到近代的转型

从先秦时期，历代统治者便极为重视灾荒的救济，之后的历代统治者吸收了历朝历代的经验，进一步发展及丰富，至清代灾荒赈济制度日臻完善，达到中国古代社会灾害救助的巅峰。随着灾害救助体系的完善统一，救灾程序愈发趋于制度化、完善化，而救灾过程中的具体救济措施更加完备化、系统化、规范化，从整体到区域实现了较好的配合，保证了灾民的基本生存生活，维护了社会经济的稳定，但同时也存在着制度僵化、注重形式、赈灾程序烦琐等特点②。

① 唐方圆：《建国初期广西水灾及其救济研究（1950—1957）》，广西师范大学 2016 年硕士学位论文。
② 赵文婷：《清代贵州灾荒赈济研究》，西南大学 2019 年硕士学位论文。

至民国时期，西南地区官方灾害救助能力弱化，民间救助能力得到极大提高。冯桂芬的《收贫民议》在介绍荷兰的救助政策基础上评议了中国传统的民间救助政策，"宗族有不足资之之法，州党有相赒相救之谊，国家有赈穷恤贫之令。……今江浙等省颇有善堂、义学、义庄之设而未遍，制亦未尽善，他省或并无之。另议推广义庄，更宜饬郡县普建善堂，与义庄相辅而行，官为定制，择绅领其事，立养老室、恤乐室、育婴堂、读书室、严教室，一如义庄法，以补无力义庄之不逮"①。不少传教士在传教过程中发现单纯依靠讲道传教效果甚微，于是寻求新的途径，如通过出版报刊、兴办学校等间接方式来达到传教目的。他们在利用《察世俗每月统记传》《东西洋考每月统记传》《退迹贯珍》《六合丛谈》《万国公报》等报刊宣传宗教知识的同时，也经常刊登批驳传统灾害救助观念的言论，并提出新的科学救灾防灾的方法和措施。例如，传教士李提摩太在《万国公报》上陆续发表的《救灾必立新法》《灾宜设法早救》等文章，提出了对救灾防灾措施的改革建议等。在灾害发生时，各报刊也向大众报道灾情、刊载劝捐书向各界募捐②。除了通过出版报刊传播西方先进灾害救助理念外，传教士还进行了大规模的灾害救助实践活动③。虽然传教士在中国参与灾害救助活动的动机不纯，但他们将西方国家的灾害救助理念，以及严密的组织机构搭配科学有效的募捐散赈的灾害救助方法引入中国，客观上给当时中国民间有志于投身灾害救助事业的慈善人士提供了可资借鉴的模式，从而催生了近代中国新型的民间参与灾害救助模式④。

第一，慈善行为动机的转变。传统社会人们慈善行为的动机多是"积善之家，必有余庆"，是从个人、家庭和家族的利益为出发点来参与灾害救助活动的。近代以后，人们逐渐认识到公民应享有基本的生存权利，给传统的仁爱观念赋予了时代气息，提出了奉献精神，"牺牲一己以利人"。同时，更将救助受灾同胞的慈善行为同爱国主义、人人平等这些现代观念结合起来。第二，救助方式从"养"到"养教兼施"。传统的民间救助大多是在灾害发生后进行临

---

① （清）冯桂芬著，戴扬本评注：《校邠庐抗议》，郑州：中州古籍出版社，1998年，第154—155页。

② 林楠：《近代中国灾害救助中的民间参与模式研究》，西南财经大学2012年硕士学位论文。

③ 蔡勤禹：《传教士在近代中国的救灾思想与实践——以华洋义赈会为例》，《学术研究》2009年第4期。

④ 夏明方：《论1876至1879年间西方新教传教士的对华赈济事业》，《清史研究》1997年第2期。

时的募捐赈济，救助方式虽然多种多样，如赈粥、施药、收容灾民等，但都以"养"为主，治标不治本。随着东西方灾害救助思想的交流和传教士在中国进行的灾害救助实践，开始逐步改变传统以"养"为主的灾害救助方式，提出了"养教兼施"的主张。第三，民间救助和政府救助相结合。中国传统社会长期以来，中央和地方各级政府主持的官方救助一直是灾害救助中的绝对主导力量，作为辅助补充的民间救助都是小规模无组织的。因此在大力发展民间救助的同时，鼓励民间救助与政府救助相结合，两者优势互补，最大程度上弥补各自的不足。维新派经元善将官赈和义赈的优劣势加以分析，认为："凡遇官赈，不服细查，有司虑激生变，只可普赈。以中国四百兆计之，每县三十余万，倘阖邑全灾，发款至二万金，已为不菲。而按口分摊，人得银五六分，其何能济？义赈则不然，饥民知为同胞援救，感而且愧，不能不服查剔。查户严，则去其不应赈者，而应赈者自得实惠突。""查户严"既是义赈的优点，又是义赈的困难所在，因为"义赈查户，人手亦少"，官赈义赈结合互补，可发挥优势，弥补不足，使灾害救助达到最好效果。第四，民间参与方式的改变。传统模式下民间力量多是零散参与，如宗族、乡绅、寺庙等自发独立进行的灾害救助活动。新模式下虽也继续存在旧式零散的参与方式，但出现了以民间慈善组织为载体的规模化高效救助方式，如华洋义赈会、红十字会等慈善组织，将民间分散的捐赠汇总，再由组织进行有规划的统一救助活动，提高了物资使用的效率和救助效果。第五，救助宗旨的改变。传统模式下的民间参与灾害救助多是以救急解困为宗旨，形式虽然多种多样，但最终目的多局限于帮助灾民度过难关恢复生产能力。近代民间慈善组织的管理者均为社会名流精英，受西方救助思想的影响，改善了传统民间救助宗旨，从传统灾害救助的"只养不教，治标不治本"转为近代新型的"寓教于养，救防兼施"。此外，规模化民间慈善救灾组织的出现，汇集了民间零散力量，使灾后救急解困之外，有能力实施长期性的防灾减灾工程，变被动救助为主动防御。第六，新型委托代理关系的出现。由于民间参与灾害救助方式的改变，大多数捐赠者不再直接参与灾害救助活动，而是集腋成裘，通过民间慈善组织统一进行大规模的灾害救助活动，民间慈善组织作为灾害救助活动的具体实施者，其与赈灾款物的捐赠者之间存在着委托代理关系。第七，民间慈善力量与政府关系的改变。传统模式下政府只是通过奖励政策倡导民间参与灾害救助，而新模式下出现了规模化组织化的民间力量，化零为整，政府也便于对民间力量进行更多的直接监管和指导，巩固了灾害救助中政府救助的主导位置①。

2. 西南地区灾害救助文化的现代化转型

中华人民共和国成立以后，因时代不同、救灾主体范围不同，因此不同历史时期救灾救济工作展现出了不同的特点。这一时期，灾害救助特点主要体现在救灾主体的广泛性、政府救灾工作的领导与管理、救灾机制的完善、社会改革与救灾相结合等方面。

第一，救灾主体的广泛性。中华人民共和国成立以前，历代政府实施灾荒救济主体均为政府，尽管民国时期出现了各类民间救灾团体，如慈善团体、宗教组织、商会、同乡会、宗祠等，但其救济也仅限于力所能及的范围。中华人民共和国成立以后，广西形成了以政府为领导，社会各界踊跃救灾的局面，从中央到地方，从政府到社会，从灾区到非灾区，救灾主体较为广泛，且形式也多种多样。救灾主体有中央政府机关、地方政府机关单位，机关团体、公司企业大力协助救灾，人民群众互助互济。第二，政府重视，救灾及时。晚清时期，吏治腐败，战乱不断，灾荒频繁，一系列不平等条约更使清政府陷入政治经济的窘况，清政府对人民百般压榨，将负担都转移到农民身上，灾荒年间灾民苦不堪言；民国时期，社会动荡不安，战火此起彼伏，国民党政府不顾人民死活，对救灾工作甚至不予置理。民国二十一年（1932年）2—5月县内旱情严重，二区（今那毕屯塘村、四塘乡、永乐乡白练一带）水稻又遭惶灾，粮食失收，县政府无任何救济②。中华人民共和国成立之后，西南地区各级领导重视救灾，抓得紧、来得快，及时组织力量抢救，将救灾工作与社会改革结合起来，将救灾工作作为压倒一切的重要任务，人民政府真正意识到了救灾的重要性。第三，救灾方针明确，管理机制完善。例如，1950—1957年，广西发生水灾，救灾工作主要有三大方针："不饿死人"、"救灾如救火"及"生产自救，节约度荒，群众互助和辅助政府必要救济"的救灾方针，这些救灾方针都明确指出以人民生命财产为重心，以不饿死一个人为目标。广西省政府在1950年8月29日《抢救灾荒的指示》中要求各级干部应"克服官僚主义，务须做到

---

① 林楠：《近代中国灾害救助中的民间参与模式研究》，西南财经大学2012年硕士学位论文。
② 百色市志编纂委员会：《百色市志》，南宁：广西人民出版社，1993年，第613页。

不饿死一人，不荒弃一亩地，为战胜灾荒而后已民"①。

3. 从官方与民间层面反思灾害救助的问题及不足

首先，官方主导的灾害救助存在的问题及不足。第一，政府实施灾害救助的经费来源单一，主要依靠政府财政拨款，这就使政府救助的能力受制于政府财政的盈缺。在中国古代社会，政府主导的灾害救助主要依靠政府对受灾地区进行有偿或无偿的物资援助，是政府财政支出的一项重要内容。"国家赈济蠲缓，重者数百万两，少亦数十万两，悉动帑库正项"，在这种体制下灾害救助的规模和效果直接受到国家财政状况好坏的影响。据统计，清朝乾隆在位时期的前十八年用于赈灾的钱款超过了雍正时期赈灾款总和的十六倍，这与雍正到乾隆时期政府国库存银的迅速增长一致。嘉庆以后国力衰弱，财政匮乏，清政府进行灾害救助的规模也随之日渐缩小。第二，灾情信息传递成本高、政府救助缺乏及时性。在封建政府的集权制下，灾害救助方案的制订由中央完成，灾情信息的勘察和传递都是灾害救助的重点，因此历代政府都尝试建立一套完善的勘灾和报灾制度。清政府为保证灾情及时上达中央，对报灾期限有严格明确的规定，"夏灾不出六月下旬，秋灾不出九月下旬"，报灾要求快速，注重时效性，而勘灾更注重准确性，要求确定详细的受灾面积、受灾人口、受灾程度等详细信息，并以此作为政府向灾区发放赈灾物资和蠲免的依据。由于传统信息媒介的约束和传统政府灾害救助模式下中央政府集中处理灾情的体制，报灾、勘灾的信息传递成本是很高的。同时，地方官员在灾害发生后层层上报至中央政府，再由中央政府确定救灾方针后层层下传至受灾地区，一上一下颇费时日，使得政府灾害救助缺乏时效性。第三，灾害救助的实效受吏治状况影响。政府实施灾害救助活动，无论是赈灾、勘灾还是报灾，都需要由各级官吏具体执行。这是一种委托代理关系，中央政府作为委托人，各级官吏作为代理人。委托人的目标是减少灾民损失、维护社会稳定，而代理人的目标则是为自身谋取最大的经济和政治利益。在委托人和代理人目标相左的情况下，若监督机制缺失或不完善，则很难保证灾害救助的实际效果与预期目标一致。在中国传统社会，由于吏治腐败，各级官吏个人私欲作祟，在赈灾过程中，地方官员

---

① 唐方圆：《建国初期广西水灾及其救济研究（1950—1957）》，广西师范大学 2015 年硕士学位论文。

借机克扣灾民口粮、侵吞赈款、中饱私囊之事时有发生，且屡禁不止。例如，清光绪十年（1884年），山东水灾冲塌民房，灾民实际收到的救助款户均"仅三百文"，只及政府救助规格"冲塌民房每间发大钱三千文"的十分之一，其余部分均被各级官员克扣。勘灾过程中也广泛存在着下级官吏与地方豪绅勾结的现象，地方豪绅在审查受灾应赈户口、发放赈济之时程造冒领，使真正需要救助的灾民不能获得政府救助物资。更有甚者，有些地方官吏出于个人仕途利益考虑，不顾灾民死活，故意隐瞒灾情不上报。这些贪污、瞒报现象极大地削弱了政府灾害救助的实效。综上所述，虽说政府救助的作用在传统灾害救助模式中是无可取代的，但历史的实践证明，仅靠单一的政府救助，无论从救助的广度还是深度都不能满足人们的实际需求，灾害过后往往出现饿殍千里的悲惨景况就不足为奇了，而这势必唤起社会对民间力量参与灾害救助、灾害救助主体多样化的强烈诉求①。

其次，民间参与灾害救助存在的问题及不足。主要体现在两个方面：一是民间参与的意愿，二是民间参与的能力。中国自古以来宣扬的，无论是"老吾老，以及人之老；幼吾幼，以及人之幼"的儒家博爱思想，还是"种善因，得善果"的佛家"因果论"思想都鼓励或者说激励人们相互帮助、积德行善。尤其灾害中看到同胞深受磨难时，根深蒂固的观念和天然的善心都激发了民间参与灾害救助的意愿。从历史上民间参与灾害救助的主体来看，主要是宗族、宗教团体、会馆商会、地方士绅等有一定经济实力的团体和个人，救助方式和规模也受其经济能力的局限。鸦片战争之后，西方列强的入侵使中国的社会经济结构发生了改变，中国由传统的小农经济社会逐渐融入世界近代化的浪潮中，向近代工业化经济社会艰难转型。与此同时，传统的灾害救助模式也进入了一个转型期。这个转型的出现，一是由于灾害的发生频率和破坏程度达到新高峰，对传统模式下起主导作用的政府救助提出了更高的要求。晚清政府财政状况受巨额战争经费和赔款拖累日渐恶化，没有足够的人力物力承担更多的灾害救助活动，因而政府救助的能力并没有出现与之相应的提升，反而日益弱化。因此，只能对传统模式下作为政府救助补充的民间救助寄予厚望。鸦片战争之后，西方资本入侵对中国传统小农经济结构造成了不可逆转的破坏，使得以血

---

① 林楠：《近代中国灾害救助中的民间参与模式研究》，西南财经大学2012年硕士学位论文。

缘地缘为纽带的宗族内保障关系的基础面临解体。以宗族救助为主的传统民间参与灾害救助模式不再适用，不得不寻求一种适应当时社会经济结构的新型民间救助模式，这成为促进民间参与灾害救助模式转型的内因。二是由于封闭国门的被迫打开，西方社会的慈善救助理念传入中国，国人在吸纳西方理念的基础上与中国传统思想相融合，逐渐形成了具有中国特色的新型慈善救助思想，为寻求新的灾害救助模式提供了思想基础，成了促进民间参与灾害救助模式转型的外因。在外因和内因的共同作用下，中国社会在清末步入了民间参与灾害救助模式的转型时期①。

4. 特别重大灾害救助存在的问题及不足

特别重大灾害救助存在一定局限性，具体如下：第一，部门职能分割导致救助资源分散，在资源投入和使用上的协调影响了特别重大自然灾害救助的整体效果。第二，救助工作分级管理落实有难度，特别重大自然灾害救助需求规模大，地方政府在特别重大自然灾害救助上过度依赖中央政府。第三，市场机制作用发挥很有限，当时我国巨灾保险制度尚未建立，市场机制在灾后重建中难以发挥有效作用，政府仍然承担了救助的主体部分，这与欧美及日本、新西兰、土耳其、墨西哥等已建立特别重大自然灾害保险制度的国家相比还存在很大差距。第四，社会组织参与救助的方式较为自由，指导力度与优势整合不足，地震救助中大量非政府组织、志愿者参与，但由于缺少相应的政策指导，整体优势未能充分发挥。第五，受灾群众生产自救积极性不足，由于各级政府高度重视，有关对口支援省份开展灾后重建，各类慈善类民间组织广泛参与，造成部分地区过度依赖政府和社会救助，灾民自救意识相对缺乏，在一定程度上影响了特别重大自然灾害救助的效果②。

以西南大旱为例，旱灾救助也暴露出一些问题。第一，旱灾救助的长期性，全球气候变化背景下旱灾频发多发，持续时间长，尤其是我国西南岩溶地区，群众蓄水、取水、用水存在很大困难。第二，救助政策的调整，旱灾发生的频繁性和长期性，造成旱灾救助政策与现有其他救助政策（如冬春救助、城

　　① 林楠：《近代中国灾害救助中的民间参与模式研究》，西南财经大学 2012 年硕士学位论文。
　　② 周洪建，张弛：《特别重大自然灾害救助的灾种差异性研究——基于汶川地震和西南特大连旱的分析》，《自然灾害学报》2017 年第 2 期。

乡低保、五保救助等）的交叉，缺粮救助日益向缺水救助发展，这些变化都需在救助政策上加以调整和完善。第三，旱灾救助的战略考虑，旱灾影响面广、持续时间长，宁夏、陕西等地已启动旱区移民搬迁工程，但灾民安置工作也暴露出很多问题，因此，旱灾救助需要国家从整体上进行战略性规划部署，确保灾害救助工作与灾区可持续发展的有序衔接。第四，社会化参与程度低，旱灾的渐发性特征导致社会旱灾救助的关注度相对较低，即便有些组织或个人参与旱灾救助，也多为捐款等形式，不能从长远角度降低旱灾风险①。

常规自然灾害救助因灾害类型不同而存在差异，特别重大自然灾害与常规灾害不同，其致灾强度大、影响范围广、持续时间长、造成损失特别严重，因此，特别重大自然灾害救助的差异性在常规灾害救助差异性的基础上，显著放大具体表现如下：第一，灾中应急救助，突发性特别重大自然灾害应急救助时间压力大、应急救助物资需求瞬时出现峰值、脆弱性表现突出，渐发性特别重大自然灾害的灾中救助因灾情逐步累积，时间压力相对小，但因灾害涉及人数巨大，需求物资相对集中且单一、社会化参与力量不足、程度不高，处置不当容易出现危机。第二，灾后救助，突发性特别重大自然灾害因救助需求多元，社会化参与力量的长期投入不足，处置不当也容易出现危机，而渐发性特别重大自然灾害灾后救助可以从降低风险的角度出发，通过救助措施来帮助受灾地区降低暴露度和脆弱性，从长远角度降低灾害风险。第三，灾前救助准备，突发性与渐发性特别重大自然灾害均通过降低风险来实施救助，不同的是，渐发性特别重大自然灾害（旱灾）救助可以根据相关监测预报提前采取更为有效的救助举措，突发性特别重大自然灾害（地震）救助采取有效救助举措的难度较大，主要是对常规救助举措，如救灾物资储备、避难场所设置、救灾资金预算安排等的完善②。

从当前的灾中应急与救援能力来看，西南民族贫困地区四省市的灾中应急与救援能力差异较为明显，从强到弱依次是四川、云南、重庆、贵州。贵州地区政府的应急与救援能力在四省市中垫底，从更深层次看，其不足是多方面

① 周洪建，张弛：《特别重大自然灾害救助的灾种差异性研究——基于汶川地震和西南特大连旱的分析》，《自然灾害学报》2017年第2期。

② 周洪建，张弛：《特别重大自然灾害救助的灾种差异性研究——基于汶川地震和西南特大连旱的分析》，《自然灾害学报》2017年第2期。

的，具体包括应急物资保障能力、通信保障能力、交通运输保障能力，人员队伍建设及减灾技术均处于西南地区四省市的最低位，需大力加强这些方面的建设；重庆地区政府的专业救援队伍建设与宣传教育方面最弱，通信保障能力也有待加强，这是重庆市将来需努力建设的方向；云南地区主要在人员队伍建设、减灾法规及组织协调机制建设方面处于弱势地位，影响了整体的灾害应急与救援能力的提高；四川地区的灾中应急与救援能力在西南地区最强，但其能源保障能力与交通运输能力方面还有待改善[①]。

（二）西南地区灾害救助文化的影响

中国古代社会历朝历代都较为重视灾害救助，尤其是清代以来，灾害救助制度发展至巅峰。有清一代，灾害救助制度日臻完善，在继承前朝赈灾救助的措施及方式方法的基础上，又依据实际情况，逐渐总结和形成了一套近乎完美的救灾系统，再加上清朝统治者的高度重视，对清代的救灾工作有着极大的积极作用。因此，清代西南地区的灾害救助是行之有效的，清政府每年花费巨大财政，几近全力投入救灾工作中，不论是从赈济救灾行动的次数，还是赈济的力度，以及赈济的措施等方面来看，清代赈济救灾与以往几朝相比都是有过之而无不及，使得赈灾工作取得了可观的实际成效，对西南地区产生了积极的社会影响。

第一，灾民得救，伤亡减小、人口增加；西南地区众多少数民族聚居，使得这一地区军事政治地位较为重要，因此，清朝历代统治者都极为重视这一地区的管治。贵州受自然因素的影响，灾害发生频仍，且发生的种类多、面广、量大，严重影响了这一地区社会生产的发展，百姓生命及财产遭到严重损害。因此，政府经常要花费巨大人力、财力、物力进行救灾赈济，帮助百姓尽快恢复发展经济，减轻灾害所带来的损失。第二，缓和了阶级矛盾，维护了社会秩序的稳定。清政府的一系列救灾措施最终的目的是保证自身的统治，因此其极为重视灾荒的赈济工作。清政府通过各项措施首要稳定灾情，便是唯恐灾民发生起义或暴动。历朝历代，因灾反抗政府统治致使朝代更迭的例子比比皆是，若政府不作为或是救助处理不当，则极易引起社会动乱。

---

① 张军，张海霞：《西南民族贫困地区农村灾害应对能力评估与比较研究——基于 36 个国家级民族贫困县的调查》，《四川农业大学学报》2015 年第 1 期。

中国古代社会的灾害救助存在严重的不足。例如，清代西南地区的灾荒赈济确实取得了成效，在一定程度上帮助百姓快速从各种灾害的打击中恢复，发展农业生产，减轻了灾害带来的损失，灾后帮助灾民重建生活，救助了灾民，使得其保证了基本的生存。另外，减少了灾民成为流民的数量，流民发生暴动起义的概率减小，对贵州社会产生了积极影响。然而，这些成效与积极影响的程度和深度是不够的，也有着难以忽视的消极影响。第一，鼓励垦荒，生态环境遭到严重破坏。清代人口基本上处于增长的趋势，为了经济开发、满足人口需求及防灾救灾，清政府鼓励垦荒、围湖造田，以及滥用地力，导致生态失衡，自然环境遭到严重破坏。第二，程序繁杂，赈灾成效打折。清代的法律条令虽然极为严格完整，但是由于过于繁杂，制度僵化，在实际过程中执行实施较为复杂麻烦，难以顺利进行，延误救灾最佳时机，还易使得官员从中寻找漏洞，借机贪冒舞弊，再加上官员的层层相互勾结隐瞒欺骗，救灾的钱粮常常难以真正到达灾民手中，从而使得贵州灾荒赈济的成效大打折扣。第三，民间救灾力量团体性不强，力量分散。清代西南地区绅士阶层的发展与其他地区相比差距较大，江南沿海等地区的士绅在不断发展演变过程中，逐渐形成了统一的团体，有统一的章程规定，有遍布各地的会所，力量较为强大。士绅阶层积极捐钱设立善济会，捐资助益义仓、社仓的建设，存粮备荒。若遇灾荒发生，纷纷统一开展义赈，煮粥施赈，捐粮救助灾民，而且有着统一的管理，因而救助的范围和力度都比较大，极大程度地弥补了政府赈济工作的不足，减轻了负担，也救助了更多的灾民①。

中华人民共和国成立以后，政府极为重视灾害救助体系的建立健全。灾害救助已经成为综合灾害风险防范体系的重要组成部分，与常规灾害救助不同，特别重大自然灾害救助受灾害类型的影响更大。以汶川地震、西南特大连旱为例，这两种特大灾害救助在下列几方面存在异同：一是救助物资需求。突发性特大灾害救助存在瞬时物资需求峰值及恢复重建物资长期需求两个时间节点，而渐发性灾害救助主要是中长期物资需求。二是救助对象多样性。突发性特大灾害承灾体类型的多样性导致救助对象多元化明显，而渐发性灾害救助对象往往集中于某一特定领域及其衍生的部分领域，多元化相对较低。三是灾后救

---

① 赵文婷：《清代贵州灾荒赈济研究》，西南大学 2019 年硕士学位论文。

助。突发性特大灾害更需要统筹各类救助政策或措施，甚至创新性地提出一批新的政策来确保长期救助的有效性①。

第三节　西南地区灾后恢复与重建文化

20世纪70年代末，哈斯（Haas）等学者将"灾后恢复重建"从自然灾害研究中分离出来并进行了系统地探讨和开创性研究②。20世纪90年代相继发生的美国诺斯里奇大地震和日本神户大地震，引起了当时众多学者的注意，灾后重建进一步被纳入了关于自然灾害的研究视野，从社会学、政治学、经济学等角度扩大了研究视角③。以麻省理工学院的哈斯（Haas）等学者为代表，灾后重建应包括紧急应变、公共服务的恢复、资本存量的重建或重置到灾前水平、促进地方发展与经济成长的初步改善和发展式重建四个阶段④。以徐玖平和卢毅为代表的国内学者，大多认为灾后重建是一个"在灾害体发生之时及发生之后，采取应急救援、灾害管理，以及灾后评估、救助、规划等一系列过程"⑤。国内学者邹铭等认为，灾后重建主要是指灾区在各方支援下恢复其原有生命线与生产线系统的过程，包括从全局出发提出对加强防御未来灾害能力的过程，是减轻灾害损失的重要措施之一，主要包括灾情评估、重建规划、行动方案、工程建设设计与施工、组织管理与外来援助等方面的工作⑥。

一、西南地区灾后恢复文化

灾荒发生之后，农耕废弃，百姓流亡众多，疮痍甫起，政府急需进行补救与重建，使灾区恢复生产。

① 周洪建，张弛：《特别重大自然灾害救助的灾种差异性研究——基于汶川地震和西南特大连旱的分析》，《自然灾害学报》2017年第2期。

② J.E. Haas，R.W. Kates and M.J. Bowden，*Reconstruction Following Disaster*，Cambridge：The MIT University Press，1977，pp.102-103.

③ 江春雷：《"契合"与"背离"：城镇化背景下的灾后重建研究——以都江堰市 A 村"人口文化"社区项目为例》，西华师范大学2015年硕士学位论文。

④ J. E. Haas，R. W. Kates and M. J. Bowden，*Reconstruction Following Disaster*，Cambridge：The MIT Press，1977，pp.171-179.

⑤ 徐玖平，卢毅：《地震灾后重建系统工程的综合集成模式》，《系统工程理论与实践》2008年第7期。

⑥ 邹铭等：《中国洪水灾后恢复重建行动与理论探讨》，《自然灾害学报》2002年第2期。

（一）蠲免或缓征纾解民困

蠲免或缓征，是灾荒发生之后统治者豁免、缓期征收赋税的间接救灾举措①。元代在西南地区赈灾过程中减税、免税举措约 8 次有余。大德三年（1299 年）五月，鄂、岳、汉阳、兴国、常、澧、谭、衡、辰、沅、宝庆、常宁、桂阳、茶陵旱，"免其酒课，夏税"②；大德五年（1301 年）九月，江陵、常德、澧州皆旱，"免其门摊，酒醋课"③；泰定三年（1326 年）六月，梧州、中庆等路属县水旱，"并蠲其租"④，至顺二年（1331 年）八月，澧州、泗州等县去年水灾，"免今年租"⑤等。

明万历十二年（1584 年），广西梧州大旱，朝廷蠲免苍梧粮米。清康熙二十七年（1688 年）谕："朕惟惠下实政无如除赋蠲租，除每岁直省偶有旱灾伤，照轻重分数蠲免正供，仍加赈恤外，将天下地丁、钱粮自康熙五十年为始，三年之内全免一周，使率土黎庶普被恩膏。"⑥清代贵州常年受到灾害的影响，加之贵州本身财政薄弱，因此清政府对贵州蠲免赋税的次数较多。顺治十七年（1660 年），"免贵州贵阳、安顺、都匀、石阡、镇远、铜仁等府属州县、卫所、土司十六年旱灾额赋"⑦。康熙二十二年（1683 年），"奉诏免黔省本年秋冬及来年春夏应征地丁正项钱粮；康熙二十五年（1686 年），免黔省二十六年应征地丁钱粮，并二十五年未免钱粮"⑧。嘉庆十年（1805 年）八月，滇省阴雨连绵，昆湖水涨，奉谕："本年应征银米着加恩缓至来年秋后征收，以纾民力。"⑨道光三年（1823 年），昆阳等七州县夏雨较多，山水陡发，田禾被淹，总督明山勘奏："奉旨蠲免本年地丁条粮十分之七。"⑩咸丰

① 周琼：《清前期重大自然灾害与救灾机制研究》，北京：科学出版社，2021 年，第 411 页。
② （明）宋濂等：《元史》卷 20《成宗本纪三》，北京：中华书局，1976 年，第 428 页。
③ （明）宋濂等：《元史》卷 20《成宗本纪三》，北京：中华书局，1976 年，第 437 页。
④ （明）宋濂等：《元史》卷 30《泰定帝本纪二》，北京：中华书局，1976 年，第 671 页。
⑤ （明）宋濂等：《元史》卷 35《文宗本纪四》，北京：中华书局，1976 年，第 790 页。
⑥ 民国《昆阳县志》卷 5《政典志·蠲恤》，民国三十四年（1945 年）稿本。
⑦ 《清实录·世祖实录》卷 132 "顺治十七年二月癸巳" 条，北京：中华书局，1985 年，第 1018 页。
⑧ 中共贵州省铜仁地委办公室档案室，贵州省铜仁地区志·党群编辑室整理：《铜仁府志》，贵阳：贵州民族出版社，1992 年，第 100 页。
⑨ 民国《昆阳县志》卷 5《政典志·蠲恤》，民国三十四年（1945 年）稿本。
⑩ 道光《昆阳州志》卷 6《沿革考·大事考》，清道光十九年（1839 年）刻本。

元年（1851 年），"蠲免贵州桐梓县因灾缓征银米"①。同治十年（1871 年），昆阳县淫雨为灾，夏秋海水泛溢，东郊沿海已成泽国，庐舍倾圮，被灾者众多，由州牧报灾，督抚岑毓英奏准："将本年被淹田亩应征钱粮豁免。"②光绪三年（1877 年），云南省昆明等七州县夏雨较多，山水陡发，田禾被淹，奉上谕："将应征条公等银税、秋米蠲免二十五年。"③清政府除了蠲除正项钱粮之外，也会将耗羡及其他杂项进行蠲免。蠲免措施使得受灾群众得以减轻负担，对灾民从灾害所造成的打击中尽快恢复有着极大帮助。

缓征亦是清政府救灾的一项重要措施，是指延迟缴纳赋税。清政府在贵州除却采取多次的蠲免措施之外，也多次下令采取缓征措施，以纾民困。例如，乾隆元年（1736 年），贵州郎岱厅发生雹灾，清政府"赈恤贵州郎岱厅及普定、安平二县雹伤灾民，缓征本年额赋"④。道光元年（1821 年），"缓征贵州省被灾之思南、青豀，二府县补还仓谷"⑤。光绪二十四年（1898 年），"缓征贵州仁怀、婺川、独山、桐梓四县被水田亩光绪二十三年分丁银、米石有差"⑥。

（二）赈贷钱粮恢复农业生产

赈贷是指灾后为恢复生产，给灾区农民提供农业生产本金的做法，以货币和生产资料为主。赈贷也是灾荒期间农业生产恢复及发展极为重要和关键的举措，由官府给急需再生产的灾民借贷钱粮、籽种、耕牛、农具，借偿公平⑦。《管子·揆度》中"无食者予之陈，无种者贷之新"⑧便是针对灾后缺乏生产资料的农民贷给种子，恢复农业生产，稳定社会秩序，收取利息，增加国家仓储的做法，这为历代政府所沿用，隋唐五代政府也是如此。唐太宗贞观二十二年（648 年），泸州、交州、越州、渝州、徐州发生水灾，戎州因鼠

① 《清实录·文宗实录》卷 34 "咸丰元年五月丙午"条，北京：中华书局，1986 年，第 475 页。
② 民国《昆阳县志》卷 5《政典志·蠲恤》，民国三十四年（1945 年）稿本。
③ 民国《昆阳县志》卷 5《政典志·蠲恤》，民国三十四年（1945 年）稿本。
④ 《清实录·高宗实录》卷 56 "乾隆二年十一月癸亥"条，北京：中华书局，1986 年，第 922 页。
⑤ （清）昆冈等修，吴树梅等纂：《钦定大清会典事例》卷二百八十四《户部·蠲恤·缓征三》，《续修四库全书》编纂委员会：《续修四库全书》第 802 册，上海：上海古籍出版社，2002 年，第 493 页。
⑥ 《清实录·德宗实录》卷 42 "道光二十四年六月丁亥"条，北京：中华书局，1987 年，第 516 页。
⑦ 周琼：《清前期重大自然灾害与救灾机制研究》，北京：科学出版社，2021 年，第 411 页。
⑧ 石一参：《管子今诠》卷 78《揆度》，北京：中国书店，1988 年，第 413 页。

患伤稼，开州、万州遇旱灾，通州发生蝗灾损稼，"并赈灾种食"①；唐高宗永徽四年（653年），光、婺、滁、颖等州旱，兖、夔、果、忠等州水，"并贷赈之"②。

清康熙四年（1665年）五月二十五日，平西王吴三桂疏言："水西初定，残黎东作无资，请发军前银三万两有奇，买牛、种散给，并发军前米一万五千石赈济贫民，督令乘时耕种，从之。"③康熙三十一年（1692年）议准，"若将米麦贷于乏谷之人，俟收获时，即将原领米麦之数交纳"④。道光十五年（1835年），春夏交替之际，宣威州境内饥荒，时疫流行，州牧熊守谦"急开常平仓庋，令各里绅耆具牒领贷饥民"⑤，遂"全活无算"。雍正十三年（1735年）八月，诏给黔省"水灾难民折米、牛具、籽种银四千七十八两，借难民牛具籽种二万一百二十二两；借复业难民麦种运脚银三千六百二十两，借复业难民麦种运脚银三千六百二十两"⑥。乾隆六年（1741年），"贵州平越营、打铁关顺河一带地方，水淹沙壅田三十八亩。除地方官各自捐赈外，复饬司动项，查明加赈，并借籽种"⑦。道光十二年（1832年）正月，"贷贵州桐梓县上年歉收贫民籽种"⑧。

民国时期，开展合作农贷。1937年底，四川省政府出资300万元用作合作金库基金，收取部分利息，举办合作农贷。通过合作农贷，办理农村金融紧急贷款，用于灾民购买耕牛、种子、农具，从而恢复农业生产；举办合作农贷，有利于农村经济的恢复，农民也有所收益，但未广泛地推行；后期政府监督缺失，部分官商勾结，提高贷款利率，从而增加了农民负担⑨。1941年，川东北20余县遭受干旱，四川省政府以受旱较重的德阳、乐至等12县为重点救灾县，

① （宋）王钦若等编纂，周勋初等校订：《册府元龟》卷106《帝王部·惠民》，南京：凤凰出版社，2006年，第853页。
② （宋）王钦若等编纂，周勋初等校订：《册府元龟》卷106《帝王部·惠民》，南京：凤凰出版社，2006年，第853页。
③ 《清实录·圣祖实录》卷15 "康熙四年五月庚戌"条，北京：中华书局，1985年，第229页。
④ 民国《新纂云南通志》卷159《荒政考一·仓储》，民国三十八年（1949年）铅印本。
⑤ 道光《宣威州志》卷7《艺文·名宦熊公守谦叙略》，南京：凤凰出版社，2009年。
⑥ 道光《大定府志》卷41《经政志三·卹政》，清道光二十九年（1849年）刻本，第612页。
⑦ 《清实录·高宗实录》卷143 "乾隆六年五月癸巳"条，北京：中华书局，1986年，第1067—1068页。
⑧ 《清实录·宣宗实录》卷204 "道光十二年正月甲寅"条，北京：中华书局，1986年，第5页。
⑨ 寇耀锦：《抗战时期四川社会救济管理研究（1937—1945）》，四川师范大学2018年硕士学位论文。

指令各县自筹款项，进行救济和试办合作社，由省合作金库向社员贷款①。

（三）安辑流民与恢复农业生产

流民对社会经济危害极大，因而历代政府都很重视，其中安辑流民是维护社会经济正常运转的重要措施之一，隋唐五代政府也不例外。当时本区地方政府积极作为，使得西南地区的经济社会处于相对稳定状态。地方军政长官是安置流民的积极实践者，如李皋在贞元年间，安辑"流人自占者二千户。自荆至乐乡，凡二百里，旅舍乡聚凡十数，大者皆数十家"②。人口自然增长绝无可能，安置流亡应是户籍增长的原因。即使在五代动荡的年代，一些地方也会屯田安置灾民，如前蜀王建的部下王宗寿，在乾宁初年（894年），打下南充后，知果州事，注意"安辑流民"，使得农民返回土地，重新组织生产。前蜀武泰军节度使（驻涪城）晋晖把流亡人口招回来，重新与土地结合在一起，铲除蠹弊，恢复农业生产③。

元代西南地区灾害发生后往往出现"比因饥馑，盗贼滋多"④及"民居流散"⑤等现象，而元朝政府在面对灾后严重流民问题时也采取了一系列措施。例如，至大二年（1309年）二月，武宗下诏："诸处流移人民，仰所在官司详加检视。流民所致之处，随给系官房舍，并劝谕土居之家、寺观、庙宇权与安存。其不能自存者，计口赈济。还乡者，量给行粮。据元抛事产、租赁钱物，官为知数，复业日给付。"⑥至大二年（1309年）九月，武宗下诏："今岁收成，如转徙复业者，有司用心存恤，元抛事产依数给还，在官一切逋欠并行蠲免，仍除差税三年。田野死亡，遗骸暴露，官为收拾，于系官地内埋瘗"⑦，致治二年（1322年）九月，临安河西县"春夏不雨，种不入土，民居流散，命

① 四川省地方志编纂委员会：《四川省志·民政志》，成都：四川人民出版社，1996年，第287—288页。
② （宋）王钦若等编纂，周勋初等校订：《册府元龟》卷678《牧守部·兴利》，南京：凤凰出版社，2006年，第803页。
③ 段重庆：《隋唐五代西南地区自然灾害及对策研究》，西南大学2012年硕士学位论文。
④ （明）宋濂等：《元史》卷7《世祖本纪四》，北京：中华书局，1976年，第133页。
⑤ （明）宋濂等：《元史》卷28《英宗本纪二》，北京：中华书局，1976年，第624页。
⑥ 陈高华等点校：《元典章》卷3《圣政二·恤流民》，天津：天津古籍出版社，2011年。
⑦ 陈高华等点校：《元典章》卷3《圣政二·恤流民》，天津：天津古籍出版社，2011年。

有司赈给，令复业"①。流民问题对元代西南地区造成了严重的社会危机，元朝政府应对流民的政策起到了一定作用。

贵州发生灾荒后，亦有大量难民流移，官员亦是酌情办理。清乾隆元年（1736 年）二月，户部议原任贵州巡抚元展成疏赈恤被扰害灾黎相关事宜："一，黄平等处逃难民人，时届寒冬，其房屋无存，与虽存而不能复业者，请分别各按大小口给银，以为添补寒衣之费；其有回籍者，按程给发口粮；难民回籍，无以资生，请每大口给米五斗，小口二斗五升，依时折给，俾得接至麦熟；其离被害村寨近而复业迟者，每户恤银二两；安置难民，赁盖棚房，及病亡医药屑敛、护送回籍老幼妇女需费。"②

民国时期，开设难民工厂，训练难民生产，一方面可以解决生活所需，另一方面可以使难民获得一技之长以维持生计，起到一举两得的作用③。1921 年，鉴于阿迷"地当铁道中枢……前因各属灾荒，加以个旧厂情衰落，饥民砂丁流为乞丐而来阿迷者充物于途"，"向为四方游民鹿集之区"的情况，县知事集地方士绅和路警总局畴议，省实业厅资助，在县城北门外建平民工厂，有工房 17 间，安辑流民，编织簿、席、棕物"以养以教"④。1933 年，保山灾情严重。在保山县成立救济院，内设习艺所专门收留难民、灾民，教以粗浅手工，使他们能自食其力⑤。

中华人民共和国成立以后，生产自救是灾后恢复的重要举措之一。1950 年春，西南多处地区发生严重旱灾，很多地方秧苗枯死，一些地方根本插不上秧。据统计，"川东 11 个县，川南 15 个县，川北 17 个县，云南 10 个县先后发生各种不同性质不同程度的灾荒，有的地方业已发生饿死人的现象"⑥。同年 7 月 7 日，邓小平主持西南局常委办公会议，会议决定：西南地区的"救灾方针是以生产自救为主，政府救济为辅。政府要扶持农村手工业，举办生产贷款，鼓励农村自由借贷"。7 月 10 日，以西南军政委员会名义正式发布《关于

① （明）宋濂等：《元史》卷 28《英宗本纪二》，北京：中华书局，1976 年，第 624 页。
② 《清实录·高宗实录》卷 12"乾隆元年二月己卯"条，北京：中华书局，1986 年，第 374 页。
③ 朱金芬：《民国时期云南的自然灾害及社会应对机制》，云南师范大学 2008 年硕士学位论文。
④ 云南省开远市志编纂委员会：《开远市志》，昆明：云南人民出版社，1996 年，第 576 页。
⑤ 保山地区地方志编纂委员会：《保山地区志》上卷，北京：中华书局，1999 年，第 487 页。
⑥ 中国社会科学院，中央档案馆：《1949—1952 中华人民共和国经济档案资料选编·农业卷》，北京：社会科学文献出版社，1991 年，第 69—71 页。

生产救灾工作指示》，向西南各地传达①。救灾工作实行"以生产自救为主，政府救济为辅"的方针，生产自救要求政府发挥高度的组织协调能力，调动各方面积极性，因地制宜地发展生产或者实行以工代赈，有领导有组织地将救灾运动变成全民性的生产运动，达到救济的目的②。邓小平指导西南地区组织生产自救，主要有以下几种形式：一是加强宣传，发动群众，和群众一起研究具体办法抗灾；二是因地制宜，通过发展农村副业和手工业度荒；三是提倡互济互助，开展节约捐输，党政军民共渡难关③。

西南地区山多地少，聚居在偏远村寨的民族众多，其房屋建筑多系竹木、茅草等原料建成，火灾极易发生，且常常造成集体性灾难，但当火灾发生之后，当地民众并不会长时间沉浸在悲痛之中，而是由当地头人组织村民尽快重建村落，邻里、邻村甚至亲友之间互帮互助，共同完成灾后恢复与重建。

二、西南地区灾后重建文化

灾后重建是过程性而非结果性的内涵，同时将之视为一种非技术过程的社会过程，它包含灾后紧急应对、恢复、重建的决策过程，并认为灾后重建从灾难发生之前就已经开始（主要指灾前应对自然灾害预警机制的建设）④。

（一）抚恤钱粮重建家园

水灾、雹灾、火灾及地震等骤至陡发的灾害危害严重，常常会导致百姓伤亡、房屋坍塌，因此，政府给伤亡人口一定抚恤银钱，有房屋因灾受损甚至坍塌的给予修整费用，以助灾民重建家园并恢复生活与生产。

清乾隆二年（1737 年），政府规定："地方倘遇水灾骤至，督抚闻报，一面题报，一面委官量拨存公银，会同地方官确查被灾之家。果系房屋冲塌，无力修整，并房屋虽存，实系饥寒切身者，均酌量赈恤安顿；如遇冰雹飓风等

---

① 王达阳：《邓小平主政西南期间应对自然灾害的经验及启示》，中共中央文献研究室科研管理部：《中共中央文献研究室个人课题成果集（2011 年）》上册，北京：中央文献出版社，2012 年。

② 康沛竹：《中国共产党执政以来防灾救灾的思想与实践》，北京：北京大学出版社，2005 年，第153 页。

③ 王达阳：《邓小平主政西南期间应对自然灾害的经验及启示》，中共中央文献研究室科研管理部：《中共中央文献研究室个人课题成果集（2011 年）》上册，北京：中央文献出版社，2012 年。

④ 苗兴壮：《国内外公共突发事件应对研究述评》，《广东培正学院学报》2006 年第 1 期。

灾，其间果有极贫之民，议准其一例赈恤。"①乾隆四十一年（1776 年），政府规定："地方猝被水灾，该管官查倒塌房屋，给予修费，淹毙人畜，分别抚恤。"②政府对被灾百姓发给一定口粮及修整费进行抚恤，如乾隆七年（1742 年）六月，贵州布政使陈德荣又奏报："贵阳、独山、毕节等府州县，以山水陡发，冲坏城垣民居，淹毙人口，现饬员确勘，分别抚恤，给本修整。"③道光元年（1821 年）威宁州发生水灾，明山奏："威宁州后所地方，溪水陡发，淹毙男妇客民，冲塌民房，现经地方官捐资抚恤，给予修费。"④清政府对各省水灾抚恤标准作了具体明确的规定，房屋的修整费也是根据房屋的材质进行发放。清政府规定："贵州省水冲民房修费银，瓦房每间给银八钱，草房每间给银五钱。淹毙人口，每大口给银二两，每小口给银八钱。"⑤之后贵州各地抚恤灾民时便是照此例。清政府施行的抚恤措施有助于灾民重建家园并尽快恢复正常的生活与生产。

（二）以工代赈重建公共设施

以工代赈是重要的、辅助性的灾后重建举措，在灾荒期间或灾后重建中，由政府兴办工程，募灾民劳作，日给米钱⑥，以达既赈济灾民，又让灾民自主自救，同时完成社会公共工程建设的目的⑦。"工赈之意义，一方使之赈济，一方使之为公工作，不致坐食养惰。以实际言，仍无异于救农，盖田土既无可为，只有暂借劳力以资生计"⑧。

清代极为重视灾后恢复重建，多以官方主导，其灾后恢复重建重点是水利、桥梁、城垣等公共设施。雍正七年（1729 年），建水县泸江，每遇夏秋暴

① （清）昆冈等修，吴树梅等纂：《钦定大清会典事例》卷二百七十《户部·蠲恤·救灾》，《续修四库全书》编纂委员会：《续修四库全书》，第 802 册，上海：上海古籍出版社，2002 年，第 312—313 页。

② （清）昆冈等修，吴树梅等纂：《钦定大清会典事例》卷二百七十《户部·蠲恤·救灾》，《续修四库全书》编纂委员会：《续修四库全书》，第 802 册，上海：上海古籍出版社，2002 年，第 315 页。

③ 《清实录·高宗实录》卷 169 "乾隆七年六月丁巳"条，北京：中华书局，1986 年，第 154 页。

④ 《清实录·宣宗实录》卷 21 "道光元年七月已酉"条，北京：中华书局，1986 年，第 374 页。

⑤ （清）昆冈等修，吴树梅等纂：《钦定大清会典事例》卷二百七十《户部·蠲恤·救灾》，《续修四库全书》编纂委员会：《续修四库全书》，第 802 册，上海：上海古籍出版社，2002 年，第 316 页。

⑥ 姚佳琳：《清嘉道时期云南灾荒研究》，云南大学 2015 年硕士学位论文。

⑦ 周琼：《乾隆朝"以工代赈"制度研究》，《清华大学学报》（哲学社会科学版）2011 年第 4 期。

⑧ 牛洪斌等点校：《新纂云南通志（七）》，昆明：云南人民出版社，2007 年，第 497 页。

雨，奔湍四溃，田庐皆被淹没，总督鄂尔泰、知府张元岵，"凿石十三重，复将自泸江至岩洞堤岸八百一十丈，自榌冲二河，至三河口堤岸，四千三百七十五丈，并造桥丁椿，空浅诸件，一并筑修"①。乾隆二年（1737 年）谕："筹办工赈，如开渠筑堤、修葺城垣等事，酌量举行，使贫民佣工就食，兼赡家口，庶可免于流离失所也。再，年岁丰歉，难以悬定，而工程之应修理者，必先有成局，然后可以随时兴举。"②道光十三年（1833 年），昆阳县城墙因地震倾圮，知州朱庆椿倡捐，"修筑五门，添建敌楼，上砖下石，甃礨巩固，丹碧辉煌，迤南壮观"③。道光二十六年（1846 年）六月，白盐井发生特大水灾，桥梁、官署民房、仓储存盐等全部毁坏淹没，其中卤井四十一口被淤填，仓存盐九十余万斤、正煎之盐二百余万斤同时淹坏，为了修复公署、桥梁，工程浩大，无款可筹，管盐官李承基特详请借支养廉银，"借银二万二千两分发灶户，修复堕煎盐斤及卤井……率灾民之少壮者，从事兴作，直至明年，始大段厘然，人民亦逐渐复业"④。光绪十二年（1886 年），武定州夏秋淫雨为灾，被淹数月后，导致城墙四周内外坍塌三十二处、倾斜一百六十余丈，将崩者约数十丈，西、南、北三城楼都已倒坏，至文、武两庙以及知州、守备、吏目各署均有倾倒房屋，上台允准："由本属捐办，饷需款内拨银一千五百两，以资培修。"⑤光绪十八年（1892 年），昭通府秋成无收，同知龙文过境时，见其灾重，向省府禀告后，由省府拨给巨款，并委任龙文为昭通赈恤委员，其到昭通之后，"广行劝募，修浚河道，以工代赈，设粥厂于三楚宫"⑥。光绪三十一年（1905 年），省城发生水灾，"以工赈重修昆明六河"⑦。

民国时期，四川省内各县、区、乡公所组织少壮灾民建筑塘堰和公路，相应的组织机构一并给予口粮和现金，与此同时，拨出法币 420 万元，作为共赈专款，整理川滇公路隆泸段，川鄂公路简渠段；修路公民按保甲编组，每日上

① 云南省水利水电勘测设计研究院：《云南省历史洪旱灾害史料实录》，昆明：云南科技出版社，2008 年，第 330 页。

② 民国《新纂云南通志》卷 161《荒政考三·赈恤·工赈》，民国三十八年（1949 年）铅印本。

③ 道光《昆阳州志》卷 7《建设志·城池》，清道光十九年（1839 年）刻本。

④ 牛洪斌等点校：《新纂云南通志（七）》，昆明：云南人民出版社，2007 年，第 497 页。

⑤ 云南省水利水电勘测设计研究院：《云南省历史洪旱灾害史料实录》，昆明：云南科技出版社，2008 年，第 433 页。

⑥ 民国《昭通县志稿》卷 3《民政·赈务》，民国二十七年（1938 年）铅印本。

⑦ 牛洪斌等点校：《新纂云南通志（七）》，昆明：云南人民出版社，2007 年，第 491 页。

午 8 点到指定地点劳动，午后五点半验工后发给工资 0.2 元，按当时物价水平，可购买 1 升米①。以工代赈对于缓解灾情起到了积极的作用。民国六年（1917 年），在云南嶍峨地震灾区开办的平民工赈厂，是政府开展实业教育工赈项目的最早尝试，由于时局和资金的影响，嶍峨县平民工赈厂仅试办了一年多时间，培养了两批 72 名毕业生。从救济效果看，这显然十分有限。然而，这在职业教育尚不发达的近代社会，实属可贵的尝试，其意义正如倡导者总结说："土木工程劳动工役在所必需，亦可藉代赈赡，惟惠及贫民者，祗属一时，如开设工厂，收集贫民教成一艺，可以惠及永久。"②

当官府因资金、人力不足等因素无力恢复重建时，往往筹集民间社会力量。例如，嘉庆六年（1801 年），五福桥复圮于山洪，知州张槐倡捐，"率士民重修"③。民国二十六年（1937 年），四川省政府亦颁令各县，责成区、乡公所督饬少壮灾民建筑塘堰和公路，由当地酌给口粮，实行以工代赈④。

（三）民居建筑的灾后重建文化

随着中国城市化、全球化的进程加快，人们越来越认识到保持传统建筑文化特色的重要，越来越希望在建筑环境上表现出对传统文化、地域特色的尊重与延续。尤其是 5·12 汶川大地震使大量川西传统民居惨遭破坏或毁于一旦。灾后重建中，国家十分注重传统文化的传承，《国务院关于做好汶川地震灾后恢复重建工作的指导意见》《国家汶川地震灾后恢复重建总体规划》《汶川地震灾后恢复重建条例》等文件都把"传承文化、保护生态"作为一项基本的建设原则，"要保护和传承优秀的民族传统文化，保护具有历史价值和少数民族特色的建筑物、构筑物和历史建筑，保持城镇和乡村的传统风貌"。同时，人们心中的传统情结亦要求能够在灾后重建民居建筑上找寻到川西传统民居的影子，而川西传统民居装饰植根于当地的乡土文化，有着醇厚的本土特征，对于体现传统的地域文化有着非常重要的作用。因此，在灾后重建的民居建筑装饰

① 寇耀锦：《抗战时期四川社会救济管理研究（1937—1945）》，四川师范大学 2018 年硕士学位论文。
② 苗艳丽：《民国云南工赈项目创新尝试——以嶍峨县平民工赈厂为中心的考察（1914—1918）》，《保山学院学报》2014 年第 1 期。
③ 光绪《宣威州志补》卷 2《关哨·津梁》，民国十年（1921 年）铅印本。
④ 四川省地方志编纂委员会：《四川省志·民政志》，成都：四川人民出版社，1996 年，第 287 页。

中，我们可以通过适当运用川西传统民居建筑的装饰元素来展现川西传统民居的装饰面貌，传承传统的地域文化，塑造独特的地域特色。我们可以运用川西传统民居的坡屋顶、小青瓦屋面、穿斗墙等典型的元素来展现川西传统民居的装饰面貌，可以运用绵竹年画等独特的民间工艺来体现地域特色，还可以运用造型各异的封火山墙来体现川西多元融合的独特文化①。

各重灾县的灾后重建工作由援建方与当地人民共同完成，如同历史上六次大规模的移民入川，各地援建者不但带来了当地的生产技术、生产生活方式，也带来了当地的建筑文化。这些外来文化对川西本土文化有一定的冲击力，在建设过程中，不可避免地会对灾后重建民居建筑及其装饰产生影响，而不同的地域、不同的文化、不同的民俗风情，在当地的传统建筑里都有着直接而自然的反映，将援建地的建筑装饰元素融入灾后重建民居建筑装饰中，会给援建者一种亲切感和精神归属感。同时，饮水不忘打井人，感恩的四川人民在灾后重建项目命名的时候，不可避免地会在灾后重建民居建筑及装饰里加入一些援建地的元素、名称与特征，睹物思人，这也是感恩的一种最直接的表现。于情于理，在灾后重建民居建筑装饰里都应融入援建方的建筑文化让川西本土文化与外来文化有所交融，使灾后重建的民居建筑装饰既能保持川西传统民居装饰的特色，又能体现援建地建筑文化的特征②。

在川西本土文化与外来文化的碰撞、交流中，首先，要保持其自身的文化特色，文化特色往往是界定某种建筑文化的标准。一提起江苏建筑，人们马上想到的是小桥、流水、人家，而粉墙、青瓦、马头墙、门罩则是徽派建筑的标志，还有重庆的吊脚楼、福建的圆形土楼、四川汉族民居的穿斗墙……所以，不论川西民居建筑装饰受外来（建筑）文化的影响如何，不论其外在形式、用材等发生了怎样的变化，但其基本特征应该依然是朴实自然、清新淡雅的。不论它将来有怎样的发展变化，都应万变不离其宗。其次，对外来文化的吸收、包容要有所选择。各种文化都有适应其自身成长发展的特定环境，川西有着自己特定的气候、地理、人文、经济等环境，这些与外来文化原本所处环境的各

---

① 王丽飒：《川西传统民居装饰在灾后重建民居建筑上的应用研究》，西南交通大学 2011 年硕士学位论文。

② 王丽飒：《川西传统民居装饰在灾后重建民居建筑上的应用研究》，西南交通大学 2011 年硕士学位论文。

方面都有所差异，在我们把外来文化"拿来"时，要考虑一下外来建筑文化与川西本土环境是否相适应。只有选择适合本土的地域因素、环境因素，外来建筑文化才能与本土特定的环境有机结合，才能在丰富本土文化内容的同时得到健康、可持续的发展。苏州的小桥流水，粉墙黛瓦，就与川西平原的自然环境非常协调，能够与川西民居的清新淡雅完美融合，使灾后重建的民居建筑，既有川西民居的清新自然，又有苏州建筑的如诗如画。《国家汶川地震灾后恢复重建总体规划》中明确指出："恢复重建历史文化街区内损毁的现代建筑，应与整体风格相协调。"《国家汶川地震灾后恢复重建总体规划》中亦明确指出在"历史文化名城名镇名村的恢复重建"中，"要尽可能保存历史风貌"，历史文化街区内需重建的建筑，"其外观要延续传统样式，尽可能利用原有建筑材料或构件"，足见国家政府对灾后重建中尊重传统、传承传统的重视。在灾后重建民居建筑装饰中，我们只有尊重传统，真正理解、把握了川西传统民居装饰的特点、精髓，才能较好地将其进行应用，并结合时代特色进行新的创造，给其发展注入活力，使其以另一种形态继续存在，生生不息。川西传统民居装饰从装饰题材、内容到装饰技艺都达到了一定的水平，其中许多如"青瓦出檐长，穿斗白粉墙"已成为相对固定的程式化语言。好的装饰形式、处理手法，完全可以直接应用到灾后重建民居建筑装饰中。例如，绵竹年画村的坡屋顶、大出檐及粉墙黛瓦就直截了当地将川西传统民居装饰的典型特征表现出来[①]。

修复与兴建水利工程也是灾后重建的重要内容。水利工程设施能防洪，还能蓄水抗旱，经水灾摧毁后，如果不及时修复，无法蓄水就可能会引发旱灾，造成严重的春荒。水利对于农业生产至关重要，水利修复与建设是群众受灾后的迫切要求，这也是水旱灾害治理的重要任务。1954 年，广西钦县、合浦、防城三县的海堤工程，中华人民共和国成立以后，在合浦、钦县，由国家先后投资修建工程费达 82 亿余元，以重点修复加固工程。修建、改建的堤长共 138.23 千米，完成土方 129 万公方，石方 99 105 公方，在 1952—1953 年中，由于当地政府的重视，组织力量进行防护，保障了 133 900 亩的农田不再受潮水袭击。

---

① 王丽飒：《川西传统民居装饰在灾后重建民居建筑上的应用研究》，西南交通大学 2011 年硕士学位论文。

这是沿海地区工程防护修复措施，沿海地区的水灾，主要是来源于台风、海潮涨落等，海堤是最主要的防灾设施。群众合作兴修的小防洪堤和排水沟渠对排涝泄洪起到了一定的作用，保障了农业生产①。

（四）对口援建

对口援建是我国灾后重建的独创方式，是我国政体的产物，也是援建地区人民对灾区人民关怀的最直接表达，其实质是国家主导下的资源跨越区域流动，对迅速、稳定地完成"人口文化"社区灾后重建项目具有重要意义。

2008年5月12日，四川汶川、北川，发生8级强震，这是中华人民共和国成立以来破坏性最强、波及范围最大的一次地震。这次汶川地震造成的直接经济损失达8451亿元人民币。其中，四川最严重，占到总损失的91.3%。在财产损失中，房屋的损失很大，民房和城市居民住房的损失占总损失的27.4%。2008年6月18日，国务院办公厅印发《汶川地震灾后恢复重建对口支援方案》，确定由北京等19个省市分别对口支持四川省的一个重灾县，北京市支援什邡市，上海市支援都江堰市，江苏省支援绵竹市，浙江省支援青川县，广东省支援汶川县，山东省支援北川县……通知要求，各地对口支援四川汶川特大地震灾区，提供受灾群众的临时住所、解决灾区群众的基本生活、协助灾区恢复重建、帮助灾区恢复和发展经济，以及提供经济合作、技术指导等。随后，国务院又先后公布了《汶川地震灾后恢复重建条例》《国务院关于做好汶川地震灾后恢复重建工作的指导意见》《国家汶川地震灾后恢复重建总体规划》等文件，全面指导灾后重建工作②。

对口援建对援助双方的匹配和援助标准，由中央制定，地方执行。中国政府创造性地运用分权组织模式，让其他非灾区的18个省份一对一对灾区实施灾后救援。救援结束后，中央政府继续将该对口策略应用在灾后恢复重建工作中。灾后援助项目和受援方均具有一定的同质性。一方面，与其他社会援助、捐赠、贷款等不同，对口援建的任务由中央统一规定，包括援助投资金额下限

---

① 广西壮族自治区档案馆：《广西自然灾害及防灾救灾档案资料选编（1950—1954）》，内部资料，1997年，第458页。

② 王丽飒：《川西传统民居装饰在灾后重建民居建筑上的应用研究》，西南交通大学2011年硕士学位论文。

及项目类别。中央政策规定：每个对口援建省以不低于上一年财政收入的 1%
对灾区进行援建，"三年任务，两年完成"。对口援建项目仅限于住房、基础
设施、公共设施和稳定就业等非生产性公共投资四个方向。另一方面，援助方
都是中国内部较为发达的沿海省份，相比国际援助而言，在政策、制度和文化
上都具有较强的同质性。同时，受援县均为四川省内各县级，因而也具有较强
的同质性，可以避免国际援助中跨国数据的制度、文化的异质性问题。此外，
汶川地震灾区位于西部贫困县，地震前的经济发展水平普遍较低，可以类比国
际上的不发达地区，同时，该政策随后也被应用和推广到其他援助领域，如
2010 年中央要求 19 个省市对口支援新疆的各个地区①。

2008 年 5·12 汶川地震发生后，天津对口援建的宁强县天津高级中学、天
津医院、东丽新村集中安置点，略阳天津中医院、天津中学、徐家坪集中安置
点等项目成为对口援建标志性工程。产业化援建项目和招商引资项目的建成投
产，成为县域经济的增长极。津汉交流合作效果显著。天津对口援建，搭建了
津汉两地全方位、多渠道交流协作的平台，带来了天津推进科学发展的新理
念、新思路、新方法。灾后恢复重建期间，天津市和汉中市多次组织互访，汉
中市四次赴天津招商，签订合作项目 18 个，投资金额 15 亿元。先后组织 1840
名灾区群众到天津务工、250 名学生赴天津就学，开展对口业务培训 1640 人
次，津汉两地人民情感友谊进一步加深②。

三、西南地区灾害恢复与重建的经验教训

灾后恢复重建是自然灾害应对中的最后一环，意味着让地理环境、社会经
济和人都达到灾害发生前的状态，或提升到更好的状态，它是考验政府应急管
理能力的重要方面，也是体现社会安全的一道基本防线③。政府在灾后恢复与
重建过程中处于主导地位，整个灾害管理过程都是以自上而下的方式开展的。
在我国特有的政治环境下，灾后恢复与重建是国家以其强大的行政之手，调集
社会资源对自然灾害受损的地区进行恢复性、建设性重建的过程，实质是国家

---

① 徐丽鹤，夏萌萌：《灾后援建、新企业进入与灾区经济恢复——基于汶川地震"对口援建"政策的自
然实验》，《世界经济文汇》2022 年第 1 期。
② 贾澍：《汶川地震汉中灾后重建报告》，《新西部》2018 年第 5 期。
③ 王赣闽，肖文涛：《自然灾害灾后重建的地方政府行为探析——以福建省闽清县"7·9"特大洪灾灾
后恢复重建为例》，《中共福建省委党校学报》2017 年第 12 期。

对社会资源的再分配过程，政府在这一过程之中起主导作用。灾后恢复与重建是国家在灾区遭受重大人员伤亡和财产损失之后，以恢复灾区群众生产生活基础设施和社会秩序为目的的行为与过程。

从灾后恢复与重建能力而言，西南民族贫困地区灾后恢复与重建能力重庆最强，云南次之，四川与贵州稍弱。就四川地区而言，社会保障系统是其软肋，普遍低于其他 3 个省市，农户灾后贷款方面做得也较差；贵州地区主要是在恢复生产与促进就业方面明显弱于其他地区，是亟待改善的方向；云南地区灾后心理救助和政府资金供应能力有待进一步加强①。中国西南地区处于地质不稳定区域，自然灾害频发，加之地震等灾害的风险及区域民族文化问题，使得该区域灾难恢复较为复杂，需要长期、协调和有计划地行动，基于自然的绿色重建在该地区尤为重要②。

在灾后恢复与重建过程中，灾区群众乃至全社会的强力呼唤直接决定了灾后恢复与重建的重要性和紧急性；同时，灾后恢复与重建涉及灾区生产生活基础设施的修补和重建，灾民心理疏导和抚慰及灾区社会生产生活秩序的恢复等，内容之多、耗费资源之众非个人或其他非政府组织能够胜任，都无法替代国家在这一过程之中的地位和作用。国家以其强大的行政力量通过严密的延伸到全社会的行政触角，以政策、规章等法律文件的形式向全社会发布，建立完整的自上而下的政策支持和保障体系，引导乃至直接调动社会资源迅速且大量地向灾区汇集，切实保障灾后重建快速且稳定地推进③。

历史时期，随着中央王朝统治对边疆民族地区的渗入，民众逐渐在灾后搬迁过程中处于被动地位，搬迁的场地选择受到官方制约，这种制约对于调和民族矛盾与社会利益冲突起到一定的积极作用，但民众缺位一直是灾后重建过程中自上而下的灾害管理方式带来的弊端。在当前防灾减灾体系工程建设中，灾后恢复重建工作是防灾减灾规划的重要部分，这一规划包括房屋建设、公共设施建设等，但在原址重建和异地搬迁存在很多区别，原址重建更易解决当地民

① 张军，张海霞：《西南民族贫困地区农村灾害应对能力评估与比较研究——基于 36 个国家级民族贫困县的调查》，《四川农业大学学报》2015 年第 1 期。
② 王新月：《基于 NBS 的中国西南地区传统村落灾后复原力评估实践》，中国风景园林学：《中国风景园林学会 2019 年会论文集》下册，北京：中国建筑工业出版社，2019 年，第 1127—1133 页。
③ 江春雷：《"契合"与"背离"：城镇化背景下的灾后重建研究——以都江堰市 A 村"人口文化"社区项目为例》，西华师范大学 2015 年硕士学位论文。

众生产生活、社会网络、经济发展等问题，异地搬迁则存在一定难度，尤其是搬迁地的选址、搬迁后民众生计等问题在当前众多搬迁的村寨中仍旧存在，尤其是处于偏远山区的少数民族民众更是面临着搬迁之后的一系列问题。灾后重建给当地社会、经济、文化带来一系列影响，尤其是根植于当地生存环境基础上的民族文化面临严峻挑战。当前的灾后恢复与重建，注重的更多是物质层面的重建，忽视了精神层面的重建，这在一定程度上导致了传统民族文化传承与发展出现断裂。

西南地区在灾后恢复与重建过程中便存在诸多此类问题。在灾后恢复与重建过程中，原本居住比较分散的村寨开始集中居住，形成了一定规模的新的公共产品（如道路交通、农业生产工具存放场所、红白喜事场地等）需求，决定了供给方式必须由分散到集中，且更加高质量①。作为灾害应对措施之一的灾后恢复与重建，在一定程度上改变了原本的人口居住模式、改善了农业生产生活基础设施，更有利于外部资源的输入，以及促进当地社会经济发展，但这种重建存在一定脆弱性。村民集中居住，在一定程度上拉开了一部分村民与自家承包土地之间的距离，使得原来几分钟就能够到达的路程不得不花费十多分钟甚至更长的时间才能到达，社区内放置农具地方的缺失，让农活变成了一种"负担"，尽管矗立在田间地头的"窝棚"可以解决农具、化肥、农药等部分农业生产资料的存放问题，但谁又能免除或降低村内大部分青壮年外出务工而剩下来的年老村民为干农活来回奔波之苦及水稻、小麦收割时的运输之累②？

2015 年发生于芒卡镇佤族社区莱片村的"3·01"地震及随之而来的灾后搬迁、村寨选址、房屋建筑和公共基础设施建设改变了当地佤族民众的生产生活方式、风俗习惯等。在灾后重建过程中，地方政府与村寨民众、村寨与村寨之间通过主动参与、自主选择的方式在地方政府主导的灾后重建中发挥了积极作用。这一作用不仅体现在灾后重建的选址上，更突出表现在灾后重建社会文化网络的自我调节及恢复上，佤族社区民众在传统文化与现代文化交锋中掌握

---

① 江春雷：《"契合"与"背离"：城镇化背景下的灾后重建研究——以都江堰市 A 村"人口文化"社区项目为例》，西华师范大学 2015 年硕士学位论文。

② 江春雷：《"契合"与"背离"：城镇化背景下的灾后重建研究——以都江堰市 A 村"人口文化"社区项目为例》，西华师范大学 2015 年硕士学位论文。

了推动社会文化变迁的主导权，依托传统文化的力量试图重塑新的地方文化逻辑，以此来实现原有村寨社会文化秩序的正常运转①。

纵览历史时期中国传统的灾害应对体系，清代传统的灾害应对体系经历了清前期的不完善到清中期的逐步完善再到清晚期的近代化转型。随着清王朝对西南地区的经济社会开发、内地移民、农业技术传入及汉文化传播等多种因素的影响，西南地区逐步建构起一套与内地相统一的灾害应对体系，即由灾害防御、灾害救济构成的一套完备的、传统的灾害应对体系，这一体系的形成在一定程度上加速了西南边疆地区的内地化进程。不同于内地，西南地区远离中央王朝，作为边疆民族地区，其灾害应对体系具有边疆性、民族性，这一特性体现在具体的灾害观念、防御及应对举措之中。有清一代，这套运转了两百多年与内地既有区别又有联系的传统的灾害应对体系在维护云南政治、经济、社会、文化秩序中发挥了重要作用。

清晚期以后，外来思想文化的逐步渗透使云南少数民众开始接受以西方科学为主导的防灾减灾思想，传统的灾害应对体系受到一定冲击。在这一过程中，官方主导的传统的灾害应对体系融入了更多的西方科学知识、技术，极大地提高了防灾减灾能力，促使其开始向近代化转型，但也应当看到，自近代之后，清王朝的统治危机日趋严重，在一个彻底腐朽了的政权统治下，任何有效的政治机制都会运行失灵，任何严格周密的规章制度都会成为一纸具文，晚清时期封建王朝的救荒活动就正是如此②。加之，由于清晚期西南地区社会动荡、战乱频仍等，在这一背景之下，以西方科学知识为主导的灾害应对体系更是多数地区尤其是远离政治经济中心的广大民族聚居区无法触及的，这些地区也就不具备传统的灾害应对体系彻底实现近代化的条件。虽然传统的灾害应对体系经历了近代化的洗礼，但其地位仍旧无法撼动，这一特殊阶段仅是传统的灾害应对体系近代化的一个开端。

相反，由于清晚期传统的灾害应对体系不彻底、不全面的近代化客观上保留了大量的本土化、地方性的防灾减灾知识及智慧，这些知识延续至今，经过历史的选择和长期的积淀，成为中华优秀文化不可或缺的重要组成部分。从全

① 杜香玉：《佤族社区灾后重建中的利益博弈与文化重构——以沧源县芒卡镇莱片村"3·01"地震为例》，《原生态民族文化学刊》2022 年第 4 期。

② 李文海：《论近代中国灾荒史研究》，《中国人民大学学报》1988 年第 6 期。

局、整体考虑，一套科学化、标准化、统一化的灾害应对体系固然会大大提高防灾减灾效果，但并不适用于所有区域。西南地区作为边疆民族地区不同于腹地，应当结合地域特殊性、自然环境、民族文化等因地制宜地建立健全现代化灾害应对体系。各民族在历史时期与自然灾害斗争过程中逐步形成的优秀传统防灾减灾知识和现当代防灾减灾技术同样重要，西南地区现代化的灾害应对体系的完善必须要充分考虑边疆地区的特殊性及民族文化防灾减灾知识的有效性。统一化、科学化并非是衡量一切防灾减灾能力的唯一标准，应当在边疆民族地区灾害应对体系完善过程中合理运用民间防灾减灾智慧，最大限度地增强边疆民族地区各民族民众的自我灾害防御及应对意识，发挥地方民众应灾行为的主动性和积极性，提升边疆民族地区防灾减灾能力，构建中国本土防灾减灾研究的学术话语体系，推动防灾减灾体系建设的现代化进程。

第五章　西南地区灾害文化的典型案例

　　西南地区灾害文化的案例极为丰富，无论是灾害认知、记忆、记录、传承，还是与灾害有关的思想、心理、伦理、祭祀、信仰、禁忌、习俗、文学、艺术，以及应对灾害的系列措施、制度及社会影响等方面的具体案例，都反映了西南少数民族与灾害相伴相生过程中的生存智慧，具有多样性、复杂性特点。

　　西南各区域少数民族由于生境的差异，不同地区遭遇的主要灾害类型亦不相同。在田野调研访谈过程中，很多地质灾害点的村民对每次泥石流、滑坡、塌方事件记忆犹新。不同类型、不同地区及民族在防灾减灾避灾行动中，都积累了方法和经验，逐渐形成了各种与灾害有关的传说、禁忌、习俗等，留下了诸多案例。因不同区域的自然及地理条件不同，不同民族的经济、文化、历史进程也存在极大的不同，他们对于同一类灾害的应对也都极富时代及民族区域特色。其中，地质灾害文化是多山多峡谷的西南地区最普遍、最常见的灾害，其防灾减灾文化最能够代表西南地区的民族传统灾害文化。

第一节　西南地质灾害文化的记录及认知

一、清及以前西南地质灾害的记录

（一）清及以前西南地震灾害的记录

1. 地震灾害改造自然生态环境的记录情况

地震从震源向四周辐射的强烈辐射波，无论是上下波动的纵波、左右波动的横波，还是到达地面后具有强大传播能量的面波，都能够对平坝及高山两种截然不同的自然生态环境造成一定的影响，甚至改变原有的自然形态。

对于地表形态冲击与改造最大的是地震导致的地陷。地陷在西南无论是地震重灾区，还是百年不遇一震的轻灾地区，都曾出现过，如广南府地震或数十年而一震，或百年而不一震，震时震源远，震波感知甚微，但也"有时陵谷小有变迁，纵横不过数亩"①。

地震对山地的冲击在明代就已被频繁记录，强烈的地震致使高峰为谷，深谷为陂，正德六年（1511 年）五月六日，北胜地大震，不仅将城西北民居震塌五千余间，而且"近屯西山下陷成湖者百有余"②。清代随着人口的快速增长及城池的扩建，地陷造成的重大影响逐渐集中在人口密集的区域，光绪元年（1875 年）五月，贵州黎平府城地震，"考棚侧刘姓园地陷数丈"③。地陷后的地表所形成的不仅有宽窄不一的裂缝与广深的洼地，往往还会从地层裂缝中涌出大量水，致使地坑变为水潭，乾隆三十九年（1774 年）庆远府德胜镇地震，西南二门外裂陷数十穴，"水极澄清，土民缒石测其深浅，自七八十丈至百余丈不等"④，更深者甚至于清代无法测绘出其潭底，光绪十六年（1890年）七月十五日，广西发生 5.7 级地震，震中在博白与高州之间，震时有隆声自东北而来，"唯见三瑾堡一块荒地下陷成潭，潭长 2.5 丈，宽 1.2 丈，清水满

---

① 民国《广南县志》卷之三《地震》，民国二十三年（1934 年）稿本。
② 民国《新纂云南通志》卷 22《地理考二》，民国三十八年（1949 年）铅印本。
③ 光绪《黎平府志》卷 1《祥异》，光绪十八年（1892 年）刻本。
④ 道光《庆远府志》卷 1《地理志》，清道光九年（1829 年）刻本。

潭，深不见底"①。此外，地陷也能够促使河流干涸及区域内房屋塌陷，造成重大的生命财产损失，乾隆五十一年（1786 年）剑川震后，"东北地下陷一丈五尺，水势逆趋，至桑岭、太平、邑头等七十余村，屋宇田地悉为巨浸，海尾河水涸不流"②。

地震也改变着地下水的流动方向，导致地表随处冒水，或井、泉及河流干涸。地震后地表所涌出的"新水"水质与平常不同，清澈的水较为少见，但能够利源一方，乾隆五十四年（1789 年）五月十四日黎县地震后，"水忽潢出，近潭居民初见水气弥沦，以为云龙交作也，徐窥之则澎湃汹涌不可测"，其水较为清澈能够从中获取渔利与灌溉之利，"其涯涘乃潴之以资灌溉，潭中落鱼数种，垂钓者恒欣羡焉，水入于星云湖"③。

实际上，地震过程中或地震后，从地裂缝中涌出的水，多数是浑浊及颜色各异的污水，其中以黑色之水较为常见，如顺治九年（1652 年）六月弥渡"地大震，涌黑水"④，又嵩明州康熙五十二年（1713 年）二月初二戌时地大震，"自东而西，终夜不止，倾倒墙屋，裂涌黑水"⑤，多色彩的水也较为常见，如丽江于光绪二十一年（1895 年）十二月二十八日戌刻地震、二十九日辰刻大震，经两次地震之后，多处水潭竟然冒出红、黄、白三种颜色的水，"各处龙潭有涌出红、黄、白诸水，或确日、或确月乃清"⑥。由于地下水周围岩层破裂，与众多矿物质发生化学反应后显露出多种色彩，白色水或是与硝品等盐类溶解后形成的，若矿物质较多的话会结成众多白色晶体，即地震后常见的地生白毛，如蒙化府于弘治十二年（1499 年）六月地震后，"厥明地生白毛长十许"⑦。

水涸多出现于河流、泉水、池水及水井等蓄水之地。广泛面积的水涸主要是由于地震所释放出的震波造成地表、山体出现不规则裂缝，致使地表水逐渐渗入地下，其中地表裂缝渗水多发生在河流流域，如顺治九年（1652 年）六

① 博白县志编纂委员会：《博白县志》，南宁：广西人民出版社，1994 年，第 138 页。
② 云南省剑川县志编纂委员会：《剑川县志》，昆明：云南民族出版社，1999 年，第 1009 页。
③ 民国《黎县志》，民国五年（1916）铅印本。
④ 乾隆《赵州志》卷三《祥异》，清乾隆元年（1736）刻本。
⑤ 康熙《嵩明州志》，清康熙五十九年（1720）刻本。
⑥ 光绪《丽江府志》卷一《祥异》，民国年间抄本。
⑦ 康熙《蒙化府志》卷 1《灾祥》，清康熙三十七年（1698）刻本。

月，弥渡地震"地皆崩裂，涌出臭泥鳅鳝盘结地上，乱石飞坠，河内流水俱干"①；山体裂缝渗水主要发生于山潭，如宜良汤池源出金山，分数脉，漫流至池，水热如沸，"道光十三年七月廿三日地震后水忽竭"②。山潭水多为山地居民主要的水源地，一旦水涸必然会对农业及生活用水造成重创，故危害最大。狭窄区域内的水涸，多是因地震导致地层发生不规则的变动，促使地下水流动发生转向，以致原水源地补给不足，如乾隆五十一年（1786 年）剑川地震后的"井涸无点滴"③，又贵州贵阳嘉庆二十四年（1819 年）七月二十五日"日出地震有声，日入复震，泉水皆赤"④。

2. 地震灾害引发次生灾害的记录情况

地震灾害产生的辐射波能够对地表上一切物体产生重大冲击力，因此其灾害具有串联性，即地震灾害往往还伴随着山崩与山洪等地质灾害的暴发，也包括房屋坍塌触发火源而引起的火灾。

地震对巍峨山体能够造成较大的破坏力，轻震则山体震裂、山石滚路，武宣县光绪二十五年（1899 年）十月连日地震致使"南乡石山石陨"⑤，重震则裂陷，土思州于同治八年（1869 年）六月三日辰时地震，屋宇摇动，"子哨板楞村之左侧高山裂陷，震声如雷"⑥。山体崩裂会快速演变为山崩灾害，浪穹县于道光十八年（1838 年）十二月二十四日辰时地震，"金龟山崩，炼成塔圮，高阜处皆涌黑水，经月乃归其壑"⑦。倘若地震致使大面积山崩，对于山麓地带的聚落来说，将会产生覆压之灾，清光绪元年（1875 年）五月初五日，乐业、罗甸发生 6.5 级地震，强烈波及天峨县，"纳州崩山一座，埋没半个坝子，一个寨子的壮民被埋没"⑧。地震所致山崩之石也会堵塞平坝之地的落水洞，致使无水灾区域演变为洪涝泛滥之地，明成化二年（1466 年），曲靖地震，"朗目山两次滑坡，堵塞山下的石喇落水洞，致使曲靖坝子从此洪水不能

---

① 康熙《蒙化府志》卷 1《灾祥》，清康熙三十七年（1698 年）刻本。
② 云南省地震局：《云南省地震资料汇编》，北京：地震出版社，1988 年，第 166 页。
③ 民国《新纂云南通志》卷 22《地理考二》，民国三十八年（1949 年）铅印本。
④ 道光《贵阳府志》卷 45《行略》，清咸丰二年（1852 年）刻本。
⑤ 民国《武宣县志》卷 2《纪天》，民国三年（1914 年）铅印本。
⑥ 宁明县志编纂委员会：《宁明县志》，北京：中央民族学院出版社，1988 年，第 77 页。
⑦ 光绪《浪穹县志略》卷 1《祥异》，清光绪二十九年（1903 年）刻本。
⑧ 天峨县志编纂委员会：《天峨县志》，南宁：广西人民出版社，1994 年，第 80 页。

从洞中泄走，形成涝区"①，又雍正二年（1724 年）广南卫七月大水，究其原因为落水洞壅塞，水逆流淹没田地，但最初致灾原因"人言为康熙五十二年（1713 年）地震所致"②。

此外，地震导致的山崩也时常堵塞河流，致使逆流成患。金沙江是被山石堵塞的重灾区，光绪六年（1880 年）巧家县石膏地山崩致使金沙江断流，"溢百余里，三日始行冲开"③。清代对于地震引起次生灾害以阻塞河流的原理已经有了较为深入的理解，"盖金江西岸，俱崇巇危峦，江流一线比川河尤狭，其水涂沉，啮两岸山根尽空，地震山崩落于一江，即成叠水悬流数十丈如吕梁。若两岸一震同崩，两额相敌，小身不能尽没于江，江水穿山腹而过，因名洞穿。乾隆间开金沙，至黄草坝而止。此上则叠水洞穿，人力难施，其阻塞皆由地震为之也"④。地震带来的最严重危害则是造成永久性的山洪泥石流。地震引起山崩、滑坡，在岩石或者局部山体滑落之后易形成深沟，成为山水及碎石的集中之地，一旦暴雨不止，山水携带砂石碎砾及其他残渣汇入山沟之中，就会形成山洪泥石流，道光二十二年（1842 年）冬，腾越连日地震，至次年二月方停息，地震波及干崖地区，浑水沟一带山体严重破碎下滑，造成泥石流大暴发，"从此，每年约有 120—150 万立方泥砂倾泻大盈江，使河床淤高，江道阻塞，江堤决口，为害绵延不绝"⑤。

地震所引起的次生灾害，除以上山崩、山洪等地质灾害外，还会在人口聚集区造成大量房屋建筑倒塌，致使火种四溅，引起火灾，又因震中受惊民众四处逃命，无力顾及灭火，由此酿成重大火灾。清代由于人口分布较为散落，对于地震引起火灾的灾情并不多见，康熙三十四年（1695 年）马平县正月地震，"南门河下火延烧大南门城楼及城内，府头门尽毁"⑥，最为严重的则属民国十四年（1925 年）大理地震中的火灾。

① 曲靖市地方志编纂委员会：《曲靖市志》，昆明：云南人民出版社，1997 年，第 10 页。
② 光绪《呈贡县志》卷 5《灾祥》，清光绪十一年（1885 年）刻本。
③ 民国《巧家县志稿》卷 1《大事记》，民国三十一年（1942 年）铅印本。
④ 云南省地震局：《云南省地震资料汇编》，北京：地震出版社，1988 年，第 140 页。
⑤ 盈江县志编纂委员会：《盈江县志》，昆明：云南民族出版社，1997 年，第 9 页。
⑥ 乾隆《马平县志》卷 1《禨祥》，民国二十一年（1932 年）铅印本。

中国西南地区灾害文化研究

3. 地震灾害造成生命财产损失的记录情况

地震来势凶猛，房屋建筑，甚至高山峻岭，瞬息化为平地，"强震有声，自西北来如惊潮决障，万马奔腾，烟尘散空，人蹿屋摧，四乡皆然。鸟巢坠散，山石飞击，虎豹亦毙"[1]，再加之次生灾害的后续冲击，致使酿成重大的生命财产损失。西南历史上地震爆发的区域大小不同，以局部区域为主，但仍旧能够造成大片房屋建筑的倒塌，如清乾隆十六年（1751年）五月初六日，剑川发生6.8级地震，五月十一日又震，死990余人，伤160余人，"城乡倒塌民房1.6万余间"[2]，又五十一年（1786年），剑川再次地震，房屋建筑破坏数量较十六年又高出三千余间，"倾屋一万九千余间，震后井涸无点滴，东北太平地面有缩十五尺者，邑头等七十余村悉为剑湖所侵，延至五月杪微震，犹未止"[3]。数以千计的房屋建筑倒塌，随之带来的则是大量人口的死亡，顺治九年（1652年）六月，弥渡地震"官舍民居压死人民三千有余"[4]，又康熙十九年（1680年）八月十九日地大震，城垣、庙宇、官署、民舍皆毁，"压死居民二千七百有余，雷震地崩，隙涌黑水，水涸皆白沙渍"[5]。甚至整个村落被震为平地或被陷入湖中者比比皆是，石屏于同治十三年（1874年）十一月初二日大震，"城毁屋倾，有数村悉成平地，毙二千余人"[6]，又宁州于乾隆五十四年（1789年）五月十四日地震，整个"矣渎村落倾入湖中，震至闰五月初二日乃止"[7]。受灾民众不仅死亡惨重，而且伤者更是无数，乾隆五十一年（1786年）剑川地震中死亡者三千余人，但不久之后伤重继亡者又二千余人，而其余伤着"破颅断臂，毁面颇足者难更仆数"[8]。

清代西南地区地震区域范围最广、死亡人数最多的莫过于道光十三年（1833年）的云南地震。道光十三年（1833年）云南嵩明爆发了8级地震，震级大、烈度强，波及范围超过以往任何地震，包括昆明、嵩明、宜良、河阳、

---

① 云南省剑川县志编纂委员会：《剑川县志》，昆明：云南民族出版社，1999年，第16页。
② 云南省剑川县志编纂委员会：《剑川县志》，昆明：云南民族出版社，1999年，第16页。
③ 民国《新纂云南通志》卷22《地理考二》，民国三十八年（1949年）铅印本。
④ 康熙《蒙化府志》卷1《灾祥》，清康熙三十七年（1698年）刻本。
⑤ 宣统《楚雄县志》卷1《祥异》，民国年间抄本。
⑥ 民国《石屏县志》卷3《沿革》，民国二十七年（1938年）铅印本。
⑦ 嘉庆《宁州志》，年代不详，抄本。
⑧ 民国《新纂云南通志》卷22《地理考二》，民国三十八年（1949年）铅印本。

寻甸、蒙自、晋宁、江川、阿迷、呈贡、宣威、路南、姚州、安宁、富民、罗次、禄丰、昆阳、易门、南宁、沾益、陆良、罗平、马龙、平彝、新兴、建水、石屏、通海、嶍峨、武定、禄劝、元江、镇沅、广西、景东、永北、蒙化、镇南、赵州、保山、云州、鹤庆、会泽、恩安、宾宁、文山、白井、琅井、曲溪、牟定等五十余个州县。其中七月二十三日，昆明、嵩明、宜良、河阳、寻甸、蒙自、晋宁、江川、阿迷及呈贡等十余州县同时地大震，"坍塌瓦草房八万三千间，压毙男妇六千七百余口"。除以上州县之外，其余各邻近府州县皆发生地震且造成一定的损失，如安宁、富民等数十州县同时间地震，间有损伤房屋、人口，"宣威同时大震，坏屋舍；路南屡震损伤房屋人口；姚州，自西而来有声如雷；陆良大震有声如雷，房屋倾圮者甚多，月余乃止；马龙损伤尚少；建水，今东关、鸡马市两栏旧铺，欹斜倾倒，即地震遗迹；禄劝八、九两月，房屋倒塌，人口伤毙；蒙化，八月三日又震，恩安损坏民户、房屋甚众；曲溪房庐覆没人民甚众；牟定房屋倾圮压死人民甚众；元江、新平、镇沅，八月九日同时地震，其余现象略同"[1]。此后，余震不断发生，或三四日，或五六日又震十余次，持续三年有余。

（二）清及以前西南山洪地质灾害的认知

1. 地质灾害冲击农业生产

农业生产是清代西南地区主要的经济支柱，是地方社会发展与社会秩序稳定的主要影响因素。西南农业主要分布在平坝流域沿河地带，山麓沟、菁、涧口区域及山坡平缓地带的旱地，灾害是农业生产锐减的重要外因之一，"灾害增多，作物减产较多，纵而拉低这一时期的单产水平"[2]，其中对于山地农业生产影响较大的灾害就包括山洪地质灾害。

山洪地质灾害对于农业生产最直接的影响区域便是山地山麓地带水流冲击之下形成的淤积田地。沟口、谷口、涧口等处在水流冲击之下能够形成较为肥沃的冲积扇，这些区域也便是农业生产的良田。大理太和县在城北四里沟、塔桥沟、上阳沟、湾桥沟、喜洲沟、莪岚沟、周城沟等七沟沟口之处拥有着肥沃

---

① 民国《新纂云南通志》卷22《地理考二》，民国三十八年（1949年）铅印本。
② 萧凌波：《清代气候变化的社会影响研究》，《社会科学文摘》2016年第7期。

的土地，但"皆寄命于七沟，山涧霆雨，沙石奔流，沃壤良畴在淤淀"，初始淤积之沙较少遂为良沃，但随着沙石逐渐增多，沟口难以疏浚是为淹没之地，"初淹没原易为力一年不浚，年年因循其水弥高，其田弥下，今淤淀百余年矣，欲彻底疏浚，势必不能惟即目前，可以用力者力为开导，使溪涨归壑，不致逐年增高，则犹可收其利也"①。清前期人口的大量增加，西南山地垦殖及矿业开采蔚然成风，"即促成了康乾盛世的繁荣，也导致种种资源损耗、生态环境恶化"②，当山地生态环境逐渐恶化之后，高山流水不再是清澈水流，其所携带的肥沃沙土变成粗砂、坚石之时，良田之地不再能够仅仅通过挑沙疏浚以恢复往初之肥沃，而变为灾患之地，甚至成为石漠之地，道光《思南府续志》就曾记载，"黔省地方土壤瘠薄，山多田少，所有稻田必系依山傍溪相水开垦，成田之后升科征粮，此定例也。然山田硗确易于变更，每因春夏之交，大雨骤集，山峻水陡，土裂石流，或将熟田壅塞变为沙石者有之，或将堰沟冲坍阻其水源者有之，既阻水源，水田即变为山土，只堪种以杂粮广种薄收不及稻田之一半"③。

　　西南山地农田多分布于沿河地带，而河流之水又多是山涧、沟菁之水汇集而来。虽然山洪横冲直下之时能够直接冲毁田地，如黎平府于道光九年（1829年）夏五月大雨，东南一带近城二三十里地方有大水自坡中涌出，"拔木倾舍，溺死数人，湮坏民田万余亩，城西梅家鼓楼一带水涨四五尺余"④，但多是短暂性的冲击。当山洪直接冲入河流之中后，不仅溃决河堤致使河水四溢，而且将大量砂石沉积河底不断抬高河床，演变为持续性水患，造成区域更为广泛的水患。广西全州知州洪杰在禀报光绪二十四年（1898年）六月十八日山洪受灾状况之时，提到万乡土名炎井源出蛟，冲出一窟，约宽三四丈，水自窟中涌出，"奔腾而下，河港不能容纳，平地水深八九尺不等"，并且该乡古木岗、歌渡源两处山水冲出，与炎井源之水至峡口汇合，冲出升乡双陂渡大山水口，归入下游大河，势极汹涌，"万乡村庄冲塌民房三百九十四间，淹毙男妇

　　① 乾隆《大理府志》卷五《沟洫》，清乾隆十一年（1746年）刻本。
　　② 孙兵：《人口、盛世与民生：对清前期经济增长方式的反思》，《安徽师范大学学报》（人文社会科学版）2006年第2期。
　　③ 道光《思南府续志》卷10《艺文》，民国年间抄本。
　　④ 光绪《黎平府志》卷1《祥异》，清光绪十八年（1892年）刻本。

二百七十五人，冲坏田地七千九十余亩；升乡冲塌房屋一百八十二间，淹毙男妇十人，冲坏田地八千八十余亩；又同时长乡南洞及西延地方均山水暴发，长乡冲倒民房十一间，淹毙男妇十人，冲坏田地四十一亩有奇；西延冲倒民房十间，淹毙男妇十一人，冲坏田地一百四十五亩"①。四山之水也时常出现同时暴发的现象，"桂平县道光十四年七月初七日，大宣里鹏化、紫荆、五指三山水同发，平地深三尺"②，这对于山谷地带农业来说，是致灾面积较广的灾患。乾隆元年（1736 年）四月，贵州三个府州同时被灾，据护贵东道大定府知府介锡周报称："查勘得镇远府属之偏桥小田溪等处被水田地共二千六百八十八亩零，内尚可补种田一千五百六十八亩零，不能补种田一千一百二十亩零，冲去民房二十四间；思州府被水田地共一千五百余亩，内尚可补种者一千二百余亩，不能补种者二百八十余亩；八弓上下里被水田地共一千余亩，内未伤田六百八十余亩，尚可补种田二百五十余亩，不能补种田七十余亩，漂没房屋一百九十间，淹毙人民大小十名口等语。又据黄平州知州常廷璧册报勘得所属地方被水田地可以补种者一百九十余亩，不能补种者四亩零，被水山田可以补种者三百一十余亩"③，虽然冲没田亩较为广泛，但所幸还能补种，来年亦可再行垦种，不至于土地荒废。山洪地质灾害之所以能够致灾如此之重，除沙石积压与水流冲击之外，也因所发生的时期正是田稻发芽之际，即使轻微的水冲也会严重影响花苞结子，致使华而不实，大幅度减产，兴仁县于光绪二十二年（1896 年）秋八月大水，"四乡稻田顿成泽国，田中稻皆生芽，顺河之稻均被水冲，包谷未实，雨至九月底始稍晴而一切农作物只一成收入"④。

此外，山洪地质灾害也严重影响着粮食的储存。山洪冲入城池，也会淹及粮仓致使大量粮食发霉。道光五年（1825 年）镇远府被灾，其"被浸仓谷，除起初干谷五千三百二十石，另厂收贮外，其潮湿谷六千一百三十七石，若稍停积必致霉变"⑤，又道光十五年（1835 年）再次被灾，"仓谷浸湿一万一千二

①　中国第一历史档案馆，《清代灾赈档案专题史料》第 24 盘，第 120 页。

②　民国《桂平县志》卷 33《纪事》，民国九年（1920 年）铅印本。

③　《奏为勘明思州镇远等地方被水情形并分别赈恤事》（乾隆元年六月十五日），中国第一历史档案馆藏档案，《宫中朱批奏折》，档号：04-01-01-0002-026。

④　民国《兴仁县志》卷 17《大事志》，民国二十三年稿本，1965 年油印本。

⑤　《奏请镇远等三州县猝被山水勘未成灾分别抚恤事》（道光五年四月二十四日），中国第一历史档案馆藏档案，《宫中朱批奏折》，档号：04-0-01-0674-049。

百四十四石零",去除被用来抚恤灾民的粮食,仍有"霉变湿谷九千三百二十三石零"[1],足见其对于粮食储存带来的不利影响。

2. 地质灾害祸及城池与人口

西南山地城市、村庄多依山傍水而居,山洪能够直接冲入城池、聚落之中,山水因河流、沟壑无法容积之时,也便冲向城池与村落,"每自夏徂秋潦沱屡降雨水与龙泉山洞之水会合,其势汪洋,河腹不能容,沟道不能纳,汎溢肆行,必有冲决淹溺之患势,当有以泄之而宜泄之处不一,不但为田畴禾苗之患,且为城郭民居之忧"[2]。

明代西南多座城池就因山洪危害而被迫迁城,富民县城旧治在安宁河南梨花村旁,之后迁移大河北边,但"明嘉靖中,因水患泛溢,复迁河南土主村"[3]。迁城事关重大,并不会仅因一次破城,遂议迁移,而是屡次冲击,严重危机城郭安全之时,才进行决议,如陆良县"永乐二年甲申大水冲入城内,四年丙戌大水,由西北淹城,未经八年而水患履侵,故议迁今城"[4],又如江川"崇祯五年大水、六年大水,江川旧城淹没,七年迁城"[5]。明代屡次迁城,主要是因为多数城池处于初步筑建阶段,基础设施并不完善,人口、房屋等数量较少,易于搬迁。

清代,城池同样遭受洪水冲击,乾隆六年(1741 年)贵州毕节大水,"北城崩,湮民舍死者六人"[6],又广西崇善县"道光三十年秋七月,水浸入城"[7],但清代很少有迁移整座城池的现象,主要是由于长期定居之后,所规划的房屋建筑及街道、交通等皆成形,搬迁所需费用甚巨,而且对民众心理来说也难以做到统一,"倘山潦衡溢,则水必不能驱山以行而舆城为难矣,是无止水之防而非水自溃其防也,吾无容水之地,而非水据吾之地也,移城以避之,则费

① 《奏为镇远等处地方被水勘未成灾分别抚恤事》(道光十年五月二十八日),中国第一历史档案馆藏档案,《朱批奏折》,档号:04-01-01-0714-002。

② 乾隆《晋宁州志》卷 27《艺文志》,清乾隆二十七年(1762 年)刻本。

③ 民国《新纂云南通志》卷 41《地理考》,民国三十八年(1949 年)铅印本。

④ 民国《陆良县志稿》卷 1《祲祥》,民国四年(1915 年)石印本。

⑤ 嘉庆《江川县志》卷 27《祥异》,清光绪三十三年(1907 年)抄本。

⑥ 道光《大定府志》卷 45《旧事志》,清道光二十九年(1849 年)刻本。

⑦ 民国《崇善县志》编 6,民国二十六年(1937 年)抄本。

巨，费巨则庸愚，骇委城以舆之则殃民，殃民则苍昊怒"①。

西南城池及卫城多位于山谷或盆地，是山洪易冲之地，乾隆元年（1736年）兼管贵州巡抚事张广泗上奏为勘明思州、镇远等地方被水情形并分别赈恤事之时，就认为玉屏县"山水陡发，直入城内，冲塌兵民房屋二百余间，城墙被水淋塌一十三处"等灾情就是各城池的地理位置所致，"臣查此次被水各处俱系滨河地方，盖一夹岸高山壁立中间，溪涧盘纡，每值大雨时行，山流归壑，以致溪水陡涨，损害田庐"②。山洪首先冲击之地必然是城垣，破城而入之后，便四处冲倒房庐。邕宁县光绪七年（1881年）八月大水直冲入城，"水竟没城顶数尺"，水量之大、流速之迅猛，皆因山水碎岩汇集及风力协助，"此殆十万山之水，沿明江而下者也，是则三江涨下，加以东风上抵，此其灾之所以特奇也"，在山水冲击之下，"总计城垣城垛崩坏堕陷者，共一十八九处，共长一百三四十丈，湮没城内东南方民房，六七十间，北门街附近一带民房，四十余间。西门外沙街铺屋八九间，河边街一代铺屋一百六七十间，南门外、下廓街、董泥巷、古城口一带居民，十毁其九"③，又如婺川县于光绪十三年（1887年）丁亥五月初七夜大水，"学宫之星门及宫墙俱冲倒，后街与北街并东城外冲去民房数百间，淹毙人畜约数百，北门城垣东门城垣街冲决"④。但并不是每次山洪对城池都会造成如此之重灾，大多以轻灾为主，但依然会冲入城中，如怀集县于光绪十四年（1888年）五月初五、六、七等日大雨倾盆，初九"上游山水复发，直冲进城，县城内外水深数尺，幸居民鉴于前年水患，早已迁避，人口衣物无损，仅有十余户土墙被水冲塌"。

除主城之外，卫城及附近村落也时常被冲击并造成人员伤亡，轻者造成少量损失，如乾隆九年（1744年），桂林府属之永宁州城西关、南关外因本月十七、十八日大雨，山水陡发，"临河居民搬移不及，被水冲去草房三十一间，淹毙男女共一十九名口"⑤，又乾隆十一年（1746年）四月柳城县，山水长发

①　嘉庆《续黔书》卷1，清光绪十五年（1889年）刻本。
②　《奏为勘明思州镇远等地方被水情形并分别赈恤事》（乾隆元年六月十五日），中国第一历史档案馆藏档案，《宫中朱批奏折》，档号：04-01-01-0002-026。
③　民国《邕宁县志》卷36《灾祥》，民国二十六年（1937年）铅印本
④　民国《婺川县备志》卷11《灾异》，1965年油印本。
⑤　中国第一历史档案馆，《清代灾赈档案专题史料》第61盘，第1155页。

一丈有余，"近水居民房屋倒坏五间，压毙男妇五名口"①，但严重者则会有上千房屋被淹，乾隆二十八年（1763 年）柳州府属象州于七月初五日大雨如注，"州属东乡里山内出蛟，暴水腾涌，宣泄不及，遂至冲溢大樟等五十八村，时值昏夜，淹毙人民七百五十二名口，冲塌房屋一千八百七十三户"，查勘之时因被水后各尸亲或回本籍或往他处，是以现查之数与该州原报数目不符，但仍确勘有大量人口死亡及上千户房屋被冲无法居住，"淹毙男妇大小人口四百九十四名口，倒塌瓦房一千八百六十五间，草房一千八十六间，俱实系无力贫民"②。但并不是每次都会造成人员伤亡，恭城县于光绪三年（1877年）四月灾患中房屋被沙泥壅积及倒塌，但并未造成人员的伤亡，"县东与湖南接界之源口及西乡之西岭寨等处山水暴涨，田庐多有被淹，被水稍重，淤泥壅积者计田四百七十余间，又倒塌民房二百余间"③，但也存在房屋倾倒较少，而人口死亡众多的情况，如灌阳县嘉庆九年（1804 年）三月十四日辰时，仙源洞大水，"沙罗源等处大石奔流冲坏田房沙子铺店洗去二十余间，溺死者百有余人，次日各水复涨冲塌三里马渡等石桥"④。

清代西南房屋建筑多以木质结构为主，因此在山洪地质灾害中房屋倾倒与人口伤亡存在一定的关系，但并不总是呈正相关，房屋倾倒较少，并不意味着人口死亡较低，其中多数或因沙石掩埋与撞击而亡，或因溺毙。

（三）清及以前西南山崩灾害的认知

1. 地质灾害危机生命财产安全

山崩灾害虽然没有地震、山洪等地质灾害所造成的灾害面积广泛，持续时间长，但也能够通过多种方式对民众的田庐，甚至生命安全造成重大危害。山崩能够通过山体崩塌产生巨大岩石，安宁州于康熙三十六年（1697 年）八月在外部冲击力之下，塌下一巨石，"州西门外罗青山无雨，而山脑忽崩，长数十丈、广二丈许，陷下深八、九尺"⑤，这种巨石崩塌，由于其密度较高、质量

---

① 中国第一历史档案馆，《清代灾赈档案专题史料》第 62 盘，第 1483 页。

② 中国第一历史档案馆，《清代灾赈档案专题史料》第 66 盘，第 1292—1293 页。

③ 中国第一历史档案馆，《清代灾赈档案专题史料》第 57 盘，第 874—875 页。

④ 民国《灌阳县志》卷 23《祲祥》，民国三年（1914 年）刻本

⑤ 雍正《安宁州志》卷 18《祥异》，清乾隆四年（1739 年）刻本。

较大，能够在重压之下直接造成重大生命财产损失，康熙四十六年（1707 年）
剑川县"九月夜雨山崩，压死伐木十余人"①，又荔波县于道光二十四年
（1844 年）五月"埠山崩，毙数人"②。山崩产生的稀碎岩石除直接压毙就近
民众之外，也会顺势下滑至山谷或盆地地带，碾压村庄田庐，临桂县"道光二
年（1822 年）西乡山底村山石崩坠，横亘十许丈，居人数家皆毙"③，甚至危
及城池的安全，宾州于光绪九年（1883 年）秋，"淫雨连绵，后山一带及南门
左边，崩倒数十丈，知州杨椿补修，安城镇有石城，南开一门"④。连绵不断
的山脉并不是严丝合缝，在风化作用之下会产生众多裂缝，在雨水冲刷之下缝
隙深度会逐渐加深，从而导致山体成为储水的容器，当水体质量过重之时便会
破岩而出，水与岩石便会四处崩溢，压坏田庐，黎平府于道光六年（1826 年）
夏五月"大雷雨，石井山坡崩，水自坡中涌出，倾坏民舍，溺死数人，并淹没
民田数千亩"⑤，又光绪九年（1883 年），丽江府大霆雨，"十二栏杆地两山
对峙同日崩塌，塞流成潭，府之南补旗场地陷坏民房数十间"⑥。既使无山洪
冲击，山体之内的水石迸发也会造成重大冲击力，腾越厅于咸丰六年一夜"龍
嵸山忽崩一角，大水涌出，冲坏山下民人居屋"⑦。

　　山崩平常只会局部性崩塌，所产生的岩石并不会过于巨大，因此其造成危
害具有短暂性、局限性及微弱性，不会造成过多的人员伤亡，但倘若遇到重大
地震，山基崩塌，则会引起大面积的山崩，在超大山体对于地面沉重积压之
下，地面崩陷，造成局部平地的陷落，富川县曾于道光三十年（1850 年）三月
"大石山地陷数十丈"⑧。山崩陷落若如此之广，也必然会牵涉村庄田庐，清
咸丰时，广南县"郎恒山崩，某村为之陷没"⑨，因其未波及县城，邑人也未
觉地震，然而对陷落之村落造成了重大的人员伤亡。山崩所引起的地陷能够造
成较地震更为残酷的伤亡，但整个历史时期发生的并不多。

---

① 康熙《剑川州志》卷 19《灾祥》，民国抄本。

② 咸丰《荔波县志》，1984 年油印本。

③ 光绪《临桂县志》卷 18《前事志》，1963 石印本

④ 民国《宾阳县志》卷 8《宾阳县》，1961 年铅印本。

⑤ 光绪《黎平府志》卷 1《祥异》，清光绪十八年（1892 年）刻本。

⑥ 民国《新纂云南通志》卷 18《气象考》，民国三十八年（1949）铅印本。

⑦ 光绪《腾越厅志稿》卷 1《祥异》，清光绪十三年（1887 年）刻本。

⑧ 光绪《富川县志》卷 12《灾祥》，清光绪十六年（1890 年）刻本。

⑨ 民国《广南县志》卷 3《地震》，民国二十三年（1934 年）稿本。

山崩产生的大量沙石、碎石散落于山坡之上，待山水暴发之时便会将其卷入洪流之中，由于落差大、碎岩散石头质量大，能够形成强大的势能，在冲入河谷、盆地河流之中不仅能够轻而易举冲破河堤，还会将其携带的沙石沉积于河底之中，便会屡次造成河堤溃决。建水州的沪江堤从明代屡破屡修，康熙十二年、二十九年、三十五年、四十九年都因屡次决堤而进行修筑，究其原因乃是"三河堤埂旧址本低，接因河源诸山多崩坏，夏秋雨涨，流沙四出，积之既久，河堤高过田亩或至一二丈，一经冲决，田为受水之壑，安得实心实力"[①]。崩于河滩之上的岩石更是影响到河流的航运功能，德江县的纳牛渡滩，"此滩险不及潮砥滩长，过之舟行至此亦必停泊，清咸丰八年八月十四日山崩岩石堆积而成"[②]。

山崩因为压毙民众也会对矿业带来影响。古代采矿都是直接凿洞取矿，矿洞深邃之后，受外力作用之下难免会崩塌，或因山崩，或因地震，或因凿空矿洞致使山地中空而崩塌，但矿洞的坍塌必然会压毙矿工。明代曾对大理山矿进行过勘测，但还未开采就因勘测人员被山崩压毙而封禁，"嘉靖六年巡抚云南岁贡金千两费不赀，大理太和苍山产奇石，镇守中贵遣军匠攻鉴，山崩压死无算，重皆疏论，浮费大省，山得永闭"[③]；清代虽对西南矿产了进行了大规模开采，但是初期一遇山崩也便封山，乾隆年间广西宜北县道安乡北山村是银矿开采基地，清乾隆间经行开采，凿山采矿运到架洞镕铸已著成效，但"嗣因山崩坏人乃行停止，厂基犹存"[④]。封山禁止开矿的深层原因，其实在清初主要是防止地方民众聚众不轨，维护地方秩序与统治，山崩封山多只是表面含义。

2. 地质灾害堵塞河流

山崩能够在短时间内促使山地、河床地貌及河流水文等发生巨大变化，进而改变地表景观。光绪六年（1880 年）三月九日，距巧家厅十公里之处金塘乡所属的石膏地暴发山崩，当夜"先于更静后，复吼声如雷，夜半从山顶劈开崩移"，半壁山脉在水力推动下向下冲击致使对岸"小田坝平地成邱，压毙村民

① 康熙《建水州志》卷 4《堤防》，清康熙五十四年（1715 年）刻本。
② 民国《德江县志》卷 1《地理志》，民国三十一年（1942 年）石印本。
③ 民国《大理县志》卷 4《食货部》，民国六年（1917 年）铅印本。
④ 民国《宜北县志》四编《矿业》，民国二十六年（1937 年）铅印本。

数十"，堵断奔腾的金沙江河水达三昼夜，"金江断流，逆溢百余里，三日始行冲开，仍归故道"[①]。此次巧家黑岩子暴发滑坡性泥石流对东川局部地形进行了塑造，不仅使得平坝之地瞬间成为小型丘陵，而且在山崩两处形成深度的沟壑之地，并且逐渐发育了复兴沟和高梁地沟两条新型泥石流沟[②]。又贵州天柱县于康熙四年（1665 年）"山崩，系紫云岩崩塌，塞江一方"[③]；山崩堵塞河流往往也就断绝了河流的灌溉功能，或阻隔河水淤积成塘淹没田地，"峨异里八水寨一山崩塞溪口毁民田数百亩，水汇成渠中有鱼，居民捕获，大者百余斤，水消后其山壅塞如故"[④]，但也有积水难消以至田亩难以开垦的现象，仁怀厅横子山有大沟初为积水，"乾隆年间杨斯二姓，请于官开凿成田"后，收获颇丰，每年都能收谷六七百石，但"至丙午岁六月山左大山崩半里许，仍将沟口塞断，积为大池滩，难以复开"仍归为积水之沟[⑤]；又光绪十五年（1889 年）广西临桂县东郊大村白面山崩，"陨数石，大如屋岩，水为之不流，挂纸山外田亩多被浸没不可种植"[⑥]。

　　山崩堵塞河流的影响利害相生，山崩"截沟成海"的桑沧之变也时而发生，但又能够提供渔利之获。现今地处巧家县大寨乡海口村的海子沟在清代光绪至民国年间为近千亩的高原湖泊。在清光绪二十五年（1899 年）之前，海子并非高原湖泊，而是一条较为宽阔的山溪河沟，其水源主要发脉于哨口子。光绪二十五年（1899 年），在暴雨冲击力之下，沟左之山陡然崩下，山崩成堤，"水流为阻，日积一日，遂汪洋成海"。在清代，海子高原湖泊占地近千亩，"袤百余丈，广五十余丈，荡漾久之"，由于"缺陷处成一泄水口，而上流源源不竭"，海子高原湖泊绿荫夺目，"大有清风徐来，水波不兴之概"[⑦]。久而久之，此湖泊盛产鳞介，呈现出一片勃勃生机之象。巧家县山脉绵亘，平原绝少，因滑坡泥石流这一地质灾害而天降如此佳湖，实为洵胜之景。然而，也

　　① （清）余泽春、冯誉骢：《东川府续志》卷 1，梁晓强校注，昆明：云南人民出版社，2006 年，第 481 页。

　　② 云南省水利水电勘测设计研究院：《云南省历史洪旱灾害史料实录》（1911 年〈清宣统三年〉以前），昆明：云南科技出版社，2008 年，第 298 页。

　　③ 康熙《天柱县志》卷下《灾疫》，民国年间影印本。

　　④ 民国《岑巩县志》卷 3《前事志》，民国三十五年（1946 年）稿本。

　　⑤ 光绪《增修仁怀厅志》卷 1《山志》，清光绪二十八年（1902 年）刻本。

　　⑥ 光绪《临桂县志》卷 18《前事志》，1963 年石印本。

　　⑦ 民国《巧家县志稿》卷 2《舆地》，民国三十一年（1942 年）铃印本。

终因泥石流的频繁暴发，1958 年之后，海子逐渐淤塞并最终消失，已难寻其旧日景致①。但山崩并不一定会完全阻隔溪河的河道，也会出现路径的改变，山泉堵塞后会从地下河道转变路径，光绪二十五年（1899 年），武宣县"南乡石山石隙通挽区，龙统泉塞转徙，大樟村前龙美地涌出"②。山崩之后的河水被堵塞之后又能灌溉周围田地，成为蓄水之池，岑溪县雍正元年（1723 年）"夏大风拔木，五月无雨，河忽暴涨，人畜庐舍漂没，上流西宁县排埠山崩为潭"③，又"龙崩坡，传说其中藏异物去后塘倾圮故名龙崩坡，以其龙去而坡崩也，土人仅筑留塘中井以供汲饮，四面拓为田甚肥美"④。此外，山崩坍塌的岩石虽不能完全阻隔山箐之水，在水流冲力不足之下，也将其分流，分流之后反而偶然调解了水利纠纷。盐丰县有将一处山箐之水称之为"天分水"，其源出大尖山底小村箐头，乾隆八年（1743 年）中小二村乡民因争水灌田斗殴伤人，地属州县交界两官会同相验，"前一夜忽雷雨交作山崩地裂，水分为二，上流中村属姚州界，下流小村属大姚县界，黎明二官踏勘，奇之，因名天分水令勒石碑，争端永息"⑤。

故此，总体上来言，山崩虽然没有地震、山洪、洪涝、干旱等自然灾害频繁且严重，但同样也能够通过岩石崩塌重压田庐，也能够顺山水而下冲击河堤、浸压民房田地，更能够影响到山地经济的发展，但利害相生，山崩淤塞河流之后又能够使得地表之水淤积成池、成塘、成渠，提供了渔利之便与灌溉之利，对于水利纠纷来说也能够起到一定的调解作用。

二、民国时期西南地质灾害的致灾概况

（一）民国时期西南地震灾害的致灾概况

1. 致使生命财产损失

民国时期随着人口大量迁入、聚居及房屋建筑的砖瓦材质更为沉重，地震灾害所造成的损失较清代更为严重。民国六年（1917 年）七月三十一日早七点

---

① 云南省巧家县志编纂委员会：《巧家县志》，昆明：云南人民出版社，1997 年，第 85 页。
② 民国《武宣县志》卷 2《纪天机祥》，民国三年（1914 年）铅印本
③ 乾隆《岑溪县志》卷 1《灾祥》，民国二十三年（1934 年）铅印本
④ 民国《八寨县志》卷 6《山川》，民国二十一年（1932 年）铅印本
⑤ 民国《盐丰县志》卷 1《地理》，民国十三年（1924 年）铅印本

钟，大关、盐津两县地震成灾，其中大关境内地震，以吉利铺后山为震央，其下即震源所在，纵横百里以内之地，如黄金坝、回龙溪、小关溪、大关脑、云台山、伐乌关、天星场、高桥、木杆河等处为震幅，其波远及彝良、盐津、绥江、永善、井椎、昭通、镇雄、威信、鲁甸、筠连、高县、庆符、珙县、长宁、宜宾、屏山、雷波、凉山各地，先后震动传播至三百里以外，震余、小震达三十余日。此次地震受灾较重的主要原因是震幅内山岳崩颓，山石滚路，碾压田庐及山麓、平坝民众。经灾后勘察大关"七乡受灾之户，计二千二百四十户，房屋三千七百一十一间，碉房三十九座，打死一千零六十九人，受伤五百八十二人，现存受灾大小丁口八千七百人，实在损坏地段七十五处，除宽窄不一难于核实外，合计约长一百三十七里，损坏在地粮食一万一千八百三十余京石"[1]，盐津县受灾相对较轻，"人民计一百二十三户，伤毙男女三人"[2]。

民国十四年（1925 年）三月，大理、凤仪、弥渡、祥云、宾川、邓川、蒙化等地遭遇地震之灾，是民国时期西南所遭遇的受灾范围最广、死亡人数最多及财产损失最为严重的灾害。地震灾害不仅震倒房屋、压毙民众，还引起火灾及水灾等次生灾害，进一步加重了灾害的致灾力。大理县城自民国十四年（1925 年）地震自三月十三日上午七时起，至十八日下午三时十五分止，其中属三月十四日下午九时地震最烈，大部分房屋顷刻倒塌，压毙民众甚多。地震正在震荡之时，城镇又四处起火，先是仓坪街下张定邦宅火起，之后牌方口牛肉馆、仁厚里周范二公馆、长寿里张太史旧第亦起火。此火尚未蔓延之时，北街纸张铺火起，浮烟连云，烈焰烛天。地震将地表震出"一种极易燃烧之炭轻化合物助之，强震时如火山浇油，微震时如洒松香末于火炬上，最难扑灭"，地震中的火灾无疑是雪上加霜，进一步加重了地震的灾情。直至十六日二时，"共延烧三百余家，五华楼亦被烧倒。火熄后，检阅城中繁华之地，自四牌坊直至五华楼一带，俱成瓦砾场"[3]。此次地震，大理县城乡共压毙 3636 人，压重伤 727 人，轻微伤 6533 人，房屋倒塌 75 963 间，墙壁倒塌 96 629 堵，压死牲畜 10 113 头，绝户 47 户。祥云城乡倒塌房屋共 2128 间，墙 124 堵，压毙男女共 20 丁口，受伤男女共 19 丁口，灾民共 906 户，男女共 1866 丁口，压毙牲

① 王会安、闻黎明主编：《中国地震历史资料汇编》卷 4 上，北京：科学出版社，1983 年，第 72 页。

② 云南省志编纂委员会办公室：《续云南通志长编》中册，1986 年，第 421 页。

③ 王会安、闻黎明主编：《中国地震历史资料汇编》卷 4 上，北京：科学出版社，1983 年，第 312 页。

畜共287头；凤仪同样震时又遭遇火灾，"城南街王姓同时发生火警，红光烛天，延烧各处，绣衣街一带完全被毁，满城哭啼之声，惨不忍闻"，火灾未完继而惨遭水灾，"城南乐和村、倒影碑两处，平地涌出红水两股，冲坏田庐。沿海村落，水淹沙埋，受祸更惨"，水灾之后竟又再遭冷冻害，"尤可惨者，震后一、二日天气忽变，愁云惨雾，涨漫太空，冰雹交作，寒甚严冬"①。凤仪县共受灾6421户，压毙1215口，压伤552口，现在18 399丁，18 803口，极贫4305口，次贫2227口。弥渡县赈震倒房间10 276间，压毙57丁，72口，压伤61丁，102口；祥云被震地面甚广，其中受灾最重者为县城及青海营等五村，共压毙男女20丁口，击伤19丁口，倒塌房屋共2128间，墙124堵，被震灾者共906户，灾民男女共1866丁口；压毙牲畜287头；宾川被震地面甚广，其中成灾者计12耆，共47街村受灾，压毙男364丁，女376口，击伤男女共2291丁口，负伤成疾者男女共404丁口，房屋全倒者2465户，半倒者1334户，火烧60户，被震灾者共2465户，兼被火灾者160户，其中极贫之男女1374丁口，次贫之男女5000丁口；邓川被震地面为南区、东区，其中成灾者计28街村，压毙幼女1口，烧毙男女23丁口，倒塌破坏房屋共175间；蒙化被震地面为九约、蒙新、安远三乡，城内县署、文庙等建筑也有震倒之处②。

民国十四年（1925年），大理、凤仪等七县地震，压毙男女共5807丁口，烧毙男女共42丁口，击伤男女共3724丁口，击伤成疾之男女共404丁口，毁坏房屋共88 879间，又3799户，毁墙96 753堵；火烧房屋430间，又60户，被震灾者49 310户，灾民已查明者共8240丁口，其中未查明者为数尚少，兼被火灾者3944户，灾民共23 031丁口，压毙牲畜共10 900头③。

此后地震造成的损失虽大幅度降低，但局部区域地震依然严重，如民国二十五年（1936年）四月一日灵山县境内平山发生大地震，震中在罗阳山脉的西北坡山麓一带，震级为6.7级，损失惨重，"震崩房屋5012间，死亡54人，伤165人。地震波及合浦、博白、钦县等县，此后6个月有余震177次"④，此外，还造成钦州大面积的土地塌陷，丧失良田，"大寺宿禾村有2亩多田

① 王会安、闻黎明主编：《中国地震历史资料汇编》卷4上，北京：科学出版社，1983年，第320页。
② 王会安、闻黎明主编：《中国地震历史资料汇编》卷4上，北京：科学出版社，1983年，第331页。
③ 王会安、闻黎明主编：《中国地震历史资料汇编》卷4上，北京：科学出版社，1983年，第331页。
④ 灵山县志编纂委员会：《灵山县志》，南宁：广西人民出版社，2000年，第148页。

下陷"①。

2. 紊乱社会秩序

地震具有不确定性、瞬息性及强烈的破坏性，能够在短时间内造成大量房屋倒塌、人员伤亡、切断通信与交通等，严重者还会恶化水环境，造成疾病丛生，甚至引起火灾、水灾、山崩等次生灾害，倘若灾害赈济并未在短时间内得到有效实践，物资、医疗及其他生活必需品长时间短缺，则必然会造成地方躁动，从而造成严重的社会动乱。

地震突发，民众毫无准备，人们在受惊过度中仓惶逃难，挤压逃窜，打破了原有的社会规范，广西西隆于民国二十年（1931 年）七月十二日下午八时忽然地震，甲江河水泛滥，"崩小土山一座，人民互相奔避，秩序大乱"②，又云南腾冲于民国二十年（1931 年）一月七日地震，一时尘灰飞扬，房屋摆动，"有未起床者，咸裸体奔出门外，仓惶失措，状极可笑，小儿则骇极嚎哭，社会秩序顿时紊乱已极"③。灾后，由于民国救灾信息尚不能及时通达、交通工具缓慢、交通道路坎坷，以及地方灾后救灾体制与措施弊病丛生等，救援物资难以满足大量灾民的需求，民众在饥寒交迫及灾后伤病的逼迫之下，四处流窜，拉帮结派，盗窃、抢劫，甚至杀人，社会混乱不堪，如民国六年（1917年）大关地震两年之后，至八年（1919 年）灾区内仍旧盗匪四起，"至今震幅地内盗匪充斥，民久不获安居矣，谓非灾异乎哉"④。

灾后众多灾民食不饱腹、居无定所，为众多"神会"乘虚而入笼络民心提供了契机。民国二十九（1940 年）年四月六日石屏地忽大震，约二分钟，城垣屋宇倒塌甚多，后经查勘"房屋倒塌一万一千五百五十六间，死伤人数六百五十六人，受灾户数四千一百五十三户，城墙倒塌三百余丈"⑤。灾后石屏县县长虽立即亲率队警并传集中西医员分别前往救护死伤，但人数毕竟过巨，难以全面拯救。《云南民国日报》于 4 月 11 日报"人心渐安，陆续回家，治安机

① 钦州市地方志编纂委员会：《钦州市志》，南宁：广西人民出版社，2000 年，第 189 页。
② 《新闻报》1931 年 8 月 19 日。
③ 《云南民国日报》1931 年 1 月 29 日，第 8 版。
④ 陈秉仁：《昭通八县等图说》，《昭通旧志汇编》编辑委员会：《昭通旧志汇编》第二册，昆明：云南人民出版社，2006 年，第 498 页。
⑤ 王会安、闻黎明主编：《中国地震历史资料汇编》卷 4 上，北京：科学出版社，1983 年，第 609 页。

关，挖掘救护"①，但这只是短暂性的社会局面。《云南日报》于 4 月 18 日又报道受灾民众的所见所闻，"巡视宝秀归来的某君告诉我，因连日来尚有轻微震动，故人民仍不能回家，而且大部分已无家可归，无饭可吃，流离失所了。……房屋倒塌较多，无家可宿、可食甚至无工可做者太多了，因之抢，小抢，大抢，明抢，暗抢就应时发生，这是地震带来的严重问题"，灾后的社会秩序已经紊乱，地方政府已经无力管辖。灾后大量灾民饥不择食，惶恐的受灾心理又得不到及时的安抚与调适，便极易投靠各种信仰团体，"现在城里的、村里的破庙门口又飘起'地震消灾会'的斗大的牌子了。妇女……男子们……拥挤着去"②。由此，在灾后社会秩序紊乱之下，各种带有神秘色彩的信仰团体的兴起极易引发地方有组织的动乱。

3. 扰乱军政

民国西南军阀割据，相互征伐，军队与物资调动成为作战的必要充分准备，但在跨山流动过程中，地震成为其绊脚石，降低了物资调配与人力补给的时效性。袁世凯自反正袭位后，欲再次称帝。蔡锷反正后为云南督军，袁世凯恐其不利专制，便将其调职于京参办内政。袁世凯称帝之后，与时代潮流逆行，并未得到民心，在政治混乱之中，蔡锷逃于云南发起护国运动，派遣军队督师入川。袁世凯在反对声中去世后，蔡锷任命云南人罗佩金为四川督军，戴勘暂署四川省长。四川陆军第一军军长兼第二师师长刘存厚对蔡锷、罗佩金本就心生不满，于 1917 年 3 月在段祺瑞等人怂恿之下，举兵围攻督军署，是为"刘罗之战"。罗佩金紧急致电滇督支援，唐继尧即命部下警卫团前去急救，但靖国军路经大关吉利铺、黄金坝却惨遭地震之灾。

民国六年（1917 年）七月三十一日拂晓之时，大关境内地震，以吉利铺后山为震中，地震之时山崩地裂，河流阻塞逆洄，不仅当地民众及田庐多被惨压、冲淹，靖国军亦受重创。地震前一日靖国军先是宿营吉利铺，翌晨六时整装出发，行至距吉利铺十里的黄金坝时，"地下突发巨响，轰隆如在皮革中作……其颤动剧烈处，有如筛米，遥视四周山顶，亦在空中左右震荡，几使两足不能站立。同时山石倾倒，宏响杂作，一唱百和，相对不能闻语。刹那之

---

① 《云南民国日报》1940 年 4 月 11 日，第 4 版。

② 流沙：《石屏地震记》，《云南日报》1940 年 4 月 18 日，第 4 版。

顷，山岳易形。村落丘墟"。第一营营长袁锡候正在江边滩上率队架枪休息，"突值地震，江水暴涨，滩被淹没，官兵匆促持枪向山上窜避，幸不久水即降落，事后方知系下流有倒山阻江，旋为洪水湍流所冲荡，故稍阻即泻也"。当地未震动之顷，第二营第七连尾及第八连先头约七八十人，"适行至一小山之麓，其山被震崩溃，此数十人并武器竟全数被埋葬，连长徐宣扬亦死于此"。第二营营长王子英震时被乱石头击中，"脑盖骨上裂痕中流出蛋白质浆液，想系山上飞石四溅，会有掠过其顶者，故遂脑裂以死"。陈维庚团长率领的部队亦惨遭山石碾压，"随从人员，或死或伤，已血肉狼籍于地矣"。大震过后，余震仍旧持续，"每隔数十分钟必有续震，震动力或大或小，但均足使人颤心动魄"。靖国军因地震山崩路阻且死亡、受伤又折回吉利铺村。地震发生于早晨，一般居民尚未起床，因之睡埋于倒屋瓦砾中比比皆是，"团部大行李，因行军次序应留于后，故亦被掩埋村内"。但最为担忧的是，行军道路是否还能通行，"当时最焦虑者，因鉴于震势凶猛，不知范围广狭"，川滇交通大道多沿山、沿江而行，两岸悬岩绝壁，山势凶险，实为最长且狭之隘路，"若震动范围过广，出险倍增困难，千人以所需之粮秣尤属重要"。于是陈团长一边派人侦察道路，一边清理遇难者尸首，"时天已稍霁，兵员渐集，死者搬运于耕地上，约共数十具，盖被山石掩埋及跌入江水者不在其内也"，并展开对受伤士兵及附近村庄的紧急救济。此时整个军队处于残破之现象，虽"集有官兵四五百人，但服装番号、枪枝子弹均零乱不整，或有兵无官，或有官无兵，或有枪无弹，或有弹无枪，或军帽遗失，或军装泥污，有似经激战后之紊乱现象"。侦察道路的士兵回信云台山自此以上震动较轻方可通行，于是前后持续十余日，方将吉利铺至豆沙关之路勉强修通以及军姿整理完备，再继续前行，赶往四川，"总计因地震死伤失迹者，在三百余人，减去全团兵力四分之一"[1]。

　　大关地震，不仅致使还未参与战争的援川滇军损失惨重，而且又因道路被地震震落的碎岩、破石阻隔，军队被迫耽误近半月才整装出发，使得陷入四川的罗佩金未得到及时支援，从而失去了四川督军之职。陈秉仁更是认为此次地震是影响军政大局之祸，"震幅内山岳崩颓，房屋倒塌，居民死者数千，靖国

① 陈维庚：《竹密流水集·吉利铺地震记》，民国年间刊本。

军某营出发经此，亦遭其劫。道路阻塞，交通不便，以致滇军后方输送艰难，是不惟灾害于一方，且有影响于大局，其为祸亦大矣哉"[1]。因此，在军队人力及物资调动流动性较强的战祸年代，地震对于道路的阻塞，对于流动军队的重创，扰乱了军政局势，对战乱局势的发展起到了一定的扰动作用。

（二）民国时期西南山洪地质灾害的致灾概况

民国时期西南的山洪地质灾害继续危及着城池、房庐、田地及人命，且更为严重。此时，山洪地质灾害对于城墙的冲击不再是以往"漫溢城垣、坏城垣、冲破城垣"等简要记述，而是更为迅猛，昭平县民国五年（1916 年）"三月大水，黄姚宝珠观门前重约千斤之石狮推翻"[2]，由此被冲塌之距离，或数丈，甚至数十丈，成为较为常见的灾后现象，如独山县民国四年（1915 年）"大水，南门右城垣塌十余丈"[3]，民国三十五年（1946 年）武鸣县被山水冲击后，其县城内沙积之水甚至高于房屋屋脊，"7 月 18 日起连续大雨，山洪暴发，低岸稻田全部湮没，自 20 日晨起至下午 4 时，水方退下，由渡头桥至夏黄起凤山一带，汛滥 20 余华里，水淹入县城，11 家民房遭没顶，渡头及东门河一带的田全受淹没，全县绝粮居民 30 806 人"[4]。

对于房屋建筑的冲击更为惨重，从灾害书写上分析，民国前期对于被冲房屋数量的灾害叙述还是与人、牲畜等放入同等数量位置，如宜良县于民国四年（1915 年）"五月大水灾，房屋人畜俱损伤"[5]，说明房屋被冲数量并不甚大。但到中期对于灾害现象的描述多用"皆、尽、全"等词语，如民国十一年（1922）夏，融县东区淫雨数日，"山洪暴涨数丈，平原村落田园尽被漂没"[6]，又如宾阳县于民国二十五年（1936 年）六月廿一日大雨如注，自上午七时起至正午止，"山洪暴发，河田乡山崩，新市场除马路交点最高地附近十

---

① 陈秉仁：《昭通八县等图说》，《昭通旧志汇编》编辑委员会编：《昭通旧志汇编》第二册，昆明：云南人民出版社，2006 年，第 498 页。

② 民国《昭平县志》卷 7《祥异》，民国二十三年（1934 年）铅印本。

③ 民国《独山县志》卷 14《祥异》，1965 年油印本。

④ 武鸣县志编纂委员会：《武鸣县志》，南宁：广西人民出版社，1998 年。

⑤ 民国《宜良县志》卷 1《灾祥》，民国十年（1921 年）铅印本。

⑥ 民国《融县志》第六编《前事灾异》，民国二十五年（1936 年）铅印本

余家外，其余均被淹，丁桥冲坏"①，故山洪的冲击不再是对局部区域的损坏，而是冲击面不断扩展，亦说明沟壑、涧箐已经完全无法容纳四雷的山洪之水，象州县于民国十八年（1929 年）夏"瑶山水暴发，冲坏田亩甚多"，就是由于山箐之水不断变更水道以致水流宣泄，"源于瑶山之小河上流，数处变更水道"②。至民国后期，对灾后现象的描述则不再仅仅是本区内的房屋损失。由于聚落多坐落在山腰平缓地带，或者河流的中、下游地带，山洪所形成的强大冲击力甚至将山腰或者中游之民居冲至下游，这种灾患现象也是为较为常见的记载。三江县于民国二十五年（1936 年）五月二十日，"浔江山洪爆发，漫登斗江背之坡头坪受灾，最惨者为斗江、沙宜、古宜、二圣庙侧一带之民房，漂流殆尽，由龙胜县以下之瓢里思陇地方，漂来民房不计其数"③。在受灾明确数量上，数十间房屋之量的记载较少，记载较多的则是数百间，如民国二十八年（1939 年）路南县九月二十二日起，暴雨如注，昼夜不止，及至二十五日深夜雨势愈猛，东西河堤溃决多处，"同时四面山洪暴发，水势泛滥，波涛汹涌，平地水深七八尺，田禾全被淹没，四郊尽成泽国，公私房屋，倒塌无数"，经过多次查勘，"全县共计毁去公私房687间"④；又如，岑溪县民国三十七年（1948 年）七月十八日，疾风雷鸣，倾盘大雨，"山洪暴发、山崩、屋塌，义昌、黄华两河沿岸，房屋倒塌667 间，土纸厂87 间"⑤。

对农业的冲击，从民国初期就已经开始，民国初期，时常发生水冲沙积导致半部田地受灾，武宣县于民国二年（1913 年）四月二十六日大雨连霄，"山水爆发，禾苗被铲净尽，田亩被堆积沙石，东乡北乡上下尤甚，七月二十、二十一两日又大雨滂沱，将熟之稻复被铲尽，田亩半成巨浸"⑥。民国后期成灾田地数量之数上千、上万亩，民国三十六年（1947 年）夏，忻城县安东、三寨两个乡，"因大雨连绵，山洪暴涨，田禾被淹，损失惨重，受灾无收面积

① 民国《宾阳县志》六编《灾异》，1961 年铅印本。

② 象州县志编纂委员会：《象州县志》，北京：知识出版社，1994 年。

③ 民国《三江县志》卷7《大事记》，民国三十五年（1946 年）铅印本。

④ 《路南县政府就报水灾损失统计表给云南省赈济会的呈》（1939 年 10 月 29 日），云南省档案馆藏档案，档案号：1044-004-00357-010。

⑤ 岑溪市志编纂委员会：《岑溪市志》，南宁：广西人民出版社，1996 年。

⑥ 民国《武宣县志》卷2《纪天》，民国三年（1914 年）铅印本

1210.83 亩"①，岑溪县于民国三十六年（1947 年）六月初的灾患中不仅受灾村庄较多，而且受灾田地面积高达数十万亩，"山洪暴发，城厢、宁武、梁新、邓广、长龙、双桥、太平、苞桥、天马、六塘、寺圩、府城、剑江、王扶、三各等乡，低洼田地均浸没，水深达 1 丈，禾苗均被淹坏，收成绝望，灾区面积达 10 万余亩"②。山洪冲击后，多为沙石积压，因此田地受灾成分大多比较严重，同正县于民国三十六年（1947 年）六月间山洪暴发，各处低洼农田作物被淹，损失惨重，"其中玉米 17 400 亩损九成，豆类 4860 亩损七成，瓜子 3280 亩损八成，花生 2260 亩损七成，中稻 2 万亩损九成，鸭脚粟 1400 亩损七成，棉花 3040 亩损七成"③，而来宾县于民国三十八年（1949 年）灾后受灾面积而且致灾成分接近全灾，"山洪暴发，全县被淹没洼地田 26 万亩，粮食损失 9 成以上"④。故此，民国时期山洪地质灾害对于农业的冲击危害较为严重，由此导致粮食减产，进而暴发饥荒，如乐业县民国三十三年（1944 年）七月，"全县连日暴雨，山洪暴发，沿河农田被淹，冲走房屋数十间，溺水百多人，粮食歉收，民闹饥荒"⑤。此外，山洪冲击之下也会致使地下空虚、土地崩塌，再次引起滑坡、山崩等灾害。民国三十三年（1944 年）九月，巧家县旧制第二区所属马永康、杨春魁等户向南星镇征收处主任杨勋伯转报，民国三十二年（1943 年）本地因山洪暴发，田庐被水冲没，并导致地下空虚、土地松裂随时可能崩塌，不能垦复等情，报请派员查勘⑥。

民国时期的西南山洪地质灾害，暴发频率较清代大幅度提高，时常出现一年多次或连年暴发的状况，如灵山县民国三十年（1941 年）八月二十九日"山洪暴发，街道水深数尺，冲塌房屋数十间和石桥一座"，九月七日，陆续降暴雨，又突发山洪，"山洪之大为 30 年未见，水位上涨 7 米余，河边住房水浸及屋脊，损失惨重"；然而，次年三十一年（1942 年）七月十五日，县城大雨，又再次"山洪暴发，部分街道水深数尺，竹行街房屋几遭没顶，城内共崩屋

① 忻城县志编纂委员会：《忻城县志》，南宁：广西人民出版社，1997 年。
② 武鸣县志编纂委员会：《武鸣县志》，南宁：广西人民出版社，1998 年。
③ 《扶绥县志》编纂委员会：《扶绥县志》，南宁：广西人民出版社，1989 年。
④ 来宾县志编纂委员会：《来宾县志》，北京：知识出版社，1994 年，第 80 页。
⑤ 乐业县志编纂委员会：《乐业县志》，南宁：广西人民出版社，2002 年，第 102 页。
⑥ 《巧家县政府关于报受灾情况表请派员复勘一案给云南省民政厅的呈》，云南省档案馆藏档案，档案号：1011-007-00141-057。

166 间，死 1 人"①，接连不断的山洪势必会扰乱民众生活，造成大量灾民生计难以维持及人口的死亡。民国三十四年（1945 年）八月，都安连日下大暴雨，为时将旬，"山洪暴发，大水淹没了县城各街道，交通受阻 10 多天，县内 22 个乡（镇），3540 户居民受灾，淹没农田 44 015 亩，稻谷尽烂，颗粒无收"，受灾陷入饥荒的民众竟高达近 10 万人，"当年有 95 787 人因灾受饥荒"②；沙石淤压、水流浸淹也造成了大量人口死亡，民国三十五年（1946 年）岑溪被灾后，不仅"水田万多亩被冲毁，无以为生的居民约五六万"③，导致死亡 63 人，财物损失不计其数。因此，民国时期西南的山洪地质灾害对地方民众的生命财产的影响较清代更为严重且更为深远。

（三）民国时期西南山崩灾害的致灾概况

民国时期西南山崩灾害如同清代一样，所带来影响的主要是冲压田庐、压毙人命、阻塞河流及道路等。

民国时期随着对山地垦荒的不断发展，山麓及山腰平缓之地随之成为多数从事农垦及矿业开发人员的主要聚居地，但随着生态环境的恶化，随之而来的便是岩石滚落的山崩灾害，经济开发之地也必然成为灾害祸及之地，如镇雄县于民国八年（1919 年）秋，"下南王官山山崩，居民房屋陷地"，又三十七年（1948）秋，云岭女儿岩山崩，"青烟冲霄，声若巨雷，埋没居民数十户"④。民国时期由于对山地开发区域较清代更为广阔，技术也更为先进，以致山崩不再是逐个山体或局部地区的崩陷，而是演变为同时刻的片区数处崩塌，民国四年（1915）富川县就记载，"东门桥崩，西岭山崩数处"⑤，大片区的山体崩溃致使受灾面积也随之扩大，兴仁县于民国十九年（1930 年）四月，"西一区之竹山寨，二区之猪场、下坝，南一区之笼头箐等处，山均崩塌，庐亩田园或异处、或湮没，不可胜数，间有裂缝至数尺余者"⑥。西南地区本就以山地为主，农田区域多位于山麓、河谷地带，但开垦范围也随山地开发逐渐上移至山

---

① 灵山县志编纂委员会：《灵山县志》，南宁：广西人民出版社，2000 年，第 141 页。
② 都安瑶族自治县志编纂委员会：《都安瑶族自治县志》，南宁：广西人民出版社，1993 年。
③ 岑溪市志编纂委员会：《岑溪市志》，南宁：广西人民出版社，1996 年，第 96、108 页。
④ 云南省镇雄县志编纂委员会：《镇雄县志》，昆明：云南人民出版社，1992 年，第 120 页。
⑤ 富川瑶族自治县志编纂委员会：《富川瑶族自治县志》，南宁：广西人民出版社，1993 年。
⑥ 民国《兴仁县志》卷 17《大事志》，1965 年油印本。

坡及平缓的山腰地带，但这些区域多是岩石滚落路径，如同正县民国十四年（1925 年）渌黄岭崩，"岭脚之田多成沙石"[①]，又东兰县长江乡巴畴村于民国三十五年（1946 年）七月"山崩掩埋稻田 30 亩左右，无伤人"[②]，连续崩塌对山田造成更为严重的损失，武宣县于民国元年（1912 年）五月，"大藤山及南岸诸山多崩陷，山溪田大半被铲"[③]。

以长期风化导致的山体崩塌由于受坠落岩石面积影响所产生致灾区域较为狭窄，多只是局部地区，即使山体连片崩塌，一定程度上也不会造成大范围的损伤，但山水型山崩则不然，由于其山体内部本就有大量积水，若再受雨水的外力冲击，崩塌的碎块岩石在水流冲击力下便冲向更远区域，致使受灾面积扩大，并且撞击力也随之提高，由此便带来更为惨重的伤亡。梁河县于民国十九年（1930 年）秋季，因山洪暴发"三区邦公山崩塌，房屋覆没，死伤惨重"[④]，但倘若岩石、泥沙及山洪齐发并形成泥石流灾害，危害则更为严重，金平设治局于民国二十二年（1933 年），暴雨倾盆，自夜达旦，"河头寨山崩地裂，洪水、泥沙、岩石沿白马河俱下，顿成滔天巨浪，冲毁田地 3 万余亩，淹埋禾苗8000 亩，冲塌房舍百余所"[⑤]。岩石崩溃型泥石流在矿区也多暴发，云龙县天耳井于民国三十八年（1949 年）"八月五日起，倾盆大雨，昼夜不停，至十五日侵晨，霹雳一声，祖山崩溃，百余公尺之沙石水泥，直向市井之心脏部分奔压而下，计全没者 30 余户"[⑥]。

山崩阻塞河流与道路在民国仍旧较为严重。清代光绪六年（1880 年）巧家县石膏地山崩不仅压毙村民，而且断流金沙江三日。民国时期金沙江再次被山崩岩石所断流，只是发生地不在巧家县，而是在禄劝县。民国二十四年（1935年）十二月十七日上午 11 时，禄劝县汤郎鲁车渡滩头北面山体突然崩塌，滑入金沙江 30 余丈，埋没四川会理县属 3 个自然村 40 余户，渡口防兵 2 名，正行

① 民国《同正县志》卷 5《灾异》，民国二十二年（1933 年）刻本。

② 东兰县志编纂委员会：《东兰县志》，南宁：广西人民出版社，1994 年，第 80 页。

③ 民国《武宣县志》卷 2《纪天》，民国三年（1914 年）铅印本

④ 云南省梁临沧县地方志编纂委员会：《梁河县志》，昆明：云南人民出版社，1993 年，第 13 页。

⑤ 红河哈尼族彝族自治州编纂委员会：《红河州志》，北京：生活·读书·新知三联书店，1997 年，第50 页。

⑥ 云南省云龙县志编纂委员会：《云龙县志》，北京：农业出版社，1992 年，第 9 页。

走的 50 余匹驮马，"金沙江被泥石阻断，上游陡涨数十丈，下游见底"[①]，此次灾害较巧家县更为严重。此外，大面积的山崩不仅能够阻断河流，田庐也会被溢水浸压，引发次生灾害。民国三十六年（1947 年）七月龙陵县河头龙塘乡连降暴雨，"造成山崩长达 2 公里，宽 800 米"，不仅使龙川江截流长达一小时，而且"大水冲走田房、窝铺数间，毁山地、稻田 700 余亩，死亡 7 人"[②]。除阻塞河流之外，山崩也时常阻隔道路。民国时期为加快运输物资及加强各地之间的联系，修建了大量的公路与铁路，受山崩灾害影响较为严重。宾川县于民国十四年（1925）年，"石头村、乌龙坝岩石崩落，打毁房屋，阻塞道路"[③]，又民国二十三年（1934 年），江城大雨通宵，洪水泛涨，沿河田地被冲毁，青畴变为沙地，腴地尽为石田，桥被冲毁，"山崩地缺，道途梗阻，农民联名呈报灾情"[④]。

第二节　西南地区地质灾害的应对文化

一、清代西南地区地质灾害的应对

（一）官方应对措施

1. 赈济

赈济，即灾后由官府发放粮银以救灾黎。关于赈济时间与粮银数量，雍正之前并无定例，主要根据受灾状况进行赈济。乾隆四年（1739 年）《荒政条例》对此有所规定，赈济时间上"不论成灾份数，先行正赈一个月"，之后根据灾情分为极贫、次贫，再进行加赈，"被灾十分者，极贫加赈四个月，次贫加三个月"，以此类推，至被灾五分则是"酌借来春口粮"；赈济米粮之数为"大口日给米五合，小口给米二合五勺"[⑤]。

① 禄劝彝族苗族自治县地方志编纂委员会：《禄劝彝族苗族自治县志》，昆明：云南人民出版社，1995年，第17页。
② 龙陵县委党史地方志编纂办公室：《龙陵县志》，北京：中华书局，2000年，第76页。
③ 云南省宾川县志编纂委员会：《宾川县志》，昆明：云南人民出版社，1997年，第63页。
④ 思茅地区地方志编纂委员会：《思茅地区志》，昆明：云南民族志出版社，1996年，第117页。
⑤ 李文海、夏明方主编：《中国荒政全书》第2辑第2卷，北京：北京古籍出版社，2003年，第589—590页。

西南地震勘灾以往多是经地方府级官员进行查勘汇报给督抚之后，再上奏给中央进行发赈。乾隆十六年（1751年），乾隆对云南剑川、鹤庆、丽江等处地震的勘灾、发赈仅仅委派地方知府执行，灾后秩序仅以驻扎在大理的云南提督冶大雄前去维护等行为进行了严厉申斥，乾隆认为"督抚既应体朕痌瘝乃身之意，无论偏州下邑，亲往扶绥，或遇不法棍徒聚众闹赈，最易滋生事端，亦应亲往弹压，此乃职分当然"，并且认为以往督抚不亲自前往虽为"镇实"，但实则为"偷安"。于是在闰五月二十二日发出上谕，要求嗣后不得拘泥往例，凡遇到灾伤异常之地，各督抚"务令亲身前往查察，应行赈恤者，一面赈恤，一面奏闻，则闾阎受惠速而得实济，即以禁奸暴而安善良，其胜委员数倍矣"[①]。因此，之后西南地震勘灾与赈恤上基本上是由督抚进行统率，即使督抚因政务无法脱身，赈恤之后也必然再进行复查，如嘉庆四年（1799年）七月二十七日石屏、建水地震，云南巡抚臣富纲"此次未能亲往查办，复遴派诚实营员，密往访察"[②]。

关于地震灾害赈济的银米并无明确的标准，多是以惯例并结合受灾状况进行斟酌赈济的标准。康熙二十七年（1688年）覆准"云南鹤庆、剑川二处地震，该抚委官赈济，压毙者每名给银一两，压伤者每名给银五钱，倒坏房屋每间给银二两，被灾无栖止者每名给谷一石，幼者给谷五斗，动支常平积谷"[③]；康熙五十二年（1713年），对赈谷、赈济的对象进行了放宽，不再是"无栖止者"，而是受灾民众皆可获得赈济。雍正二年（1724年）云贵总督高其倬会同云南巡抚杨名时对昆明等十一州县赈灾时，将赈灾银两提高了一倍，"凡压毙者大口捐银二两、小口捐银一两，给买棺木殓埋，伤者不论大小口俱给银一两调治，倒塌房屋者亦令查明户数，分别酌恤外，所有被灾乏食贫民，臣等查照康熙五十二年地震赈恤之例，令各地方官即将仓贮捐输谷石，每大口给谷一石，小口给谷五斗，并饬各有司俱亲身逐一看给"[④]。乾隆十六年（1751年）对于剑川州地震赈济的标准是在雍正二年嵩明、宜良等州县地震赈恤之例的基

① 北京市地震局、台北"中研院"历史语言研究所：《明清宫藏地震档案》下卷，北京：地震出版社，2005年，第307页。

② 国家档案局明清档案馆：《清代地震档案史料》，北京：中华书局，1959年，第176页。

③ 民国《新纂云南通志》卷161《荒政三》，民国三十八年（1949年）铅印本。

④ 北京市地震局、台北"中研院"历史语言研究所：《明清宫藏地震档案》下卷，北京：地震出版社，2005年，第107页。

础之上，在受灾人口赈济银两上降低了五钱，对于极贫者又根据实际情况加赈了三钱、五钱不等；在房屋震塌赈济钱粮上，由于倒塌房屋巨多，因此对于瓦房及草房进行了区分赈济，赈济银两数上也有所降低，"压毙大口，每名赈银一两五钱，小口赈银五钱；受伤无论大小，每口赈银五钱。如有极贫苦者，各量加赈银五钱、三钱。每倒瓦房一间，给银五钱；草房一间，给银三钱。又每名大口给京斗谷一带，小口给谷五斗。如有不敷，即于邻近郡邑拨济，毋致一夫失所，亦不得少有扣尅遗滥"①。乾隆二十六年（1761 年）四月新兴州地震赈济，则是"照乾隆十六年剑川地震赈恤事例"②，由于地震灾情过重，"虽经该督抚等照例分别赈给，但念被灾过重，穷黎尚多拮据，所有赈恤银谷，著加恩照乾隆十九年恩旨，于常例之外，加一倍赈给"③。乾隆二十八年（1763 年）十一月二十六日云南江川、通海、宁州、河西、建水等地震被灾之后，则又是"查照乾隆二十六年新兴江川等处地震恤事情例"④进行赈灾。至此，乾隆年间及其以后的较长时间段内基本都是依照乾隆十六年（1751 年）赈济数量为惯例标准进行赈济，如对道光十三年（1833 年）昆明等十州县的地震赈济仍是按照乾隆十六年（1751 年）惯例，"倒塌瓦屋四万八千八百八十八间半，每间赈给银五钱，共银四万四千四百四十四两二钱五分；草房三万八千七百三十三间，每间赈给银三钱，共银一万一千六百十九两九钱；压毙大口四千三百五十六人，每大口赈给银一两五钱，共银六千五百三十四两；小口两千三百五十一人，每小口赈给银五钱，共银一千一百七十五两五钱；受伤男妇大小口一千七百五十四人，每人赈给银五钱，共银八百七十七两；受灾男妇大口九万一百九十六人，每大口赈给粮一石，共粮九万一百九十六石，小口六万三千一百八十九人，每小口赈给粮五斗，共粮三万一千五百九十四石五斗"⑤。道光以后，国势衰微，赈济上不遑顾及，不再按照赈济惯例，而是在整体上进行了变动，如光绪年间财政拮据，地震灾害频发且所涉及的人口与房屋等赈济量过

① 国家档案局明清档案馆：《清代地震档案史料》，北京：中华书局，1959 年，第 165 页。
② 国家档案局明清档案馆：《清代地震档案史料》，北京：中华书局，1959 年，第 171 页。
③ 中国第一历史档案馆、中国地震局：《明清宫藏地震档案》上卷，北京：地震出版社，2005 年，第 524 页。
④ 中国第一历史档案馆、中国地震局：《明清宫藏地震档案》上卷，北京：地震出版社，2005 年，第 533 页。
⑤ 王会安、闻黎明主编：《中国地震历史资料汇编》，北京：科学出版社，1983 年，第 873 页。

大，因此在量上都有所降低，伤重者甚至不再依照人口，而是以户为单位，平均到个人后所得银两更低，如对光绪十三年（1887 年）十一月初二日石屏建水等州县地震成灾的赈济，"被灾最重者，每户赈银一两，稍次者八钱，又次者五钱，压毙每丁口给埋银六钱，伤着给医药银三钱"①。

此外，地震赈济只是对整个坍塌的房屋进行赈济，仅墙体坍塌并无赈济，但对乾隆二十二年（1757 年）四月二十七日至五月初一日云南腾越州（今腾冲）的地震成灾赈济上，因其是边陲之地而进行了酌量赈济，"至地震案内坍墙向无赈恤之例，但边徼民夷多系无力，臣等仰体皇仁即照水灾之例每墙一堵给银二钱，其蓍墙、腰墙每堵减半给银一钱，共散给银一百十二两九钱逐一赈灾"②。但此后，鲜有针对墙体倒塌的赈济，多是地方官府捐廉修复。

西南关于山洪地质灾害赈济的时间及赈款数量上也并非完全按照标准进行，时间上一般会赈济一月为常例，赈款数量上也较多依靠惯例进行赈济，如道光五年（1825 年）镇远府于三月二十五日"山水骤发，溪河陡涨五六丈，府卫两城街道漫水一丈二三尺，沿河民房及卫城营署、城垣、护堤、演武厅、墩卡塘、汛兵房、仓廒、河下停泊船只，多被冲淹，间有漂没"，对此赈济则是照乾隆三十四年（1769 年）成案，"倒塌瓦房三百七十六间，每间给修费银八钱，草房二百四十二间，每间给银五钱"③。但赈济数量也不是一成不变的，会根据受灾范围、程度，以及人口的收入、生计等受灾状况以商定赈济时间与赈款数目，如贵州省城于嘉庆十二年（1807 年）四月十二日"山水骤发，省城地处低洼，又别无支河，一时宜泄不及，登时水长丈余，遂由外城冲门而入，汹涌异常"，致使房屋多有倒塌及人口死亡，"被水冲倒共六十七户，通计坍塌瓦房七十八间，草房八十一间，淹毙大小男妇三十名口。贡院紧傍河边，头门鼓棚官厅左右围墙俱已倒坏，其东西号舍浸倒一千零六十六间，明远楼、至公堂等处，俱有损坏。南关城垣坍塌三处，计宽二十六丈，桥梁、祠宇亦多坍塌"，所幸贵阳府城以山坡耕种的旱地为主，"其所种豆麦，均系旱地，多在

---

① 国家档案局明清档案馆：《清代地震档案史料》，北京：中华书局，1959 年，第 185 页。
② 中国第一历史档案馆、中国地震局：《明清宫藏地震档案》上卷，北京：地震出版社，2005 年，第516 页。
③ 《奏请镇远等三州县猝被山水勘未成灾分别抚恤事》（道光五年四月二十四日），中国第一历史档案馆藏档案，《宫中朱批奏折》，档号：04-01-01-0674-049。

高处，不致损坏"。对于此次灾害的赈济，在口粮赈济上"大口日给米八合，小口四合，各予一月口粮以资养赡"，对于极贫无力者便会加赈一个月以缓解民困，"俟一月后查系极贫之户再行加赈一月"；房屋赈济上则依照受损状况进行分别赈济，完全冲去无存者，则"每瓦房一间给银二两，草房一间给银五钱"，对于仍有遗存的房屋，则"止于浸损倒坏者酌量轻重，每间瓦房给银一两及五钱不等，草房一间给银五钱及二钱、五分不等，以资赶紧盖造"①。

清代的山崩灾害都是伴随者地震、山洪等地质灾害而发生，也有无雨、无震情况下自然而崩，如安宁"康熙三十六年（1697年）八月，州西门外罗青山，无雨而山脑忽崩，长数十丈、广二丈许，陷下深八、九尺"②，但造成危害仅仅局限于一定区域内，往往堪不成灾，而未得到赈济。关于山崩灾害的赈济，由于受灾区域较为狭窄且致灾成分达不到赈济的标准，一般是地方筹款自行救济或地方官员自己从捐廉银拨出部分进行赈济，如乾隆三十一年（1766年）五月五日灵川县大水蛟发，山崩堰坏田禾多毁，知县刘文蔚亲勘捐廉赈之③。但若山崩之石堵塞河水，或因大雨之后山洪冲击之下导致山崩，其危害则较为严重，地方官员及地方筹款等难以完全救济灾民，只能求助于中央拨款赈济。对于较为严重的山崩灾害的赈济，早在明代时就已记载，鹤庆县于嘉靖三十八年（1559年）六月二十五日夜渔塘村雷雨大作，"西山崩，水溢坏民舍百余所，死者不可胜计"④，郡守林养高请赈济在案。腾越厅于光绪十二年（1886年）七月十二日发生重大山崩灾害，同知陈宗海同样申请发款赈恤，最后"赈恤银二千两"⑤。山崩不仅会压坏田庐，还会造成大量人员死亡，容县于光绪二十一年（1895年）五月十五连日大雨，县境招顺、下辛等处水涨，山崩塌，"坏庐舍无数，压死居民甚多，知县易绍德详情上宪法帑千余两下县按户分赈"⑥。但对于山崩阻塞水运等特殊区域，其山崩灾害多采取责任制进行赔款修复，昭通金沙江流域就是因"开金沙江（今永善、绥江一线）已可行

① 《奏为省城仓猝被水并抚恤得所情形事》（嘉庆十二年四月二十五日），中国第一历史档案馆藏档案，《宫中朱批奏折》，档号：04-01-05-0272-034。
② 乾隆《岑溪县志》卷1《灾祥》，民国二十三年（1934年）铅印本。
③ 民国《灵川县志》卷10《前事志》，民国十八年（1929年）石印本。
④ 民国《鹤庆县志》卷1《灾异》，民国三十三年（1944年）油印本。
⑤ 光绪《腾越厅志稿》卷1《祥异》，清光绪十三年（1887年）刻本。
⑥ 光绪《容县志》卷2《机祥》，清光绪二十三年（1897年）刻本。

舟，忽为雷雨所阻，两岸巨石崩壅江心"，对于这种灾患，官方与民间都不是赈灾主体而是"董事者被逮赔帑"[①]。

加赈，是赈济之后灾民仍难以维持生计的再次赈济，加赈时间一般为灾后次年二月至五月。桐梓县于道光十一年（1831年）五月"山水陡发，城厢内外被水浸淹及十九日松坎等处亦被水淹"，赈济之后百姓仍难以维持生计，于是"优加赈济，将被灾极贫各户加赈两月，次贫之户加赈一月"，对于仍能维持生计的不予以赈济，"查近城极贫来领着三百八十四户，男女大口一千三百五十二名口，小口一千一百九十三名口；次贫来领者九百三十九户，男女大口二千八百五十一名口，小口二千六百八十七名口，照例按大小口给谷分极贫两月，次贫一月，共赈谷二千四百二十七石零；松坎等处极贫来领者一百三十二户，男女大口四百五名口，小口三百五十六名口，次贫来领者一百八十一户，男女大口五百四十三名口，小口四百一十一名口，按大小口照例价折银，在于境有收之处及邻境就近买仓，仍分别极贫两月，次贫一月，共给过银二百八十七两零"[②]。

地质灾害的赈济人数是有波动的，除抚恤是由灾后立刻给予钱粮之外，一般赈济都是经报灾、勘灾、审户之后，再进行发赈，但中间间隔时间较长，多数无食灾民并不会坐地待赈，通常会流离他乡，但赈济之始，便会再次返乡，由此赈济人口之数会较勘灾之时多，但仍会加以赈济与抚恤，乾隆二十八年（1763年）赈济灌阳县灾民"查除富户及有产之家外，计查有无业贫民共六百七十九户，又从前出外就食闻赈归来者计八十八户，通共大小口二千八百余名口，照例按名各赈一月口粮，共赈给米三百六十五石"[③]。

工赈，是为以工代赈，即招募灾民办理公共工程以获得救济的赈济之法。乾隆二年（1737年）就曾谕"办工赈，如开渠筑堤、修葺城垣等事，酌量举行，使贫民佣工就食，兼赡家口，庶可免于流离失所也。再，年岁丰歉，难以悬定，而工程之应修理者，必先有成局，然后可以随时兴举。一省之中，工程

① 云南省水利水电勘测设计研究院：《云南省历史洪旱灾害史料实录（1911年〈宣统三年〉以前）》，昆明：云南科技出版社，2008年，第285页。

② 《奏为贵州被水灾民赈恤完竣事》（道光十一年九月二十一日），中国第一历史档案馆藏档案，《宫中朱批奏折》，档号：04-01-01-0723-050。

③ 中国第一历史档案馆：《清代灾赈档案专题史料》第66盘，第1297页。

之大者莫如城郭，而地方何处为最要要地，又以何处为最先，应令各省督抚一一确查，分别缓急，豫为估计，造册报部，将来如有水旱不齐之时，欲以工代赈，即可按籍而稽，速为办理，不致迟滞，于民生殊有裨益"。在地方实践上，云南曾议定"水冲田地，每亩给挑培银三钱，沙压田地，每亩给挑培银二钱"。道光二十六年（1846 年）六月白盐井"大雨连日，山溪暴涨，一片汪洋，桥梁十余道，官署七十余间，庙宇七八所，均坍塌殆尽"[①]，灾后详请借支养廉以工代赈修复公署、桥梁等，又嘉庆十二年（1807 年）贵州被水之后，府州官员捐廉以工代赈，"查明河身淤浅之处开挖挑浚，派委在省候补佐杂，每日分段督察稽查"[②]。

2. 蠲免

蠲免，即蠲免赋税钱粮。蠲免的数量最初无定制，直至顺治十年（1653年），才将全部额赋分作十分，依据田亩受灾分数酌减，"州县被灾八分、九分、十分者免十分之三，五、六、七分者免二，四分者免一"，康熙十七年（1678 年）又规定四分、五分受灾不再蠲免，"灾地除五分以下不成灾外，六分免十之一，七分、八分者免二，九分、十分者免三"。雍正年间提高蠲免力度，"十分者免七，九分免六，八分免四，七分免二，六分免一"[③]。乾隆年间再次恢复被灾五分也准予免十分之一，其他仍按照雍正年间的旧例，并"永著成例"。

地震蠲免的实践中并未严格按照蠲免标准进行落实，多是依据受灾人口、房屋倒塌数量及受灾面积等进行蠲免，乾隆二十八年（1763 年）十一月二十六日云南江川、通海、宁州、河西、建水等地震被灾之后"所有五州县应纳条公银两及江川、河西二线拨运兵米等项并加恩蠲免"[④]。受灾严重之时，地方虽请求缓征，但在国家财政充裕之时，统治者也会尽量进行蠲免，如乾隆二十六年（1761 年）四月十九日、十月初七日云南新兴州江川地震灾后，贵总督吴达

---

① 民国《新纂云南通志》卷 161《荒政三》，民国三十八年（1949 年）铅印本。
② 《奏为查明贵州省城赈恤工程俱经办理妥协事》（嘉庆十二年七月十三日），中国第一历史档案馆藏档案，《宫中朱批奏折》，档号：04-01-02-0075-005.
③ 《清世宗实录》卷 67"雍正六年三月"条，北京：中华书局，1985 年，第 1019—1021 页。
④ 中国第一历史档案馆、中国地震局：《明清宫藏地震档案》上卷，北京：地震出版社，2005 年，第538 页。

善等奏请"将该二州县灾户应纳乾隆二十六年分条公银两及粮云兵米等项俱缓征，来岁秋成后再征，以纾民力"，乾隆帝提高惠民待遇给予蠲免，"岂但缓征，竟宜全免"①，又如嘉庆八年（1803 年）奉谕，云南宾川、云南二州县正月间猝遭地震，所有宾川州属被灾各户应征嘉庆八年（1803 年）分民屯税秋麦米四百八十三石九斗三升零条、公耗羡等银六百四十七两七钱零，云南县属被灾各户应征嘉庆八年（1803 年）分民屯税秋麦米二百十三石九斗九升零条、公耗羡等银二百七十二两零，俱著加恩豁免，以示朕轸念灾区至意②。

关于山洪地质灾害的蠲免，光绪三十四年（1908 年）五月广西暴发了大规模的山洪，在灾后蠲免中几乎囊括了所有受灾成分与蠲免成分。广西巡抚张鸣岐奏光绪三十四年（1908 年）五月桂林、平乐、梧州三府所属同遭山洪冲击，后经确勘阳朔县属兴平墟之石粉洞等四村，被水冲坏田禾共五顷一十六亩，又恭城县属东乡之桥头等二十四村被水冲坏田禾共一顷零三亩二分，"勘明均受灾十分，所有各花户应纳光绪三十四年分钱粮米，应请各蠲免十分之七"；临桂县属西乡界牌团之汴塘村被水冲坏田禾共五顷一十三亩，又阳朔县属伏荔墟之平塘洞等五村被水冲坏田禾共二顷四十六亩，又昭平县属太字团之蓬冲村被水冲坏田禾共八亩五分，"勘明均受灾九分。所有各花户应纳光绪三十四年分钱粮米，应请各蠲免十分之六"；临桂县属西乡之下高桥等四村被水冲坏田禾共一十八顷一十二亩五分，又阳朔县属伏荔墟之双桥等六村被水冲坏田禾共四顷二十二亩，又昭平县属之临江洞等二村被水冲坏田禾共一十三亩，"勘明均受灾八分，所有各花户应纳光绪三十四年分钱粮米，应请各蠲免十分之四"；临桂县属西乡之王家等五村被水冲坏田禾共一十七顷三十二亩五分，阳朔县属之上平塘等七村被水冲坏田禾共四顷一十二亩，"勘明均受灾七分，所有各花户应纳光绪三十四年分钱粮米应请各蠲免十分之二"；临桂县属西乡江岸等三村被水冲坏田禾共五顷八十六亩一分，阳朔县属之八分榨等十八村被水冲坏田禾共一十七顷三十二亩五分，"勘明均受灾六分所有各花户应纳光绪三十四年分钱粮银米应请各蠲免十分之一"；临桂县属西乡之文田村被水冲坏田禾共四顷三十三亩，阳朔县之上下平塘洞等七村被水冲坏田禾共九顷一十四亩，平乐

① 中国第一历史档案馆、中国地震局：《明清宫藏地震档案》上卷，北京：地震出版社，2005 年，第529 页。

② 王会安、闻黎明主编：《中国地震历史资料汇编》，北京：科学出版社，1983 年，第 730 页。

县属三段之校椅等八村被水冲坏田禾共三十一顷七十三亩，苍梧县属思德乡之石涧等四十六村被水冲坏田禾共一十九顷四十七亩九分四厘，"勘明均受灾五分，所有各花户应纳光绪三十四年分钱粮银米应请各蠲免十分之一"；对于成灾尚未在五分以上，但已经致使收成浅薄，为缓解民困，"所有应纳光绪三十四年分钱粮银米，应请各以六分归入本年启征"①。

对于被山洪灾害后的蠲免年数，主要是依据受灾程度及灾后土地恢复程度所决定。碧谷坝、可柯庄及小江庄地处小江流域的河谷地带，是东川府最主要的三个官庄，其地毗邻汤丹、碌碌、大雪等主要铜矿厂地，更是通往铜厂主要通道，"小江一区，居治之西隅，南通碧谷坝，西南通汤丹厂"，但又是易遭受地震与山洪的区域。碧谷、阿旺、小江皆倚山为居，每遇地震"尤称甚焉，山谷纷飏，土石翻飞，岩岸隤堕，陵阜分错，沿山道途多阻绝不通"②，再加之夏季又多暴雨，致使山洪频频暴发而深受其冲击，清后期更是数次惨遭冲毁，民国初年东川县知事林春华就认为"县属义江区③所种田地界连汤丹厂地，由于将沿村树木历年砍伐以炼铜，勐民等祖辈亦不复种树株，接年遭水沿山，水势环绕直冲，沿河一带常田化成汪洋，田地沙堆石垒"④。

碧谷坝、可柯庄及小江庄自清后期至民国初年始终遭受着山洪冲击，致使庄田砂石淤积无法垦殖而多次被蠲免。光绪五年（1879 年）集义乡碧谷坝一带山水泛涨，冲淤田亩，急难开垦，"奉文暂免官庄租米一百一十六石零，民田秋米二十九石零，条公等银二十五两零，民地荞折等银一十一两零，俱免十年"。至七年（1881 年），碧谷坝官庄复被水冲，"所有被灾租米八十三石零奉文暂行蠲免六年"⑤。光绪十七年（1891 年），据可柯庄、乐业、火烧甲花户萧文交等具报被水冲淹官庄田三顷一亩七分九厘，每年应完租米六十九石五斗九升八合八勺，经前府萧禀奉，委员会勘评之后，奉文蠲免五年租米，限满仍未垦。光绪二十一年（1895 年），后经东川府冯禀请委员钱福嗣踏勘，上奏

① 中国第一历史档案馆：《清代灾赈档案专题史料》第 5 盘，第 534 页.

② 雍正《东川府志》卷 2，梁晓强校注，昆明：云南人民出版社，2006 年，第 394 页。

③ 民国初年行政规划，其范围大致包含碧谷坝、可柯庄及小江庄等区域。

④《云南民政司财政司关于云南省东川县呈请将受灾田亩暂作民欠一案的训令》，云南省档案馆藏档案，档案号：1106-001-00810-006。

⑤（清）余泽春、冯誉骢：《东川府续志》卷 1，梁晓强校注，昆明：云南人民出版社，2006 年，第 464 页。

"会泽县被水冲坏田地，仍属荒芜，请再限三年，俟垦复再行启征"①，得到批准，奉批示自二十二年（1896年）起至二十四年（1898年）止再免三年。光绪十八年（1892年），据碧谷庄花户李发春等禀报，该乡起戛村陡被水灾冲淹官田七顷六十三亩三分零毫，每年应完租米一百十一石八斗二升二合一勺五抄，经前府萧禀请委员会勘，详奏蠲免一年租米，后任府寨复详免二年捐廉赔解一年租米。光绪二十二年（1896年）限满，详奉批示，此项租米应扣至二十三年（1897年），始行限满，届期如仍荒芜，再行禀办。但此地由于多年被山洪冲压，土壤恢复缓慢，直至二十三年（1897年），仍无法垦种。云南巡抚黄槐森奏"东川府会泽县地方前被水灾，未经垦复，应征银米，仍自光绪二十二年起，再行展限三年，设法按恳升科，以舒民困"②，上允之。光绪二十四年（1898年）七月辛未，鉴于东川频繁惨遭灾害，再"展缓云南会泽县被水官庄、民田应征钱粮"③。

关于山崩灾害的蠲免，多以山崩对田庐冲压后经过报灾、勘灾之后进行蠲免，灌阳县于康熙二年（1663年）九月初八日夏乡大营山崩水涌，划去民田，"本县知县薛坤单父牧经祥巡抚金光祖题报豁免田税在案"④。但若山崩之巨石划入河道中后必然会淤积沿河田地，引起大面积地区受灾，便会提高蠲免粮额，嘉庆十三年（1808年）六月初旬大雨之后，"涧旁被犁之山尽行倾崩，无量之沙水，数仞之巨石，匋匋怒发，竟将旱坝尽推入河，填满河身八十余丈，点水不流"，不仅冲淹田地，甚至冲坏城垣，"城内及南北两隅俱成泽国，集民夫千余人挑去沙泥，劈破巨石，始得疏通"，署知县陈炜接办善后事宜，"以积水难消，沿湖田亩不能涸出，详请开除民粮伍百叁拾余石"⑤。受灾更为严重者，则会蠲免条丁银及官庄租等，腾越厅于光绪十二年（1886年）七月十二日，北练打苴，马蚁窝后山，"夜半雷雨交作，石坠山崩"，波涛汹涌，一奔入龙江，一奔入大盈江，竟然"淹没北练、小西东练田四十顷三十七亩"，同知陈宗海报灾在案，最后蠲免"并免本年秋米一百二十七石，免条丁

① 《清实录·德宗实录》卷375"光绪二十一年八月癸巳"条，北京：中华书局，1987年。
② 《清实录·德宗实录》卷414"光绪二十三年五月甲寅"条，北京：中华书局，1987年。
③ 《清实录·德宗实录》卷420"光绪二十四年七月辛未"条，北京：中华书局，1987年。
④ 民国《灌阳县志》卷23《机祥》，民国三年（1914年）刻本。
⑤ 光绪《浪穹县志略》卷4《水利》，清光绪二十九年（1903年）刻本。

公件耗银共二百零四两，官庄租折银一百一十二两"①。但不是说仅仅以山崩之岩石不能构成重大灾害，若是大面积的山崩，则会造成大面积的田地被碎岩石覆压，严重者甚至田地永久不能复垦，清代云南邓川州于道光辛巳年（1821年），"卧牛山崩，压坏田亩"，知州陈公便详免钱粮各在案。

除蠲免之外，亦有缓征。缓征与蠲免在一定程度上较为关联，是将受灾相对较轻地区的应征额赋暂缓征收的一项措施。成灾五分及以上的州县之成熟地亩应征钱粮例准缓征，当年缓征钱粮可以缓至次年麦子成熟后再征收。次年麦熟后应征钱粮，递行缓至秋成。对于缓征的期限也并不是固定不变，连年成灾之区也时常根据灾害程度，以延长缓征期限，甚至灾害严重者会将缓征钱粮一并蠲免，如光绪卅年（1904年），会泽县属丰乐里地方，被水成灾，秋收无望。该县丰乐里、可柯庄、二甲、三甲等处被灾官庄田三十三亩，又四甲、五甲、二道桥等村被灾官庄田十八亩，被灾尤重之落泥岔河等村官庄田一百一十九亩，又二道桥等村官庄田一百八十二亩②。由于被灾甚重，朝廷下旨"缓征云南会泽县属丰乐里被灾地方条粮银米"③。然而，清光绪三十三年（1907年）其地又再次被灾，"会泽七月下旬连日大雨，河水涨发，冲没丰乐里一带田亩"④，再次受灾之后丰乐里已实难归还往年因灾被缓征条粮、银米，清政府遂"蠲免会泽县该年被水地方税粮"⑤。嘉庆以后，随着清政府财政的紧缩，在救荒上缓征愈加成为主要的救灾措施

3. 抚恤

抚恤，主要是在灾情重大之后不分受灾成分，不区分贫困等级一律给予临时赈济，堪不成灾之后也会根据受灾状况进行抚恤。广西兴安县界首惠林等村乾隆三十四年（1769年）四月初六七日大雨山水陡发，"冲倒草瓦房八十四间，淹毙男妇九名口，砂石积田共二百六亩三分，经桂林府知府沈希贤亲勘详

① 光绪《腾越厅志稿》卷1《祥异》，清光绪十三年（1887年）刻本。
② 云南省水利水电勘测设计研究院：《云南省历史洪旱灾害史料实录》（1911年〈清宣统三年〉以前），昆明：云南科技出版社，2008年，第276页。
③《清实录·世宗实录》卷563，北京：中华书局，1985年。
④ 云南省水利水电勘测设计研究院：《云南省历史洪旱灾害史料实录》（1911年〈清宣统三年〉以前），昆明：云南科技出版社，2008年，第278页。
⑤《清实录·世宗实录》卷594，北京：中华书局，1985年。

报照例抚恤共银一百十三两八钱零"。①又道光十一年（1831 年）镇远、松桃、施秉等县因山水骤发致使成灾，贵州巡抚嵩溥因民瘼攸关，"当即饬行藩臬两司筹发经费银两，交贵东道于克襄、试用知府宋庆常等随带委员迅速分往查勘妥为抚恤"，勘得"镇远府卫两城被淹铺户居民二千一百十二户，分别极贫、次贫给谷六斗至一石，动用镇远县仓谷被水浸湿谷一千九百二十石零，淹毙男女大小四名口，河下停泊船只冲坏二十只，淹毙幼女一名口，各尸俱已捞获，捐棺殓埋，被水船户附入贫民一体抚恤，冲塌瓦房三百六十九间，照例每间给修费银八钱，草房二百二十八间，每间给银五钱，镇远县仓谷浸湿一万一千二百四十四石零，除抚恤贫民动用外，尚有霉变湿谷九千三百二十三石零，已减价出粜，卫城西北两门冲坏城垣三段，连缺口长三十三丈六尺，护城堤一段长三丈二尺，垛口、海漫炮台及城碉、台坎亦俱冲坏；又镇远镇总兵游击都司守备千把总各衙署城垣冲倒房屋十之二三户，璧门牐冲坏十居七八，兵房坍塌二十七间，演武厅、造药局堆卡多有倒塌，救火器具漂失、学宫书院棚暨镇远府署税务经历衙署亦多冲塌。施秉县北门外及小东门沿河铺户居民被淹三百九十五户，动拨该县义仓谷三百二十六石零，按户恤给倒塌瓦房十五间，每间给修费银八钱，草房四十四间每间给银五钱，冲塌石桥八洞，系驿路要津，业经赶造船只，常川济渡文报往来，不致阻滞。黄平州老里坝小村地方被水贫民一百三十五户，已恤给该州义仓谷一百一十九石零，冲塌瓦房九十三间，每间给修费银八钱，草房一百七十二间，每间给银五钱，淹毙男妇大小十二名口，俱已捐资殓埋"②。

抚恤的标准并没有定例，而是一向按照往年惯例。乾隆三十四年（1769年）五月镇远、施秉二县因"城郭临河，当黔省下游水口山多溪窄，骤雨会归，水势陡长"，以致山水冲没镇远府卫"瓦房一百六十间，草房四十八间，坍塌瓦房六十六间，草房十七间，营房四十六间"，又施秉县"瓦房三十九间，草房三十三间，倒塌瓦房六间，冲去马骡棚厂二间，堆贮潦草等房十六间，淹毙人民十七名口，天柱县协济马夫二名，豫省失骡五十余头"，对此的抚恤则是按照乾隆二十九年（1764 年）黔西州属被水抚恤之例，"冲塌瓦房每

① 中国第一历史档案馆：《清代灾赈档案专题史料》第 21 盘，第 1371 页
② 《奏为镇远等处地方被水勘未成灾分别抚恤事》（道光十年五月二十八日），中国第一历史档案馆藏档案，《宫中朱批奏折》，档号：04-01-01-0714-002。

间给银八钱，草房每间给银五钱，捞获尸躯掩埋大口给银二两，小口给银八钱"①。乾隆三十五年（1770 年）古州厅被灾，"民房被水冲没六十九间，又冲去八匡庙宇店民房屋共三十七间，淹死客民男妇塘兵眷属共五十三名口"，贵州巡抚宫兆麟则依据上年镇远水抚恤之例，同样"冲塌瓦房每间给银八钱，草房每间给银五钱，捞获尸体掩埋大口给银二两，小口给银一两"②。

4. 平粜与借贷

平粜与借贷主要是针对尚可维持生计但是又无力再进行生产的农民进行的救荒措施。平粜与借贷的粮食来源主要是来地方上的仓储，平粜的对象主要是各被灾地方城乡中有一定家产的但难以长久维持生计的贫困户，借贷的对象主要是受灾五分且在赈济、蠲免之后尚未恢复生产能力的灾民，以及青黄不接之际缺乏种子、口粮的灾民。

对于地方仓储的建设，以巧家县为例。光绪四年（1878 年）巧家县同知胡秀山带领地方士绅根据灾害状况制定了因地制宜仓储管理与赈济之法。对于义仓粮谷的捐纳与征收，推行"捐聚宜同心倡义"。义仓本就为救济灾荒而设立，"要必先办捐聚，另议放积，再议粜赈，方为全册"。对于仓谷的捐纳"特先从本城、八村起办"，各士绅乐善好施，"共捐谷市石一百石，合京石四百石"，捐谷不为强制，捐数也不为勉强，其余仗义之家"愿再乐输石斗升数，不拒多寡，照收入账"，而其他"三里九甲，巧家宽远，急公明之义绅""数十、数百、数户商同禀官"将杂粮包谷、荞麦等项皆可变通捐办，"则同伸义气矣"③。

对于义仓粮谷的借贷与回收，实施"放积宜协心尚义"。为加强义仓谷物的借还及防止谷久霉变，议定"捐放一方之谷，即专济一方之人""每年三分取息，借出概用风车扇净，干洁上仓，每石加取三升以备耗折"。但是放谷取息五分、六分过重而难以收齐，公谷利轻，民众必然会乐于借还，但是分户零放，散漫难以收齐，最终导致亏欠。为杜绝以上弊端，胡秀山与绅粮商定"按

---

① 《奏为黔省镇远县施秉县临河地方被浸冲塌派员查办赈恤等事》（乾隆三十四年五月十三日），中国第一历史档案馆藏档案，《宫中朱批奏折》，档号：04-01-02-0053-006。

② 《奏报古州厅属临河地方被水情形并相应查勘办理事》（乾隆三十五年闰五月二十一日），中国第一历史档案馆藏档案，《宫中朱批奏折》，档号：04-01-05-0235-016。

③ 民国《巧家县志稿》卷 4《民政》，民国三十一年（1942 年）铅印本。

年着落殷实又有人力之户，每户着交市石谷十石"，使其负责总领承放。义仓之谷"春初领出，秋末归结"，由殷实者出具领结，理清借出应归还的利息，确保能在规定的期限内将本息一并归还，并且由殷实者亲自上交义仓之中。归还的本息"断不准短欠、虚转"，倘若"向殷实借放之家敢于拖欠"，必会将其报送官府进行追缴所拖欠之粮谷，而殷实者须为此负责，要将所欠粮谷自己出谷赔偿交由义仓，"仍责殷实领放者先为赔偿上仓"。殷实者及总理并不是徒劳，而是会在利息中抽取红利，"所议每石放、取三斗利谷，以二升给殷实领放者作揽费，以三升留归总理及斗级作薪赏"，剩余的二斗五升外加耗粮三升及本金一起上交到义仓。如果由总理放出，为避免另外盘仓，仍旧由其催收交由新总理收入义仓。义仓粮谷由私人捐纳而来，专为备荒而定，"永不准拨充公用以及官借"。义仓存谷每年只准借贷一半，剩余之谷"预备歉荒，得资济急"，以不必仰于官方的救济。倘若义仓积累粮谷较多，便"变价置田，收租入仓"①以使义仓能够长久地救济灾黎。

义仓的设立本就为公捐生利以在灾荒之年行善济事，救灾黎于水火之中。巧家义仓在救济中视灾歉不同而实施不同的赈济之法。大、小歉之分主要依据富者、贫者的受灾程度为标准。小歉主要是指半收之年粮价昂贵，收入中上的富者"各有蓄积，尚能维持"，而较苦的极贫之家"一遇到歉收，粮食希贵，富户居奇抬价，极品者力难买食，多至饿毙"。大歉主要是指成灾十分，虽"上户各有蓄积，尚能有余"，但中下之户"则为极贫、此贫，若无接济，定成饿殍"②。

对于小歉的救济，推行"平粜宜专心广义也"，即"急宜减平价值出粜义谷"。义仓救济仍旧依据粮谷"出自地方者还为地方用之，捐谷者不以为难，司事者不为难"的原则，故"以城村捐放之谷，即专济城村极贫之户"。首先由总理公商审粮"清查一城八村实在极贫共有若干丁口"，然后"公同核定，开册报官"，每个月大口所能出粜粮谷数量及每月小口能够出粜粮谷数量。至于出粜粮谷的价格，"京石贵至一两及贵至一两二钱，先减二成"粜价为九钱六分，若"粜至半月或一月，减让至二成半，又一月，再减让至三成"，以此

---

① 民国《巧家县志稿》卷4《民政》，民国三十一年（1942年）铅印本。

② 民国《巧家县志稿》卷4《民政》，民国三十一年（1942年）铅印本。

类推，直至平粜之价还能够买到新米为止。但关于何时平粜，能够平粜几个月，必须依据仓谷数量所决定，但必须坚持"粜六留四，以免空仓"。对于大歉的赈济，施行"赈济宜村心行义矣"，即"急行赈恤"。赈济同样按照"以城村捐放之谷，即专济城村极贫之户"之原则，"分别极、次，出发义谷，急行赈恤"。仍旧由总理公商审粮"清查一城八村，实在极贫若干户口、次贫若干户口"，"公同核定，开册报官"，每个月极贫与次贫的大口、小口赈谷数量。对于极贫赈发几月，次贫赈发几月，何时赈济等都要依据义仓的存谷量与灾害的严重程度[①]。

　　义仓的管理主要实施"总理统管制"，即"总理出入宜实心遵义也"。一城八村义谷已捐、仓廒已建，捐放、平粜之法已定，而此时"公办义谷，掌理收发，尤属切要"。为此，由村民公推选择殷实老成之二人经管出入，称之为正、副总理。总理按照此前规定，遇到收、放、粜、赈各事，"禀知官长，商明绅粮，行所当行，常存利济之实心，见利济之实效"。由殷实老成的两人所组成的正、副总理为"以均劳逸且防久办得亏之弊"，一年一届，并于每年的十月进行换届。换届之时，前届总理将流水账簿"经凭各绅粮算命出入本利之数目无错，分别旧管、新收，开出实在数目于印簿内，立为四柱，明晰登载，交给新总理"。新旧换届之时，又必须"面呈官长朱判，盖印于上，当面发交新总理接办"。但是关于义仓粮谷的收发归总理一力掌管，为杜绝弊端，不经官吏之手。所有官长、士绅及民众所捐之物，皆为公物，"遇有荒歉，分给贫苦，不得言私争论"。倘若收储年久，亦有公共场地进行晒干，后"复量上仓，再记实数入账"[②]。

　　对于义仓的监管，推行官督民办，即"官察虚实宜精心重义也"。巧家义仓一切事务的管理都由地方士绅经营，一切不经胥役之手。但为确保绅粮、总理能够自由依规办理义仓事务免受干扰，仓务必须"禀知官长，凡总记印薄以及查究等事需禀到官"才能推行。官吏对于仓谷的虚实之查，"乃集义以利"，仓谷的出入都由士绅经营，"则官无可私"，而官员对仓谷事务进行虚实之查，"则绅不敢欺"，故"所谓官绅相制，其法无弊者也"。此外，如果

---

① 民国《巧家县志稿》卷 4《民政》，民国三十一年（1942 年）铅印本。
② 民国《巧家县志稿》卷 4《民政》，民国三十一年（1942 年）铅印本。

遇到总理"忘义不肖者出纳其间，或遭本地矜棍把持，而捐放裘赈必至奸弊丛生，仓空谷虚，有名无实"，而此时官吏必当"随时尽心，如查有收捐、放积、平裘、赈谷以及仓储，倘或悖义越规、虚而不实"，必将"传请公正绅粮"，以使"良法美意经久无坠，则永兴义举不朽矣"。巧家县地处小江低坝之处，气候炎热，水稻种植为春末下田直至秋初成熟，故"条规内所议放积，尚须斟酌办理"。关于义仓的裘籴，亦需要根据市场实际情况进行监管，每年二月需视察市场谷价，若夏季谷价起价不高，"则无妨陆续尽数放出"；若是谷价变化无几，"须要待至春末夏初，其放存若干，相对公商酌行"；若是次年谷价偏高，于二月便能透析之昂贵，此时"则毋庸放借，以备市上米少或五米上市减价平裘，以济贫苦而免缺食"。至于义仓之谷减价，起初以小幅度减价，"每市石约减二三钱，每银一两约减一二钱"，但是如果市场谷价日益偏高，则需要大幅度减价，以"务使市上不致缺米，贫户得资接济"。义仓条规规定：义仓之谷存半、放半，但若捐谷不多，"起放之前，可尽数出放"。若义仓仓谷积累市石二三百石，则"依条规原议，放半存半，推陈易新，不使空仓"，也即"将耗谷三升减免，统以市石合京石，每石加三斗行息，风挽交仓，原斗收纳"[①]。

仓储的建设在山洪地质灾害中对于维持受灾民众的粮食供给发挥了至关重要的作用。道光十一年（1831 年）桐梓遭受水灾，山洪冲坏田庐无数，道光十二年（1832）正月初六日上谕就指出"将桐梓县等处查明，实在贫民或借给籽种或减价平裘"[②]以惠灾黎；又道光二十九年（1849 年）松桃厅被水成灾，随勘不成灾，但为抑制粮价便出动仓储以降低粮价，"该厅查山水逾时即消不致成灾，时值粮价增昂，先已碾动义仓平裘，应再将常平仓谷照存七裘三之例，接济民食"[③]。但不是说平裘之粮皆来源于仓储，跨区域购米，甚至凭借西南地处边疆优势跨国购米平裘也较为常见，如广西钟山县被水成灾之后邻近区域米粮皆已购买，但还是难以满足粮食需求，"经此灾异，外县市米者接踵纷至，盖藏空虚。洎明年四月墟市谷日益少，价日益贵，再越月市有，有钱无米

① 民国《巧家县志稿》卷4《民政》，民国三十一年（1942 年）铅印本。
② 道光《遵义府志》卷15《蠲恤》，清道光二十一年（1841 年）刻本。
③ 《奏为松桃等处被水委员查勘抚恤事》（道光二十九年六月二十二日），中国第一历史档案馆藏档案，《朱批奏折》，档号：04-01-01-0832-056。

之叹，弱者将待毙，强者将不支矣"，于是钟山通判顾景璐设法购买到邻国之米才解决粮荒，"在位者不恤民之患非事君也，急设法购洋米在署平粜，始于五月二十一日至七月初四日新谷上市始停，民赖以济，境赖以安，是举也"①。

（二）民间应对措施

殷实的富民、绅商及官员分财粟救助灾民以补官力不足为义赈。西南地震爆发频繁、受灾地域广泛、受灾民众众多，单靠官方救济难以惠及全面，更难救助及时，于是灾后多有义赈之举。乾隆二十八年（1763 年）十一月二十六日夜河西县地震，"街房倒塌，伤人极多。市中无米，民间慌乱"，教授生徒向大载，"即将家中食米减价出粜，须臾而尽，又将豆子减售，民乃安帖，躬率家人易早餐为粥，日止一饭"②，易门人赵安，"乾隆甲戌地震，出谷百余石，以济饥者"③，又嘉庆二年（1797 年）七月廿六日石屏等处地大震，"人皆露宿，被难者数千余口，除请帑抚恤外，各绅衿捐资赈粥，编户得免流亡"④。地方绅耆在灾后通过捐银、捐谷、施粥及家族内互相接济等多种形式补给灾民生计及维护地方社会秩序。清后期，尤其是咸同年间战乱，国家势力衰危，财政难以再维持先前广泛赈济及加赈等，地方政府便以各种理由推辞，石屏于丁亥冬月初二日地大震，"毙二千余人，伤着不知其几，古今中外未有也"，虽然灾后官方已经赈济，但钱粮甚微，受灾人口又众多，余时在省城会商张竹轩设法善后，函禀各处，以刘树坊顶词，以苏佑民缮写，"几达旦矣及，投呈督院"。然而，省政府却大肆斥责"平日不为善遭此大劫，我知大震之时必是满街跪哭告天求饶了"，以荒谬的理由拒绝加赈。于是，藩司曾公"以下相戒不敢私捐，曾公出银一千乃托名其母好善乐施，司以下捐款亦半托名，流离之苦乃幸免"⑤，邻近的河西县绅民也解囊相助，"河邑界与毗连亦摇撼，阖城绅民共捐银一百两，齐至石屏赈济"⑥。因此，于清后期，义赈在助推灾区摆脱灾难困扰中发挥了重要作用。

① 民国《钟山县志》卷 15《艺文》，民国二十二年（1933 年）铅印本。
② 乾隆《续修河西县志》卷 3《乡贤》，清乾隆五十三年（1788 年）刻本。
③ 云南省地震局：《云南省地震资料汇编》，北京：地震出版社，1988 年，第 126 页。
④ 民国《石屏县志》卷 40《杂志》，民国二十七年（1938 年）铅印本。
⑤ 民国《石屏县志》卷 40《杂志》，民国二十七年（1938 年）铅印本。
⑥ 王会安、闻黎明主编：《中国地震历史资料汇编》，北京：科学出版社，1983 年，第 1222 页。

义赈在西南山洪地质灾害救济中也发挥了重要作用，尤其是清后期。光绪十六年（1890 年）腾越厅水灾及光绪十八年（1892 年）、光绪十九年（1893 年）寻甸水灾，官绅及地方殷实商民，"捐助谷米、杂粮，减价平粜"①等拯救受灾民众于水患困境之中。此外，地方官绅亦积极参与灾后河道的疏浚之中，光绪三十一年（1905 年）昆明"水为患，盘龙江堤决于金牛寺，玉带河堤决于南询寺，金汁河堤决于何家院，此外各河堤决者，更仆难数，附近民房、田亩，悉成泽国，群黎呼号望救，诚数十年罕见之奇灾也"，地方绅民积极捐输，并于灾后"设河工局于南城外，官督绅办，大举修复，次第履勘，相形势，择紧要，或应置木桩，或应添石堤，低者加高，薄者加厚，务期坚固结实，俾河身畅行，群流顺轨，即复遇洪水，庶免成灾"，在这项工程之中"绅、商、士、庶，通共捐银一万零九百六十九两三钱一分"②，为推动地方区域灾赈及公共工程建设中做出了突出贡献。

为鼓励义赈，早在顺治年间就推出了一系列的嘉奖细则，顺治十年（1653 年）议准根据捐助米粮、银钱授予匾旌及官职；康熙年间进一步提高嘉奖，康熙七年（1668 年）曾议准，"凡现任文武官弁捐助银千两或米二千石者，加一级；银五百两或米千石者，纪录二次；银二百五十两或米五百石者，纪录一次。生员捐银二百两或米四百石者，入监读书；俊秀捐银三百两或米六百石者，入监读书；富民银三百两或米六百石者，给九品顶戴；富民捐银四百两或米八百石者，给八品顶戴。至进士、举人、贡生，议叙仍如旧制"③。乾隆年间进一步规范义赈嘉奖制度，并对其中滥竽充数之人给予严厉的惩罚，"绅衿士民有于歉岁出资捐赈者，准亲赴布政司衙门具呈，并听自行经理，事竣，由督、抚核察，捐数多者题请议叙，少者给予匾额。若州、县官勒派报捐，或以少报多，滥邀议叙者，从重议处。土豪、胥吏于该户乐输时干涉渔利者，依律查究"④。

道光十三年（1833 年）云南大震之后，各府州县绅商积极投入赈灾中，"绅士情殷梓谊，相劝捐银两，加济极贫之户，自数千两至数百两、数十两不

---

① 民国《新纂云南通志》卷 161《荒政三》，民国三十八年（1949 年）铅印本。
② 民国《新纂云南通志》卷 161《荒政三》，民国三十八年（1949 年）铅印本。
③ 民国《新纂云南通志》卷 161《荒政三》，民国三十八年（1949 年）铅印本。
④ 民国《新纂云南通志》卷 161《荒政三》，民国三十八年（1949 年）铅印本。

等，统计捐银四万三千余两"。云贵总督阮元于道光十三年（1833 年）十二月十七日上奏中提出奖励捐银助赈的绅士，"臣等查礼部则例内载，士民助赈捐银至千两以上请旨建坊，情愿议叙者，由吏部定议给与顶带，又吏部则例内载，各省遇有歉收及修城、义学社仓等事，绅衿士民捐银十两以上赏给红花，三两以上奖予匾额，五十两加奖励，三四百两奏请给以八品顶带，如本有顶带人员，声明厅部另行议叙，一二千两及三四千两者，从优议叙各等语细绎例意士民出资助赈，兴捐办工程事同一律均的声请议叙"，提议对在道光十三年（1833 年）地震中积极投入赈灾的廖敦行、陆荫奎、周师、陈熙、李芬等五员"仰恳天恩交部议叙以示鼓励，其捐银不及三百两者应请由外奖予红花匾额"[1]，并得到朝廷允肯。

二、民国时期西南地质灾害的应对

（一）官方应对措施

1. 赈济

民国时期虽然动荡不安，但在地震灾后赈济，降低灾害危害上也起到了一定的积极作用，尤其是灾后的急赈之上。民国时期对地震的赈济并无明确的标准，多是勘灾委员与地方官府视受灾人口、房屋等损失状况及赈款数量进行协商制定。民国二年（1913 年）十二月二十一日嵋峨地震成灾，赈灾委员蒋熙藩奉令携款二千元驰赴熠峨，会同县知事，查勘灾情，"兹拟补情灾奇重、压毙丁口者，每名赈银三元；受伤较重者，每名赈银一元。其房屋覆受伤较微者，分别极贫、次贫，极贫者每户赈银三元，次贫者每户赈银一元五角，应俟临时斟酌发给，以伤亡人数计算发赈。其倒塌房屋亦在赈济之例，以示体恤，而免偏枯。至现发赈款二千元及议拟赈灾办法"，又"切实估计，尚约实需银四千元之谱"，又恳请省政府补发[2]。民国十四年（1925 年）三月大理、凤仪等七州县被震成灾，涉及区域广泛，灾民众多，对此赈济银款数量相对来说则较低。大理镇守使李选廷及前盐运使赵钟奇呈准，就急赈款内分配赈款标准，一

① 中国第一历史档案馆、中国地震局：《明清宫藏地震档案》上卷，北京：地震出版社，2005 年，第979 页。

② 云南省志编纂委员会办公室：《续云南通志长编》中册，1986 年，第 419 页。

是，以压毙丁口为准，每人给殓埋费二元；二是，以压伤丁口为准，每人给调养费一元；三是，以灾户数目为准，每户给赈款九角。依上分配合计，"大理领款四万三千七百九十一元九角，凤仪领款八千七百六十元零九角，宾川领款三千九百九十九元五角，弥渡领款三千五百三十二元，祥云领款八百七十六元四角，邓川领款六十六元二角，以领款六万元分配，不敷由李镇守使捐银一千元助赈"①。除各县自行筹集及募捐者，单独办赈，不在此例外，其余由赈务处筹赈事务所等募获分得之统捐赈款，均依此标准给赈。民国中后期，虽财政拨款缓慢且对灾情来说杯水车薪，但仍旧给予赈济。民国二十九年（1940 年）石屏地震，"民政厅派员携带大量药品，并呈率省府核准，拨发急赈之款国币五千元，前往查勘抚赈"，灾情勘明之后又"准拨赈款国而二万元，由昆明滩民总站主任何崇杰驰往赈恤"，赈济标准则是依据"灾损轻重平均分发"。民国三十一年（1942 年）十二月思茅地震，"地方偏灾准备金项下垫发赈款国币五万元"②。即使在民国末期，实际上省政府也仍在拨款赈济，民国三十七年（1948 年）六月剑川地震，"省政府预拨国币五十亿元先行急济"③，又昭通十月被震成灾，"为昭通县赈灾救济，配发国币伍亿元"④。

对山洪地质灾害的赈济也会根据财政状况酌量拨款以舒民困，如雒容县民国三年（1914 年）六月大水为灾，浸入城内高与簷齐，灾民遍地，"随奉上宪拨款赈济"，后拨银五千元命其先行由柳州购米，源源接济⑤，又剑河县民国二十七年（1938 年）、民国二十九年（1940 年）两年均是五月山洪被灾，"沿河居民人畜田庐产物悉被飘荡，损失殆尽，不可数计，经呈请，上峰赈济有案"⑥。民国时期并没有明确的赈济标准，对于赈济数量大多是由地方根据受灾状况及赈款数额自行制定赈济标准，如路南县于民国二十八年（1939 年）九月二十二日起，"暴雨如注，昼夜不止，及至二十五日深夜雨势愈猛，东西河

① 云南省志编纂委员会办公室：《续云南通志长编》中册，1986 年，第 421 页。
② 云南省志编纂委员会办公室：《续云南通志长编》中册，1986 年，第 422 页。
③ 《云南剑川县张祖年等关于本县兰州乡地震请拨款救济事给省民政厅的呈》（1948 年 8 月 1 日），云南省档案馆藏档案，档案号：1021-003-00059-047。
④ 《云南省政府关于云南省昭通县政府为地震灾情请筹赈济事已令社会处核办的代电》（1948 年 12 月 9 日），云南省档案馆藏档案，档案号：1106-001-03378-015。
⑤ 民国《洛容县志》卷下《艺文》，民国二十三年（1934 年）铅印本。
⑥ 民国《剑河县志》卷 1《灾祥》，1965 年油印本。

堤溃决多处，同时四面山洪暴发，水势泛滥，波涛汹涌，平地水深七八尺，田禾全被淹没，四郊尽成泽国，公私房屋，倒塌无数"[1]，后经省府派员查勘，"总计全县淹倒公私房屋 687 间，冲毁田地 2775 亩，受灾人户 905 户，受灾人民计 4417 丁口，冲坏石桥、铁桥各一座，碾房十六座，石坝十二座，沟道三十余里，道路二十余里，被水冲去 1 人，被房屋压伤 1 人"。查勘完毕后，省政府拨款新币三千元以赈济。对于赈济方法则由"该县水灾委员，召集该县党政人员开会讨论放赈方法，讨论之余，本急赈意旨变动办理，专以救济赤贫与次贫，受灾之户，而每户丁口又不一致，乃改为以丁口为放赈标准单位"，于是根据统计，实受灾贫民共有 2990 余人，"后开会决议：每人赈给新币一元，死一人给予新币十元，伤一人给予新币五元，适应需新币 3014 元，不敷之十四元，由水灾会筹款补足"[2]。但由于受灾之后部分灾民别无生计被迫上山或暂迁他处未能一一查明，在地方与勘察委员共同去散赈之时，"又复查出灾民 589 人，冲倒房屋 15 间，被毁田禾 336 亩 2 分"[3]，皆为饥寒交迫，无以为生的灾民，后再次祈求赈济。民国二十九年（1940 年）七月，省政府再次拨赈款二千元以补赈[4]，赈济方法依然按照之前的规定。

对于赈济，除拨款之外，还有以工代赈。由于山洪的冲击破坏力大，受灾面积也较为广泛，赈款难以全面覆盖，故多采取以工代赈之法。民国三十三年（1944 年），对于巧家县政府呈去年肇勋镇遭受洪水泥石流冲击，损毁山地三千余亩，损失粮食五千余石，又七月，复整月无雨，旱魃为殃，较之往年收入仅及三成，因之米价大涨，民遭饥馑而请求赈济一案，临时赈灾会于六月拨发赈款二十万元[5]。但二十万元对于庞大的受灾群体犹杯水车薪，难以从根本上救助灾黎，唯有以工代赈兴修水利以尽快恢复农业。于是八月十七日，巧家县

　　① 《路南县政府就报水灾损失统计表给云南省赈济会的呈》（1939 年 10 月 29 日），云南省档案馆藏档案，档案号：1044-004-00357-010。

　　② 《段纯光（勘察组员）就办理路南水灾赈款给刘组长的呈》（1939 年 10 月 20 日），云南省档案馆藏档案，档案号：1044-004-00357-007。

　　③ 《路南县政府就报水灾损失统计表给云南省赈济会的呈》（1939 年 10 月 29 日），云南省档案馆藏档案，档案号：1044-004-00357-010。

　　④ 《云南省赈济会就拨发水灾捐款给路南县长的指令》（1940 年 8 月 2 日），云南省档案馆藏档案，档案号：1044-004-00357-017。

　　⑤ 《云南省赈济会就办理巧家县灾欠事给民政厅的函》，云南省档案馆藏档案，档案号：1044-004-00199-031。

县长饶继昌呈报云南省临时赈灾委员会，"因款数无多，散发难资普及，手续繁杂，拟遵照本奉颁办法，采以工代赈，全数作水利经费，曾经咨询临时参议会研议去后，据准巧参字第四号咨复：本案经提会议决，照采以工代赈办法，全部作水利经费。请查照办理等因，准系，自应照办"①，并得到允可②。以工代赈的资金资助来源除由政府拨款外，地方政府为加快促进灾后恢复也会寻求贷款。民国三十五年（1946 年），巧家县淫雨纷纷以致山水暴发而被灾，县长饶继昌除函云南省社会处予以赈济外，也"函请拨发农业贷款暨派员指导，举办修路及开通水利工程，以工代赈"，但"因该县未被列入本年贷放区域，且农贷款项业经由农业银行分配告罄，无由拨借"③，只能待明年再商议。安宁县受灾后，地方官绅捐获国币三千六百余元，省政府赈款新币四千元，"分别重轻将上款如数作为急赈之用，即预示是时以两次分发各灾民以维现状"，剩余赈款及所募捐到的灾款共国币一万二千余元，在地方商讨之后，决定"将此款全数充作修筑河堤，疏浚河道之用，尽先后集受灾之民前来工作，按日发给工资，庶几以工代赈确为名实相符"④。

受战争及民国政府内部腐败的影响，对于山洪地质灾害的赈济在民国末年较为迟缓，甚至无力赈济。巧家县政府呈所属第十六区督导员袁沛赓就近前往复勘所造民国三十四年（1945 年）受灾状况表，以祈核省政府及田赋粮食管理处减免田赋。民国三十五年（1946 年）十二月，云南政府以"查表报该县灾歉状况即经该县令派督导员复勘属实"，根据各地受灾程度"准将被灾成数分别减免田赋，并照例将附表送粮食、财政两部及地政署查照备案"⑤。然而，由于巧家县是三十三（1944 年）、三十四（1945 年）连续两年受灾，并且都是大规模、大范围的洪水泥石流灾害。田赋虽然被免但是受灾当年粮食颗粒无收，

---

① 《巧家县政府关于要求以工代赈办理水利一案给云南省临时赈灾委员会的呈》，云南省档案馆藏档案，档案号：1011-007-00141-064。

② 《云南省临时赈灾委员会关于要求以工代赈办理水利给巧家县县长的指令》，云南省档案馆藏档案，档案号：1011-007-00141-065。

③ 《云南省社会处关于办理巧家县灾害救济情形事给云南省建设厅的公函》，云南省档案馆藏档案，档案号：1044-003-00450-032。

④ 《云南省赈济会就用水灾捐款治河给安宁县长的训令》（1941 年 1 月 8 日），云南省档案馆藏档案，档案号：1044-004-00357-019。

⑤ 《云南省政府关于呈粮食部等云南巧家县民国三十四年度灾欠状况表各情祈查照备案由的代电》，云南省档案馆藏档案，档案号：1106-004-01844-007。

况泥石流所冲毁之地轻者次年或第二、三年可再耕种，重者需五六年后才可耕种，有的甚至无法垦复，而巧家县多数民众以农业为生，被荒期间又无其他生计可依赖，大量民众前来诉求救济。故巧家县政府与县田赋粮食管理处于民国三十五年（1946 年）七月再次向云南省政府呈报："案据兴华镇镇长田崇文等先后呈转据公民代表刘英等呈陈：'呈为山洪爆发，良田顿成乱石沙丘，已无法垦种，生活无着，恳请赈济以维蚁命。事缘吾巧地势，山多而少平原，沿小江牛栏江两岸，若稍成斜坡能引江水或山水灌溉者均开垦成田，河之上游山箐陡狭，落差甚大，河床沿岸因无森林保护，每当山洪爆发时，托泥混水连沙带石蜂拥而至，情势凶恶，村舍良田顷刻化为乱石沙丘。三十三、三十四两年以来被灾面积达四千九百余亩，被灾居民先后曾经呈请巧家田赋粮食管理处转呈核免田赋在案，惟查田赋虽经转呈核免，惟民等生活无着，困苦万状，情迫无奈，午夜思维，惟有缕呈苦情，恳祈钧长鉴核转呈上峰予以救济而维蚁命'"[1]，以三十三（1944 年）、三十四（1945 年）两年被洪水泥石流为灾，田园顿成乱石沙丘无法垦种，所冲毁田地其田赋虽准豁免，但灾情过重致使人民生活无着，亟待赈济，"拟恳钧部，伏念灾黎，准予援给款物藉拯而维民命"[2]。八月二日，云南社会处呈请社会部拨给物资款物以赈济[3]。在巧家县正在为三十三（1944 年）、三十四（1945 年）年受灾请求救济之时，三十五年（1946 年）上年又多淫雨致使洪水泥石流多次、多时间段爆发，尤其是六月二十五及二十六夜，天降滂沱以致山洪爆发，水势汜滥，两岸堤溃，发生惨重水灾。尤其是肇勋镇膏腴之地，变成沙丘，或成河坝，行将收获之庄稼，淹没殆尽，一片丘墟，"受灾农民，达二百九十六户，损失农产一千四百余石之巨，灾民嗷嗷待赈"，加之三十三（1944 年）、三十四（1945 年）两年连续遭受洪水泥石流，肇勋镇人民饿殍遍野，只得先请"钧长俯赐鉴核，顾念民瘼，赈救灾黎，准予减免肇勋镇本年赋税，以示矜恤，而苏民困，俾涸轭之鱼，得庆昭

---

① 《云南省政府秘书长关于巧家县遭受洪灾请赈济一案给云南省社会处的通知单》，云南省档案馆藏档案，档案号：1044-003-00450-025。

② 《云南省社会处关于巧家县遭受洪灾请赈济事给社会部部长的呈》，云南省档案馆藏档案，档案号：1044-003-00450-024。

③ 《云南省政府秘书处关于社会处复核办云南省巧家县长呈报民国三十三，四两年洪水为灾请赈济一案的拟办文单》，云南省档案馆藏档案，档案号：1106-001-00732-017。

苏，则恩同再造矣"①，九月，云南省社会处认为肇勋镇受灾惨重，"准此查本案前据该县呈报三十三、四年度受灾请赈各情，业经据情转请社会部拨款赈恤在案"，故一起加以赈济，"兹复据报县属肇勋镇水灾惨重情形，准予发给赈款国币一十万元，着即备具印领并指定领款人员表，会同地方法团分别从速发放如不敷分配，再由该县设法募赈以惠灾民"②。

民国三十五年（1946 年）受洪水泥石流冲毁之地并非肇勋镇一地，此年巧家县连遭洪水泥石流及干旱双重灾害，"夏初则雨量太多，以致山洪爆发，冲塌田地为数颇巨，夏末秋初，则久旱不雨，田内稻收成减色，陆地作物，多干枯不能复活，尤以金沙江沿岸为最，颗粒无收之处甚多，民众饥馑，人心惶惶，地方治安，至为可患"，共受灾 15 个乡镇，受灾人口 7698 人，受灾面积高达 19 480 亩③。三十三（1944 年）、三十四（1945 年）两年肇勋镇受灾共得赈济款十一万元，对于受灾人口之多，受灾面积之广的三十五年（1946 年）如同杯水车薪。于是巧家县县长再次"呈报所属各乡镇水灾惨重，请予赈济"，但被云南省社会处以"准此查本案前准贵厅函转据该县呈报所属肇勋镇水灾惨重各情，业经本处发给赈款国币一十万元，令饬具令发放如不敷分配并准该县依法募赈"，令巧家县募赈而拒绝再次赈济，云南省民政厅更是以"仍饬社会处办理为要"④而婉拒。赈济款难以争取，于是巧家县又再一次呈报祈求贷款而以工代赈，"迭据各乡镇纷纷具报请求赈济，查属实情，乃关灾歉，情节慎重，兹于九月九日，提经第三十次县政会议议决，分别呈请赈济记录在案。理合将受灾荒情形备文呈请钧厅鉴核，请祈贷款，并派员到县指导举办修路及开办水利工程，以谋以工代赈，救灾于建设，以资补救灾荒而维治安，实为公便"。但云南省社会处还是以"因该县未被列入本年贷放区域，且农贷款项，业经由农民银行份配告罄，无由拨

① 《云南省民政厅关于呈报肇勋镇灾情状况祈鉴核赈济一案给云南省巧家县政府的指令》，云南省档案馆藏档案，档案号：1021-003-00255-041。

② 《云南省社会处就民政厅办理云南省巧家县肇勋镇水灾赈恤情形一案给云南省民政厅的公函》，云南省档案馆藏档案，档案号：1021-003-00136-009。

③ 《云南省建设厅关于巧家县呈报受水灾区情形一案给云南省民政厅的公函》，云南省档案馆藏档案，档案号：1077-001-04022-026。

④ 《云南省社会处关于云南巧家县呈报水灾请振一案情形希查照事给云南省民政厅的公函》，云南省档案馆藏档案，档案号：1021-003-00059-006。

借，应俟明年再议"①，第三次拒绝施救。

在赈济款、贷款全无着落之时，巧家县田赋粮食管理处兼处长饶继昌，副处长袁昭宇继续向云南省政府呈希望将受泥石流灾害最为严重的肇勋镇（即旧制第八区精诚、样里、互助、自由、捍卫、平等等乡）分别受灾程度以豁免田赋，"镇属沿河两岸，自半箐起至天生桥止，尽成泽国，发生惨重水灾，行将收获之庄稼，湮没殆尽，耕地变为沙丘，恳请赈济灾黎，并祈踏勘免赋"。其中梓里乡冲毁受灾 470.48 亩，内有 39.76 亩已成沙坝不能垦复，拟请永久免赋，又 103.3 亩拟请免赋三年，其余 327.42 亩拟请免赋一年；精诚乡冲毁受灾 496.46 亩，内有 122.07 亩已成沙坝不能垦复拟请永久免赋，又 155.34 亩拟请免赋三年，其余 219 亩拟请免赋一年；互助乡冲毁受灾 139.43 亩，内有 64.91 亩拟请免赋三年，其余 74.52 亩拟请免赋一年；自由乡冲毁受灾 53.63 亩，拟请免赋三年；捍卫乡冲毁被灾 164.65 亩，拟请免赋一年；平等乡冲毁受灾 340.3 亩，内有 135.36 亩拟请免赋三年，又 28.24 亩拟请免赋二年，其余 86.7 亩拟请免赋一年，②又恳"巧家县三十五年度遭受涝旱等灾情，请准将三十五年度征借稻谷捌千石全数豁免"③。

但此刻云南政府已经无力赈济，而为保证财政收入只能扩大规模进行征实征借，故对于巧家县提出豁免征借以"请免该属卅五年度征借稻谷八千石一节，与案不符，碍难照准"等因拒绝请求。巧家县三十六年（1947 年）四月十九日遭遇长达十五分钟的剧烈地震，整个巧家县受损惨重，巧家县财政因往年洪水泥石流灾害救济等诸多事项已经枯竭，已经难以再行救济，至此云南省政府才发放赈款四百万元④。地震又为泥石流暴发提供了充足的松散物质，再暴雨集中之下必然爆发大规模的泥石流灾害。民国三十七年（1948 年），淫雨连绵数月，"遍遭水灾高山台地，莜麦、洋芋受水淹苗，尽皆枯萎低地田亩稻蔗

① 《云南省社会处关于办理巧家县灾害救济情形事给云南省建设厅的公函》，云南省档案馆藏档案，档案号：1044-003-00450-032。

② 《云南省政府关于云南省巧家县代电呈报该县遭受水灾灾歉状况表一案的训令》，云南省档案馆藏档案，档案号：1106-001-00764-021。

③ 《云南省政府秘书处关于云南省巧家县田粮处呈报该县灾情请豁免征借稻谷事的拟办文单》，云南省档案馆藏档案，档案号：1106-004-01867-010。

④ 《云南省社会处关于报各乡镇灾报表事给巧家县政府的指令》，云南省档案馆藏档案，档案号：1044-003-00520-035。

杂粮聚水成塘，多无收获，人民损失匪轻，生活饥馑异常，更有少数地方山洪爆发冲坏田亩、房舍，伤害人民牲畜，损坏路基桥梁，阻碍商旅来往"。三十七年（1948年）受灾总面积高达 104 080 亩，受灾人户 14 689 户[①]，云南省政府又以"查三十七年（1948年）度报灾时期已逾，且张督导员亦已离县无法请其复勘"等荒唐之由拒绝救济。

民国时期关于山崩灾害的官方救济，也是大致经过地方报灾、勘灾、审户及最后的发赈，民国九年（1920 年）广西贺县因属都木洞大平山大小水团淹涨，山崩，"田壤变为砂石，知事陈炎武电省发赈，并请永久免粮赋"[②]，云南泸水设治局也因"鲁掌镇山崩四处压死十六人，重伤十二人，轻伤七人"，[③]电告云南省政府请求赈济。

民国时期推行地方自治，并将地方赈灾交由地方赈济，但大灾仍由省政府赈济，但若灾赈后又灾，则频繁灾患的后续赈济多由地方从自治款项中进行资助。盐津县于民国二十年（1931 年）遭重大水灾，"政府颁帑赈恤贷款建设"，但灾后尚未重建完工，又遭山崩毁城之灾。民国二十七年（1938 年）午后三时倾盆大雨，直至十六日午后二时乃止，"四山崩溃，山水暴发，河水亦涨"。新县府之右侧"高山崩溃数处，水石交冲，将去岁（二十六年）完工之新市场北头石桥冲倒，打去新建之房一间，冲坏新建街房三间"。经勘查桥高丈余，宽约二丈，长约丈五，冲倒之桥压伤一些居民，大水又冲坏今年新修马路十分之二三，又"老街两山崩溃数处，山水涌出，将旧县治之大石桥完全荡尽，基石无存"，此桥建筑约二百年，去岁大水冲去上边石岸，"请拟自治款修好"[④]。实际上对于山崩灾害的赈济，由于战乱等多种因素影响，云南省政府并无完全赈济能力，多采取官方赈济和地方筹款并用的方式进行救济，以民国二十五年（1936年）昆明西山小岛山崩灾害救济为例进行阐述。

民国二十五年（1936 年）八月十三日上午八时，昆明西山小岛山倒塌，压毙沙丁人民多人，打沉民船多只，当地民报急速报灾。昆明县县长董广布于八

---

① 云南省志编纂委员会办公室：《续云南通志长编》中册，1986年，第420页。

② 民国《贺县志》卷3《恤政》，民国二十三年（1934年）铅印本

③ 《云南省政府关于泸水设治局电称职属山崩地震、死伤严重一案给云南省民政厅的训令》（1941 年 6 月21日），云南省档案馆藏档案，档案号：1011-007-00121-003。

④ 《云南省建设厅关于查水灾损失给盐津县长的指令》（1938年9月16日），云南省档案馆藏档案，档案号：1077-001-02835-047。

月十六日派第二科可证谢崇义，卫生专员董日春，第七区区长施泽久，前往会勘详查。勘得，小岛山系属西华堡，该山先前即已埈崩，有一裂口，但近月雨水降落，小有埈塌。其时，打石者对此小范围内的塌陷已经有所警觉，"在该山打石之工，有经验者，知有大崩之征兆，即已停工"，但仍有众多民众坚持打石。于是，八月十三日上午八时，该山即崩塌一堵，高有百余丈，横宽九十余丈，填入海中，近一里之长，当石土崩塌时，将海水激起二丈余尺，将隔壁窑中所住之人卷入水中，房屋一并倒塌，在该地海边船户亦受波及，所有船只被拆毁，船民一并淹没，共淹毙大小丁口约计三十名，被伤计三十余人，死者现已由海捞出十五六人。灾后当日，地方政府便已经开始实施救济，对于死者"已备棺装停"，伤者"均由船送省医治"，对于失踪人员继续打捞。对于灾民的安置，"被灾人民，无家可归者，已由西华、碧鸡两乡地方当事，设法收容于龙王庙。每日食米，源源接济，以维生活"。

此次山崩灾害受灾民众大多是漕户，以开采煤矿为生，"在该大小倒山附近，打取石料，或采煤矿，或烧石灰者，均为当地县藉人"。此次灾患中，虽然煤矿因近西水之期，已未采取，矿洞并无损失，但小岛山并非稳固，"至该小岛山之倒塌处，现虽倒去一半，尚有一裂鏬，有继续倒塌之虞"，对于交通建设也带来重大影响，"将来环湖公路，极难兴修，因大小岛山均为乱石所阻故也"[①]。小岛倒塌经过确勘之后，死亡大丁口十六人，小丁口廿人，残废二人，重伤九人，轻伤六十五人；未受伤灾民八十七人。房屋损毁：瓦房三间，草房廿九间。船只损毁：大二只，中十六只，小二只。致灾原因：一是煤矿开采致使山空；二是山石风化，致使基础不固；三是巨大岩石滚入滇池以致水冲没附近村庄。"当日山石倒入海中之际，将海水激起数丈之高，附近灵官洞及中窑村房屋全数漾倒，计有瓦房三间，草房三十间，并淹毙大小丁口三十六人，受伤者七十三人，停泊于海边大小船只共二十一艘均以如数倍浪撞坏"[②]。

对于灾害赈济，昆明县长董广布在报告就已经表明，云南省政府已无力全权赈济，"兹值库帑支出国际建设，在需款之际，力求减缩酌盈济虚"，但此

①《云南省民政厅关于昆明县报告县属西山小岛山崩塌伤死人民派员前往救护及查勘办理各情形一案给云南省政府的呈》（1936年8月21日），云南省档案馆藏档案，档案号：1011-007-00120-009。

②《云南省民政厅关于昆明县报告县属西山小岛山崩塌伤死人民派员前往救护及查勘办理各情形一案给云南省政府的呈》（1936年8月21日），云南省档案馆藏档案，档案号：1011-007-00120-009。

次灾害较重，受灾民众多是无过多收入的矿工，为维护秩序，地方政府则必然设法赈济。于是，昆明县政府以山崩所塌下的石料进行变价出卖，将所得款项中的一部分作为赈款以实施赈济，"查此次崩塌石料不下数十立方丈之多，将此项石料收为公有，移作赈款之用，不难立即筹获且石山崩塌不论其所在地之为公为私，同属于天然滋息，益为揾彼注此，拟请即由该地石料山场内抽提一部分以作此项赈款"①。

对于灾民抚恤金的分发，死亡成年丁口抚恤费新币二十元，未成年丁口新币十元，残疾每丁口新币五十元，受重伤每丁口给医药费新币六十元，轻伤每丁口新币六元，未受伤每丁口给新币 4 元，以示体恤。以上共计灾户六十三户灾民共 206 人，死亡成年十六丁口，未成年二十丁口，合赈给新币 520 元，残疾、重伤、轻伤共七十三丁口，合赈给新币 646 元，未受伤人数共九十七人，合赈款新币 388 元，灾民赈款共合新币 1554 元。对于房屋损坏的赈恤，瓦房需建筑费新币 120 元，草房每间需 20 元，拟以四成给赈，瓦房每间给赈费新币 48 元，计三十间共合给赈费 1440 元，共给赈费新币 1632 元。对船只损坏的赈恤，以五成给赈，大船每只赈新币 160 元，中号 110 元，小号 80 元，二十一艘共赈新币 2270 元。以上三项共拟赈款新币 5456 元②。云南省政府批准了以上赈济之法，并"先行发给新币一千一百六十六元，施赈伤亡灾民"，对于灾民房屋、船只等抚恤金，"俟石料变卖后"，按照以上准则进行散发赈款③。

在山洪与山崩都为患巨大之时，云南省政府其实已经无力进行赈济，地方政府与士绅则多采取自行组织救济，但实在无力状况之下便向全国进行募捐，以实现救济。民国二十年（1931 年）八月，彝良县牛街遭受山洪之后又再受山崩之祸，"兼之山崩地裂数十处，覆射房舍数十家，压死男妇大小数十口，沿河两岸及高原农作物冲没无遗，灾民日夕悲恸，惨不忍睹，嗷嗷哀鸣，何以为哺，悲夫惨矣"。在官方无力赈济状况下，牛街成了立牛街八一三水灾筹赈会，先组织区域内自行救济，"先由各富户、庙宇量捐粮，从事急赈。其无家

---

① 《云南省民政厅关于昆明县报告县属西山小岛山崩塌伤死人民派员前往救护及查勘办理各情形一案给云南省政府的呈》（1936 年 8 月 21 日），云南省档案馆藏档案，档案号：1011-007-00120-009。

② 《云南省民政厅关于昆明县报告县属西山小岛山崩塌伤死人民派员前往救护及查勘办理各情形一案给云南省政府的呈》（1936 年 8 月 21 日），云南省档案馆藏档案，档案号：1011-007-00120-009。

③ 《云南省昆明县政府关于核发小岛山崩塌成灾赈款由给云南省财政厅的呈》（1937 年 6 月 6 日），云南省档案馆藏档案，档案号：1106-004-00842-003。

可归者，概令于各庙观暂住，安哺流亡，日不暇给"，但灾情着实严重，富少穷多，乡民根本无法救济，"未灾区大宽，灾情奇重，牛街素称贫瘠，加之连年熊荒旱以十室九空，纵使稍有捐助亦苦杯水车薪"。于是牛街便向云南省政府党务指导委员会、民政厅、建设厅、教育厅、财政厅、农矿厅、盐运使、署高等法院、造币厂、昭通安团长、昆明市政府、各县县政府、各县党务指导委员会、各行政委员、报馆、各特种消费税总分局、华洋义赈分会、各慈善团体、各商会、镇彝同乡会等进行募捐，以"维望大府仁人善士，推胞与之洪施赈，创见之惨剧，俾荡产倾家，惨忘遗族，得保余生则功德无量矣"①。实际上，在民国后期，云南省政府因战乱和腐败已经难以展开赈济活动，后期无论是山崩、地震、山洪，还是其他灾害，多由地方政府与绅士联合发起募捐，寻求更大范围内的全国救济。

2. 蠲免

对于蠲免田赋，北洋政府《勘报灾歉条例》规定地方勘报灾伤，将灾户原纳正赋作 10 分计算，按灾情进行蠲免。被灾 10 分者，蠲正赋 70%；被灾 9 分者，蠲正赋 60%；被灾 8 分者，蠲正赋 40%；被灾 7 分者，蠲正赋 20%；被灾 6 分、5 分者，蠲正赋 10%。同时规定，地方官员如果不按时限报灾，或以轻报重，或以重报轻者，皆要收到处罚。南京国民政府在民国十七年（1928 年）颁布了同一体例的条例，但对灾民减免赋税的力度有所增加②。

山洪对土壤的冲毁力较为严重，其不同于干旱、地震等被灾后还可大面积的复耕，并且山洪的冲击并非一次即止，也有可能突发多次，淤压较轻者一两年后可复垦，而重者则可能因"砂石化"而失去耕种力，故对其灾后蠲免时间一般较长。民国元年（1912 年），对于岑巩县山水所灾民田数十亩"准免赋三年，不能垦复者则予永远豁免"③；又民国元年（1912 年）对东川义江区"遭洪水横流冲没官沟三条，废去官庄上则田七百四十六亩零三分五厘五毫八丝五忽，下则田一百五十一亩一分七厘六毫。小江官庄上则田六十亩零九分零七

① 《牛街水灾赈济部关于全国水灾募捐给云南省建设厅等的代电》（1931 年 10 月 5 日），云南省档案馆藏档案，档案号：1077-001-02831-018。

② 孙绍骋：《中国救灾制度研究》，北京：商务印书馆，2004 年，第 118 页。

③ 民国《岑巩县志》卷 3《前事志》，民国三十五年（1946 年）稿本。

毫，民田上中下则共三百四十九亩四分九厘，又民地一千一百一十三亩七分。禀请委勘后分别灾情，受灾重者免去三年，受灾轻者免去一年"，然而"壬子年应纳全免一年钱粮又应完前免三年钱粮转瞬限满，民等统受天灾意在加力开改规复正供，如上年稍开余慌收成全无，民等搬挑沙石俱各力尽汗干，将成埂界又遭雨霖沙压实无补救良策，且壬子年起征钱粮至今未完，更复筹款而弥补之处水灾，淹没田地万难垦复"。因此，土地在遭受山洪冲毁后，短时间内无法垦复，只能长期蠲免。云南省政府对民国十八年（1929 年）会泽县者海忠顺里上下六甲于六月二十五、二十六、二十七等日暴雨倾盆以致山洪爆发而所冲毁的民田一顷四十六亩五分，予以"自戊辰年起至丁丑年止蠲免十年钱粮，限满查勘如能垦复即行起征报解"[①]。

对于受灾较重者，除蠲免粮赋之外，其他杂税也会随之免除，如盐丰县于民国六年（1917 年）八月县属东界马槽沟、大阱、门口、大龙潭、小龙潭等五村遭受水灾，除县知事郭燮熙呈请豁免五村粮赋十石零九升四合四勺外，"计正杂各款通共豁免银五十九元六角八仙八厘，由八年分免征"[②]。但对于受灾较轻者，蠲免期限及减免力度也较轻，对于巧家县于民国三十三年山洪暴涨，淹没已熟待收之各种产物等，巧家县政府呈报云南省民政厅，"附恳拨款赈济并祈准予照三十二年度田赋征额核减三成以苏民困"[③]。

（二）民间应对措施

民国时期报纸、电报等新兴媒体及通信技术的出现为报道地质灾害灾情、提供赈灾渠道等提供了重要的传播媒介，广泛地吸引了全国各地爱心人士、慈善团体及同乡会等各种组织参与到灾害的救灾之中，成为民国地质灾害社会救灾中不可或缺的重要组成部分。

民国二年（1913 年）嵩峨地震，《滇声报》专门开设专栏刊登《紧急赈灾广告》详细陈述被灾状况并呼吁"仁人义士大发恻隐，解囊相助，以济急难为

① 《云南省建设厅关于东川里员会泽县长会呈踏勘忠顺里受水灾田亩请免钱粮一案的指令》，云南省档案馆藏档案，档案号：1077-001-07887-009。
② 民国《盐丰县志》卷 12《赈恤》，民国十三年（1924 年）铅印本
③ 《巧家县政府关于灾情重请拨款赈济一案给云南省民政厅的呈》，云南省档案馆藏档案，档案号：1011-007-00141-059。

至祷"①，随后获得众多善款及米粮等物资。民国十四年（1925 年）大理、凤仪等七州县遭惨重地震之后一月内地方士绅便编制了《云南大理凤仪等属地震区域图说》，将地震区域绘制成详细图并陈述了各区域内灾后惨相，"印制五百本分送海内外，俾可周知"。《时报》于是 4 月 14 日更是报道了大理同乡会召集旅省各同乡会共同讨论出的四个救济方法："一、确实调查死伤人数及损失财物若干；二、请省长及各机关捐款救济；三、由省城各商号募捐；四、由省外募捐"②，于省内外分头合作进行募集捐款。此外，《顺天时报》《新闻报》《益世报》等众多报刊都对灾情进行了广泛报道，并附上捐款渠道，如《顺天时报》在 1925 年 5 月 24 日刊登大理灾情，标题为《云南大理震灾惨状，大理震灾会之哀鸣，灾情不压去年之日本东京》，直接将其与日本地震相提并论以提高其影响力，并在文章末尾附注了捐款渠道，"海内外仁人君子，尚赐赈款可交宣场头条云南赈灾协济会，或蛟本京金城银行贷受亦妥"③。

在地方绅士及省内外同乡会、仁人义士与媒体的共同努力下，大理收到国内外个人或社会团体组织汇来的大量捐款，包括华洋义赈总会拨款国币二十九万五千元，旅京同乡捐送一千一百九十一元二角七仙八厘，旅缅侨胞捐来七百七十五元零四仙等；省内其他地区也多捐助，如顺宁捐送一百元，腾越商界捐送一千六百七十元零九仙等；个人捐款，如赵运使钟奇发来三千五百三十二元无角，李指挥秉阳发来一千三百一十一元六角等④，为积极捐助灾民共渡难关。在此灾后多有社会各界人士及慈善团体组织义赈，他们成为灾赈的重要力量。

第三节　西南地质灾害的认知与本土知识体系建构

一、西南地质灾害的认知及其演变

（一）地震灾害的认知及其演变

对于地震认知较早的是从星野变动观察之上，早在夏代，关于地震的记载

① 云南省地震局：《云南省地震资料汇编》，北京：地震出版社，1988 年，第 222 页
② 云南省地震局：《云南省地震资料汇编》，北京：地震出版社，1988 年，第 277 页。
③ 云南省地震局：《云南省地震资料汇编》，北京：地震出版社，1988 年，第 279 页。
④ 云南省地震局：《云南省地震资料汇编》，北京：地震出版社，1988 年，第 279 页。

不再是一味地简洁事件记录，而是细致的纪录，如"帝癸十年，五星错行，夜中陨星如雨，地震，伊洛竭"[①]，不仅交代了地震爆发是星体交错所致，还叙述了震后所带来的影响——伊、洛二水干涸。随着西周逐渐的衰危，对于地震的认知逐渐转向与国家命运关联性的探讨，进行牵引附会。周幽王二年（780年），西周多地地震，伯阳父认为："周将忘矣！夫天地之气不失其序，若过其序，民乱之也。阳伏而不能出，阴迫而不能蒸，于是有地震。今三川震，是阳失其所而填阴也，阳溢而壮阴，源必塞，国必亡"[②]。在朴素唯物主义认知中，阴气、阳气是构成世间万物最根本的实体，阴气、阳两气通过相互对立又相互协调以推进社会的稳定持续发展，但若阴胜阳衰，或阴强阳弱，社会秩序便会崩溃，而地震则是国家衰亡的预兆。但在较为稳定的年代，对地震产生的原因的认知仍旧聚集在动态的星系之上。

春秋战国时期，齐景公曾问太卜："子道何能？"对曰："能动地"；公以告晏子："地固可动乎？"晏子并未作声，出去见到太卜问："昔吾见钩星在房、心之间，地其动乎？"太卜曰："然。"晏子出，太卜走见公曰："臣非能动地，地固将自动。"[③]晏子与太卜将地动归结为"钩星在房心之间"，其实是指地球是天体的中间，当它达到一定相对位置后则会发生地震。晏子与柏常骞的对话之中同样提到另外一种星野变换也会引起地动，晏子曰："骞，昔吾见维星绝，枢星散，地其动，汝以是乎？"柏常骞俯有间，仰而对曰："然。"[④]虽然与太仆所讨论的现象不同，但都是将地动成因与天体中星体动态变换形象进行关联。此时期对于地震的认知具有一定的科学性。一是对于地震的发生原因多认为与"钩星""维星""枢星"相关，实质上是对天体引力和地震关联性的探讨，即现在自然地质学者所说的潮汐力量所导致的地震。二是对于地震的预报。从太仆、柏常骞的回答中可知，他们根据天文的研究已经初步能够预测到即将发生的地震，虽然并不一定具有科学性及准确性，但对于地震形成原理及推理具有一定的理性思维，而并不以唯心论为主。同时期的庄

① 方诗铭，王修龄辑录：《古本竹书纪年辑证》，上海：上海古籍出版社，1981年，第222页。
② 《国语》，上海：上海书店出版社，1987年，第9页。
③ （汉）王充：《论衡》，上海：上海人民出版社，1974年，第68页。
④ （汉）刘向著，王瑛，王天海译注：《说苑全译》，贵阳：贵州人民出版社，1992年，第770页。

子还认为"海水三岁一周，流波相薄，故地动"①，庄子将对地震的认知从唯心主义转移至唯物主义，庄子认为，是海水流波相冲造成了地震，这其实是视觉感应上的一种主观唯心的认知。虽然庄子对地震的认知并不准确，但其发觉到了地震的规律性与周期性，即每三年一周期，这是对地震认知的突破。

汉代之后受天人感应观的影响，对于先人地震认知研究成果有所扬避，对自然万物之间关联性上有所弱化，更多则是关注与完善自然灾害对于国家、君主及个人的生死存亡的感应理论与学说。刘向在《五纪论》中提及"《春秋》星孛于东方，不言宿者不加宿也，宦在天市为中外有兵，天纪为地震"②，虽然同样认为天体变动与地震之间存有一定关系，但对于其成因解释则是引用了伯阳父的"阴阳失调观"，并进一步对于阴、阳代指进行了明确的高低贵贱之分，"阳者，阴之长也。其在鸟，则雄为阳，雌为阴；其在兽，则牡为阳，而牝为阴；其在民，则夫为阳，而妇为阴；其在家，则父为阳，子为阴；其在国，则君为阳，而臣为阴。故阳贵而阴贱，阳尊而阴卑，天之道也"③，这种浓厚的天人感应及纲常伦理等级成为历代所关注的重点。在之后对于天体之变的探讨中多以"言其时星辰之变，表象之应，以显天戒，明王事焉"④为核心，阴阳不和以致地震则成为五行志中较为常见的言论，也就促使了地震只不过是对帝王品行进行警示以显天意的认知。这种唯心论法认知成为至清代，乃至民国的主流观点。

历史时期对于西南地震的认知同样经历了从理性到唯心的发展历程，只不过是在天人感应论之下进行零散延展，凡涉及国家安危、边疆暴动、民不聊生及以下犯上的纲常凌乱等皆认为是导致地震的必然因素。明代马文升在《地震疏》中就曾言"臣惟地乃静物，止而不动，动则失其常也。考之古典地震乃臣不承于君，夷狄不承于中国之兆"⑤，对于边疆地区的地震的认知多从统治者"罪己"转向造成区域社会动荡之上。正德六年（1511年）云南楚雄地震，张羽在奏疏中认为引起地震的原因众多，"惟地震之变，其应非一考之传记，为

① （宋）李昉等：《太平御览》卷31《地部》，北京：中华书局，1960年。
② （元）马端临：《文献通考》卷286《象纬考》，北京：中华书局，1986年。
③ （汉）刘向著，王瑛、王天海译注：《说苑全译》，贵阳：贵州人民出版社，1992年，第772页。
④ （南朝·宋）范晔：《后汉书》卷100《天文志》，北京：中华书局，1965年。
⑤ （明）万表：《皇明经济文录》卷2《保治上》，明嘉靖年间刻本。

岁饥、为冤狱、为兵兴民劳、为臣下专恣、为小人道长，大率阴盛而反常，故应以震动，所谓越职专政是其咎也"，不震于他处，专震于云南，是因"云南之地去京师为特远，安危休戚，卒不易通，是以惠泽不先加，而苛刻恒首及焉以远故也"①。正德十五年（1520年）云南府、姚安军民府、大理府等多地地震，云南巡抚何文简在上奏中称云南地方为诸夷聚集之地，地震频发、民不聊生，"推原具故盖由臣并各该官员在今地方利有所当兴者，未能举行，害有亟当去者，未能除革闾之下，不免诛求之叹，疆场之内常罹攘夺之虞，职则未修罪得焉"②，地震之乱皆是地方官员政绩不明及未切实治理边疆所致。因此，在明代看来西南虽处于边隅之地，但与国家安危休戚相关，边疆之震，乃是地方治理缺失、中央未惠及边疆，而地方秩序混乱所致。

清代对于地震的认知具有多元的解释体系，但认知构造的"母题"仍旧未突破天人感应的大框架之下。光绪十年（1884年）十月二十二日普洱府城连日地震，云南巡抚张凯嵩折在奏折直接发出"罪己"的陈述，"兹复罹次其灾，皆由臣等政治不修，奉职无状，以至上苍示儆，悚惕滋深。惟有身率各官，虔诚修省，以期感召休祥"③，又光绪十六年（1890年）七月十五日亥刻广西博白县地震，甚至有荒地塌陷成潭，广西巡抚马丕瑶上奏中称皆因失职所致，"臣维地道主静，今博白县有荒地一段，因震城潭，殊觉失常。意者，臣职有未修，致兹变异，实切悚惶，益深惕励"④。

实际上，清代对地震的天人感应观早已产生了一定的质疑，雍正十一年（1733年）六月二十三日东川地震，东川府知府崔乃镛为此次地震的经历者。在遭此惨重灾难之后，崔乃镛认为此年风调雨顺，不知为何会遭此灾难，"是年雨旸合节，谷丰岁稔，何以罹此灾也"，但质疑并未触动其进行深层探究，只归咎于天道复杂难测，丰稔之年未必未有灾异，灾乱之年也未必未有祥瑞的征兆，最终的落脚点依然是自我修德弭灾，"闻之丰乐之世亦有灾异，凶荒之年不乏祥瑞。天道不可必，而人事之修省未可驰也"，又认为地震虽不应在安

① （明）张羽：《东田遗稿》卷下《奏疏杂著》，《景印文渊阁四库全书》1264 册，台北：商务印书馆，1986 年。

② （明）何文简：《何文简奏议》卷 6《地震疏》，《景印文渊阁四库全书》429 册，台北：商务印书馆，1986 年。

③ 国家档案局明清档案馆：《清代地震档案史料》，北京：中华书局，1959 年，第 182 页。

④ 国家档案局明清档案馆：《清代地震档案史料》，北京：中华书局，1959 年，第 164 页。

详平稳年代出现，但或许是地方变乱的警示，由此加以谨慎地方不安，"说者又以地震主兵，庚戌四月动，则有乌东之变，壬子正月动，则有元普之师，其或然耶？有土者其预慎之"①。此外，清代也认为地震与君主生死相关，同治十三年（1874 年）甲戌岁春二月朔日卯初广西来宾县地震，床榻、几案皆动摇约十秒时，虽灾情不重，但是年穆宗崩，"不知者以为应之"②。

清代对于地震规律上较以往任何朝代更为清晰，认知方法不再是依靠视觉感应，而是按照统计类推之法。檀萃《滇海虞衡志》中对滇志有关云南地震次数进行统计，"有明一代地震自天顺初起迄于末代，凡九十余震"，通过分析认为地震是有规律可循的，较重地震后会时常复震，"震之甚者，震而又震，有阅年而始定者，有阅四年而始宁者"③，认为地震并不是一瞬即失，具有较强的持续性，甚至达到四年之久。即使在短期内，时人对于频繁的地震也能发觉其规律性，顺治九年（1652）六月初八楚雄地震，时人便发现"嗣后逢庚则震，至冬初始宁"④，周期大概为一个月。

民间对于地震认知虽脱离天人感应的束缚，但多转向于抽象性的物化。在民间认知中有将地震视作地炮，乾隆三十九年（1774 年），庆远府德胜镇连日地震，本土人士皆以为"此地炮也。自正月始，每夜大炮三声，响出于地，人皆震惊"⑤。有蛟龙作乱以致地震，道光二十四年（1844 年）七月大关、永善地震房屋倾塌，压毙男妇三十余人，更甚者山陷于地成一潭，深不可测，"或曰是蛟也"⑥；也有地下大鱼翻身所致地震的认知，广西合浦县光绪十六年（1890 年）七月十六夜地震，屋宇动摇，坐卧不安，室中悬挂器具有声，"俗人无知，惊为怪异，或以为鳌鱼翻身"⑦所致。

民国时期西南对于地震灾害的认知具有科学性，但徘徊于科学与愚昧之间。民国纂修的《新纂云南通志》对于历史时期云南发生的地震灾害进行了数

---

① 乾隆《东川府志》卷 20《艺文》，清光绪三十四年（1908）刻本。
② 民国《来宾县志》下编《祲祥》，民国二十六年（1937 年）铅印本。
③ （清）檀萃辑，宋文熙、李东平校注：《滇海虞衡志校注》卷 12《杂志》，昆明：云南人民出版社，1990 年。
④ 王会安、闻黎明主编：《中国地震历史资料汇编》，北京：科学出版社，1983 年，第 40 页。
⑤ 道光《庆远府志》卷 2《地理志》，清道光九年（1829 年）刻本。
⑥ 王会安、闻黎明主编：《中国地震历史资料汇编》，北京：科学出版社，1983 年，第 914 页。
⑦ 许瑞棠：《珠官脞录》，民国十六年（1927 年）刻本。

据统计，在空间分布上认为"最多为滇中道各县，次则腾越道各县"，此处地震较多是因此地地处断裂地带；在时间分布上认为"以太阴历之八月为最多，七、九两月中破坏震为次多，十二月、正月则为最少，若按四季分布，则以秋季为最多，夏季为次多，冬季为最少，春季为次少"，之所以时间分布如此，主要是与降雨、温度、地形及岩石构造相关，"云南一年内多雨之季地震多，少雨之季地震少，盖因断层罅隙，雨水浸入深处，遇热汽化膨胀，遂致爆裂冲动，且水能溶解岩层，破坏搬运，使下部空虚而成陷落，故易发生地震也"①。《新纂云南通志》根据大量样本数据统计及地理科学知识对云南地震成因、时间、空间等进行分析，具有科学性，这是对地震认知的跨越式进步。

但这种科学认识区域及社会群体分布仅仅局限于部分地域与上层知识分子，即使是地方官员，或士绅并非都能够有所了解，在科学初步认知中仍旧掺杂愚昧性，如民国《昭通县志》认为地震是"地球之轴跳动不在筍中致地摇荡，故有起"②，地震本就是内部地壳构造运动所致，虽也受外部环境影响，但并非处于荡秋千式的动荡之中。

此外，民国时期以天人感应观来认知地震也普遍存在，如地方上多认为古代地震频发实与朝廷用"臣"不利所致，兴仁县于嘉靖二年（1523年）四月地震声如雷，"坏城垣，壬申复震"。民国《兴仁县》编纂者就认为上古地震多是臣下犯上所致，此次地震与明代重用严嵩具有密切关系，"鲁文公九年地震，刘向以为臣下强盛将动为害，考明史书，是年安南卫地震，后又书各处地震，殆为严嵩进用之应欤"③。此外，天体星象变动、鬼怪致灾，以及蛟、大鱼、蜣螂等致灾说，仍旧在民间广泛流传，如广西西北之西隆县，地与贵州接壤，地方极贫瘠，县属旧州墟于民国二十年（1931年）七月十二日下午八时忽然全墟地震，甲江河水泛滥，大街全街房屋倒塌，崩小土山一座，人民互相奔避，秩序大乱。事后调查，一般土人"则谓为蛟龙作祟，且有谓目击该蛟在河面浮游，头大如斗，身长数丈云"④。

---

① 民国《新纂云南通志》卷22《地理考二》，民国三十八年（1949年）铅印本。

② 民国《昭通县志》卷1《大事记》，民国二十七年（1938年）铅印本。

③ 民国《兴仁县志》卷17《大事志》，1965年油印本。

④ 王会安、闻黎明主编：《中国地震历史资料汇编》，北京：科学出版社，1983年，第408页。

（二）山洪地质灾害的认知及其演变

历史文献中对于山洪地质灾害多有记载。《左传》言"平原出水为大水"，《谷梁传》则补充说"高下有水灾曰大水"①，故大水并非大雨、淫雨，尤其是对以山地为主的西南来说，是降雨与四山之水共同造成的灾害。对于大水成因，早先仍旧以阴阳不和为主要的解释体系，"夫水旱俱天下阴阳所为也"②。刘向认为大水"皆阴气太盛，而上减阳精。以贱乘贵，以卑陵尊，大逆不义，故鸣鼓而慑之，朱丝萦而劫之"③，阴气过盛致使阳气亏损以致大水，但在成因叙述中也充斥着高贵卑贱的严格等级之分，在治理水患中也主张采用祭祀土神的"劫社"仪式，以达到禳灾之功效。

清代对于山洪地质灾害的认知大多归结于"星野"及各种神怪，而且在信仰基础上融合后的认知在民间与官方都较为认可。星象变动或以某星主水灾较早地被建构，在清代仍旧流行，如仁怀直隶厅"积水一星在北河北主侯水灾"④。

此外，西南部分地区也将这种超出认知的灾害从信仰中寻求因果以附会，如夏季是西南多地雨季，是降水主要集中的时间段，也是由强降水所引发山洪地质灾害的频发期，于是在夏季中降水最频繁的时间段被民间视为"关公磨刀胜会"，磨刀之水降落凡间变成大水来解释灾害频发，"五月十三日为关圣帝君磨刀胜会，前后数日有大水，曰磨刀水"⑤；除神之外，不知名的致灾物体统称为鬼怪，如阿迷州香木桥，在治西南一里许，常有山冲潦水，"相传有水怪藏石隙中，遇雷雨水涨间出，能驰石乘水殃及桃川等寨州"⑥。

实际上，清代西南对于山洪地质灾害的认知已经有较为理性的认知，道光二十六（1846 年）年六月间盐丰县连日大雨，"迨二十五日初更之后山溪暴涨，澎湃汪洋，五井民房、灶房、大釜柴薪尽入泽国"，提举李承基则认为灾害无常，是常有发生的注定之事，"古之所谓天灾流行，国家代有，故旱涝水

① （清）陈立：《公羊义疏》卷 10，清皇清经解续编本。
② （汉）刘向著，王瑛、王天海译注：《说苑全译》，贵阳：贵州人民出版社，1992 年，第 772 页。
③ （汉）刘向著，王瑛、王天海译注：《说苑全译》，贵阳：贵州人民出版社，1992 年，第 772 页。
④ 道光《仁怀直隶厅志》卷 1《星夜》，清道光二十一年（1841 年）刻本。
⑤ 道光《永宁州志》卷 10《风俗志》，清道光十七年（1837）刻本。
⑥ 雍正《阿迷州志》卷 7《城池》，民国年间抄本。

火，无世无之，此殆劫运所遭，抑亦数之使然欤，不然何其猝发而莫之遏也"①，虽然带有朴素唯物主义观，但此为较为理性地对待灾害的发生。光绪七年（1881 年）晋宁山洪暴发，"洪水溃堤，村庄成泽国"，李节妇认为"天灾不是忧，所忧者人事未尽耳，人事果尽，纵有天灾，焉能为害"，对赈款的使用，乡人拟挪用建造佛寺，节妇认为"是媚神而害民者，不可行也，……乃交前议，仍按户散放赈款，灾黎得济"②。

此外，清代西南对于山地农业不断开垦与山洪频发的关联性也有所认知，"然山田硗确易于变更，每因春夏之交，大雨骤集，山峻水陡，土裂石流，或将熟田壅塞变为沙石者有之"③。

民国时期对于山洪地质灾害的认知，虽仍旧传承清代的灾害文化并在此基础之上进行注入具有时代特色的新元素，如对变动星体的灾害寓意会随着不同灾害的消长进行多种附会，如昭通彗星，"之见前人谓主刀兵已历历可验"，至民国二十年（1931 年）五月十六日白虹亘天，"长数十丈，午前一见至午后四时又见，比先尤长，历二时始散，术者言主水灾，至六月大雨一昼夜，果遭水患"④，清代彗星以预测战争为主，到民国则被视为主水灾。

随着科学技术的进步及外来思想的冲击，民国时期对于山洪成因也有较为科学的认知。民国《新纂云南通志》同样对于历史时期的水灾进行了数据统计与分析，并对古代文献记载中的"淫雨"与"大水"进行了学理性的区分，认为淫雨是冷热空气相遇后抬升形成降水，是"阴雨连绵，日久为灾"，但大水则不同，是"雨多骤暴而时间过久，雨量激增"致使山水与强降水共同汇集以致"宣泄不及，故洪水成灾"，认为此类水灾受台风影响，"台风发生于热带海洋，东亚台风在菲律宾群岛之东太平洋中进向中国沿海时常上陆，每年格历八月最多，经过区域，雨骤风狂，雨量甚大，由贵州或广西以达云南，遇巍莪之山岭阻碍，暖湿气流之进行遂上升冷却，随地形而凝结成雨，台风力极猛烈，气团湿重停滞稍久水即泛溢矣"⑤。因此，民国时期对于山洪地质灾害具

① 民国《盐丰县志》卷 11《艺文志》，南京：凤凰出版社，2009 年。
② 云南省水利水电勘测设计研究院：《云南省历史洪旱灾害史料实录（1911 年〈宣统三年〉以前）》，昆明：云南科技出版社，2008 年，第 153 页。
③ 道光《思南府续志》卷 10《艺文门》，民国年间抄本。
④ 民国《昭通县志》卷 1《天文》，民国二十七年（1938 年）铅印本。
⑤ 民国《新纂云南通志》卷 18《气象考》，南京：凤凰出版社，2009 年。

有了较为清晰的认知，因此在其灾情表述时多用现代名词"山洪"进行表述，如顺宁县民国三十三年（1944 年）五月十三夜天降滂沱，"山洪暴发，城东沿河桥梁悉被冲毁，田亩淹没无算"①。

（三）山崩灾害的认知及其演变

山崩灾害在被记录的初期，并不仅仅作为单纯的自然事件而存在，而是被赋予了政治意蕴，是对"对人间君主统治出现危机的警告性讯号"②。周幽王二年（780 年），西周三川皆震，左丘明言"夫国必依山川，山崩川竭，亡之征也"③，山崩自始便被视为不详之征兆。清代对于山崩灾害仍旧较为忌讳。通海县城北门内东向山山崩，"红堪舆家多言不利官民"，于是魏知县在照壁外建高数丈的大魁阁，并且"前有八角亭，一以遮面山，一以培风脉，自起工至落成捐捧百金，亦目前补救之善策耳"④，又贵州荔波县认为县主山玉屏山于嘉庆年间山崩裂缝之后，至道光二十三年（1843 年）始终"祸乱不生"，时人认为"此皆未培补玉屏之故也"⑤。山崩除影响地方命脉与风水之外，也是战争的预兆，宁明州于道光庚子年（1840 年）崩下一石，"占者以为再逢庚年必有大乱，果至庚戌年而盗贼蠭起，愚弱冠时计偕北上"⑥，又沿河县咸丰间瑰岩山崩，"未几有白号之乱"。

民国《新纂云南通志》同样对于云南历史时期的山崩灾害进行了统计，并认为山崩主要在山水、气温、大风、地震及岩石内部化学反应等作用下形成的。第一，山洪对于山基冲击致使山体根基不稳致使倾倒，"霪雨渗透地内，遇可溶解之崖石，土壤下层抵抗力弱至不能支持上部压力，必致崩塌、陷落或洪水急流冲削悬岩基部，下空上重，立见倾颓"；第二，山洪冲刷山体表面土层生成滑坡，"若水入地中遇不透水之倾斜层面，成滑软泥浆，可发生山之移动"；第三，冬季低温致使山体中水分由液体变为固体后的体积增大致使岩石因张力而崩裂，"因气温低降，崖石裂缝，水结为冰，体积增大，涨力极强，

————————
① 民国《顺宁县志初稿》卷 1《大事记》，抄本。
② 夏明方：《继往开来：新时代中国灾害叙事的范式转换》，《史学集刊》2021 年第 3 期。
③ 《国语》，上海师范法学古籍整理组校点，上海：上海古籍出版社，1988 年，第 27 页。
④ 康熙《通海县志》卷 3《建设》，清康熙三十年（1691 年）刻本
⑤ 光绪《荔波县志》卷 12《艺文志》，抄本。
⑥ 光绪《宁明州志》卷上《山岭》，民国三年（1914 年）铅印本。

岩石遂生崩溃"；第四，地震造成山体摇晃不定致使崩塌，"地震时，地层升降，摇动不坚固之山壁易归倒塌"；第五，则是岩石构造成分在温度变化下与碳酸水发生化学反应之后的崩裂，"又风力猛烈，温度剧变，岩石与含炭酸之水接触，起化学作用或矿物质受热之程度不同，起胀缩之物理作用，皆易使岩石崩坏"①。因此，民国时期对山崩灾害的认知具有深层次的研究，对外力因素及内部化学反应因素等都进行了探讨，从侧面发映出山崩灾害其实也是西南山地民众主要面临的地质灾害之一。

二、西南地质灾害的本土知识体系建构

知识与文化不同，文化包含知识，而知识是文化中具有实用性与实践性的部分。本土知识是指"特定民族针对特定地区的自然与社会本经，通过世代积累而建构起来的知识体系"，本土知识来源于特定的区域，是为服务该区域内部地域社群的稳定、持续发展而构建的，具有明显的归属性与地域性②。

地震预兆记载主要包括星象异常、气象异常，动物异常等。星象异常属于朴素唯物主义观的认知，但实际上其认知形成年代更为久远，早在夏、商、周时期就已经初露，《竹书纪年》就曾记载"帝癸十年，五星错行，夜中陨星如雨，地震，伊洛竭"③，将地震与星体移动相关联，而又将地震的自然属性进行附会，使其寓意衍生，被赋予国家衰退征兆的社会属性。直至汉代天人感应观不断地盛行，人、神之间关系互动的致灾学说风潮逐步代替星变说，之后地震与星系的关联便未再进一步得到深入观察与探索。

明清之后，随着人口不断聚集与房屋建筑质量的不断提升，地震致灾的频率及严重性不断提升，原有的脱离现实的天人感应观已经难以满足灾民对地震灾害认知及希冀预测以达到避灾的迫切实际需求，由此原有古老的观察星体变动，探索其与地震之间的关联性，便再次兴起。乾隆三十八年（1773 年）夏四月，广西白山司"有星如帚，长丈余，见司境东北角地，日震数次未几"④。"有星如帚"，即是彗星，也被称为扫把星、扫帚星，因其接近太阳时，在太

① 民国《新纂云南通志》卷18《气象考》，南京：凤凰出版社，2009年。
② 杨庭硕、田红：《本土生态知识引论》，北京：民族出版社，2010年，第2页。
③ 方诗铭，王修龄辑录：《古本竹书纪年辑证》，上海：上海古籍出版社，1981年，第222页。
④ 道光《白山司志》卷15《襟祥》，抄本。

阳辐射作用之下分解成彗头和慧尾，状如扫帚而得名。

在明清的西南地区，彗星现于夜空之后，往往伴随着地震的发生而被观察与记载，如禄劝县于万历三十五年（1607 年）"夏彗星见，武定府地震"[1]，又乾隆三十四年（1769 年），兴业县"彗星见东方，地震"[2]，甚至也记有彗星显现之后连月地震，龙陵县于道光二十二年（1842 年）冬"彗星见井鬼之分，连日地震，次年二月乃止"[3]。

除彗星之外，也有其他不明忽明忽暗而成怪异现象被记载下来与地震发生进行关联，同治十三年（1874 年）五月初二日，仁怀县有星自东南出，"明灭不常，二更后始长明，三夜不见，初五日夜深地震"[4]。在星体变动中太阳风、太阳黑子活动确实能够引起地球的地震，李勇的研究表明地震频度和能量的峰年均位于太阳黑子活动周内的第 7 年。但对于彗星与地震是否有联系，目前尚无定论。彗星的质量很小，形体虽然很大，但是密度很小，从引力角度来说它对于地球的影响是相对微弱的，但有的学者从高能粒子和电磁作用角度进行解释，认为两者之间可能存在一定的联系[5]。但不管有无实际的联系，这种现象的记载，是西南民众通过一定细微观察而得出的，是人们对于地震感知上所做出的心理准备，对于降低民众的恐惧具有一定的积极作用。

对于气象异常的发觉，主要包括对灾前的光、气、风、温度等异常的感知。首先，光上主要是指震前的日光与月光的颜色异象，震前日光则会更为显耀，黎县于乾隆二十八年（1763 年）十一月二十六日"日光黄如金色，至亥时地大震"[6]，震前月光则会更为昏暗，普安直隶厅光绪五年三月望夜"月色赤暗，次夕亦然，二十七日地震"[7]，日月光色变化其实是微弱地震波或者由其引起的空气中微粒弥漫经过折射致使视觉感知出现变化。这种明暗无常变化甚至能够持续较长时间，也由此，时人更能确认其与地震之间存在着紧密联系，雍正十一年（1733 年）六月二十三日东川地震，"震前一日，天气山光，昏暗

① 民国《禄劝县志》卷 1《祥异》，民国十七年（1928 年）铅印本。
② 乾隆《兴业县志》卷 1《地理》，清乾隆四十六年（1781 年）刻本。
③ 民国《龙陵县志》卷 1《祥异》，民国六年（1917 年）刻本。
④ 光绪《续修遵义府志》卷 13《祥异》，民国二十五年（1936 年）刻本。
⑤ 徐道一等：《天文地质学概论》，北京：地质出版社，1983 年，第 147 页。
⑥ 民国《黎县志》，民国五年（1916 年）铅印本。
⑦ 光绪《普安直隶厅志》卷 1《灾祥》，清光绪十五年（1889 年）刻本。

如暮，疑其将雨，而不知地震也"，而这种昏沉日光甚至持续了近半月，"自二十三以来，日有昏沉之气，非雾，非烟、非沙、非土，微雨则息，泊十二日始清"①。其次，在气的上感知，主要是指对云、雾的变幻记载。七彩云本是祥瑞之兆，但单色云高挂天空可能为地震之前兆，如毕节于天启元年八月地震前日浓白的长云贯穿天空，"白虹见，长竟天，毕节地震"②，又嵩明县民国十六年（1927 年）二月十一日地震之前红云渲染整个天际，"二月初四日巳时，天红灵气射天，初七八九三日大风，至十一日子时，地大震，损民房无数，沿海之村尤重"③。

此外，高空中的乌云及其弥散后的黑雾，都被时人认为是地震爆发的前兆。灌阳县民国十七年（1928 年）三月一天中午，观音阁立强、文明一带发生地震，"当地人回忆，震前天空乌云密布，很多人未出去干活"④，震前的浓密黑雾四散更是记载较多，如康熙十九年（1680 年）八月十七日戌时，楚雄"郡城地大震吼，自西北起黑雾漫天，声若巨雷"⑤。西南地区关于地震灾害的记载往往伴随着风的出现，尤其是震前的强风，雍正十一年（1733 年）六月廿三日东川府地震，"是日停午，怪风迅烈，飒然过，屋瓦欲飞，为惊异者久之"⑥，宣威县更是记载大风吹过之地皆地震，光绪三十一年（1905 年）十二月十三日亥刻"有旋风自东南来来扬尘播土，声振林木，风过处，地大震"⑦。

民国时期大风依旧被视为地震前兆，武定县民国二十五年（1936 年）五月十日八时，"县城内突然狂风大起，砂石漫天，乌天黑地，约 20 分钟后，又有似雷响之声，继而茶馆饮客及街市行人皆身动欲倒，始知系地震"⑧。现代科学认为大风与地震之间并不存在耦合关系，大风不能够引起地震，但是地震波的传播一定程度上能够引起大气流动，从而形成风。

由此，以大风作为地震前的征兆并非完全能够对应，如乾隆五十一年

---

① 乾隆《东川府志》卷 20《艺文》，清光绪三十四年（1908 年）刻本。

② 乾隆《贵州通志》卷 1《祥异》，清乾隆六年（1741 年）刻本。

③ 民国《嵩明县志》卷 5《舆地》，民国三十四年（1945 年）铅印本。

④ 灌阳县志编委办公室：《灌阳县志》，北京：新华出版社，1995 年，第 82 页。

⑤ 康熙《楚雄府志》卷 1《地理志·祥异》，民国刻本。

⑥ 乾隆《东川府志》卷 20《艺文》，清光绪三十四年（1908 年）刻本。

⑦ 民国《宣威县志稿》卷 2《舆地志》，民国二十三年（1934 年）铃印本。

⑧ 云南省武定县志编纂委员会：《武定县志》，天津：天津人民出版社，1900 年，第 66 页。

（1786年）五月朔日剑川地震记载中就明确说明无风，"微震，辰刻烦热，而气昏，惨无风，巳刻，强震有声，自西北来如惊潮决障，万马奔腾，烟尘散空，人蹛屋摧，四乡皆然"①，但多警惕大风也能提前预防不确定性的地震。乾隆五十一年（1786年）的剑川地震虽然跟风没有关系，但震前"烦热"的天气，成为民众有所观察的异象。

震前的动物表现异常，被西南民众频繁记载。动物异常表现有燕子、白蛾、乌鸦，以及蛇、蜈虫等动物聚集与躁动不安，如都匀崇祯十四年（1641年）夏六月"燕数万集府署，十有五年，地震"②，桂平县于乾隆四十三年（1778年）永和里丹竹村获大蛇长三丈余，"秋九月初十日夜郡城地震有声"③，独山县于同治十二年（1873年）癸酉，"白蛾群飞，自东而西，数日不绝，地震"④，再如光绪二十二年（1896年），"元旦次日天螟，仁怀县地震"⑤，即使到民国，动物群居乱动依然成为地震的前兆而被细致观察，弥勒县于民国十六年（1927年）二月七日午后，"群鸦自东飞至县城十字街，来回四次"，至十一日午夜十二时"地震，部分山墙倒塌"⑥。

除以上异常现象之外，天降沙粒的怪异现象也是地震之前兆，黎县于乾隆五十四年（1789年）四月"天降沙，四方冥冥如雨，然五月十四日地震"⑦；亦有井水泛溢，嘉庆二年（1797年）丁巳春三月十二日，桂平江口墟曾土发家"井水忽溢出顷平如故，二十八日地震"⑧。

西南民众所掌握的地震本土知识对防灾避灾起到了积极作用。地震通过弹性波的形式，由震源地向不同方向传播，到达地球表面之后释放出强大能量，致使地动山摇以成灾。地震波主要有三种方式，第一种波为纵波，震动方向与震波前进方向一致，为上下波动，速度最快，平均每秒8—10千米；第二种波为横波，其震动方向与震波前进方向垂直为左右波动，速度平均每秒4—5千

① 民国《新纂云南通志》卷22《地理考二》，南京：凤凰出版社。2009年。
② 嘉庆《黔史》，贵阳：贵州人民出版社，2013年，第64页。
③ 道光《桂平县志》卷16《杂记》，清道光二十三年（1843年）刻本。
④ 民国《独山县志》卷14《祥异》，1965年油印本。
⑤ 光绪《续修遵义府志》卷13《祥异》，民国二十五年（1936年）刻本。
⑥ 云南省弥勒县志编纂委员会：《弥勒县志》，昆明：云南人民出版社，1987年，第11页。
⑦ 民国《黎县志》，民国五年（1916年）铅印本。
⑧ 道光《桂平县志》卷16《杂记》，清道光二十三年（1843年）刻本。

米；第三种波为地面波，其震动方向与重力方向一致，由震中向外传播，速度最慢，但对地面产生的破坏力最大，灾祸基本上都因其而起。在致灾能力较弱的纵波与横波爆发后，有一定的时间的平稳时期，之后在地面波到达后便造成灾难。因此，辨别纵波、横波预警，及时逃避，成为避灾的有效方略。

对于此地震传播规律，其实清代民众已经有所发觉，嘉庆十四年（1809年）秋七月朔，正安州居民"忽见山动石坠，居民即将器具牛羊移居对山之上，迁毕地摇，房屋倒塌，田土尽翻，山泉凝而为潭，深不可测，或有汲取者，水波辄兴，人不敢近"[①]。由地壳运动所导致的地下轰隆声，民众听之则立即避开，光绪五年（1879年）七月，宁洱县属漫故能村地陷成巨浸，将民居尽没，但"前三日，地中有声，民恐，遂迁移至，是陷，未伤人"[②]。

此外，西南民众为适应地震灾害，也在不断调整自身生活生产方式的结构，如造成地震重大隐患的关键在于地震波使房屋震塌压毙居民等，因此房屋建筑成为其不断改造的重点。耿马地处腾冲—耿马—澜沧地震带，其地质结构属南定河断裂带，以及励来坝—勐撒—耿马—猛省支线和迎门寨下军楞热水塘—大寨—回汉山破碎带[③]，因此是地震频发区域。

为适应这种自然生境及降低地震的危害，耿马在房屋建筑结构上不断进行改造，在砖瓦建筑上采取的是"穿斗式（穿逗式）"构架，属于建筑木构架的一种形式，其主要特点为以木竹直接承檩，而没有长粗大梁，由于由众多柱子支撑屋顶，具有较强的稳定性。屋顶建构多用轻盈结实的木桩，并无粗重大梁，即使在大震中倒塌，也几乎不会压毙居民。故此，这种房屋结构能够有效降低地震的危害，民国三十一年（1942年）四月二十一日，耿马城发生5级地震，烈度为6—7度，地动山摇，水井出泥浆，但"因官房为老式穿逗结构，民房为草屋，故未造成损失"[④]。耿马属于少数民族主要聚集地，其民房多为干栏式建筑，又被称为"掌房"或"千脚落地房"，又因屋顶用茅草加以铺盖，屋角特制成交叉角，远远望去犹如大葫芦顶上竖插着牛角，其形状如古代的军

---

① 嘉庆《正安州志》卷1《祥异》，1964年油印本。

② 民国《新纂云南通志》卷22《地理考二》，民国三十八年（1949年）铅印本。

③ 耿马傣族佤族自治县地方志编纂委员会：《耿马傣族佤族自治县志》，昆明：云南民族出版社，1995年，第90页。

④ 耿马傣族佤族自治县地方志编纂委员会：《耿马傣族佤族自治县志》，昆明：云南民族出版社，1995年，第90页。

师帽子而被称为"孔明帽"。交叉角的形成主要是由于为固定屋脊稻草，屋脊的两侧会加装用竹竿制作的压条，屋顶压条和搏风板上都有插销，从而起到固定的作用，大大增强了房屋结构的稳固性。再加之茅草屋制作材料多是竹木、竹板，"千脚"落地更能适应高低不平的地面，因此在地震中较少倒塌，如民国三十年（1941 年）五月十六日，耿马突发"簸动地震，初次震动力极大"，但受灾程度不大，因"犹幸此处人民十分之八是各种夷族，房屋用篾笆结构而成，在震倒范围以内之七百多户夷民，虽倒未见伤人"①。

西南民众在与地震灾害长期对抗中所构建的本土知识体系对于防灾减灾起到了重要的积极作用，虽然其中多数地震认知现象在现代人看来是如此的明了，但现代的"普通性知识"是通过学校教育及大众传媒而习得的系统知识，其知识来源并非通过累年观察、具体实践与探索而获取，而在知识匮乏的年代，对现代人来说一个地震简易规律，需要他们花费数年，或者上百年时间才能探索、总结、升华及普及，而在其中又会遭遇种种认知排斥等阻隔。故此，本土知识虽具有区域局限性、简洁性、落后性，甚至在一定程度上被赋予政治性，但仍旧是区域社会群体长期自我调整、创造与适应后的知识结晶。

西南地区的生态环境和泥石流具有相互影响、相互作用及相互制约的关系。生态环境的恶化必然推动和加剧泥石流的产生和强度，而泥石流的活动又进一破坏生态环境。通过对东川泥石流研究的学术史进行梳理，可知目前对于东川泥石流的自然成因、人口的迁入、开垦、铜矿开发对当地生态环境的影响以及包含东川在内的大区域内民族文化等的研究成果丰硕、内容广泛，这些成果为东川泥石流研究的进一步深入奠定了基础和平台，但从总体来看，对东川泥石流的研究仍然存在着不足。首先，对历史时期东川泥石流的研究缺乏系统性、全面性和专门性。纵观目前对于东川泥石流灾害的研究，主要是从自然科学的角度出发，从地质、地貌、土壤、气候、植被等入手，对现今的东川泥石流产生的原因、危害与防治进行全面的分析。然而，对于历史时期东川泥石流的研究，学者只是在论述云南或滇东北亦或金沙江流域铜矿矿政、铜矿运输、铜矿开伐、移民、农业开垦与种植及民族文化时略提其对于东川泥石流形成与发展的影响。然而，大区域、大范围内进行研究并不能全面、系统的认识历史

---

① 王会安、闻黎明主编：《中国地震历史资料汇编》卷 4 上，北京：科学出版社，1983 年，第 645 页。

时期东川泥石流的成因、危害及影响。其次，缺乏对历史时期东川泥石流的危害和民众防治的研究。拥有几百年历史的东川泥石流灾害已严重危及民众的生产与生活，已经融入民众的生活和灾害意识之中。但通过对学术史的梳理可知，即使学者在研究包括东川在内的人类活动对于其生态环境的影响时，只是关注到其成因，而较少的关注到泥石流产生的次生灾害及危害与民间自发的防治措施等。东川各族民众在与泥石流长期斗争所形成的经验及本土知识值得我们进一步挖掘。最后，鲜有学者研究东川泥石流区民众的生计方式及其转变。滚滚泥石流奔流而下，不仅卷走大量肥沃土地致使水土流失，多数农作物难以种植，而且泥石流遗迹裸石尽露在日照之下也改变着局部气候，从而严重威胁民众生活。泥石流灾害前后，民众的生计方式不尽相同，同样受灾程度不同其生计亦不同。东川各族人民在为适应泥石流灾害以求得生存方面创造了多种生计方式，将其挖掘能够进一步对减轻泥石流灾害的危害具有重要的借鉴作用。

第六章　西南城市防灾减灾能力建设研究

2017年7月20日，昆明暴雨淹城，再次让人们记起2013年7月20日暴雨淹城的情景，"到云南来看海"成为市民调侃的流行语，"再回首，昆明还要淹几回？"的自媒体话语，暴露了云南防灾减灾基础设施及能力的薄弱缺点，进而凸显出城市防灾减灾体系建设的急迫性。目前西南地区大部分城市防灾减灾能力虽然在不断提高，但中西部高原、山地城市作为人口、资源、基础设施集中区，防灾减灾的整体能力仍较脆弱、标准普遍偏低[①]，灾害关联性强、破坏性大、范围广、形式多样、链发性凸显，直接损失比农村更严重。云南城市防灾减灾能力在虽然不断改善，但在暴雨集中的7—8月，城市积水涝灾导致道路淹堵、财产损失及人员伤亡等报道不断见诸媒体，云南城市防灾减灾体系与能力建设备受关注。

国内外城市灾害研究长期以单一灾种的管理模式为主，集中在危险性和易损性方面，虽然大中城市防灾减灾及其规划、制度、措施等方面的研究成果丰硕，但高原山地区城镇防灾减灾体系及能力建设的研究迄今尚无成果问世，这与当代西南与南亚东南亚交流联系日益密切、中国在国际防灾减灾领域发挥的作用与防灾减灾救灾体系建设的目标差距甚远。借鉴中国城市防灾减灾能力建设经验及相关研究，对西南城市防灾减灾能力建设进行初步探讨，以服务、支持西南城市化建设及国际化发展的需要，也为西南"一带一路"建设中的中国

---

① 例如，城内防洪标准一般仅5—10年一遇，达50年一遇及以上的城市不到20%；水、电、通信等生命线系统的抗灾防震能力也较薄弱。

防灾减灾能力建设经验的推广，尤其在国家的防灾减灾体系及其能力建设、提高区域灾害韧性建设提供积极有益的资鉴作用。

第一节　西南城市防灾减灾能力建设的现状

在云南城市现代化进程中，气象灾害、地震、泥石流、地面沉降、沙尘暴、水污染、垃圾等自然及人为灾害，都对城市安全构成巨大威胁。随着城市开发建设由低风险区不断向高风险区扩大，城市防灾减灾难度及投入逐渐增加，新型灾害及威胁也不断产生。在促进应急资源在空间和时间上实现最优配置，减少减轻灾害损失方面，云南省成绩与弊端并存。

（一）城市灾害预警能力建设成绩突出

2011年，国务院办公厅33号文件《关于加强气象灾害监测预警及信息发布工作的意见》发布以后，准确预报、把预警信息第一时间推送给公众成为气象工作的明确目标。西南省气象部门主动围绕政府和有关部门防灾减灾、现代化建设和服务需求，不断加强部门合作和应急联动机制，积极推进基层气象防灾减灾体系和突发事件预警信息发布系统建设。例如，与国土资源、民政、农业、环保等相关部门合作，利用不同的社会资源，就加强气象防灾减灾、共建预警服务平台、联合发布信息和组建专家联盟等方面签署了合作协议或备忘录（《关于气象灾害预警短信全网手机用户分区发布合作备忘录》），制定各省市的防灾减灾政策，如云南省的相关建设成绩突出，颁布《云南省气象灾害预警服务联络员会议制度》和《云南省气象局重大突发事件气象应急响应及服务工作规范》，云南省气象灾害预警信息发布"绿色通道"正式建立，对云南省各类气象灾害红色预警信号和部分橙色预警信号影响区域内的手机用户，进行预警信息全覆盖发送，省通信管理局收到省气象局的预警短信后，立即启动短信发送快速协调机制，按确定的优先级，以最快速度向影响区域的公众手机用户发送如暴雨、暴雪、寒潮、大风、高温、雷电、大雾、霜冻、道路结冰、干旱、冰雹等气象灾害预警信号，2015 年云南省气象部门共发布预警信息 8689次、预警短信 1.34 亿人次，与国土部门联合发布"云南省地质灾害气象风险预警"产品 255 期，成功预报地质灾害 41 起、紧急转移 4104 人、避免伤亡 2966 人，气象灾害预警服务为保障经济社会发展和民众生命财产安全发挥了重要作用[①]。

目前，西南各省气象部门利用新媒体发布包括 5G 平台提高预警信息的能力，逐步建立了电视、网络、手机等科技信息系统覆盖下的多种气象灾害预警预报信息的发布渠道，城市防灾减灾能力得到了极大提高，绝大部分民众都能看到预警图标及相关讯息，发挥了气象灾害预报预警的"消息树"和"发令枪"作用，其准确性及便捷性提高了相关部门的公信力。

（二）城市防灾减灾能力的缺陷

西南各类城市防灾减灾的综合能力急需建设，其现状令人担忧。首先，现有防灾减灾能力脆弱，缺乏统筹。城市是西南地区人口最密集、资源及社会经济文化汇聚的核心区，良好有序的城市灾害管理是城市发展的基础保障，防灾减灾及其能力是灾害管理成效的标识。灾害管理是政府、有关单位与社会集团为防灾减灾进行立法、规划、组织、协调、干预和工程技术活动等系统的中枢，贯穿防灾活动的全过程，负责制定管理制度、具体措施及其实施[②]。随着中国城市化的发展，管理、技术等原因导致的城市交通事故、火灾及污染等人为灾害日趋扩展，过量抽取地下水、地下排污导致地面下陷、地下水污染的灾害不断增多；早期规划失误和基础工程不配套，大部分城市未建立综合性防灾减灾体系，防灾减灾科技总体水平较低、投入长期不足、防灾减灾能力缺乏综合规划导致的灾害损失和生态破坏日益严重，防灾减灾整体能力极为脆弱。

同时，城市灾害管理中的混乱、低效特点极为突出，损失极为严重。目前，西南各省尚未成立专门的、综合的防灾减灾部门，各类灾种的防灾减灾工作隶属不同部门，且相关部门及相应的工作之间互不协调，某些方面存在严重的重复建设和资源浪费情况，政府部门如此，公益组织、志愿者队伍也如此，导致西南各省城市防灾减灾能力处于积极性高、口号普遍，但行动散漫混乱、

① 云南省气象局：《云南省气象局深化部门联动加强气象灾害预警服务》，http://yn.cma.gov.cn/xwzx_137/qxyw/201603/t20160329_715716.html（2016-03-29）。
② 刘波：《具有中国特色的灾害管理模式初探》，《国土资源科技管理》2000 年第 1 期。

效能低下的状态，且很多宣传仅靠传统的方式和媒介，知识及技能缺乏更新及提高，科研产出率较低，监测手段和监测仪器陈旧，公益组织和志愿者队伍的规范引导程度不够等，都反映出云南城市防灾减灾能力的滞后与低下。

其次，自然灾害种类多，城市灾害损失居高不下。西南地处低纬高原，位于全球活动性最强的印度洋板块与欧亚板块碰撞带边缘东侧，是地震活动频繁、震灾严重的地区之一，是全国地震重点监视防御区。西南各省地貌特征以山地、高原为主，地质构造复杂，滑坡、塌陷、泥石流、山体崩塌等地质灾害频发，内涝、旱灾、火灾、风灾等气象及人为灾害极为频繁，是城市重点防范的灾种，引发的次生灾害排查和抢修困难远大于平原城市。西南地区大部分城市影响最大的灾害首推火灾、内涝、旱灾，次为地震、塌陷、滑坡、泥石流等地质灾害和森林防火等，是防灾减灾能力建设的重要对象。

最后，极端天气气候事件及其他灾害引发灾难性事故频发，城市防灾减灾应急能力有待提高。全球极端天气灾害给西南地区城镇造成极大影响，虽然各省制定了各类防灾减灾的法律、规划及对自然灾害管理工作，初步建立了防灾减灾工作体系，城市管理部门提前防范、积极抢险，防灾抗灾能力有了一定提升，但因森林泄洪养护能力的降低及土地资源的过度开垦，加重了城市周边水土流失及滑坡、泥石流等灾害的发生率，水旱灾害频次的增加，加速了河道、湖泊的淤积速度，降低了河湖的调蓄洪水能力。一遇长期持续的旱灾，城市就只能依赖地下水，致使过量地下水资源开采、城市防洪工程标准降低。例如，2009—2013 年发生的西南五连旱导致城市人畜饮水困难，严重影响城市正常的生产生活，加剧了干旱引发的次生灾害；一遇大暴雨，城市内涝加重，街道积水导致的人员伤亡、交通拥堵、财产损失等常见诸媒体。例如，昆明城区七十余年的内涝历史，几乎都是暴雨引发的，1945—2017 年昆明共遭受 9 次全城性大洪灾，1945 年、1966 年是盘龙江上游暴雨洪水造成的，雨强小、历时长、总雨量大，洪水位上升缓慢，淹水时间长，损失相对较小，而 1957 年、1986 年、1997 年、2002 年、2008 年、2013 年、2017 年等 7 次大洪灾，暴雨中心在城西或城中，由地面径流引发内涝式洪灾，雨强大、历时短、总雨量不大，洪水位上升快、淹水时间短、影响很大[①]，虽然相关部门及工作人员积极对河道及诸

---

① 吕苹、孟零武：《昆明城区防洪减灾问题探讨》，《人民长江》2009 年第 1 期。

如北站隧道等集水区采取了抽水、泄水等降低水位的措施，但仍然造成了严重的经济损失，使西南各省国际化、城市化过程中的防灾减灾能力面临考验。

随着城市化建设的加快，城市面积扩大、人口增多、财富集中，城市灾害造成的损失越来越大，给城市设计及管理带来惨痛教训。西南地区城市防灾减灾能力的低效状态亟待改变并完善，加强城市防灾减灾体系建设，合理调配资源，提高城市的综合防灾减灾能力，不但势在必行，而且必须先行，才能做到有备无患。西南各地城市局部强降雨引发的崩塌、滑坡和泥石流等地质灾害、暴雨引发城市内涝及流域性洪水、降雨季节性分配不均衡、高温热浪和旱灾、农林病虫害等灾害警示，不仅拷问现有防灾减灾体系及能力建设的成效，也极大地影响了西南各省宜居城市的形象定位，阻碍了各省省会城市经济核心地位的提升。西南各城市在中国—东盟防灾减灾合作及其可持续发展中肩负重任，防灾减灾能力的强弱是构建西南和谐社会、全面建设小康社会的重要保障。因此，城市防灾减灾能力的建设及提升已成为刻不容缓的战略任务，这是西南进行"一带一路"建设最基础的保障，也是西南科技性、社会性、基础性公益事业发展的需要，更是西南"一带一路"建设中亟须完成的形象工程建设任务。

第二节　西南城市防灾减灾能力建设的主要措施

城市防灾减灾能力建设是防灾减灾工程中的综合性、技术性问题，需要政府、社会各方面的统筹协调及配合，其中，防灾意识、政府及公共机构的综合防灾减灾应急管理能力、先进的防灾减灾设计和技术、市民防灾减灾意识的培养是关键。西南各省城市防灾减灾能力建设，应建立以政府为主导、多部门协调配合、社会组织及民众共同参与的机制，根据各个城市不同地理位置及地质结构特点，统筹制定城市特有灾害的防灾减灾措施，协调、节约利用好各类资源，综合运用行政、教育、科技、市场等多种手段，创新防灾减灾各项能力有效运行的体制，彻底改善综合防灾减灾分散混乱的状况，才能促进西南地区各类城市整体防灾减灾能力建设及提升的进程。

（一）建立预防为主、抗救结合的统筹机制及完整体系

城市防灾减灾能力建设必须统一管理，建立完整的统筹机制及其体系，坚持预防为主、抗救结合的原则。

首先，建立城市防灾减灾管理与应急平台，城市防灾减灾工作由固定部门进行统一管理及统筹协调工作。该部门及人员不一定是专设，可成立一个由各防灾减灾部门领导及各类科技人员组成的、分层级的防灾减灾专业管理平台，直属政府，制定不同层面及类型的城市防灾减灾制度及措施，做好灾害的预防工作。各成员平时在各自部门及岗位工作，一旦发生灾情，灾害管理平台启动应急机制，领导及成员迅速到位，各司其职，投入减灾救灾抗灾工作。

在中国现行的政治体制中，国家政府部门中涉及防灾减灾的机构及人员并不少，曾经存在机构及人员重叠的现象，不仅导致职能及权责相分离，且人员及部门相互之间的不直属、不统合，在具体工作中相互扯皮推诿，进而影响了防灾救灾的时效性和目的性，也影响防灾减灾工作的成效。例如，民政部有减灾委员会，水利部有国家防汛抗旱总指挥部，地震局有防震减灾办公室，国土部有负责山洪泥石流等地质灾害防治部门，农林部门负责各自范围内的自然灾害，一旦发生灾害，常各自为政，各发各文、各统各数、各组织各的救灾，既有重叠开展，也有互不管的工作及灾区，基层政府或应接不暇，或出现救灾减灾的真空区。例如，丽江、姚安、鲁甸等地震灾害发生后，各部门先后派出多路工作组，基层政府群众除了要组织抢险外，还要应付各级领导的视察、慰问，不仅浪费人力、物力资源，还耽误救灾工作的推进，影响了救灾的社会效应及政府形象。因此，成立国家、省、市级的专业城市防灾抗灾减灾管理平台，是机构改革和精兵简政、全面行使政府职能和建设服务性政府、提高政府公信力的大势所趋[①]。

防灾减灾专业管理应急平台下设常务性行政办事机构，分立灾害信息管理机构，确立相关制度，根据具体要求对应、依托到相关的职能部门，建立多个从事宏观灾害管理研究的类型不同的专家团队，向信息管理机构提供决策及制度制定、实施的信息，做到制度与实践的高度贴合；健全灾害调查、评估与统计的组织管理体系，如建立负责统筹规划国际河流防洪安全建设与流域综合治

---

① 王守国：《加强合肥市防灾减灾能力建设的思考》，《城市建设理论研究》2014年第27期。

理的流域管理机构，以法律明确其管理权限，加强中央政府对流域管理机构的支持和管理上的直接参与，协调解决流域治理中地方行政区域间的冲突，健全政府管理部门的执法和监督职能。同时，在具体工作中制订一系列提高行政领导效力、提升灾害管理水平的培训、教育计划，形成长期坚持、实施的制度。

整合西南各省市政部门有关防灾抗灾减灾的机构，成立省、市政府直辖的城市防灾减灾管理平台及下辖的各灾种及职能的分平台，直接对应城市防灾减灾的具体工作，由各地党委政府主要领导负责指挥和统筹，将各政府部门现有的防汛抗旱中心、地质灾害防治中心、地震灾害中心、异常天气中心、农林灾害防治中心、灾害统计办公室、军队协调办公室等部门及人员进行统筹安排，分别成立专门负责的专职执行平台，尽可能最大限度地整合、利用西南有限的资源，制定并在实践中逐渐完善一套统一指挥、综合协调、分类负责、属地管理为主的灾害应急及救灾体制，最终形成协调有序、运转高效、反应迅速的统筹机制。不仅有利于全面开展防灾减灾工作，也有利于各专项经费及救灾物资的直接调用、救灾人员的统筹分配，避免各渠道、环节及层次的弊病，还有利于建立集综合性及专业性于一体的防灾减灾预备队伍，能在特大灾害突发后的第一时间迅速投入救灾减灾工作。

其次，建立完整的城市防灾减灾体系。城市防灾减灾能力建设是区域持续发展，尤其是全球化进程中综合、长远的系统工程，不能"头痛医头，脚痛医脚"。应该进行系统建设。因此，当进行城市建设规划时，必须预先制定详尽的防灾减灾规划及制度规范，尤其要有完备的评估、考核制度，构建完善的防灾减灾体系，才能在灾害来临时有备无患。

近年来，城市防灾抗灾体系建设最引人关注的是防涝体系的建设。不同地区、地质及气候条件的城市建设，根据其地理条件、人口密度及建筑物分布，设定不同的防汛建设标准，加强改进地下管道的建设和配套管理，完善内涝防御应急系统建设，做好安全储备容量的建设，使各系统及环节都能有最大饱和空间。

加强工程项目的规划、勘查、设计、施工等各环节的建设，也是城市防灾减灾体系建设的标志。例如，工程建设的首要重点，是先调查区域内的地质、地震、洪水等自然灾害状况及易产生次生灾害的风险区，在编制区域规划时对风险区内的建筑提出避让或其他加强防御灾害的技术措施；严格控制建设工程项目的报批程序，不能片面强调工期，杜绝先建设后补手续的不法行为；加快立法、修法工作，严格执法，对违法者予以重罚，提高违法成本，确保建筑工程质量，才能使城市防灾减灾工作避免人为因素导致的灾难。

最后，城市防灾减灾机制应坚持预防为主、抗救结合的原则。在城市防灾减灾机制中，在加强各类灾害的监测预警、防灾备灾、应急处置、灾害救助、恢复重建等能力建设的同时，应当将防灾放在救灾、减灾工作的首位。灾害防治做得好了，灾害风险就大大降低了，也就能减少灾害损失，救灾、减灾的工作量也会大大降低。

综合治理、防治结合是城市防灾减灾必须遵守的原则。在减灾工作中，各部门及工作人员应转变思想，树立从减轻灾害损失转向减轻灾害风险的预防意识，全面提高综合减灾能力和风险管理水平，才能保障城市人口密集区的群众生命财产安全，促进经济社会全面协调可持续发展。

（二）建立不断提高民众防灾减灾意识的持续性机制

城市防灾减灾是一项需要全体民众参与，才能取得良好的效果的工作。提高民众的防灾减灾意识、保持长期更新相关知识体系的机制，才能使城市防灾减灾能力建设事半功倍。

首先，坚持进行提高防灾减灾能力的全方位宣传。利用电影、电视、QQ、微信、公益广告等媒介宣传，普及、提高民众的防灾减灾意识及行为能力，是当下最好的途径。如结合"防灾减灾日"等主题组织专题宣传，采用公众喜闻乐见、易于接受的方式广泛开展防灾减灾避灾知识的宣传，提高公众防灾避险、应急自救、抗灾减损的意识及能力。尤其应该改变目前只停留在口号、标语等单一、表面的宣传方式，应根据各地、各社区居民的职业、知识、年龄等实际状况，有针对性地进行宣传，真正把防灾减灾当作百年大计、民心工程来做，才是治本之道。例如，在社会普及层面，可充分利用公交、地铁和户外广告牌及电视电台的公益广告等媒体，以多种形式宣传防灾减灾法律法规，传播必备的防灾减灾互救自救知识。

其次，在不同人群中进行防灾减灾意识的教育、培训等，使政府、社会、个人各司其职，发挥不同层面的防灾减灾效能。防灾减灾意识的培养与其他教育一样，应从儿童、青少年抓起，在不同阶段的教育中设置不同的教学内容。

把人群密集地尤其学校作为重点，使防灾安全教育走进课堂区，覆盖未成年人。在中小学乃至大学教育中开设相关课程，学校辟出专门场地定期演练，进行防灾减灾的培训及教育，在普及知识的同时提高其防灾减灾能力，并由学生带动家庭。对成年人进行教育的主要手段是培训，以企事业单位为基础，组织不同类型的培训班覆盖中青年人群，以社区宣传为途径的普及教育覆盖老年及自由职业者人群，多渠道扩大防灾减灾知识普及的覆盖面。合理引导和规范对公益组织、志愿者队伍的管理及统筹协调，形成全方位、多层次的宣传系统，更有效地提高防灾减灾知识普及的覆盖率。

最后，针对个人进行防灾减灾基本技能的引导训练。在个人防灾减灾知识及能力的掌握方面，动员个人积极参加单位或社区各灾种的预防培训及教育，管理部门不定期的在家庭或小区内模拟遭遇火灾、地震、滑坡、塌陷、水灾等灾害时的逃生技能演练，组织业余志愿者队伍，让更多的人了解掌握防灾逃生知识和技能。公众直接面对灾害性天气时多是个体或家庭，应该培养并提高公众个体的防范意识，认识到极端天气及其由此引发各种灾害的严重性和危害性，多了解科普常识，做好自我预防及保护。若市民每年有两次以上的防灾减灾演练，在心理上养成忧患意识、熟悉逃生路径、掌握避灾经验，可在一定程度上消解受灾人员的灾害伤害度，把损失降到最低点。

随着城市化的扩大及私家车数量的剧增，进行驾驶员遇到水灾时紧急自救技能的培训、演练，是增强个体防灾自救能力的重要方式。可喜的是，当前的管理及技术部门逐渐提高了灾害预报、灾害预警的准确性，政府及相关部门可通过手机、电视、天气预报、微信等方式，建立提醒公众关注灾害的预报预警系统及渠道，成为城市个体防灾减灾能力提高的途径。强化个体防灾救灾意识方面，还有极大的努力空间，如提前收到气象部门发布的预警信息或看到强降雨已经开始，本应尽量避免开车出门，看到积水严重的低洼地段应尽早撤离，但还是有部分人心存侥幸，冒险出行或是试图穿过低洼及水流湍急区而最终遇险，而此危险与个体防灾减灾意识不强、宣传教育的不持续性有密切关系，是可以通过更强效的宣传、教育及培训解决的。只有持续性进行公众、个体防灾减灾的普及宣传教育，使不同城市、人群的防灾减灾意识成为一种常识，城市的防灾减灾能力才能得到极大提高。

（三）加强防灾减灾的科技投入

科技不仅是社会发展的动力，也是防灾减灾能力建设的重要基础及动力。若不将新科技应用到防灾减灾工作中，不仅灾害救助及损失的减低会成为空话，在一定程度上还会加剧灾害的损失及影响。因此，高科技手段及技术设备的应用，是防灾减灾能力建设的重要内容，是使防灾减灾工作事半功倍、高效迅速的重要保障。

在城市灾害的分析预报和预警防范中，可以充分利用遥感、地理信息系统、全球定位系统及海量数据的存储与挖掘、物联网等新技术，提高灾害的监测和分析预报能力，为灾害预警系统的建立提供技术支撑，以便在遭遇人为无法控制的灾难时，为民众逃生争取更多时间；积极研发廉价实用的家庭防灾逃生装置，如防烟面罩、短期安全岛装置、家庭应急包等，经实践检验后由政府协助推广。

普查并建立准确详细的城市排水管网数据库及信息管理系统，进行实时监控。先对城市排水管网开展全面调查，摸清城市排水管网的结构、数量、分布、建设年代、建设标准、排水能力等状况，建立详细的排水管网数据库，再借鉴国内外基于地理信息系统的排水管网系统建设经验，利用遥感、地理信息系统技术、计算机技术、网络技术、全球定位系统、传感技术等建设排水管网信息管理系统，为实时监测、综合分析、预测预报、信息发布、管网抢修和宏观决策提供服务，提高地质灾害及气象灾害信息采集和快速处理水平，加强城市抗灾应急能力[1]。

在解决城市内涝防治问题时，先解决好雨水渗透问题，引导雨水分流。例如，铺设地面时尽量选择透水材料，能不硬化地面的地方就不硬化，在机关、社区等停车场、内部道路等必须硬化的地方，采用生态透水硬化方案，采用有孔面砖、混合土基层等，既满足地面强度要求，供停车和人行等需要，也使地面透水、透气及散热，有效减少积水，有孔面砖的孔内种草达到了美化、净化小环境的作用。对城市河道的防灾减灾能力建设，在满足排水要求的条件下少用浆砌块石护岸，对城市河、湖、沟、渠驳岸进行防护优先采用本地生态草皮，或采用预制混凝土空心方块护岸，并填入泥土，种上本地的草皮、灌木

---

① 卢文刚：《城市内涝灾害管理的问题及对策：以广州市为例》，《中国行政管理》2014年第1期。

等小型植物①。

积极开展建筑工程结构抗震、隔震、减震、消能技术的研究，注重高层建筑的防火技术等的研究，加强工程结构隔震减震控制基本机理的研究，如加强结构隔震技术的研发及应用，尤其是结构消能减震、调谐质量减振器减震技术及应用，结构主动和半主动减震控制技术及应用，结构抗震、隔震减震控制技术的研发，提高城市抗震防灾的能力。

总之，只有充分依靠科学技术，在科研上加大投入，系统、深入开展城市综合防灾减灾体系的研究，借鉴国外城市防灾减灾先进科技，才能不断提高城市防灾减灾的科技水平。

（四）加强城市灾害预警能力建设

城市灾害以局地性、突发性天气、地质等灾害为主，提高城市灾害预警能力建设，是城市防灾减灾最基础的工作，而加强城市中小尺度观测网并进行精细化系统建设，提高灾害性天气的监测预警能力，增设气象探测站以提高预报准确率，实施县级洪水预警报系统建设等，就成为城市防灾减灾能力建设的标志工作。

加强西南各省城市灾害预警能力建设方面有很多改进的工作要做，如气象灾害预警服务与各部门防灾减灾工作的有效衔接能力、气象信息联动发布机制有待完善，气象预警信息尚未融入地方经济建设和综合治理中；气象灾害防御体系的能力建设有待加强，推进"国家突发事件预警信息发布系统"，进一步提高气象灾害预警信息发布的时效性和覆盖面，推进省、州（市）、县三级气象灾害预警信息精细化发布；加强对极端性、灾害性天气气候事件防御工作的合作与联动能力的建设。

其他如地震、内涝、地面变形、崩塌、滑坡、泥石流等城市灾害的预警信息系统、工程建设，几乎都还处于起步阶段；垃圾灾害的预警及防治能力的建设目前几乎尚未启动，而这些灾害造成的损失更为巨大。西南各省城市灾害预警能力与国内及国际的标准有一定距离，还需要不同部门及相关科研人员的相互配合、共同推进，才能提升城市防灾减灾的综合能力。

<hr />

① 黄泽钧：《关于城市内涝灾害问题与对策的思考》，《水科学与工程技术》2012 年第 1 期。

（五）增强自然灾害应急处置与恢复重建能力

自然灾害应急处置与恢复重建的能力，是城市防灾救灾能力建设的主要内容，也西南各省城市防灾减灾能力建设中极为薄弱、必须加强的工作。

灾害应急处置能力是考验防灾救灾能力的主要指标，灾害评估、专业救援、应急救助等专业队伍建设是最首要的工作。各地的灾害应急处置离不开人民武装部、武警部队和公安现役部队等专业救援队伍，这是灾害应急救援及灾后重建的主要力量，政府领导的防灾救灾平台与当地部队的协同减灾救灾活动，建立以地方和基层应急救援队伍为主要力量、以社会应急救援队伍为补充力量的灾害应急处置人才队伍体系，才能提高城市防灾救灾工作的效力。

促进防灾减灾装备的更新换代及城镇应急装备设备的储备、管理和使用，给多灾、易灾的城镇（街道）配备应急装备，加强救灾物资储备管理制度及运行机制的建设，才能进一步完善城镇救灾储备模式。对于不同灾害带的城镇防灾救灾能力建设，尤其要注重科学规划、积极建设救灾物资储备库（点），提升物资储备调运信息化管理水平。

在灾后恢复重建能力的建设中，统筹做好恢复重建的需求评估、重建规划、技术保障、政策支持等，是最为基础的工作。注重科学重建、民生优先、绿色建筑、节能节材环保及质量监管，是恢复重建的能力建设中必须坚持的原则。

依托"互联网+"战略，推进三级综合灾情和救灾信息报送与服务网络平台建设，提高政府灾情信息报送与服务的全面性、及时性、准确性和规范性；充分发挥社会力量在重大灾害应对中的作用，应用大数据理念，建立集采集、共享、服务、查询、应用于一体的面向社会组织和公众的综合灾情和救灾信息资源共享平台。完善重特大自然灾害损失评估制度和技术方法体系，探索建立重特大自然灾害社会影响评估制度和技术方法体系，建立健全综合减灾能力的社会化评估机制。

第三节　西南城市综合防灾减灾体系的建设

防灾减灾体系建设是增强抗御、承受灾害的基本能力，尽快恢复灾后生产生活秩序而建立的灾害管理、防御救援等组织体系与防灾工程、技术设施体系，包括灾害研究与监测、信息处理及防灾抗灾、救灾及灾后援建等系统，是社会经济持续发展必不可少的安全保障体系。

城市综合防灾减灾体系建设较重要的部分，是建立与社会、经济发展相适应的自然灾害综合防灾指挥体系，综合运用工程技术与法律、行政、经济、管理、教育等手段提高减灾能力，为社会安定与经济可持续发展提供更可靠的安全保障，由各灾种的救援队伍、技术力量、后勤保障部门及人员共同组成的紧密配合、有序协调的综合体。

（一）西南城市综合防灾指挥体系建设

西南各省城市综合防灾指挥体系建设是西南地区防灾减灾能力建设的重要内容，首先，应明确指挥体系的领导机构，明确各省防灾减灾平台的协调指挥权，各灾种相关部门按属地管理原则，制定纵向到底、横向到边，合理可行的灾害应急预案体系。其次，民政部门应加强抗灾救灾物资储备网络建设，及时更新应急物资储备，提升救灾物资输达保障能力。再次，地方政府应积极与消防、森警、驻军等共建救援队伍，加强骨干抢险救援队伍和专业救援队伍建设，使救援队员人有专长，一人多能、人尽其才。最后，建立完善的社会动员机制，民间组织、基层自治组织和志愿者队伍，是城市综合防灾指挥体系建设中不可忽视的社会力量。加强各部门应急联动能力、城市生命线和气象部门联动能力的建设与提升，是防灾减灾指挥体系建设应当重视的工作。

适时制定、调整、完善自然灾害救助的政策及制度建设，是防灾减灾体系建设的基础工作。因地制宜实施减灾对策，协调灾害对经济发展的约束，党政部门建立健全与地方经济社会发展水平相适应的自然灾害救助保障体系、公共服务体系，提升灾后恢复重建能力和水平、健全产学研协同创新机制，提供促进减灾救灾产业集聚发展的政策与制度的空间。尤其是要推动以相关部门专项法规为骨干、相关应急预案为配套的防灾减灾法规制度体系建设，明确政府、企业、社会组织和社会公众在防灾减灾工作中的责任和义务；加强自然灾害监测预警预报、灾害防御、应急准备、紧急救援、转移安置、生活救助、医疗救治、恢复重建等过程性制度建设，统筹推进综合防灾减灾和单一灾种地方性法规的制定和修订工作；完善自然灾害总体和行业各级应急预案，进一步健全和完善防灾减灾法规制度体系，为防灾减灾提供法治保障。

加强灾害学的研究及防灾救灾体系建设的跟踪实践，把科研成果转化为社会运用技能、公众普及知识，提高全社会对各种自然灾害孕育、发生、发展、演变及时空分布规律的认识，促进现代化技术在防灾体系建设中的应用，开展针对城市风险点尤其是灾害风险隐患点及能力大小的普查及数据的搜集研究，提高预报预警的针对性；进行自然灾害风险隐患排查治理，形成自然灾害风险数据，成为支撑自然灾害风险管理的全要素数据资源体系。

（二）加强城市灾害救助体系的建设及生命线系统的防灾能力

灾害救助体系建设的目的是促进灾区群众恢复正常的生产生活秩序、抚平灾害心理创伤。目前灾害的救助手段主要有政府赈灾、社会募捐、民间及个人救助、以工代赈等方式，主要解决灾区群众衣食住行等难题，尽快稳定社会秩序。2012 年汶川地震后，心理治疗及干预措施逐渐纳入救助体系的建设，成为减灾能力及体系建设的标志性创新内容。因此，完善的城市生命线系统建设成为城市安全尤其是救灾能力的重要标志。

由公众生活所必需的交通、通信、供电、供水、供气等系统工程及易引起次生灾害的易燃、易爆、有放射性或有毒工程设施等组成的城市生命线系统，是维系城市功能正常运转的基础性设施，是保障城市防灾减灾及恢复正常生产生活秩序的备用系统[①]。西南各省与国内其他城市的生命线系统十分脆弱，城市生命线以网络延伸的方式存在，一般铺设在草坪下，或穿越楼宇、桥梁、地铁等公共设施，很多基础设施功能在大部分环节上滞后或失效，存在遭受巨大灾难的隐患，具有灾时破坏严重、波及范围广、社会影响大、次生灾害严重等特点，一旦生命线在大规模灾害袭击下被破坏，将迅速导致城市瘫痪，造成严重的损失及社会影响。强地震、大风、火灾、暴雨内涝等自然灾害很容易对城市生命线网络系统造成严重破坏，如地震极易造成主干供水管网破坏、居民区大范围断水，阻碍了地震引发的火灾等的救灭。因此，增强生命线系统的防灾能力建设极为重要。

城市基础设施是生命线建设中的薄弱环节，其中防灾基础设施主要包括城

---

① 金磊：《城市生命线系统防灾备灾能力极待提高》，《安全》2005 年第 4 期。

市抗震防震、城市防洪排涝防汛、城市消防、城市人防战备和城市救灾生命线工程等设施，是个多要素、多层次的大系统。西南不少城市与国内其他大中城市一样，因资金有限及其他诸多原因，基础设施建设通常采取重地上、轻地下的资源配置方式，因地下管道投资巨大、见效缓慢，对政绩及形象工程的提高不利，长期得不到更新，导致地下管网等基础设施陈旧、连通性差、质量低下、缺乏维护，其运行能力普遍处于满负荷的临界点，甚至长期超负荷运行，应对突发事件的能力极低，一当灾害发生，抗灾防灾减灾能力几乎为零。同时，城市人口密度不断提高，高密集的生存环境及大规模的经济需求，给城市供水、排水、供电、供油、供气、救护等造成巨大压力，城市设施远远滞后于经济社会发展的需要，正常运行都困难重重，遑论应对突发事件的能力。要提高城市生命线系统的安全，需对其进行科学规划与管理。

城市基础设施分为显性和隐性两个方面。显性生命线由六大系统组成，即能源动力、水资源及供水排水、道路交通、邮电通信、生态环境和防灾等系统，各系统相互交织、相互影响，其中任何一条损伤或破坏，或是维修、新建，都会影响、干扰其他系统的造成运营。为确保城市生命线的畅通，在进行交通基础设施规划及建设时，就要充分考虑灾后应急的需要，特别是要加强机场、城市出入口、医院、立交桥等重点地区的抗震系数及防涝、排涝等级。隐性生命线包括水电气热等地下或管道系统，是城市防灾减灾能力建设中最任重道远的工作，尤其历史悠久的大城市，更是城市生命线救助体系中最薄弱的部分。例如，很多管道长期处于缺乏维护的状态，易燃易爆的燃气从老化失修的管道泄露出来，极易引发火灾、爆炸等突发事件，直接影响着居民的日常生活；城市垃圾的清理及科学化、环保化处理，是目前最为棘手的问题，城市周边堆积的很多垃圾常成为引发突发性疫情等公共卫生事件的隐患。

因此，城市防灾基础设施的功能不仅体现在具备抵御突发灾害的能力上，也体现在全寿命周期内具有满足城市经济社会发展的动态需求、保障城市系统正常运转和促进城市持续发展的能力上，是增强城市生命线系统防灾能力的重要载体。与国内及国际同等程度的大中城市相比，西南各省大中小型城市基础设施的现代化程度一般较低，防灾抗灾能力与发达国家相比存在很大差距，其生命线系统的防灾备灾能力还处于较低下状态，相关研究及科技运用尚未展开，一旦发生重大灾害，后果就会严重得多。

要改变这种状态，首先，应当强化各级城市生命线系统的安全管理及法规建设。根据各城市的具体情况，建立城市生命线工程的综合减灾建设安全目标，规范城市生命线系统的安全性和可备用性，在建设及维修过程中按步骤统筹城市"地上与地下"发展的必要性，应当按城市应急预案、城市地下管线条例建设法规赋予各级管理者必要的责任与权限，有效保证生命线的生命力及发展潜力。

其次，加强各级城市生命线工程应对重大灾害事件的自动处置对策研究及成果转化能力的建设，达到支撑城市安全运行的水平。在综合与系统研究的基础上，开发防灾所需新技术、新设备，制定城市生命线防灾减灾规划，增加投入，提高科技含量及实际运用率，利用高科技来提高防灾减灾的效率和水平，使城市生命线在安全的前提下持续发展。例如，信息系统和能源系统是生命线防灾体系中的关键要素，必须保障优先建设，一旦城市受灾，才能及时掌握灾情并指挥救灾、及时接到受灾居民的报警和求救等[1]。

除在物质上做好生命线防灾救灾的准备外，组织和宣传工作的加强也是必要措施。最大限度地进行全民性宣传及动员工作，提高公众对城市生命线系统的认知度及危机意识，使全体市民都身体力行进入保护城市生命线系统的队伍中，如可编写相关事故及案例的通俗读本以警醒、教育市民，通过广播电视、报刊书籍、公益广告、网络等多种媒体在学校、社区等场所进行宣传，"可重点宣传本地的灾害特点和防范措施，并组织各种灾害演习，使公众对自己面临的灾害及防范措施清楚了解"[2]、市民的参与程度及参围直接关系到城市防灾减灾的成效。若省会城市昆明做到了，对其他中小城市的示范及带动作用将是巨大的。

最后，城市供水管网安全信息系统、天然气安全环保项目、预警体系及指挥控制系统、应急综合救援等的建设及完善，是城市防灾减灾能力建设的重要内容。西南地区是典型的季风气候，雨季集中、冬春缺水，高原山地型城市特点突出，优先建立统一的诸如自来水、雨污水、燃气、热力、电力、电信、有线电视、工业管道等地下管网管理信息系统和信息共享机制，使决策部门及时

---

① 童林旭：《城市生命线系统的防灾减灾问题——日本阪神大地震生命线震害的启示》，《城市发展研究》2000 年第 3 期。

② 尤建新、陈桂香、陈强：《城市生命线系统的非工程防灾减灾》，《自然灾害学报》2006 年第 5 期。

了解和掌握情况，可以随时处理安全隐患、灾害来临时及时采取应急措施；建立政府与市民、提供城市生命线服务的企业之间互动、互利、互相监督的信息管理网络，提升公共服务的水准，才能在城市生命线系统防灾能力的建设与提升方面做出积极贡献[1]。

西南各省地质和气候条件较为复杂，许多城市面临多种自然和人为灾害的威胁，各级城市在针对主要灾害进行防御的同时，还应考虑对可能发生的其他灾害（包括衍生灾害和二次灾害）的综合防治[2]。因此，根据西南各省不同类型城市的地理、地质及气候、居民等特点，合理配置平时与灾时"生命线系统"的不同功能，建设、保障并提高城市生命线系统的能力，使"安全为天"的城市生命线系统定位与倡言，不仅是宣传的口号及政府执政的目标，而且要推进到富有科学性、保障力的具体实践[3]。

（三）注重灾害应急预案及应急救助体系的建设。

在系统分析城市灾害综合管理机制的基础上，还应当建立一套应急预案，制订应急救灾计划、做好必要的物资储备，要建立一套包含灾害监测预警及防御、灾时快速反应及救援、灾后评估与重建、社会配套资源保障、信息管理等几个主题的能力建设，将其纳入城市灾害应急能力自评价指标体系。预案建立后，常演练、常修改，达到当灾害来临时相关部门及人员不看预案就能立即行动的效果。为此，可从以下几个方面来做。

第一，建设应急避难场所是城市防灾能力建设的有效措施。首先，应急避难所形式可多样化。应急避难场所是国际社会应对突发公共事件的一项灾民安置措施，也是现代化大城市用于民众躲避地震、火灾、爆炸、洪水、疫情等重大突发公共事件的安全避难场所。应急避难场所分为临时应急避难场所和长期应急避难场所两种。临时应急避难场所主要指发生灾害时受影响建筑物附近的小面积空地，包括小花园、小型文化体育广场、小绿地及抗震能力非常强的人防设施，要求步行10分钟左右到达，这些用地和设施需要配备自来水管、地下

---

① 金磊：《城市生命线系统防灾备灾能力极待提高》，《安全》2005年第4期。

② 童林旭：《城市生命线系统的防灾减灾问题——日本阪神大地震生命线震害的启示》，《城市发展研究》2000年第3期。

③ 金磊：《城市生命线系统防灾备灾能力极待提高》，《安全》2005年第4期。

电线等基本设施，一般只能够用于短时期内的临时避难。长期应急避难场所又叫作功能应急避难场所。它一般指容量较大的公园绿地、各类体育场、中小学操场等，要求步行 1 小时内到达，这类场所除了水电管线外，还需要配备公用电话、消防器材、厕所等设施，同时还要预留救灾指挥部门、卫生急救站及食品等物资储备库等用地，它们平时是休闲娱乐场所，灾害发生时可以为人们提供长期的生存保障。

其次，应急避难所的建设过程要全程监督，质量要得到保障。《"十一五"期间国家突发公共事件应急体系建设规划》明确提出："省会城市和百万人口以上城市按照有关规划和标准，加快应急避难场所建设工作。"目前，北京、上海及大部分省会城市已经建立并完善了应急避难场所。例如，北京城八区有千余处小面积空地作为临时应急避难场所。可改建为长期应急避难场所的开阔地带面积有 5300 多公顷。元大都城垣遗址公园应急避难场所是第一个经过系统规划建造的应急避难场所，也是全国第一个悬挂指示牌的应急避难场所，它属于长期应急避难场所。从 2003 年起至今，北京已经建立或改造成了 28 个长期应急避难场所，在城八区内均衡铺开，这些场所包括朝阳区的朝阳公园、东城区的皇城根遗址公园、海淀区的海淀公园、东北旺中心小学、东单体育场等，以备在发生地震、火灾、爆炸等灾难时供人们避难使用。2007 年，天津市应急委员会办公室在认真调研、充分论证的基础上，在全市确定了第一批 25 个应急避难场所。2008 年，成都市人民政府批准 26 个首批应急避难场所。应急避难场所的修建，说明政府管理中科学、透明的灾害处理方式和城市危机管理的意识正在形成，但迄今为止，昆明的应急避难场所的建设还没有大规模展开及落实，亟待建设。

由于中国城市绿地系统规划往往滞后于城市规划，致使城市绿地建设总是被动地去适应城市规划所形成的空间布局，造成城市绿地的分布不均衡、老城区绿地严重不足、新建绿地多数分布在城市的周围或局部地段的状况，城市绿地与城市人口分布规律背道而驰，不利于形成有效的防灾绿地系统，难以起到全方位防御灾害的作用。很多城市绿地还远未达标，这就使得城市特别是中心区人均避灾绿地面积严重不足，昆明正在改造绿地面积，但数量还有待于进一步增加。由于国内对城市绿地避灾功能的研究基本上仅限于介绍日本的防灾绿地规划经验和措施，现行的避灾绿地体系由一级避灾据点、二级避灾据点、避灾通道和救灾通道组成，但对各要素的选址、规模、规划设计和设备配置要求均无准确依据与定量要求，造成避灾规划成果比较粗略。因此，应急避难场所的规划建设是一个系统工程，需要进一步完善，各地需根据实际情况，积极、慎重、稳妥地进行建设，按照因地制宜、平灾结合、均衡布局、安全快速的原则进行规划设计。

第二，建设专业救援设备与队伍。首先，城市需要有足够专业救援设备。城市是科技进步的诞生地，也是科技转化的试验场。汶川地震时储备的帐篷不足，更没有大运力的直升机，没有具有技术含量的搜救设备，更没有高技术搜救设备，而这些都是突发事件中可能挽回损失的关键物资。在城市抗震救灾中，由于倒塌的楼房预制板、钢筋都扭在一块，在没有机械设备的条件下很难扒挖，故配备和携带有效的救灾工具非常重要。救灾工具既包括吊车等起重设备，以及气割机、凿岩机、挖土机、混凝土切割设备等大型器械，也包括锹镐、撬棍、千斤顶、锤子、钢钎、绳子等小型工具。因为一些地方大型机械无法施工，而救人到达最后关头则要小心翼翼，全凭救援人员用双手来完成。另外，一些大型设备要靠柴油、汽油才能启动，必须保证充足的油料供应。地震灾区往往断电，与外界联系中断，救灾要携带照明及通信设备。现有救火式的应急储备不能满足要求，需要从公共安全的高度认识城市应急储备的重要性。

其次，灾害紧急救援队伍建设应该受到各级部门及民众的重视。2001年唐山大地震25年后，党中央、国务院决定组建一支由地震技术专家、急救医疗专家和警犬搜索专家等组成的国家地震灾害紧急救援队。现在越来越多的地方政府建立了地震灾害紧急救援队伍，除了国家地震灾害紧急救援队外，还有28个省建立了32支地震灾害紧急救援队，这些专业的救援队伍可以在大的地震发生后发挥专业救援队伍的攻坚作用，在现代化的建筑物倒塌后造成被埋压人员很难施救的情况下，发挥攻坚作用。在2008年都江堰灾区现场，有国家地震灾害紧急救援队员参与救灾，他们配备了先进的救灾、救人装备和仪器。消防特警官兵是另一支专业队伍，他们有着丰富的城市抢险救灾经验，有他们参与可大大提高抗震救灾效率。通行的城市搜索与救援队伍所采取的救援手段是，确定埋压人员的位置是通过搜索犬、生命探测仪等专业设备和技术手段来实施的，开展打通被埋压人员位置的工作，是采用一系列的顶升、破拆等专业救援装备来完成的，最后是用紧急医疗装备来解决被救出幸存者的紧急救护的问题，但云南城市灾害紧急救援队伍的建设还应该受到政府部门及社会更广泛的关注和重视。

再次，云南城市救灾队伍专业化水平仍需提高。由于抗灾救灾不是临时性的工作，而是永恒性的、关乎全社会可持续发展的大事，必须建立抗灾救灾的专业队伍，这支队伍应当具备一定编制的规模、全面专业的技能，能够在灾难发生第一时间迅速启动，并保证抗灾机制完整、快速运转，甚至可以在灾难现场快速培训别人如何参与专业救援，没有专业的工作人员，再英明的决策也无法快速、全面、完美地执行，损失也当然无法减免。中国安全科技在中国尚未成为生产力，缺少防灾储备技术与资金，无论在人为灾害还是自然灾害防御上，与发达国家相差甚远，具体表现为救灾技术落后、人员专业基本素质差、人多却效率低下、救灾基础装备缺乏、各专业救援队伍的装备整体水平比较落后等。

最后，加强平、战结合的应急队伍建设。一是充分发挥公安、武警、预备役民兵及解放军的骨干作用，骨干队伍要沟通和协调，加强磨合，共同完成好各项应急任务。二是抓好专业队伍建设，按照一队多用和一专多能的原则，做好人力资源的统筹规则，加强队伍的培养和训练。以公安消防、煤矿、安全等骨干队伍为主体，逐步整合现有各类专业救援力量，形成统一高效的专业应急救援体系。三是推进矿山、危险化学品、水运、电力和电信等企事业单位应急队伍建设，按有关标准和规范配备专业及兼职救援人员和应急技术装备，提高现场先期快速处置能力。四是开展专家信息收集、分类、建档工作，建立相应数据库，逐步完善专家信息共享机制，形成分级分类、覆盖全面的应急专家资源信息网络，进一步加强应急专家队伍建设。五是根据行业特性和区域特点，组织开展应急救援志愿者队伍的人员招募、培训和演练，确保他们在应急处置中真正发挥作用。

第三，统一迅速应急救灾是减少损失的保证。一旦城市生命线系统受灾后，城市生活依旧得继续，很多系统如电话通信量、消防用水量、消防车救护车用油量等突然增大，负荷势必增加，受灾家庭的水、电、气、热等因应急救援而增加，若无应急计划和提前准备，必将导致灾后的混乱程度和救灾的困难程度①。

　　首先，逐步完善应急机制并在救灾中发挥重要作用。在一场大的灾难面前，救灾不仅是一个系统或一个部门的事情。面对灾害，城市政府必须有超前意识，提前谋划、早作准备，完善可以随时启动的、有效的应急保障机制，最大限度地将国家机器和社会各界快速动员起来，政府资源和社会力量优势互补、协同配合的抗灾救灾格局，具有突出优势。《中华人民共和国突发事件应对法》已于 2007 年 11 月 1 日起施行，该法明确规定国务院和县级以上地方各级政府为突发事件应对工作的行政领导机关，同时，法律赋予了各级政府在应急处置工作中采取必要强制性措施的权力，增强了政府应对突发事件的能力，以及社会公众的危机意识、自我保护、自救与互救的能力，确保应对突发事件工作的有序、及时。比较完善的全国突发公共事件应急预案体系和应急管理体系已经建立，在雨雪冰冻灾害、抗震救灾中经受了实践检验，救援体系设置清晰，协调统一，救援效率大大提高。

　　其次，发展志愿者队伍作为专业救灾力量的补充。与官方的专业救援队相比，志愿者队伍在数量、行动时间及对环境的熟悉等方面具有明显优势。由于熟悉当地情况且具备一定的自救互救知识，在危急时刻志愿者常常成为震区紧急救援的骨干、生力军。他们能组织群众迅速开展有限的救援活动，挽救生命、减少财产损失、组织人员紧急疏散、维护震区社会秩序、防止灾害扩大，有利于最大限度地发挥减灾救灾能力。修订后的《中华人民共和国防震减灾法》已于 2009 年 5 月 1 日起施行。该法规定了国家鼓励、引导志愿者参加防震减灾活动。目前，陕西省、湖北省、成都市已经成立了应急志愿者服务队，定期进行灾害救援业务知识培训和演练。这些应急志愿者将参与各类灾难救援中的现场援救，包括伤员转运、现场调度、医疗辅助等，并将参与特大交通事故、集体中毒、自然灾害等突发事件的救援工作。

　　最后，完备的城市综合减灾管理体系尚待建立。我国目前基本上实行的是分灾类、分部门、分地区单一减灾管理模式。因综合协调不利而导致政策不一、步调不齐，甚至出现部门之间互相推诿或重复撞车的现象。同时，在信息

---

① 童林旭：《城市生命线系统的防灾减灾问题——日本阪神大地震生命线震害的启示》，《城市发展研究》2000 年第 3 期。

和减灾成果共享与行为配合等方面存在缺陷，造成整体资源配置缺乏系统的计划、科学的研究总结。调控手段单一、低效运行，导致城市灾害应急管理中资源整合的低效运行，如利益关系不畅，缺乏动力机制。城市应急管理体系是由机构官方及民间应急管理机构、设施应急管理的基础设施、技术支撑、物资设备和组织协调、预警、演练、培训等要素组成的有机系统，必须建立统一的指挥控制中心、严格的信息报告制度、公开预警的标准等级、城市安全防灾文化教育及演练制度等。

（四）余论

要使西南各省城市防灾减灾能力得到提高及增强，只有不断研究特大型城市人防（民防）工作新特点、新举措，着力在加强机制、平台、载体的建设上下功夫，在感知度、覆盖面、影响力的提升上见成效，建立起科学的公共安全宣传教育体系，不断提高城市防空防灾、应急减灾能力，才能有效应对各类风险对特大型城市安全的冲击。

只有将防灾减灾能力建设纳入城市发展规划，建立相对稳定的，与城市经济发展按比例同步增长的投入机制。例如，各级财政要合理预算，并把防灾减灾能力建设资金纳入财政支农专户管理，确保专款专用，及时调度，如建立特大防汛费（市级 100 万元、县区 30—50 万元）、救灾预备金（市级 100 万元、县区 20—50 万元），以应付突发性灾害；地质灾害防治经费要依照《地质灾害防治条例》，列入各级财政年度预算；或是水利基金应及时足额征收到位；或各个部门积极争取上级补助，相关工作由一个部门领导，各部门分别争取，资金捆绑，统筹使用；公路、铁路、水利水电和城建等工程建设区防灾减灾治的理经费应由建设单位负责，列入工程预算等，才能有效提高城市防灾减灾的能力，才能在重大灾害发生的情况下，减轻自然灾害的损失，防止灾情扩展，也才能避免因不合理的开发行为导致的灾难性后果，保护有限而脆弱的生存条件，增强全社会承受自然灾害的能力。

西南各省各地州的地理地质、气候条件不一样，即每个城市所在的区域背景不同，所面临的灾害类型、强度差异显著。因此，每个城市需要根据自身所面临的灾害特征，在本书研究或其他相关研究所建立的城市灾害应急能力自评价指标体系的基础上，进行指标调整，建立更具有针对性的指标体系。这将更有助于发挥城市灾害应急能力自评价体系在辨识城市灾害综合管理系统薄弱环节中所起到的作用，逐步促进云南城市防灾减灾能力的提高。

因此，只有建立与城市经济社会发展相适应的城市灾害综合防治体系，建立科学的综合防灾减灾规划，综合运用工程技术及法律、行政、经济、教育等手段，才能提高城市防灾减灾能力，为城市的可持续发展提供与经济技术水平相应的可靠的保障。

参 考 文 献

一、基本史料

"故宫博物院"：《宫中档光绪朝奏折》，台北："故宫博物院"，1973 年。

"故宫博物院"：《宫中档乾隆朝奏折》，台北："故宫博物院"，1982 年。

"故宫博物院"：《宫中档雍正朝奏折》，台北："故宫博物院"，1977 年。

《清会典事例》，北京：中华书局 1991 年影印本。

《清实录》，北京：中华书局，1985—1987 年影印本。

赵尔巽等：《清史稿》，北京：中华书局，1977 年。

中国第一历史档案馆：《道光朝上谕档》，桂林：广西师范大学出版社，2008 年。

中国第一历史档案馆：《光绪朝朱批奏折》，北京：中华书局，1995—1996 年。

中国第一历史档案馆：《光绪宣统两朝上谕档》，桂林：广西师范大学出版社，1996年版。

中国第一历史档案馆：《嘉庆朝上谕档》，桂林：广西师范大学出版社，2008 年。

中国第一历史档案馆：《康熙朝汉文硃批奏折汇编》，北京：档案出版社，1984 年。

中国第一历史档案馆：《乾隆朝上谕档》，桂林：广西师范大学出版社，2008 年。

中国第一历史档案馆：《咸丰同治两朝上谕档》，桂林：广西师范大学出版社，1998 年。

中国第一历史档案馆：《雍正朝汉文谕旨汇编》，桂林：广西师范大学出版社，1999 年。

中国第一历史档案馆：《雍正朝汉文硃批奏折汇编》，北京：档案出版社，1986 年。

二、古籍整理成果

陈高傭：《中国历代天灾人祸表》，上海：上海书店出版社，1986年。

龚胜生：《中国三千年疫灾史料汇编》，济南：齐鲁书社，2019年。

古永继：《云南15种特有民族古代史料汇编》，昆明：云南大学出版社，2016年。

广西第二图书馆：《广西自然灾害史料》，南宁：广西第二图书馆出版社，1978年。

广西壮族自治区通志馆：《广西各市县历代水旱灾纪实》，桂林：广西人民出版社，
　　1995年。

国家档案局明清档案馆：《清代地震档案史料》，北京：中华书局，1959年。

李文海、夏明方、朱浒主编：《中国荒政书集成》，天津：天津古籍出版社，2010年。

林继富：《中国少数民族经典民间故事》，成都：四川民族出版社，2018年。

刘叶林主编：《桂林史志》第1辑《桂林自然灾害史料专辑》，内部资料，1987年。

普学旺：《云南少数民族古籍珍本集成》，昆明：云南人民出版社，2020年。

谭徐明主编：《清代干旱档案史料》，北京：中国书籍出版社，2013年。

云南省少数民族古籍整理出版规划办公室：《云南少数民族古典史诗全集》，昆明：云南教
　　育出版社，2009年。

云南省水利水电勘测设计研究院：《云南省历史洪旱灾害史料实录》，昆明：云南科技出版
　　社，2008年。

《中国贝叶经全集》编辑委员会：《中国贝叶经全集》，北京：人民出版社，2008年。

《中国气象灾害大典》编委会：《中国气象灾害大典·云南卷》，北京：气象出版社，
　　2006年。

邹建达：《清前期云南督抚边疆事务奏疏汇编》，北京：社会科学文献出版社，2015年版。

三、地方志文献

（清）常明、杨芳灿等：《四川通志》，成都：巴蜀书社，1984年。

道光《大定府志》，清道光二十九年（1849年）刻本。

道光《贵阳府志》，清咸丰二年（1852年）刻本。

道光《陆凉州志》，清道光二十五年（1845年）刻本。

道光《南宁府志》，清宣统元年（1909年）石印本。

道光《黔南职方纪略》，清道光二十七年（1847）刻本。

道光《黔西州志》，清光绪十年（1884 年）刻本。

道光《思南府续志》，1966 年油印本。

道光《云南通志稿》，清道光十五年（1835 年）刻本。

光绪《黔西州续志》，清光绪十年（1884 年）刻本。

光绪《云南通志》，清光绪二十年（1894 年）刻本。

嘉靖《贵州通志》，嘉靖三十四年（1555 年）刻本。

嘉庆《广西通志》，清同治四年（1865 年）年刻本。

康熙《楚雄府志》，清康熙五十五年（1716 年）刻本。

康熙《贵州通志》，清康熙三十六年（1697 年）刻本。

康熙《云南府志》，清康熙三十五年（1696 年）刻本。

康熙《云南通志》，清康熙三十年（1691 年）刻本。

民国《贵州通志》，1948 年铅印本。

民国《新纂云南通志》，1949 年铅印本。

乾隆《大理府志》，清乾隆十一年（1746 年）刻本。

雍正《云南通志》，清乾隆元年（1736 年）刻本。

四、今人研究论著

（一）著作

〔保〕艾丽娅・查内娃，方素梅，〔美〕埃德温・施密特主编：《灾害与文化定式——中外人类学者的视角》，北京：社会科学文献出版社，2014 年。

〔美〕艾志端著，曹曦译：《铁泪图：19 世纪中国对于饥馑的文化反应》，南京：江苏人民出版社，2011 年。

白丽萍：《清代长江中游地区的仓储和地方社会》，北京：中国社会科学出版社，2019 年。

卜风贤：《历史灾荒研究的义界与例证》，北京：中国社会科学出版社，2018 年。

曹树基，李玉尚：《鼠疫：战争与和平——中国的环境与社会变迁（1230—1960 年）》，济南：山东画报出版社，2006 年。

曹树基：《田祖有神：明清以来的自然灾害及其社会应对机制》，上海：上海交通大学出版社，2007 年。

陈海玉：《西南少数民族医药古籍文献的发掘利用研究》，北京：民族出版社，2011 年。

陈金龙：《少数民族优秀传统文化与社会主义核心价值观契合研究》，成都：西南交通大学出版社，2018年。

陈征平：《近代西南边疆民族地区内地化进程研究》，北京：人民出版社，2016年。

邓云特：《中国救荒史》，北京：商务印书馆，1993年。

方国瑜：《云南史料目录概说》，北京：中华书局，1984年。

方国瑜：《中国西南历史地理考释》，北京：中华书局，1987年。

耿庆国：《中国旱震关系研究》，北京：海洋出版社，1985年。

管彦波：《中国西南民族社会生活史》，哈尔滨：黑龙江人民出版社，2005年。

郝平主编：《中国灾害志·断代卷·清代卷》，中国社会出版社，2021年。

何光渝，何昕：《原初智慧的年轮——西南少数民族原始宗教信仰与神话的文化阐释》，昆明：贵州人民出版社，2010年。

何志宁：《自然灾害社会学：理论与视角》，北京：中国言实出版社，2017年。

和少英：《人类学、民族学与中国西南民族研究》，昆明：云南大学出版社，2015年。

黄泽编著：《西南民族节日文化》，海口：海南出版社，2008年。

李文海，夏明方：《天有凶年：清代灾荒与中国社会》，北京：生活·读书·新知三联书店，2007年。

李永强，王景来主编：《云南地震灾害与地震应急》，昆明：云南科技出版社，2007年。

梁文清主编：《贵州少数民族民俗文化研究》，武汉：华中科技大学出版社，2018年。

〔日〕铃木正崇著，陈芳译：《中国南部少数民族民俗记录》，贵阳：贵州大学出版社，2018年。

〔日〕铃木正崇著，王晓梅、李炯里、何薇译：《中国西南民族文化之嬗变》，贵阳：贵州大学出版社，2020年。

刘波等：《灾害管理学》，长沙：湖南人民出版社，1998年。

刘鸿武，段炳昌，李子贤：《中国少数民族文化简史》，昆明：云南人民出版社，1996年。

刘雁翎：《西南少数民族环境习惯法研究》，北京：民族出版社，2019年。

毛艳，洪颖，黄静华编著：《西南少数民族民俗概论》，北京：云南大学出版社，2012年。

蒙祥忠：《西南少数民族传统森林管理知识研究》，北京：知识产权出版社，2020年。

闵祥鹏：《黎元为先：中国灾害史研究的历程、现状与未来》，北京：生活·读书·新知三联书店，2020年。

邱泉，谢军：《城市灾害与疾病防控》，北京：光明日报出版社，2016年。

四川省民族研究所：《四川少数民族》，成都：四川民族出版社，1958年。

汤芸：《中国西南的仪式景观、地景叙述与灾难感知——他山石记》，北京：民族出版社，
　　2016年。

王进：《中国西南少数民族图腾研究》，上海：上海三联书店，2016年。

王文光、龙晓燕、张媚玲：《中国民族发展史纲要》，昆明：云南大学出版社，2010年。

王文光、朱映占、赵永忠：《中国西南民族通史》，昆明：云南大学出版社，2015年。

王郅强主编：《风险、危机与灾害：基于文化视角的解读》，北京：中国书籍出版社，
　　2020年。

吴四伍：《清代仓储的制度困境与救灾实践》，北京：社会科学文献出版社，2018年。

吴燕红编著：《中国少数民族地区自然灾害管理理论与实践》，北京：科学出版社，
　　2017年。

夏明方，郝平主编：《灾害与历史》第1辑，北京：商务印书馆，2018年。

夏明方，郝平主编：《灾害与历史》第二辑，北京：商务印书馆，2021年。

向德平、吕方等：《少数民族社区避灾农业发展研究》，华中科技大学出版社2015年版。

肖应明：《中国少数民族地区社会治理创新研究——以云南省为例》，昆明：云南人民出版
　　社，2017年。

萧公权著，张皓、张升译：《中国乡村：19世纪的帝国控制》，北京：九州出版社，
　　2018年。

谢仁生：《西南少数民族传统生态伦理思想》，昆明：中国社会科学出版社，2019年。

谢永刚：《中国模式：防灾救灾与灾后重建》，北京：经济科学出版社，2015年。

杨建新：《中国少数民族通论》，北京：民族出版社，2009年。

杨煜达：《清代云南季风气候与天气灾害研究》，上海：复旦大学出版社，2006年。

杨正军等：《云南世居少数民族文化精品传承与发展研究》，昆明：云南大学出版社，
　　2014年。

尤中：《中国西南民族史》，昆明：云南人民出版社，1985年。

余贵忠：《贵州省少数民族地区环境保护法律问题研究》，贵阳：贵州大学出版社，2011
　　年版。

云南省民族研究所：《中国西南民族的历史与文化》，昆明：云南民族出版社，1989年。

张建民，宋俭：《灾害历史学》，长沙：湖南人民出版社，1998年。

张泽洪：《文化传播与仪式象征：中国西南少数民族宗教与道教祭祀仪式比较研究》，成

都：巴蜀书社，2008 年。

张祖平：《明清时期政府社会保障体系研究》，北京：北京大学出版社，2012 年。

章友德：《城市灾害学：一种社会学的视角》，上海：上海大学出版社，2004 年。

赵永忠：《当代中国西南民族发展史论》，昆明：云南大学出版社，2012 年。

周琼：《清前期重大自然灾害与救灾机制研究》，北京：科学出版社，2021 年。

朱凤祥：《中国灾害通史》（清代卷），郑州：郑州大学出版社，2009 年。

左玉堂：《民族文化论》，北京：大众文艺出版社，2006 年。

（二）论文

安东尼·奥立佛-史密斯，陈梅：《当代灾害和灾害人类学研究》，《思想战线》2015 年第 4 期。

陈业新，李东辉：《灾害文化：透视传统中国的另一个视角》，《云南社会科学》2021 年第 5 期。

崔明昆，韩汉白：《云南永宁坝区摩梭人应对干旱灾害的人类学研究》，《云南师范大学学报》（哲学社会科学版）2013 年第 5 期。

方修琦：《灾害文化的历史继承性》，《史学集刊》2021 年第 2 期。

古永继：《历史上的云南自然灾害考析》，《农业考古》2004 年第 1 期。

何茂莉：《山地环境与灾害承受的人类学研究——以近年贵州省自然灾害为例》，《中央民族大学学报》（哲学社会科学版）2012 年第 6 期。

何术林：《明清时期乌江流域水旱灾害的初步研究》，西南大学 2013 年硕士学位论文。

胡蝶：《清代云南省疫灾地理规律与环境机理研究》，华中师范大学 2014 年硕士学位论文。

康沛竹：《清代仓储制度的衰败与饥荒》，《社会科学战线》1996 年第 3 期。

赖锐：《清代云南水旱灾害时空分布特征初探》，《农业考古》2019 年第 3 期。

李伯重：《信息收集与国家治理：清代的荒政信息收集系统》，《首都师范大学学报》（社会科学版）2022 年第 11 期。

李春媚：《自然灾害的文化适应》，南京大学 2013 年硕士学位论文。

李光伟：《清代普免制度的形成及其得失》，《历史研究》2021 年第 4 期。

李光伟：《清代钱粮蠲缓积弊及其演变》，《明清论丛》2014 年第 2 期。

李光伟：《清代田赋蠲缓研究之回顾与反思》，《历史档案》2011 年第 3 期。

李光伟：《清代田赋灾蠲制度之演变》，《中国高校社会科学》2019 年第 2 期。

韩基凤：《清嘉道时期贵州民族地区赈济研究》，贵州民族大学 2017 年硕士学位论文。

李光伟：《清中后期西南边疆田赋蠲缓与国家财政治理》，《史学月刊》2020 年第 2 期。

李鹏飞：《云南文山壮族传统文化与灾害应对——以马关县上布高村寨为中心》，《保山学院学报》2021 年第 3 期。

李苏：《清代云南水旱灾害与社会应对研究》，云南师范大学 2014 年硕士学位论文。

李向军：《清代救荒措施述要》，《社会科学辑刊》1992 年第 4 期。

李向军：《清代救灾的基本程序》，《中国经济史研究》1992 年第 4 期。

李向军：《清代救灾的制度建设与社会效果》，《历史研究》1995 年第 5 期。

李向军：《清代前期的荒政与吏治》，《中国社会科学院研究生院学报》1993 年第 3 期。

李向军：《清代前期荒政评价》，《首都师范大学学报》1993 年第 5 期。

李向军：《清前期的灾况、灾蠲与灾赈》，《中国经济史研究》1993 年第 3 期。

李新喜：《清代云南救灾机制刍探》，云南大学 2011 年硕士学位论文。

李永强：《云南人员震亡研究》中国科学技术大学 2009 年博士学位论文，。

李永祥：《地震、干旱和泥石流灾害的人类学研究简述》，《风险灾害危机研究》2017 年第 1 期。

李永祥：《干旱灾害的西方人类学研究述评》，《民族研究》2016 年第 3 期。

李永祥：《傈僳族社区对干旱灾害的回应及人类学分析——以云南元谋县姜驿乡为例》，《民族研究》2012 年第 6 期。

李永祥：《论灾害人类学的研究方法》，《民族研究》2013 年第 5 期。

李永祥：《泥石流灾害的传统知识及其文化象征意义》，《贵州民族研究》2011 年第 4 期。

李永祥：《什么是灾害？——灾害的人类学研究核心概念辨析》，《西南民族大学学报》（人文社会科学版）2011 年第 11 期。

李永祥：《灾害场景的解释逻辑、神话与文化记忆》，《青海民族研究》2016 年第 3 期。

李永祥：《灾害的人类学研究述评》，《民族研究》2010 年第 3 期。

李永祥：《灾害文化与文化防灾的互动逻辑》，《云南师范大学学报》（哲学社会科学版）2022 年第 5 期。

李月声：《清代中前期云南赋役制度变化对农业生产发展的影响》，云南大学 2012 年硕士学位论文。

刘芳：《"灾害"、"灾难"和"灾变"：人类学灾厄研究关键词辨析》，《西南民族大学学报》（人文社会科学版）2013 年第 10 期。

刘红晋：《云南历史旱灾及防控措施研究》，西北农林科技大学 2012 年硕士学位论文。

刘红旭，胡荣：《文化主位的建构主义：灾害社会调查的范式、伦理和方法》，《深圳大学学报》（人文社会科学版）2014 年第 3 期。

刘梦颖：《灾害民俗学的新路径：灾害文化的遗产化研究》，《楚雄师范学院学报》2019 年第 4 期。

刘雪松，王晓琼：《灾害伦理文化对灾害管理制度的评价研究》，《自然灾害学报》2009 年第 6 期。

刘雪松：《清代云南鼠疫的环境史研究》，云南大学 2011 年硕士学位论文。

刘雪松：《清代云南鼠疫流行区域变迁的环境与民族因素初探》，《原生态民族文化学刊》2011 年第 4 期。

隆杰：《壮族传统文化中的灾害叙事与文化记忆——以广西百色玉凤村为中心》，《保山学院学报》2021 年第 6 期。

聂选华：《清代云贵地区的灾荒赈济研究》，云南大学 2019 年博士学位论文。

陶鹏，童星：《灾害社会脆弱性的文化维度探析》，《学术论坛》2012 年第 12 期。

田中重好，潘若卫：《灾害文化论》，《国际地震动态》1990 年第 5 期。

王春英，王文，徐锐：《自然灾害与民族文化转型——以四川省汶川县羌族文化的地震灾后重建为例》，《西藏民族学院学报（哲学社会科学版）》2014 年第 3 期。

王慧平：《历史记忆视角下的灾害文化的"隐喻"》，《保山学院学报》2021 年第 6 期。

王明东：《丽江地震灾害发生后文化恢复重建探析》，《云南民族大学学报》（哲学社会科学版）2009 年第 4 期。

王明东：《清代云南赋税蠲免初探》，《思想战线》2010 年第 3 期。

王水乔：《清代云南的仓储制度》，《云南民族学院学报》（哲学社会科学版）1997 年第 3 期。

王晓葵：《灾害文化的中日比较——以地震灾害记忆空间构建为例》，《云南师范大学学报》（哲学社会科学版）2013 年第 6 期。

王钰婵：《灾害文化视野下哈尼族村寨火灾及应对方式——以云南红河哈尼村寨为例》，《保山学院学报》2021 年第 6 期。

吴才茂，冯贤亮：《请神祈禳：明清以来清水江地区民众日常灾害防范习俗研究》，《江汉论坛》2016 年第 2 期。

吴四伍：《清代仓储的经营绩效考察》，《史学月刊》2017 年第 5 期。

吴薇，王晓葵：《纳木依人的灾害叙事与文化记忆》，《西南边疆民族研究》2018年第3期。

夏明方：《中国灾害史研究的非人文化倾向》，《史学月刊》2004年第3期。

谢仁典：《清代贵州苗疆灾害及苗民灾害文化研究》，云南大学2021年硕士学位论文。

徐凤梅：《明清时期贵州瘴气的分布变迁》，贵州师范大学2014年硕士学位论文。

许厚德：《论灾害"预防文化"》，《自然灾害学报》1995年第2期。

许新民：《近代云南瘟疫流行考述》，《西南交通大学学报》（社会科学版）2010年第4期。

严凤：《清代云南地震灾害及其应对研究》，云南师范大学2014年硕士学位论文。

严奇岩：《明清贵州水旱灾害的时空部分及区域特征》，《中国农史》2009年第4期。

杨春华：《清代清水江流域自然灾害与社会变迁研究》，贵州大学2019年硕士学位论文。

杨庭硕：《麻山地区频发性地质灾害的文化反思》，《广西民族大学学报》（哲学社会科学
版）2013年第4期。

姚佳琳：《清嘉道时期云南灾荒研究》，云南大学2015年硕士学位论文。

叶宏：《地方性知识与民族地区的防灾减灾》，西南民族大学2012年博士学位论文。

张明等：《清代清水江流域自然灾害初探——以清水江文书和地方志为中心的考察》，《贵
州大学学报》（社会科学版）2016年第6期。

张堂会：《论新世纪自然灾害文学书写与文化功能》，《社会科学辑刊》2016年第3期。

张曦：《地震灾害与文化生成——灾害人类学视角下的羌族民间故事文本解读》，《西南民
族大学学报》（人文社会科学版）2013年第6期。

张学渝：《云南历史上的旱灾与应对措施研究》，云南农业大学2012年硕士学位论文。

张岩：《试论清代的常平仓制度》，《清史研究》1993年第4期。

张原，汤芸：《藏彝走廊的自然灾害与灾难应对本土实践的人类学考察》，《中国农业大学
学报》（社会科学版）2011年第3期。

赵文婷：《清代贵州灾荒赈济研究》，西南大学2019硕士学位论文。

周琼：《换个角度看文化：中国西南少数民族防灾减灾文化刍论》，《云南社会科学》2021
年第1期。

周琼：《农业复苏及诚信塑造：清前期官方借贷制度研究》，《清华大学学报》（哲学社会
科学版）2019年第1期。

周琼：《乾隆朝"以工代赈"制度研究》，《清华大学学报》（哲学社会科学版）2011年第
4期。

周琼：《乾隆朝粥赈制度研究》，《清史研究》2013年第4期。

周琼：《清代审户程序研究》《郑州大学学报》（哲学社会科学版）2011 年第 6 期。

周琼：《清代赈灾制度的外化研究——以乾隆朝"勘不成灾"制度为例》，《西南民族大学学报（人文社科版）》2014 年第 1 期，

周琼：《清前期灾害信息上报制度建设初探》，《兰州大学学报》（社会科学版）2021 年第 4 期。

周琼：《天下同治与底层认可：清代流民的收容与管理——兼论云南栖流所的设置及特点》，《云南社会科学》2017 年第 3 期。

周琼：《云南历史灾害及其记录特点》，《云南师范大学学报》（哲学社会科学版）2014 年第 6 期。

周琼：《灾害史研究的文化转向》，《史学集刊》2021 年第 2 期。

朱浒：《二十世纪清代灾荒史研究述评》，《清史研究》2003 年第 2 期。

朱浒：《中国灾害史研究的历程、取向及走向》，《北京大学学报》（哲学社会科学版）2018 年第 6 期。

朱加芬：《乾隆时期的救灾制度及在云南的实践》，云南大学 2015 年硕士学位论文。

后　　记

　　中国西南地区灾害文化是中华优秀传统灾害文化的重要组成部分，对于推动西南地区防灾减灾体系建设，更好地传承、保护中华民族优秀传统文化及铸牢中华民族共同体意识具有重要的学术价值和现实意义。

　　2009 年以来，笔者在李文海先生的勉励、指导下，得到林超民先生、尹少亭先生、夏明方先生及其他师友的大力支持，一直坚持进行中国西南地区灾害历史资料的搜集及相关研究工作。

　　2017 年国家社会科学基金重大项目"中国西南少数民族灾害文化数据库建设"（项目编号：17ZDA158）有幸获得立项，在项目的支持及促进下，开始带领团队成员搜集西南地区的灾害史料，力图梳理、总结、厘清西南地区灾害的历史，指导研究生围绕项目，展开田野调研及相关问题的研究。希望在项目经费的支持下，通过项目的带动及促进，以项目为核心，培养研究生发现问题、研究问题及解决问题的能力，丰富他们参与项目研究的经验，促使他们掌握文献资料搜集、整理的能力，熟悉田野调查及口述史料书写，让项目的进展与学生的培养、团队的成长联系在一起。

　　于是，在跌跌撞撞中，在前期西南灾害史研究的基础上，带着团队成员开始对西南各少数民族地区的灾害及其文化进行调研、研究、资料搜集及整理的工作。其间，项目组邀请专家对调研学生进行不同形式的培训，招聘懂少数民族语言的学生参与调研，在他们前往调研地以后，又陷入对参与调研成员的各种安全隐患及他们对学术领悟是否到位、是否会认真把握和深入体会问题及访谈调研的主旨等问题的担忧中，调研回来后又陷入对他们学术成长及学业培养规划的左思右想中，很多时候夜不能寐。好在的是，在经过多次商讨选定题目后，大部分学生都能够在选题下认真完成研究计划。虽然努力的程度不同，研究结果也会随之不同，但项目在此过程中有序地、缓慢地进展着，学生们也从灾害及灾害文化的门外汉，逐渐入门、成长起来。他们对灾害文化的概念、内涵、特点、生成、作用及其价值的思考及探讨逐渐深入，并在假期到灾害频繁或历史上灾害比较严重的民族地区，进行实地的调查及访谈，在访谈中或灾害地点进行拍照、录音、录像，并整理成调研的音影及文本资料。在此基础上进行相关学术论文的撰写，希望项目的研究能为我国防灾减灾救灾体系建设，提供本土与现代相结合的理论指导和实践路径。

　　本书的大部分内容是项目组成员在灾害文化领域共同学习、成长后完成的阶段性成果，代表了我和团队成员聂选华、徐艳波、杜香玉在五年时间内学习灾害文化并获得的一些粗浅感悟，很多思考是在相关文献资料的搜集、整理及长期的田野调查工作的基础上完成的。尽管语句表达、内容及质量方面有诸多缺陷和遗憾，很多章节和问题的思考还有待深入，论述及理论探讨也不完善，但在项目结项之际，依然想把项目开始以来团队的阶段性成果做一个集中的展现。希望以此为基础，在未来的持续性研究中，可以静心、从容地再梳理、再打磨、再深入，对相关问题进行系统的思考及研究。

　　在项目推进中，我因为工作调动，耽误了项目的研究。非常感谢在此期间一直坚守在项目组的聂选华博士、徐艳波博士，以及硕士研究生王慧平、隆杰、赵云萍、孔令嘉、郭卓廷等同学，他们的坚守让我看到了人性的美好，他们的情谊让我觉得温暖和踏实！因书稿出版要求，各位撰稿人的工作量及成果版权无法一一标注，特将各部分作者具体承担的工作赘列如下：

　　第一章由云南大学历史与档案学院曾富城在汪东红等同学的项目前期研究成果基础上改编；第二章、第六章由中央民族大学历史文化学院周琼撰写的前期成果改编而成；第三章由团队成员汪东红、何云江、徐艳波等的前期成果统合改编完成；第四章由云南大学民族政治研究院杜香玉撰写，第五章由辽宁师范大学徐艳波撰写，谨致谢忱！杜香玉进行书稿最先的统稿工作，周琼进行书稿最后的通编通校工作，在通校时跟各位已经毕业的同学多次取得联系，跟他们谈了整合他们研究成果的思考和想法，得到几位同学的大力、欣然支持，但因我个人学力浅狭，时间仓促，也想最大程度保留他们原本的思考脉络，未对文本的结构及史料、内容逐字逐句进行顺达提升，粗疏之处甚多，尤其是在灾害文化的本土理论构建、本土灾害文化的现当代转型及适应等问题的思考中，未能进行深入系统论证，甚憾，甚憾！

科学出版社编辑对书稿认真负责，对书稿从立意到观点，从论证到理念，把关修订，费心颇多，谨致谢忱！

周琼

2022 年 9 月 1 日初校

2023 年 10 月 25 日修订